J・スコット・ターナー

生物がつくる〈体外〉構造

延長された表現型の生理学

滋賀陽子訳
深津武馬監修

みすず書房

THE EXTENDED ORGANISM
The Physiology of Animal-Built Structures

by

J. Scott Turner

First published by Harvard University Press, 2000
Copyright © the President and Fellows of Harvard College, 2000
Japanese translation rights arranged with
Harvard University Press
through The English Agency (Japan) Ltd.

【目　次】

はじめに　vii

1　生物のあいまいな境界 …………………………………… 1
　2つの生物学　2
　見かけの生物を超えて　3
　永続的な渦の確かな存在　5
　環境の生理作用　8

2　生物の外側の生理作用 ………………………………… 13
　作用と相互作用　15
　熱力学と秩序の形成　16
　仕事と秩序の形成　18
　ATP 回路　24
　熱力学と生理学：2つの例　25
　　淡水魚の水分平衡　25
　　造礁サンゴの炭酸カルシウム堆積　29
　生物と NOT－生物の生理作用　36

　Box 2A　熱力学の法則　16
　Box 2B　科学的表記法と度量単位　22
　Box 2C　エネルギーと科学反応速度　34

3　生きている構造物 ……………………………………… 37
　非効率の壁？　39
　最小化による否定　40
　非効率の壁を迂回する　45
　エネルギーと進化　47
　構造物はどのようにして生きもののように
　　ふるまるのか　50

4 培養液と走性 …………………………………………………… 57
微生物の培養液中の大規模な秩序　58
　雷雨と生物の違い　59
　クラミドモナスの「賢い」重力走性と「間抜けな」重力走性　61
　クラミドモナス培養液中の流体力学的集束　63
　生物対流のプリュームはどうして生じるのか？　65
生理作用の起源　72

5 そして奇跡が起きて…… ………………………………………… 75
動物とは何か　76
　動物のボディプラン　77
　カイメンのボディプラン　80
　腔腸動物とサンゴのボディプラン　82
　モジュールによる成長とフラクタル幾何学　84
　付加とモジュールによる成長　88
　勾配がどう違うのか？　89
　カイメンとサンゴでのDLA成長　93
カイメンとサンゴの作る建造物と生理作用　95　　Box 5A　サンゴ成長の仕組み　99
　動物に何が起こったか？　104

6 泥の威力 ………………………………………………………… 109
カンブリア紀爆発と潜穴の出現　109
　潜穴掘りの「軍拡競争」　111
　史上最大の生態学的災害　113　　Box 6A　穴掘りの方法　114
酸化還元電位　116
　酸素が代謝に果たす役割　118
　嫌気的世界　119
　嫌気的避難所への撤退　122
海洋堆積物内の酸化還元電位　123
　餌取り用の潜穴　124
　浮遊物喰いと底質喰い　125
　タマシキゴカイのベルトコンベアー式の餌取り　126
　ただで何かを手に入れる？　127
潜穴の内側は代謝の整流器である　128

タマシキゴカイの牧場　133

7　ミミズが土地を耕すと　…………………………………………135
　稀なミミズ　136
　淡水，海水，陸上に棲む動物の生理学的特性　137
　ミミズの「腎臓」　138
　　　　　　　　　　　　　　　　　　Box 7A　陸上環境の難題と素晴
　　なぜわざわざ陸上生活をするのか？　144　　　らしい可能性　140
　　土壌中の水　146
　　水ポテンシャルの便利な性質　151
　　ミミズと土壌の水ポテンシャル　153
　土壌中の酸素と水の分布　157
　　ミミズのつくる土の建造物　158
　　土壌，ミミズ，そして熱力学第2法則　160

8　クモのアクアラング　……………………………………………165
　単純さと複雑さ：オッカムのかみそりと
　　ゴールドバーグのてこ　167　　　　Box 8A　昆虫とクモが空気を呼
　　泡を身につけた昆虫の場合　170　　　　吸しなければならない
　エーゲ効果　172　　　　　　　　　　　　理由　168
　　エーゲ効果と泡のアクアラング　175
　　オッカムのかみそりと泡鰓への補充　176
　プラステロン鰓　178
　　水生甲虫ヒメドロムシ *Potamodytes* の動的な泡鰓　181
　　ミズグモの冬の巣　184
　　ミズバチの繭　185
　　アワフキムシの泡の巣の「逆鰓」作用　190

9　小さな昆虫とダニの巧みな操作…………………………………195
　ゴールの生長と発達　196
　植物のホメオーシスと芽や葉のゴール　198
　　正常な葉とゴールのできた葉での増殖と分化　199
　葉の温度と光合成　202
　葉の温度の物理学　206
　　葉形の変化による葉の温度の最適化　208

葉のゴールと葉からの熱伝導による熱の損失　210
　　　葉のゴールと寄生された葉のエネルギー平衡　211
　　　寄生生物のジレンマ　214

10　コオロギの歌う巣穴 ……………………………………… 219
　意思伝達とコオロギの歌　221
　　　　　　　　　　　　　　　　　Box 10A　音響学の専門用語　222
　エネルギー論と音の発生　224
　　　静かなコオロギ　227
　　　カンタン Oecanthus burmeisteri のバッフル葉　228
　　　小さな音波発生器の性能を上げる　230　　　Box 10B　音と戯れる　228
　　　拡声器が周波数を変える仕組み　231
　クリプシュホーン　233
　　　ケラ類の歌う巣穴　234
　放送標識と案内標識　239
　　　歌う巣穴は「極限まで完成した器官」である　242
　　　歌う巣穴のフィードバックによる調律　243

11　超生物の魂 …………………………………………………… 247
　ホメオスタシスとは何か　248
　　　　　　　　　　　　　　　　　Box 11A　社会性昆虫はなぜ社会
　生物のホメオスタシスの機能的要素　253　　　　　　　性なのか　249
　ミツバチのコロニーの社会的温度調節　256　Box 11B　脊椎動物の体温調節に
　　　　　　　　　　　　　　　　　　　　　　　　　　関わる熱エネルギーバ
　　　小さなビッグバン：正のフィードバックのメタ　　　　　ランス　254
　　　　ループ　258
　　　「オシツオサレツ」の換気：コロニー規模のエネルギー勾配の操作　261
　　　代謝のメタループ　265
　適応性のある構造物：オオキノコシロアリ類の
　　　塚のガス交換　268
　　　巣と環境の相互作用　271

12　母なる地球を愛せ …………………………………………… 277
　地球の気候の「生理作用」　278
　海洋の熱循環　280
　ホメオスタシスと共生　283
　　　フィードバックとホメオスタシス　284

フィードバックと共生　285
　　ホメオスタシス，共生，適応度　287
　　ホメオスタシスと遠隔共生　289
ガイアと延長された表現型　292

エピローグ　295

　参考文献　299
　クレジット　317
　解　　説　319
　訳者あとがき　324
　索　　引　327

はじめに

　これは，動物が作る構造物についての本と言えば言えるだろう．しかし実を言うと私の意図は，「動物が作る建造物はまさしく生理作用をもつ体外器官だ」という考えを突き詰めて考えることだ．

　動物が作る構造物についての問題は，昔から主に動物行動学や進化生物学の研究者が扱ってきたことは，次の事実を見れば明らかだ．ニコラス・コリアスとエルシー・コリアスが編集した動物の建築についての古典的な論文の集大成，『動物による体外の建築物（*External Construction by Animals*）』(1976) は『動物行動学の主要論文（*Benchmark Papers in Animal Behavior*）』と題するシリーズの一部だ．このテーマについての権威ある著書『動物の建築物（*Animal Architecture*）』(1974) は，ノーベル賞を受賞した動物行動学者カール・フォン・フリッシュの手になる．もう少し近年のミカエル・ハンセルによる『動物の建築と建築行動（*Animal Architecture and Building Behavior*）』(1984) は題名自体がそれを物語っている．一方，進化生物学者は，動物の作った構造物の化石を，過去を探る手がかりとして重要視してきた．それは S. K. ドノヴァンの『生痕化石の古生物学（*Paleobiology of Trace Fossils*）』(1994) やリチャード・クライムズの『生痕化石：生物学と化石形成学（*Trace Fossils : Biology and Taphonomy*）』(1990) などの本からも窺える．極め付きはもちろんリチャード・ドーキンスの雄弁な『延長された表現型（*The Extended Phenotype*）』(1982) だ．

　たいていの場合，これらの構造物は研究の実用的手段としてとらえられてきた．動物の作った構造を「固定された行動」の例として，過去を探る道具として，遺伝子がその力を体外まで及ぼすために使う装置として．私は，これらの構造物が作り手の動物のためにどのような機能を果たしているかという視点が抜け落ちていると思い，生理学者としてこの点を埋めようと考えた．

　私は本書を幅広い読者の興味をひく内容にしようと努めた．動物行動学者は，構

造物の働き方の機能分析に興味をもってくれると思う．生理学者は，生物体や細胞以外のものに生理学が応用できる新しい方法を見て楽しんでくれるだろう．進化生物学者は，延長された表現型に機能的な「肉付け」がなされたことを評価してくれるのではなかろうか．最後に生態学者は，彼らの学問分野の生理学としての歴史的ルーツを探ったことを喜んでくれるだろう．

　しかし，すべての読者の要求を予想することはできないので，読者対象を広げるのは危険でもある．読者にとってすでによく知っている問題も出てくるだろうが，誰もが何かしら新たに興味を引かれるものに出会うことを願っている．定量的な分析や数学的な分析も敬遠せずに用いたが，どれもわかりやすく特別な知識の要らないものばかりだ．できるだけ多くの具体的な例を引いたが，選択には心を砕いた．執筆に当たって最も困難だったのは，何を除くかの決断だった．自分の「お気に入り」の構造物がどうして取り上げられていないのかといぶかる方も多いと思う．そのように感じたらぜひ知らせて欲しい．改訂される機会があれば参考にしたい．主に個人的な興味から，無脊椎動物に対象をしぼったので，鳥の巣やビーバーの巣のような構造物は考察しなかった．

　本書の構想中と執筆中，数え切れないほどの寛容さと善意に恵まれた．ハーヴァード大学出版局の編集者アン・ダウナー-ヘイゼルは，執筆様式や体裁の難しい問題の解決に非常に辛抱強く手を貸してくれた．彼女は海の物とも山の物ともつかない筆者と冒険をしたわけだが，今は賭けのかいがあったと感じていてくれると思う．ケイト・シュミットは，おびただしい数のひどい文やパラグラフを推敲し，磨きをかけ，最終原稿の体裁を整えてくれた．3人の匿名の評者たちが初期の原稿を読んで，多くの思慮深く，鋭く，批判的な意見を出してくれた．そのために本書がよりよいものになったと彼らも感じていると思う．ニューヨーク州立大学シラキュース校の環境科学・林学科の同僚，ビル・シールズが私のいくつかの門外漢的な考えに率直に，誠実に，楽しげに疑問を投げかけてくれたことは，計り知れないほど有難かった．要するに彼は立派な人だ．ジム・ネイカスはギリシャ語とラテン語の語源学と表現法の専門家として常に助けてくれた．チャーリー・ホールとは，ハワード・T・オダムの言う最大能力について楽しく語り合った．素晴らしい組織アースウォッチは，私のシロアリ研究を長らく援助してくれた．私が動物の作る構造物について真剣に考えるようになったのはこの研究が元になっている．ニューヨーク州立大学の理事が寛大にもサバティカルの休暇を認めてくれたので，本書を完成させ

る時間がもてた．最後に妻のデビーと二人の娘ジャッキーとエマは，家に居はしても心ここにあらずのことが多かった私に，文句も言わずに応援してくれた．彼らの常に変わらない援助と私に対する信頼は，とうてい言葉に尽くせないほど有難いと思っている．

1 生物のあいまいな境界

> 国家とは，多くは不自然な境界線で周囲をぐるりと囲まれた土地のことである．
> ——ジョーゼフ・ヘラー『キャッチ゠22』

　動物が作る構造物はあちこちにある，いや，そこら中にあると言ってもよい．地面に掘った簡単なトンネルや，小さな石の山のように粗末なものから，見事なものまでいろいろだ．ある種のシロアリがコロニーの棲みかとして作る巣は，なかなか雄大で荘厳でさえある．また，砂地や泥に残された踏み跡のように意図的でないものもあれば，明らかに意図的に作られたものもある．たとえば，ナミブ砂漠に棲む甲虫（ゴミムシダマシの一種，*Lepidochora*）が作る「霧集めの溝」は，大西洋の沿岸に発生して内陸に漂ってくる霧の水滴を捕まえるために使われる．動物が作る構造物は，満ち潮や一陣の風で跡形もなくなる短命なものから，粘液で固められ，絹のような糸で補強されて比較的長持ちするものまである．砂粒を1粒1粒手間ひまかけて接着したのはレンガ職人の仕事，ウニが砂岩に掘った穴は彫刻家の技だ．キクイムシ類が樹皮に掘るトンネルは坑夫の仕事，鳥の巣やクモの巣は編み物職人の作品のようだ．出来ばえも，ビーバーの巣のように丸太や小枝を無造作に積み上げただけのずさんなものがある一方で，時としてハチの巣の蜜蝋でできた六角形の部屋のようにその整然とした精巧な技術に驚きを禁じえないものまである．

　本書は動物が作る構造物について記した本であるが，広く生物学・進化生物学・生態学の分野の興味の対象である以下の問題についての本でもある．このような構造物は，作り手の動物にとって外部のものとみなすべきなのか，それともその動物の一部と考える方が妥当なのか？　私は後者の見方を支持しているが，本書ではもう一ひねりして，動物が作る構造物は**生理的器官**とみなすべきだという主張を展開する．つまり，腎臓・心臓・肺・肝臓といった通常の定義による器官と基本的には少しも異ならず，生体の一部になっているという見方だ．

　外部構造が作り手の動物の一部だという考えは，実は新しいものではない．リチ

ャード・ドーキンスがいみじくも「延長された表現型」と呼んだ概念は，生物学ではすでに確立していて，万人に受け入れられたとは言えなくとも，立派な考えとして通っている．私が本書で目指すのは，この概念に生理学的な客観性を与え，できればリチャード・ドーキンスのようなダーウィニストの考えを補完することだ．進化生物学者は延長された表現型を，生物の外側の境界を超えて遺伝子の作用が及ぶものととらえ，遺伝子の次世代への伝達をこれらの延長された表現型がどのようにして助けるかを問う．しかし生理学者は延長された表現型を装置という観点からとらえ，装置の働く仕組みや，生物内および生物と環境間の物質・エネルギー・情報の流れがそれによってどう変わるかを問う．これら2つの観点は確かに補い合うものだが，生命の本質について多少異なる結論へ導くものでもあることを示したいと思う．

2つの生物学

　進化論者にとっても生理学者にとっても問題の核心は，一見ばかげていると思われそうだが，生物をどのようなものと考えるかということだ．生物界の最も明白な特徴の1つは，私たちが手に取ったり，顕微鏡のスライドガラスに載せたり，名前をつけたり，餌をやって世話をしたり，分類して博物館のケースに入れたり，遠くから感嘆の目で眺めたりできる生きものから構成されているということだ．私たちは生物を見ると，個性，意思，目的意識，役目，厳然たる存在を感じる．生物とは何かという疑問をもつことは，πの値に異議を唱えるのと同じくらい不合理に感じられる．しかし20世紀の生物学が行き着いた先はここなのだ．すなわち生物とは何かということが全くはっきりしなくなってしまったのだ．

　2つの知的な探求の末，私たちは現時点で，いわば2つの生物学にたどり着いた．現代の生物学は，一方では生命を化学・物理・熱力学が適用される特殊な機械装置だとする見解をしゃにむに推し進めてきた．この機械論的な生物学は，細胞の働く仕組みを分子の作用として極限まで突き詰めて詳細に研究することに，ほとんどの精力を使ってきた．しかし生物の内へ内へと分け入った結果，予期に反して当の生物が脇に追いやられて霞んでしまった．生物自体は，手もとの魅力的な細胞や分子の研究から目をそらさせる邪魔者になってしまった．だから機械的な面から生物に迫る研究方法は，植物・動物・菌類・細菌のすべてに当てはまる生命の統一的な原

理を探るのでないかぎり，ほとんどやる価値がないという考えにも十分理がある．

20世紀には生物学の一貫した体系としてネオダーウィニズムも同時に台頭した．ここでもまた生物は主役の座を降りたが，理由は別だった．ネオダーウィニストにとって生物は，実際の主役である利己的な遺伝子の「真の」生物学を覆い隠すまぼろしになり下がったのだ．彼らにとって，生物はせいぜい遺伝子の一時的な提携者として，遺伝的利益をもたらすために申し合わせて一緒に行動しているにすぎない．

これら2つの生物学はそれぞれ成果を収めているが，多かれ少なかれそれぞれ独自の道を歩んできたと言う方がよいだろう．けっして2つの生物学が互いを無視して発展してきたと言うつもりはない．ダーウィニストたちは，遺伝子が実際に働く仕組みや，表現型の多様性や遺伝の化学的な基礎などが解明されて，安堵していることは疑いもない．分子生物学者にしても生命の起源の問題を，神の力を利用して説明したりしない信頼できる生物学者に任しておけるのは，安心だろう．それでもなお機械論的な生物学と進化生物学は，多かれ少なかれ独立している．正直言って，たとえばタンパク質の折りたたまれ方の量子力学的な詳しい説明が，実際どれだけ進化生物学者の思考に影響し，論議を喚起しただろうか？　逆の立場から見ると，たとえばスズメの地方ごとのさえずりの進化論が，細胞のシグナル伝達経路の研究方法にどれだけ変化をもたらしただろうか？　これらの疑問に対する答えは正直なところ，「ほとんどない」だと思う．これは実に残念なことだ．というのは，2つの生物学が重なり合ってくるまでは，また互いに基本的な問題や仮定について論じ合い切磋琢磨するようになるまでは，統合された生物学に近づいているとさえ言えないからだ．

見かけの生物を超えて

延長された表現型の概念は，2つの生物学を橋渡しする1つの方法になる．しかしこの橋を使うには，いままでとは別の方法で生物について考えなければならない．つまり，この章の初めに示した観点，動物の作った構造物は作り手の動物にとって外部のものか，それともその動物の一部かという疑問で象徴される観点から考えるのだ．動物の作った構造物が完全に外部だと考えるなら，生物と（ブール代数の言語での）NOT–生物とを区分する，生物の外側の境界を定めなければならない．これは見たところ簡単そうだ．キチン質の膜だろうと，網状のコラーゲンの袋だろう

と，結晶化した炭酸カルシウムや二酸化ケイ素の殻だろうと，体の外の皮や殻は，非常にはっきりと生物を周囲から区別しているように思われる．しかしこのような方法で生物の境界を定めて正しいのだろうか？

答えは，イエスでもありノーでもある．確かに生きものの外側の境界は触ってわかる明白なもので，生物を上手にきっちりと包み込む，何らかの包装材だ．しかし明白な (obvious) という単語の語源は調べる価値がある．この言葉は「通り道に（ある）」という意味のラテン語 (obvius) に始まり，現在では「論証や観察がないけれども見てわかる」という，実際はあまりあてにならない意味で使われるようになっている．物事の「明白さ」というのは，文字通り「通り道に」あって，物事の本質を見極める邪魔をする可能性を常にはらんでいる．私たちは明白なものを見通すことを厭わず，生物の「外側の」境界の先に何が潜んでいるかを問わなければならない．

流れの中の渦と生物の類似性という，月並みな例から始めよう．日常生活の中でも渦をよく目にする．洗面台や風呂桶の栓を抜くたびにお目にかかる．船の航跡の乱流や，橋脚のように流れの中で静止した物体でできる乱流の中にも渦は現れる．流体をスムーズに流そうとする粘性の力に，流体の慣性力がちょうど打ち勝つほど強くなったときに渦ができる．いったん渦ができると，渦は過剰な慣性力を熱として発散し，小さな渦を生み出す．またこれらがさらに小さい渦を生み出し，ついには周囲の流体と見分けがつかなくなって消えていく[1]．

渦はよく生物にたとえられる．表面的には両者が非常によく似ているからだ．渦の実体は非常に秩序のある，見たところ独立した存在で，その「目的」は過剰な慣性力を熱として発散させることだ．同様に生物もエネルギーを光や化学燃料の形で取り入れ，それを使って秩序を生み出し，最後には熱として発散させる．渦はエネルギーが補給される間だけ持続する一時的な現象だ．それは生物も同じで，エネ

---

[1] 渦がエネルギーを発散しながら小さい渦を生み出していくようすは，L. R. リチャードソンの楽しい詩（1922）にまとめられている．「大きい渦には小さい渦が取り付いて／大きい渦の速さを食いつぶし／小さい渦にはさらに小さい渦がまとわり付き／ついには粘性に負けて消え失せる」．リチャードソンの詩自体は，昆虫学者たちに愛唱された詩のパロディである．「大きい蚤には小さい蚤が取り付いて／大きい蚤の背中を刺し／小さい蚤にはさらに小さい蚤がまとわり付き／無限に続くこの関係」．私は『蚤の会報』の編集者 R. E. ルイスから，この詩の作者は不明だと教えられた．しかし，ジョナサン・スウィフトが彼の詩集『詩について：狂詩曲』（1733）に載せたもっとうまい詩から思いついたものであることは間違いないだろう．「博物学者の言うことにゃ／大きい蚤に取り付いて，食い物にする蚤がいる／小さい蚤にもこれを刺す，さらに小さい蚤がいる／無限に続くこの関係／詩人たちとて同じこと／後から来る奴にしてやられる」

ギー源を奪うと，短時間のうちに存在しなくなる．類似点として挙げられるのはこの辺までだろう．明らかな相違点は，生物を周囲から分離しているはっきりした境界だ．生物ならナイフで切り開くことができるが，渦ではそうは行かない．

さて，私がわなを仕掛けたのがおわかりだろうか．生物のもつ境界こそが生物の存在を成立させている，つまり外界からはっきり区別できる物として存在させているのだと主張するなら，渦にははっきりした境界がないのだから存在してはいないと結論しなければならないのだろうか？

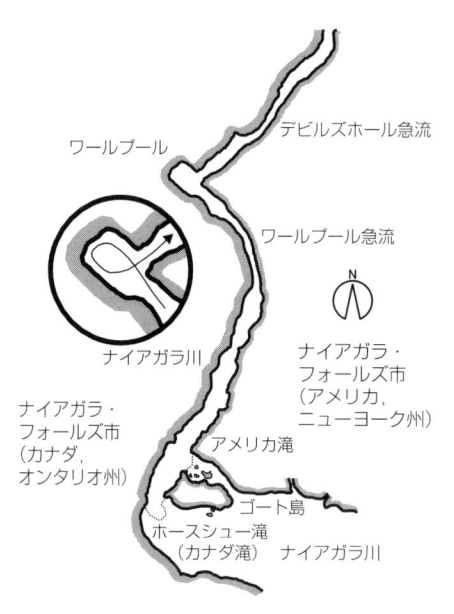

図1.1 ワールプールはナイアガラの滝の下流にある．円内はワールプールの拡大図で，流路の概略を示す．

永続的な渦の確かな存在

ナイアガラの滝のすぐ下流に，常に消えない渦があり，単にワールプール（渦巻き）と呼ばれている（図1.1）．ワールプールは滝がいまより下流にあったときに滝つぼだった所にあり，ここで川が「くの字」に曲がっている．どの渦でもそうだが，ワールプールもいったいどこからどこまでが渦なのかはっきりしない．それでもワールプールは確かに存在している．名前まで付いているし，川の上の崖からのぞき込めばその存在は誰の目にも明らかだ．地図にも書き込まれている．川岸に沿った散歩道には渦の案内板まである．ワールプールにはナイアガラ川の他の部分と区別する明らかな境界はないのに，確かに存在しているのだ．とすると，ワールプールの確かな存在というものはどこから来るのだろうか？

ワールプールの確かな存在は弁別性すなわちワールプールとNOT－ワールプールの間のはっきりした境界から来るのではなく，永続性から来ている．木星の大赤斑と同じように，ワールプールも十分長期にわたって存続しているので，地図製作者が地図に書き入れ，景観設計者が公園の設計に取り入れたのだ．このような意味

ではワールプールは生物と似ている．ボートの航跡に生じる渦がすぐに消えるのとは違って，存在し続けるのだから．したがって類似性をもう少し突き詰めて問う必要がある．生物やワールプールのような渦に永続性を与えているのはいったい何なのかと．

　ナイアガラ川にワールプールが常に存在している理由は2つある．第1に，渦を維持するエネルギーと物質を川の流れが定常的に供給しているからだ．第2に，水の流れと川底の独特の構造の相互作用によって，異常な流れができるからだ．くの字の曲がり角は流れの方向を変えようとするが，水には質量と慣性があるので変化に抵抗する．古い滝つぼは，水が急角度に曲げられる前に慣性の力を削ぐ場所となる．両者が相俟って，水が川を流れ下る原動力となるポテンシャルエネルギーの場を変化させる．その結果がワールプールだ．

　生物も生きているかぎり，まったく異なる方法によってではあるが，体内を流れるエネルギーを変化させる．生物の永続性は，周囲から生物を分離する明白な境界によってもたらされる．生物の最外層の境界は非常に堅固に見えはするが，実際には透過性が高く，物質やエネルギーが定常的な流れとなって絶えず通過している．しかしこの境界は，篩のように受動的に透過させるのではなく，むしろここを通過する物質やエネルギーの流れを，適応的に調節している[2]．ワールプールのような永続的な渦と生物の間の類似性は，ここでついに破綻する．ワールプールを作り出しているポテンシャルエネルギーの供給源をしぼると（ニューヨーク・パワーオーソリティ（訳注1）の技術者が川の水の進路を滝からそらせれば可能だ），ワールプールは姿を消す．しかし生物を通して物質やエネルギーを流しているポテンシャルエネルギーをしぼっても，生物は自分と周囲との境界の性質を変えて，流れを維持できるようにする．生物を他と区別しているのは境界そのものではなく，境界のなせる業だ．言い方を変えると，境界は物ではなく，生物に永続性を与える作用なのだ．生物を通り抜けるエネルギーや物質の流れを境界が適応的に調節できるかぎり，生物は存続し続ける．

---

[2] ここでは**適応的**という言葉を，たとえば室温をサーモスタットで調節するような，変化する状況に対抗して一定の状態を維持するという工学技術的な意味で用いている．生物学では適応という言葉は紛らわしい．それはこの言葉が，（どの動物が「環境にうまく適応して」いないか？　などと）注意を払わずに不用意に使われてきたからであり，また多くの進化生物学者のタブーとする「目的をもつ」ことを連想させるからでもある．

訳注1）ニューヨーク州内で低費用で電力を提供している非営利企業．

渦と生物の類似性をここまでたどって来ると，奇妙な矛盾する結論が生じる．生物を周囲から分離している，はっきりと限界を定める明白な境界が消えてしまうのだ．理由を知るために，もう一歩類似性を追及しよう．渦は流水から運動エネルギーを受け取り，熱として発散させる，エネルギーの消費者だ．ワールプールのような渦の場合，流れ込むエネルギーと物質はナイアガラ川のほかの場所にも影響を与えるので，渦の境界ははっきりしない．この影響力は距離と共に減少する．ワールプールの中心に近いところでは影響力がすぐわかるが，もっと上流や下流を見るとだんだんはっきりしなくなる．それでもワールプールの存在は，活動の中心から遠く離れた所まで物質やエネルギーの流れに深い影響を与える．熱力学の専門的な言い方をすれば，ポテンシャルエネルギーの場の中心にワールプールがあり，このポテンシャルエネルギーはエネルギーや物質をワールプールを通して流す一方，ワールプールの存在によって影響を受けている．

　さて変わった問題を考えよう．どうすればワールプールをさらに生きもののように振舞わせられるだろうか？　渦にははっきりした境界がないのだから，生物がやっているように，この境界を横切って流れる物質やエネルギーを適応的に調節するという条件は除外される．しかし，ある夜ニューヨーク・パワーオーソリティの技術者が水の進路を滝からそらせたとしよう．もしワールプールが上流のポテンシャルエネルギーの減少に対応して下流の川底を低くするなど，周囲の川底の形を変化させたとしたらどうだろう．こんな奇抜な筋書きを考えれば，ワールプールはポテンシャルエネルギーの場が変化しても存在し続けるかもしれない．言い換えれば，ワールプールが周囲の環境の構造特性を適応的に変化させて存続できたとしたら，エネルギーと質量の流れの適応的な調節という点で，ワールプールと生物の間の区別はなくなるだろう．そうなればワールプールは「生きている」と言ってもかまわないのだろうか？　ここまで類似性を拡張すると，私ですら違和感を覚える．しかし，マーク・トウェインが『イーリアス』と『オデュッセイア』の著者の正体について，彼の有名な警句「著者はホメロスあるいは同じ名前をもつ別の盲目のギリシャ詩人である」で示したような，グレーゾーンに私たちが入り込んでしまったことには同意していただけると思う．

　しかし，延長された表現型の生理学の核心は，命をもつこととももたないことの間の，まさにこの「あいまいな」境界なのだ．もしワールプールが周囲の状況を適応的に変える能力を与えられれば，生きものの領域に近づくのだとするなら，同様な

ことをする生物については，どう考えたら良いのだろう？　もし生物が周囲の状況を適応的な意図をもって変えるなら，生物はそうすることによって，見たところ生命のない周囲のものの生命の度合いを高めていると言えるのだろうか？　仮に議論の便宜上「そうだ」と同意するなら，私たちの視覚や触覚から判断して非常にはっきりしていた生物と NOT‒生物の間の境界は，はっきりしない霞んだものになって消えてしまう．渦が周囲の水の中へ次第に溶け込んでいくように（訳注2）．

環境の生理作用

　生物が外界と一体化しているという考え方は，延長された表現型の概念と同様，新しいものではないが，現代の生物学，特にネオダーウィニズムとは相性がよくない．環境のある面，たとえば温度への適応という簡単な例を考えよう．一般的に生物は，それぞれが日常経験する普通の温度でうまく生きられるように進化してきているようだ．したがって，たとえば砂漠地方の魚，カダヤシ類と，南極海のスズキの一種は非常に異なる温度の下に棲んでいるが，どちらもそれぞれの環境の中で上手に生きている．しかし，カダヤシとスズキを捕まえて逆の環境の中に移してみると，すぐに死んでしまう．すなわち，2種の魚の棲む環境は非常に違うのだが，それぞれの環境でうまく生きられるように適応しているのだ．

　この適応ができ上がる仕組みについては，以下のような従来からのみごとな説明がある．ある温度の環境に個体の集団が存在するとしよう．その温度でどれだけうまく生きられるかは個体によって差があるだろうから，集団のメンバーの繁殖能力にも差が生まれるだろう．これらの機能の差は遺伝的なものなので，「よい」機能をもたらす遺伝的性質は，適応度を高めることになり，次世代に受け継がれやすいが，「不十分な」機能しかもたらせないものは受け継がれにくい．何世代も経た結果，適応ができ上がるというのが進化生物学での見解だ．

　しかし，生物と環境の間に実質的な境界はないとするなら，このみごとな説明はどうなるだろう．生物は自分自身に適応することなどできないので，環境に適応す

訳注2）①「ワールプールが周囲の状況を適応的に変える能力を与えられれば生き物の領域に近づく」ということと，②「生物が周囲の状況を適応的な意図をもって変えて生命のない周囲のものの生命の度合いを高めている」ということの間には論理的な関連はないので，ここの議論はおかしい．ただし，②は本書を読み進むに連れて納得できるので，ここでわざわざ①をもち出す必要はなかったと思われる．

るという概念は疑わしいものになってしまう．さらに不合理なのは，この考え方だと（生物の中の遺伝子のことは置いておくとして）生物だけでなく環境も，選択と適応の対象になってしまうことだ．言い換えると，生物のみならず環境も適応することになる．この種の考察は多くの生物学者を怒らせるだろう．というのは「適応は常に非対称的である．生物は環境に対して適応するのであって，その逆はけっして起こらない」[3]（傍点は筆者）ということが定説としてはっきり述べられているからだ．それでもなお，生物とは何か，そして生物と環境との真の関係は何かという問題は，定説の範囲に限定するには（わかり切ったことだろうが）大きすぎる．幸いにも生物学は，この問題に立ち返って真剣に取り組んでいる．

本書はまさにこの精神にのっとって企画され，生物が作る構造物は，ワールプールがおこなうナイアガラの川底の「適応的な変更」と類似のものだという単純な考えを中心に構築されている．生物は周囲の環境を構造的に変化させて，周囲のエネルギーや物質の流れ方を操作し，適応的に変えているのだと提唱したい．そうすることによって生物は自分自身を流れるエネルギーや物質の流れ方を変えているのだ．このように考えると，動物の生理的機能は，実は2種類の生理作用から構成されていることになる．生物の外皮の内側にある構造や仕組みが司る，従来から定義されている「体内生理作用」と，環境の適応的な修正の結果として生じる「体外生理作用」だ．

私はこの見解を支持する主張を大きく3つに分けてまとめた．第1部は第2章から4章までで，生物の従来の境界の外へ広がる生理作用の概念を組み立てる．第2章は体の内外にかかわらず，生理作用とは何かという問題と，すべての生理的な機能を支配する熱力学の法則についての基礎的な議論をおこなう．この章の率直な意図は，体外生理作用が確かにあるということと，環境が生理作用をもちうるということを，納得していただくことだ．第3章は2章で始めた思考の道筋を引き継ぐが，特に体外生理の働く仕組みに焦点を定めて議論する．動物の作る構造物が，実際にどのようにして周囲の環境のエネルギーや物質の流れを変えられるのかという，簡潔かつ非常に一般的な議論で第3章を締めくくる．第1部の最後の第4章では，生命系に自然に出現するように見える整然とした秩序について検討し，具体的な例を挙げて解説する．この例の興味深い特色は，周囲の環境中に出現する生理的機能

---

3) G.C. Williams, "Gaia, nature worship, and biocentric fallacies," *Quarterly Review of Biology* 67 (1992) : 476-486.

がそれを生み出した当の生物よりも何倍も大きい規模をもつことだ．大規模な秩序を形成する力は，その環境の建築家でもあり技師でもある生物の能力の中心にあるに違いない．

　第5章から11章までは，本書の心臓部だ．各章では生物が作る個々の構造物が，生理学的な体外器官として機能する仕組みを検討する．たとえば第5章では，サンゴ礁やカイメンの「骨格」のような永久的な構造と，周囲のエネルギーや物質の流れの間の，分割不可能なつながりについて考察する．第6章は海の泥の中に無脊椎動物が掘ったトンネルについて記述し，これらの構造が地球上の最も大きなポテンシャルエネルギー勾配の1つ（酸素に富む大気と，初期の無酸素時代の地球の名残ともいうべき還元泥の間に見られる酸化還元電位勾配）を利用する装置だと論じる．陸上についてもこの議論を広げ，第7章ではミミズが土壌環境の物理的性質を操作する仕組みを考察する．ミミズはそうして土壌を「補助腎臓」に仕立て，その助けを借りて厳しい環境中で生き抜いている．第8章では，ミズグモの絹のような網や，ある種の水中の繭のように，補助的な肺や鰓として機能する，糸で編まれた構造について見て行く．この章もまた，生物の体内生理作用が維持できる環境を作り上げるために，体外生理作用が働いていることを示すのがテーマだ．第9章では目先を変えて，葉にできる虫こぶ（ゴール）は葉の微環境を変えるために動物が作る構造であることを示す．推測に近い議論だが，ゴールはそこに巣くう寄生虫に有利なように葉のエネルギー配分を変更させるのではないかという考えも提示する．第10章では，動物の作る通信の道具を取り上げ，ケラの「歌う巣穴」に焦点を当てる．最後に11章では，社会性昆虫の巣の構造とその内部の生理的機能の相互作用について検討する．動物の作る最も壮観な構造物だと考えられる，ある種のアフリカのシロアリが構築する巨大な塚に至って，議論は頂点に達する．これらの塚は単にコロニーの巣であるだけでなく，補助のガス交換システムの役割も果たすからこそ，シロアリはさまざまな環境条件に適応できるのだ．ここで興味深い特異性は，塚が作り手の生物よりもはるかに大きな規模で機能していることだ．彼らがどのようにしてこんな装置を作り出すのかは，生物学の魅力的な問題だが，この現象の背後にある体外生理作用を解明しなければ，完全には理解できないと私は考えている．

　最終部の第12章では，延長された表現型の主題に戻り，動物が作る構造物が，いろいろなやり方でそれを実証していることを示す．この章ではガイア仮説の検討を中心に据える．地球は並外れた生きもので，そこに存在する生物相は地球規模の

生理作用に従事していると主張する仮説である．私は，ガイアは単に延長された表現型を究極まで押し進めたものであることを立証しようと思う．しかし，生理学的な考え方を地球規模で適用すると，進化・自然淘汰・適応についての結論は，進化生物学の主流とはしっくりしない（と言ってよいと思うが）ものになってしまうことに言及しておかなければならない．

2 生物の外側の生理作用

> 生物学で未解決の興味深い問題は，分子に関するものだけだ．
> ——ジェームズ・ワトソンの言葉とされるが定かではない

　本書の中心をなす以下の文を記憶に留めておいてほしい．生理学は「生きものが機能する仕組み（how living things *work*）」についての学問である．

　近頃の生理学は小さいものを対象とするように偏り，個々の細胞や細胞内の特定の分子の機能する仕組みについての学問になっている．理由は明らかだ．私たちは，20世紀の前半から活気を帯び始め，ついに1953年に頂点に達した科学革命の受益者だからだ．この年にジェームズ・ワトソン，フランシス・クリック，モーリス・ウィルキンス，ロザリンド・フランクリンが，DNAの構造を解明し，世界中に知らせた．これは一大転機となった．と言うのは，多くの生物学者が抱いていた重要な疑問——何が私たちを私たちたらしめているのか，何が発生を制御しているのか，何が細胞内の複雑な化学反応を常に正しくおこなわせているのか——に対する答えがDNAの構造の中にあったからだ．もちろん生物学者たちはこれらの問題を何世紀間も問い続けてきたが，DNAの構造がわかって初めて問題を科学的に意味のある方法で問うことができるようになったのだ．1953年以来の分子生物学の進歩は大成功以外の何物でもなかった．コペルニクスの時代の地動説と同様に，分子生物学は私たちの時代のまさに最高の知的業績なのだ．

　したがって，分子生物学志向の私の同僚が，章頭の引用に示したような尊大な態度を時おり取っても仕方がないとも思う．彼らは実際に名声を得たのだから．しかしそれでも，やはり反発を感じる．世界のことに思いをめぐらし，世界がどのように機能するかを考える興味深い方法は，他にもたくさんあるではないか．たとえば，自動車の動き方を考察するすべての方法を考えよう．非常に微小なスケールでは，炭化水素燃料の個々の分子がエンジンのシリンダーの複雑な環境中で酸化されること細かな仕組みに注目することもできる．確かにこれは疑問の余地なく魅力的だ．

自動車の動く仕組みを理解するには，これがどれだけ大切なことであるかは想像に難くない．しかしこれらの微小スケールの問題は，自動車と道路表面，あるいは行く手にある空気の塊との相互作用といった，他の重要な問題の中でかすんでしまう．私個人としては，自動車設計の未解決の興味深い問題は，炭化水素分子に関するものだけだとはとても言えない．生物学でも，未解決の興味深い問題は分子レベルでしか見つからないという意見に同意しかねるのも同じことなのだ．

　では，他の興味深い問題とは何だろうか．

　アーサー・ケストラーは生命の「ヤヌスの顔」のような性質について書いた[1)]．つまり，生命は世界に対して常に2つの顔を向けているというのだ．生命をどんなレベルで見ようとも，それは常に，生物学者が体系的なレベルと呼ぶ，入れ子状の階層に当てはめることができる．生物はこの体系中の1つのレベルにあるのだが，これらは（循環系，呼吸系，消化系，神経系などの）多数の器官系からなり，またこれらの系自体は（心臓，肺などの）器官からできており，これらの器官は（筋組織，結合組織などの）組織の集合から組み立てられている．このような見方はずっと下の個々の分子のレベルまで続けることができる．分子が正しく集められて生き物ができているのだ．しかし視点を変えると，生物はそれ自体がもっと大きな集団の中にいることにも気づく．個々の生物は同種や他種の生物と関わりをもち，これらの互いに影響しあう生物の集団は個体群，生物群集，生態系，バイオーム（訳注1）を作り上げ，全体として生物界を構成している．

　この1世紀ほどの間，生物学はほとんどヤヌスの一方の顔だけから世界を眺めてきた．現代の生物学者は，生命を頑なまでに内に向けた視点で眺めている．生物から始めて，体系のさまざまなレベルを下へ下へとたどり，とどのつまりは分子生物学で終わる．しかしヤヌスのもう一方の顔の目隠しを外してそこから思慮深く外側を眺めたとしたら，いったい何が見えるだろうか？　確かに多くのものが見えるだろう．しかし1つの目立った特徴は，生物が棲む巨視的な世界，すなわち環境

---

1) ローマ神話では，ヤヌスは物事の始めと終わりを司る神だった．ローマ人はヤヌスが世界を創造したとし，ジュピターよりも位の高い最高位の神とみなした．彼は前後を向いた2つの顔をもつ姿で表わされ，カオスから生じた原始時代の世界の混沌とした状態を象徴していると思われる．通常この像は門や扉の敷居の上に配され，家や都市の内外の空間の境目を象徴していた．古代ローマでは，ヤヌス崇拝は政治面でも勢力をもち，新しい年を開始する月の名前（Januariusヤヌアリウス）にも反映されている．

訳注1）ツンドラ・熱帯多雨林・サバンナなどの気候区分による生活帯に存在する生物群集の最も大きな単位．

と，生物がその環境と関わるようすであるに違いない．実は本書の前提の1つは，生物学の真におもしろい問題は，ここ，すなわち生物の外側にあるということなのだ．

作用と相互作用

　生物と周囲の環境との相互作用に関する科学は，生理学的生態学，生態生理学，環境生理学など，さまざまな名前で呼ばれている．これらの外側に向いた生物学分野は，この50年間にわたる分子生物学の隆盛によって，ほとんど覆い隠されてきたが，立派にやってきている．環境生理学者や生態生理学者の仕事は，外向きの視点をもっていたものの，残念ながら大部分は一面的だった．生物と環境との相互作用について考えるなら，明らかに2つの面が存在する．1つ目はもちろん環境が生物に与える影響，2つ目は生物が環境に与える影響だ．現代の環境生理学はほとんどが1つ目に焦点を定めている．すなわち周囲の温度（あるいは塩分濃度，風速，放射線，pH）が，それぞれの動物，植物，あるいは器官の作用に与える影響だ．逆向きの影響についてはほとんど考慮していない．しかし生物の環境への働きかけは重要であるし，その上，生理学的でもある．言い換えると，生物と環境の真の相互作用を突き詰めていくと，生理学を生物の従来定められた境界の外側へ延長しなければならなくなるのだ．

　この種の生理作用が間違いなく存在するということと，それが生物の体内でおこなわれている生理作用と基本的には同じであることを，私の説明によって納得していただきたい．幸いこれは難しい仕事ではない．というのはこの種の生理作用にも，生物の体内で働く仕組みについて確立された法則があてはまるからだ．すなわち生物も，宇宙の他のすべてのものと同様に物理学のうちで最も基礎的な熱力学の法則によって支配されている．したがって生物体内の生理は，基本的には熱力学の問題だ．これには議論の余地がなく，私の知るかぎりでは，生命についての普遍的に受け入れられている主張だ．生理作用が生物の外側まで及ぶことを証明するには，視野を少し広げ，熱力学の法則が生物の外皮で止まらないことを示すだけでよいのだ．

Box 2A　熱力学の法則

　熱力学はエネルギーと熱と仕事の関係に関する学問である．古典的熱力学は，エンジンをどうしたら効率的に働かせられるかという経験的な問題に端を発し，蒸気機関時代に盛んになった．蒸気の力を実用的な道具にした技師や物理学者の名を取った単位や概念（ジュール，ワット，ケルビン，カルノーサイクルなど）が多いのは，そんなわけだ．

　しかし，蒸気機関とエネルギーの関係に適用される法則は，どんな種類の仕事をする系にも（生きものも含めて）当てはまることがわかった．たとえば蒸気機関がおこなう仕事は，そこにつぎ込まれる燃料エネルギーの関数として表わすことができる．まぐさを餌にして石臼を回す馬のような「生物エンジン」についても，同じだ．おもしろいことに，どちらのエンジンがおこなう仕事も，いくつかのかなり基本的な点で規制されるので，2つには同じ法則が適用されることが示唆される．実際に，上記のことが正しいらしいという最初の指摘の1つは，蒸気の力と馬の力で大砲の砲身に穴を開ける際のエネルギーコストを比較する研究から得られた．燃料が石炭であれ，カラスムギであれ，大砲の砲身に穴を開けるエネルギーコストはよく似た値だった．この類似性から，生物がどのように機能しているのか，さらにはそもそもどのようにして存在していられるのかということを理解するには，熱力学が非常に重要だと考えられる．

　熱力学にはその基礎として3つの法則があり，第1，第2，第3と番号がつけられている．これらはすべて，ある系とその周囲からなる宇宙の挙動に関わっている．これらの専門用語はかなり理解しにくく，その意味に注意を払わないと，非常に単純な考えが非常に難しく思われる．たとえば熱力学でいう宇宙は，分子のように小さいものでも，細胞でも，生物でも，何でもよい．特に生物学では，この用語の一般的な意味である全宇宙の熱力学を表わすことはまれだ．

　熱力学の第1法則は，宇宙のエネルギー量を規制するもので，エネルギー保存の法則と呼ばれることもある．これは単に，宇宙のエネルギー総量は一定であることを述べ

熱力学と秩序の形成

　ここで，私が本章の初めに銘記をお願いした文に立ち返ろう．熱力学では「*work*（仕事）」という言葉は非常に厳密に定義されている．ほんのしばらくの間は少し詳しく仕事の概念に踏み込むが，「熱力学的な意味では，エネルギーが流されるときのみ仕事がおこなわれる」とだけ言えば十分だ．エネルギーがどのように流れるのか，その過程でエネルギーにどのようにして仕事をさせるのかは，熱力学のテーマ

ている．エネルギーを系に限定するのでも，周辺に限定するのでもなく，宇宙のすべてのエネルギーの合計は一定でなければならないというのだ．エネルギーの形も制限しないし（すなわちポテンシャルエネルギーでも運動エネルギーでも熱エネルギーでも電気エネルギーでもかまわない），系と周辺の間のエネルギーの流れも制限しない．

熱力学の第 2 法則は，エントロピー増加の法則としても知られている．この単純な法則は，生命に対して驚くばかりに微妙な関わりをもつ．第 2 法則は，エネルギーが仕事をするときには，系が周囲に対して仕事をするときでもその逆でも，エネルギーの一部はランダムな分子の動きとして，すなわちエントロピー（「無秩序」といわれることもある）として失われると述べている．したがって，どんな宇宙でも仕事がなされていれば，その宇宙のエントロピーは絶え間なく増大していくのだ．第 2 法則が，系あるいは周囲のエントロピーの増加を強制するのではないことを覚えておくことは重要だ．また，この法則は，宇宙のいずれかの部分でエントロピーが減少する（すなわち秩序が増加する）のを妨げるわけではない．しかし，ある部分でのエントロピーの減少は，別の部分でのエントロピーのもっと大きな増大を伴うのだ．第 2 法則は，宇宙が全体としてエントロピーの正味の増加を起こすことを要求しているだけだ．生物は高度に秩序だった系であり，低エントロピーの一時的な「ため池」と考えることができる．だから自分の存在する宇宙を無秩序化することによってしか生きられないのだ．

熱力学の第 3 法則は，もう少し難解だが，温度に熱力学的な定義を与えてくれるという点で重要だ．手短に言えば，どんな宇宙にも，ランダムな分子運動（つまり熱）が零になる点という，低温の限界があると述べている．これはケルビン（K）単位で表わされる，熱力学的絶対温度の基礎になっている．絶対温度で表わした零度は，0 K より低い温度は不可能なので（負の動きなどというものはない），しばしば絶対零度といわれる．よく使われる摂氏や華氏の温度目盛りでは，日常の「便利な」温度を零度としているが，絶対零度をこれらの温度で表わすと，それぞれ $-273.15℃$ と $-459.67°F$ となる．

だ．熱力学は非常に難解な学問と受け取られることもあるが，基本的な法則はかなり単純だ（Box 2A 参照）．これらの法則は生物がおこなう 2 つの基礎的なことのうちの 1 つ，すなわち体を通してエネルギーを流し，その過程で秩序を生み出すという事柄を支配する．（もう 1 つの基礎的なことは，自分自身のコピーの作り方についての情報を遺伝暗号にして伝えることで，分子生物学的な事柄である．）

秩序が何であるかは，ほとんどの人が直観的にわかる．私は「整理整頓に障害のある人」と婉曲に言われるたぐいの人間であり，昔ならだらしのない奴と呼ばれた

だろう．机は書類の山で埋まり，研究室はやり残した研究の残骸がそこら中に転がっている．時々はきちんと片付けようとするのだが，すぐにやめてしまう．たいへんな仕事の量だからだ．これが秩序の非常に大切な点を言い表している．秩序を生み出し，維持するには仕事が必要なのだ．だから部屋を片付けようという衝動が収まるまで横になっている間，自分は自然の基本法則の1つと調和しているのだと考えて，自分自身を納得させることにしている．

　これは口のうまい冗談ではない．放っておけば宇宙はどんどん無秩序へ向かっていく傾向がある．決して逆ではない．秩序を生み出すことは，どう見ても，宇宙の基本的性質だと思われるものに逆らうことなのだ．しかしそれでも，秩序はいろいろな形を取って出現する．秩序が，たとえば生きものに現れるように，ひょっこり現れるときには，そうなる理由の説明が必要だ．幸い生きものが生み出す秩序については，たいていの場合説明できる．エネルギーと秩序の関係が核心にあるのだ．

仕事と秩序の形成

　エネルギーと秩序の関係を説明するために，地球上で最も重要だと思われる化学反応を見ることにしよう．緑色植物がおこなう光合成反応，すなわち二酸化炭素と水のグルコース（糖）への固定だ．植物内で起きるこの反応は非常に複雑だが，これを反応物質（左側）と生成物（右側）を関係付ける簡単な形で表わすことができる．

$$光 + 6CO_2 + 6H_2O \rightarrow C_6H_{12}O_6 + 6O_2$$
$$無秩序な状態 \quad \rightarrow \quad 秩序立った状態$$

反応の化学式の下に，それぞれの状態を記しておく．反応によってグルコースと酸素が生成するだけでなく，無秩序から秩序が生み出される．

　この反応によって秩序が増加するのは，多数の単純な分子が，少数のもっと複雑な分子になるからだ．

$$光 + 6CO_2 + 6H_2O \rightarrow \quad C_6H_{12}O_6 + 6O_2$$
$$12 分子 \quad \rightarrow \quad 7 分子$$
$$（6個が炭素を含む）\rightarrow （1個が炭素を含む）$$

秩序が増加するとは，式の右側（秩序がある）の方が左側（無秩序）より原子の状態を突き止めやすいということだ．炭素原子を見ると，式の左側では各々の炭素原子は 6 個の二酸化炭素分子のうちの 1 つに閉じ込められている．ある 1 つの炭素原子についての情報は，他の 5 つの炭素原子の状態（それぞれがどこにあるのか，どんな速さでどちらの方向に動いているのか，など）を何も教えてくれない．式の左側の系を完全に記述するには，それぞれの炭素原子についての情報が必要だ．しかし 6 個の炭素が一緒になって 1 個のグルコース分子になると，1 個の炭素原子の情報が得られれば他の 5 個の状態もかなりわかる．式の右側を記述するには，より少ない情報で間に合うので，より秩序立っているといえる．

エネルギーは光としてこの構図に加わる．「光」という呼び方はあまり専門的ではない．これは光子という粒子の束としてやってくる特定の型の電磁エネルギーに対する一般名だ．光が光子としてやってくると扱いやすい．化学反応に関わるエネルギーを原子を扱うのと同様に扱えるからだ．たとえば，緑色植物（すなわち葉緑素をもつ植物）が 1 分子のグルコースを作るのに，赤色光の光子を約 48 個必要とすることがわかっている．これを考慮して光合成反応の式を書き改めると，

$$48\,光子 + 6CO_2 + 6H_2O \rightarrow C_6H_{12}O_6 + 6O_2$$

光子がエネルギーを運ぶ仕組みについても多くのことがわかっている．たとえば光子のもつエネルギーはジュール（J）で表わし，プランクの公式によって計算できる．

$$E = h\nu \qquad [2.1]$$

h はプランク定数（6.63×10^{-34} J·s），ν は光子の振動数（s^{-1}）である[2]．たとえば赤色光の振動数はおよそ $4.3 \times 10^{14}\,s^{-1}$ なので，赤色光の光子が運ぶエネルギーは約 2.9×10^{-19} ジュールとなる．これを使って，エネルギーの項を明確にした光合成反応の式が書ける．

$$(48\,光子 \times 2.9 \times 10^{-19}\,J\,光子^{-1}) + 6CO_2 + 6H_2O \rightarrow C_6H_{12}O_6 + 6O_2$$

すなわち，

2）科学的表記法や，度量単位を表わす方法に馴染みがなければ，ここで時間を取って，Box 2B を読むとよいだろう．

$$1.4 \times 10^{-17} \text{ J} + 6CO_2 + 6H_2O \rightarrow C_6H_{12}O_6 + 6O_2$$

したがってこの反応で，秩序を生み出すにはエネルギーが必要なことが言えるだけでなく，どれだけのエネルギーが必要なのかも，相当な確信をもって言える．そして，生物が機能する仕組みのもう1つの重要な特徴をこれによって説明できる．

光合成反応を逆向きにすれば，グルコースを二酸化炭素と水に分解する化学反応になる．この反応は，たとえば木（基本的にグルコースでできている）を燃やしたり，私たちの体内で代謝によって糖を燃料として燃やしたりするときに進む．

$$C_6H_{12}O_6 + 6O_2 \rightarrow 6CO_2 + 6H_2O + エネルギー$$

秩序立った状態 →　　　　無秩序な状態

この反応では，グルコース中の炭素は元の無秩序な状態に戻り，そうなることでエネルギーが放出される．このエネルギーはどこかから来なければならない．もちろんこの根源は，最初に太陽から光子の形で供給されたエネルギーだ．秩序の生産とは，生物が後で使えるエネルギーを蓄える方法だ．

エネルギーを蓄えるこの方法が効率的かどうかは，興味深い問題だ．というのは熱力学の第2法則が課す制限を明らかにすることになるからだ．秩序立ったグルコース分子が無秩序に変わるとき，どれだけのエネルギーを放出するかが測定できる．これは次のようになる．

$$C_6H_{12}O_6 + 6O_2 \rightarrow 6CO_2 + 6H_2O + 4.8 \times 10^{-18} \text{ J}$$

エネルギーは（丸太を燃やすときのように）熱の形で放出され，光として最初に捕えられたエネルギーのおよそ36%にしかならない[3]．

さてここで，生物の内外のいずれの生理作用を理解するのにも重要な熱力学の2つの法則を述べてもいいだろう．第1はエネルギーが取りうる形に関するものだ．グルコースの例では，エネルギーの変換が2回あった．光のエネルギーがグルコ

---

3) 化学熱力学に精通した読者は，私がここでいわば「最悪の場合」を示していることに気づくだろう．36%の効率というのは，反応物と産物の条件や濃度が標準条件の下にあるとしたときの数値だ．具体的に言うと，すべての産物と反応物の濃度を1 M，温度を25℃，気圧を1気圧としたときだ．もちろん細胞は，標準条件下にあることは稀なので，ここに記した36%という値より効率がよいこともある．実際に，細胞中の化学反応は，エネルギー効率が95%以上に達しているものもある．それでも，反応は決して100%の効率にはならないという肝心な点は，依然として正しい．エネルギーの一部は変換によって常に熱として失われる．

ース分子の結合中に蓄えられるポテンシャルエネルギーに変換され，そのエネルギーはグルコースが再び分解されるときに熱として回収される．変換はまだまだ可能だ．あるエネルギーが経る変換の回数の上限を規定するものは本来1つしかない（これについては次章で検討する）．1つの制限は，エネルギーがどんな変換を受けるにしても，エネルギーの合計量は変えられないということだ．たとえば，グルコース分子を作るときには，式の左辺に 1.4×10^{-17} J のエネルギーが加えられるので，右辺には 1.4×10^{-17} J が出現しなければならない．言い換えると，エネルギーは保存される．これが熱力学の第1法則だ（以後は単に「第1法則」と書くことにする）．

エネルギーの保存ということは，グルコースが作られたときに投入されたのと同量のエネルギーが，分解されるときに回収されることを意味する．しかし明らかにこれは正しくない．グルコースを燃やしても投入されたエネルギーのおよそ36%しか生じない．ここから第2の重要な法則が導かれる．仕事をともなうエネルギーの変換は，決して完全に効率的ではない．たとえば，上記のグルコースの光合成反応では，エネルギーの行方に関してきちんと詳細には述べなかった．完全な式は次のようになる．

$$48\,光子 + 6CO_2 + 6H_2O \rightarrow C_6H_{12}O_6 + 6O_2$$
$$1.4 \times 10^{-17}\,\text{J} = 4.8 \times 10^{-18}\,\text{J} + 9.2 \times 10^{-18}\,\text{J}$$
$$投入されるエネルギー = グルコース中のエネルギー + 熱$$

48個の光子からのエネルギーでグルコース中の秩序として捕捉されなかった部分の大半は，熱として失われ，反応がおこなわれる容器（宇宙）を暖める．物質の温度が上がると一般的には無秩序が増加するので，この熱の役割は興味深い．実は光合成反応の式を，仕事を生み出すどんなエネルギー変換も表わせる，もっと一般的な形で記述することができる．

$$投入されるエネルギー = 仕事のエネルギー + 熱エネルギー$$

あるいはもっと進めて次のように記述することもできる．

$$投入されるエネルギー = 秩序の形成 + 無秩序の形成$$

このように，エネルギーが仕事をするときは，常にその一部は最終的には宇宙の無

Box 2B 科学的表記法と度量単位

　数学に馴染みのない読者にとっては，本書（実際にはあらゆる科学書）の数の表記は奇妙に感じられるかもしれないが，実はこの表記法はすっきりしていて，省略形はそれほど難しくはない．科学的表記法は，非常に大きい数や小さい数を書き表す便利な方法にすぎない．「都合のよい」数字と 10 の累乗の掛け算の形で数を表わす．たとえば 230 は 2.3×100 と書くことができる．しかし 100 は 10 の平方，つまり 10^2 に等しいので，230 は 2.3×10^2 とも書ける．この 230 という数だったら，科学的表記法で書いても何も便利なことはないのだが，2,300,000,000（23 億）と書かなければならなかったとしよう．これは 2.3 と 10 億の積として表わせる．10 億は 10 を 9 回かけるのと同じ（計算機で試してみるとよい），つまり 10^9 なので，前記の数は 2.3×10^9 と，はるかに簡潔に書ける．非常に小さい数を表わすことも簡単にできる．たとえば 0.023 は 2.3×0.01 と同じだ．しかし 0.01 は 1 を 10 で 2 回割るのと同じなので，数学的には 10^{-2} と書ける．したがって，非常に小さい数字 0.0000000023 は 2.3×10^{-9} と便利に書ける．コンピューターには大きな数や小さな数をもっと簡潔に書く方法がある．10 の指数は数字の前に e をつけて表わす（e は exponent，指数の略）．したがって 0.0000000023 つまり 2.3×10^{-9} は，コンピューターからのプリントや，計算機の画面には，2.3e-9 のように現われる．

　純粋な数ではなく，実際の量を扱うときは，それらの数字が何の量を表わすのかを記述できなければならない．たとえば π のような数は純粋な数だ．2 つの長さの比（円の円周と直径）から計算できるが，その数自体は長さを示さない．長さを表わすには，数字に何らかの記述語，つまり度量単位をつけなければならない．通常，これらの単位は数字の後に書かれる．円の直径は，x メートル，x フィート，などと表わすことになる．

　質量，長さ，時間，温度といった基本的な量を表わす単位は，単純な単位だが，2 つ以上の単純な単位を組み合わせた複合単位を扱わなければならないことがよくある．たとえば速度は，動いた長さすなわち距離をそれにかかった時間で割ったものだ．したがって速度の単位は，たとえばメートル/秒となり，略した形で m/s と書ける．しかし科学の慣行では，距離に時間の逆数をかけるという別の形で書く．したがって複合単位 m/s は m×(1/s) とも書ける．ある量の逆数というのは，その量を -1 乗したものと等しいので，速度の単位は m・s^{-1} と書ける．

　これは非常にややこしいと思われそうだ．m/s のような単純な比の形の何が悪いというのか？　しかしこの様式を使うのにはもっともな理由がある．単位は非常に複雑になることがある．たとえば重さは，実は質量と，地球の引力によって質量にかかる加速度の積だ．質量の単位はそのままキログラム（kg）でよいのだが，それに対して加速度

は，時間に伴う速度の変化，すなわち（メートル/秒）/秒だ（「/秒」をうっかり2度書いたのではない）．これを前記の単純な比の形で書くと m/s/s となる．あるいは（m/s）/s とするべきだろうか？　いや，m/(s^2) か？　さて加速度と質量をかけ算して重さ（正しくはニュートン，N，と書く）を出そうとすると，混乱の種があふれている．kg×m/s/s なのか，kg×（m/s）/s なのか，kg×（（m/s）/s）なのか？

そのどれでもなく，kg・m・s^{-2} と簡単に書けばよいのだ．逆数を含む単位を負の累乗で表わせば，その単位は明瞭に示され，たくさんの括弧を解読する必要もない．

多くの度量単位が，ミリメートル（mm）とかキロジュール（kJ）のように接頭語を伴っているのに出会う．これらは基本単位を何倍かにするものだ．たとえば長さの基準単位はメートル（m）だが，長さをメートルで表わすのが不便なこともある．たとえばニューヨーク市からサンフランシスコまでの距離は 4,713,600 メートルだが，4,714 キロメートル（km）と書く方が一般的だ．キロは「1,000 倍」のことだ．

いくつかの接頭語，特に 10^3 倍や 10^{-3} 倍を意味するものは非常に頻繁に使われる．これらを表に示しておく．ある度量単位を使えば数字が「単純化」できるときでもそれを使わずに，別の度量単位で表わすこともある．したがってたとえばサンフランシスコとニューヨーク間の距離は，約 4.7 Mm と書く方が楽で（適切で）あるにもかかわらず，4,714 km と書く．単にキロメートルの方がメガメートルよりも使い慣れているからだ．距離のように日常的な数は，決してメガメートルやナノマイルのような表現はされないだろう．

接頭語	読み方	倍率
T	テラ	10^{12}
G	ギガ	10^9
M	メガ	10^6
k	キロ	10^3
m	ミリ	10^{-3}
μ	マイクロ	10^{-6}
n	ナノ	10^{-9}
p	ピコ	10^{-12}
f	フェムト	10^{-15}
a	アト	10^{-18}

秩序を増加させることになる．これが熱力学の第 2 法則だ（以後は単に「第 2 法則」と書く）．

ATP 回路

　グルコースが二酸化炭素と水に分解されるとき，グルコース分子中に蓄えられているエネルギーは最終的には熱として失われる．グルコースが直接燃やされると，蓄えられているエネルギーはすべて 1 段階で熱に変わる．しかし生物はグルコース中に蓄えられているエネルギーを受け取って，その一部だけを化学的な仕事に使い，残りは後で必要なときに使うために別の形で蓄えておく．化学的な仕事を蓄える能力は，生物がエネルギーを使う能力の中心をなす．

　代謝は燃料（通常はグルコース）を調節しながら燃焼させる過程だ．グルコースから放出されるエネルギーは，エネルギーを要求する反応と何らかの形で共役しているときに限って生理的仕事をおこなうことができる．ほとんどすべての生物では，共役はグルコースからのエネルギーを，それを必要とする化学反応へ運ぶ媒介介化学物質を通しておこなわれる．この仲介物質は，ヌクレオチドの 1 つ，アデノシンリン酸で，リン酸分子との間の結合にエネルギーを蓄えている．最も一般的には，アデノシンリン酸は二リン酸型であるアデノシン二リン酸（ADP）と三リン酸型であるアデノシン三リン酸（ATP）との間の循環反応をおこなって役目を果たす．

　代謝によってグルコース中のエネルギーが放出されると，その一部は ADP にリン酸イオン（P_i）を結合させて ATP を作るのに使われる．

$$\text{エネルギー} + \text{ADP} + P_i \rightarrow \text{ATP} + \text{熱}$$

このエネルギーは，ADP のリン酸化反応をグルコースからのエネルギー放出と共役させることによって得られる．

$$\text{グルコース} + \text{酸素} \rightarrow \text{二酸化炭素} + \text{水} + \text{エネルギー}$$
$$\text{エネルギー} + \text{ADP} + P_i \rightarrow \text{ATP} + \text{熱}$$

ATP はその後，3 番目のリン酸基を失うとエネルギーを放出する．

$$\text{ATP} \rightarrow \text{ADP} + P_i + \text{エネルギー}$$

このようなわけで，他のエネルギーを必要とする反応，すなわち秩序を生み出す反応は，ATPからのエネルギー放出との共役によって進めることができる．

$$ATP \rightarrow ADP + P_i + エネルギー$$
$$エネルギー \rightarrow 仕事 + 熱$$

このようにしておこなわれた仕事は，秩序，機械的仕事，電気ポテンシャルエネルギーなど，他の種類のエネルギーを生み出すのに使える．

　要約すると，熱力学は動物がおこなっていることに関して，以下の4つの重要なことを述べている．
1. 動物は秩序を生み出すためにエネルギーを使う．
2. 秩序は，後で仕事をするために利用できる貯蔵エネルギーとして使うことができる．
3. 作り出される秩序の量は，仕事に利用できるエネルギーの量によって制限される．
4. 作り出される秩序の量は，秩序を作り出す過程にどうしても非効率さがともなうのでさらに制限される．

熱力学と生理学：2つの例

　ここで2つの生理作用を挙げ，そこでエネルギーが秩序を作り出させる仕組みについて述べる．最初は魚の腎臓による尿の生成であり，これは紛れもなく生物体内の，よく解明された器官で起きる「血の滲むような」生理作用の例だ．2番目はサンゴ礁を形成するサンゴによる炭酸カルシウムの堆積に関するもので，この作用もかなりよく理解されているが，生物の内側と外側の生理活性の境界がいまひとつはっきりしない．私は，これら2つの作用に共通する特徴は，生物と外界の境界には無関係だという明白な結論に読者を導きたい．

淡水魚の水分平衡

　魚の体液は大部分の脊椎動物と同様に，塩や他の小さい溶質の薄い溶液だ．たとえば血漿の量のおよそ0.9％が塩化ナトリウム，つまり食卓塩と同じものだ．もちろん淡水の中に溶けている溶質ははるかに少ない．淡水中に魚がいるということは，

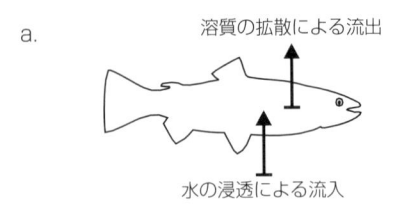

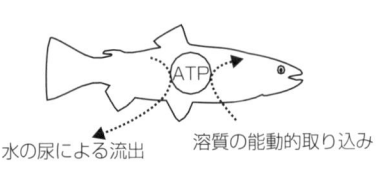

図2.1 淡水魚の水分平衡と溶質平衡． a：水と溶質の流れは，魚と外界の間のポテンシャルエネルギーの勾配によって作られる．b：魚はこれに生理的に応答し，水と溶質を勾配に逆らう方向に流す．

組成の違う2種類の水が魚の皮によって互いに分離されているとみなせる．これは秩序があることになる．溶質と水が魚と外界という2つの区画に分離されているので，秩序があるのは明らかだ．宇宙は秩序を好まないので，第2法則はこの秩序立った系を無秩序にしようとする．この場合の無秩序化は，魚から周囲の水への溶質の拡散と，魚の内部への浸透による水の流れとして起きる[4]．どちらの過程も魚の皮の両側の溶質濃度を等しくしようとする（図2.1）．魚が棲む場所の水の量は，魚の体内の水の量とは比較にならないほど多いので，濃度の主な変化は魚の内部で起きる．

魚の体内の液体が薄まると命が脅かされるので，魚はグルコースからのエネルギーを使って秩序（より濃い溶液）を回復して防御する．第1に魚は腎臓を通して血液をろ過し，非常に薄い尿を大量に作る．すると浸透によって魚に流入するのと同様の速さで水をくみ出すことになり，魚が含む水の総量はほぼ一定に保たれる．第2に魚はエネルギーを使って，拡散で失われるのと同様の速さで周囲の希薄な水から溶質を体内に汲み入れ，体内に溶質を保つ．これも，魚の血液中の高い溶質濃度を比較的安定に保つ役割を果たす．

この過程の生理作用を再検討しよう．魚は腎臓と鰓という2つの器官を使って，熱力学の攻撃をものともせずに内部の溶質と水の濃度を一定に保つ．腎臓は主として水と塩類を，鰓は主として塩類を処理する役目を担う．まず腎臓の働きを見よう．

---

4) 浸透も拡散も，ポテンシャルエネルギーの差の影響を受けて物質が移動することをいうが，いくつか決定的な相違点がある．水溶液中では，拡散は，溶質濃度の高い領域から低い領域へ溶質が移動することをいう．すなわち濃度勾配に従って移動する．浸透は，溶質濃度の低い領域から高い領域へ向かう水の移動を特に指す．浸透は水の「拡散」と不正確に呼ばれることもある．というのは，溶液の溶質濃度が高ければ水濃度は低く，溶質濃度が低ければ水濃度は高いことになるからだ．したがって，水は水の濃度勾配に従って移動し，溶質の濃度勾配に逆らって移動する．類推は便利だが，正確ではない．浸透と拡散の原理については後の章でもっと詳細に述べる．

魚の腎臓は，数多くのネフロンという基本単位からなる．ネフロンの一般的な形は毛細血管と尿細管からなり，尿細管の一方の端は閉じ，もう一方の端は孔あるいは導管を通じて体外に開いている[5]．毛細血管は尿細管を取り巻き，これらの血管はまず血液をろ過して尿細管に送り出し，その後再び水と溶質を血液に戻す．血液から尿を生成するのがネフロンの仕事である．尿の生成はネフロンの閉じた方の端で始まり，作られた尿はネフロンの開いた端から押し出されて体外へ出る．

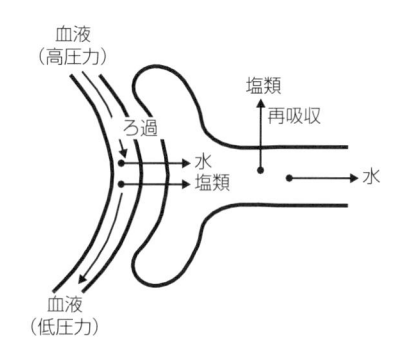

図2.2　脊椎動物のネフロンでの尿の生成．圧力の高い血液は毛細血管と尿細管の密着した部分でろ過される．尿細管では塩類は再吸収されて血液に戻り，導管に集められるのはほとんど水だけになる．

ネフロンの機能には，主としてろ過と再吸収という2つの過程がある（図2.2）．ろ過は毛細血管と尿細管の密着した部分で起き，ここには2つの構造体が関与している．毛細血管が絡まりあって球状になった糸球体と，尿細管の末端がカップ状になったボーマン嚢だ．糸球体はボーマン嚢の窪みにすっぽりはまり，2つが一緒になって血液と尿細管の間に透過性のフィルター（腎小体）を形成している．血液が腎小体に送り込まれると，水，塩類，その他の小さい溶質は糸球体から尿細管へと押し出される．ろ過されてできた液体はろ液と呼ばれ，その組成は血液から血液細胞と大きなタンパク質を差し引いたものになる．

ろ過には2つの興味深い性質があり，淡水魚が内部環境を維持する努力を助けもし，妨げもする．第1にろ過によって大量のろ液が作られる．これは血液から余分な水を取り除くので魚を助ける．しかし，問題も生じる．塩類のような小さい溶質の濃度は，ろ液と血液でほぼ等しいからだ．その結果，大量のろ液を作る代価の1つとして，溶質を失うことになる．結局，魚にとって困ることの1つは拡散によって外界に溶質を失うことなので，これは好ましくない．尿の排出によってさらに塩類を失うことになって問題に輪がかけられれば，よいことは何もない．幸い問題の解決法がある．再吸収だ．ろ液が尿細管を流れ下るときに，溶質はろ液から運び出

---

[5] 通常はネフロンから出るたくさんの導管は，輸尿管という1本の太い管に合流する．輸尿管は腎臓を構成するネフロンの集合体から尿を排出させる．

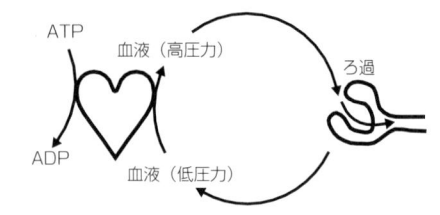

図 2.3 ろ液生成の際のエネルギーの変換．ATP のもつエネルギーは，心臓によって血圧に変換される．血管と尿細管の間の圧力の差により，体液をろ過する仕事がおこなわれる．

されて血液に戻る（再吸収）．溶質がろ液から除かれるので，それらの尿中濃度は下がる．したがって，大量のろ過と大量の再吸収により，生成される尿は多量かつ非常に薄い．魚から排出される尿は実質的には水であり，これが外界に戻されることによって浸透で魚に流れ込む水の流れを相殺する．

ろ液からの溶質の回収は，血液中に高濃度の溶質を維持する作業の一部にすぎない．魚の鰓には塩類細胞という特殊な細胞があり，ATP のエネルギーを用いて水の中から血液中へ塩素イオンを輸送する．するとこれらのイオンは正に荷電したナトリウムイオンを引き寄せて一緒に連れてくる．塩の希薄な淡水から，比較的濃度の高い血液中へ塩を輸送するので，エネルギーが必要になる．鰓を通した塩の流入は，皮膚から拡散によって失われる分を効率的に相殺する．

水や塩類のこのような動きの最中に，エネルギーの変換と秩序の形成がおこなわれている．ろ過は秩序を形成する過程なので，これを進めるにはエネルギーが要る．膜で分子を分離するのは，秩序の一形式だ．腎小体ではタンパク質や他の大きな溶質は血液中に集中することになり，水や小さな溶質はろ液に集中する．この分離を促進するエネルギーは，魚の心筋を動かす燃料を供給している ATP から来る．ATP のする仕事は，心臓によって上昇した血圧に形を変える．これもポテンシャルエネルギーの別の形だ．このポテンシャルエネルギーが，腎小体を境にした大きい溶質と小さい溶質の分離を推し進める（図 2.3）．

ATP は再吸収の推進にも使われる．この過程も秩序の形成にあたるので，エネルギーが要る．再吸収が秩序を生み出すわけは，普通なら混じり合って平衡濃度になろうとする傾向に逆らって，薄いろ液から濃い血液中へ溶質を移動させるからだ．この輸送は，能動輸送タンパクというタンパク分子によっておこなわれる．このタンパク質は尿細管の内側の（すなわちろ液に面している）膜に埋め込まれている．これらが溶質を結合した後，ATP からエネルギーが放出される．放出されたエネルギーは輸送タンパク分子の形を変えさせるので，その結果，結合している溶質が

尿細管の膜を横切ってろ液から血液に移動することになる．鰓の輸送細胞もよく似た方法で働く．どちらの場合もエネルギーは，膜を隔てて溶質を分離して秩序を作り出すために使われる．

これらの生理過程でエネルギー的に解明されてないことは何もない．魚は無秩序を増加させようとする環境（溶質濃度の低い水）に逆らって，秩序（高い溶質濃度）を維持しなければならない．秩序の維持には仕事がなされなければならない．この仕事を促進するエネルギーは，グルコースに蓄えられているポテンシャルエネルギーから来る．放出されたエネルギーが仕事をするまでには，いくつかの形に変換される．最初はATP中の化学ポテンシャルエネルギーへ，次に心筋タンパクの機械的な変形へ，さらに魚の毛細血管内の圧力，すなわちタンパク質と小さい溶質を分離するのに使われるポテンシャルエネルギーの形へ．ATPは輸送タンパクの機械的変形も促進し，そのお陰でタンパク質は溶質を捕まえて膜の反対側へ移動させることができる．これらはすべて従来どおりの生理作用であり，単純な熱力学の法則が働いていることがはっきりしている．

造礁サンゴの炭酸カルシウム堆積

今度は別のおもしろい生理作用に話を転じよう．サンゴ礁を形成する（造礁）サンゴのポリプによる炭酸カルシウムの堆積だ．

サンゴはクラゲやイソギンチャクの親戚で，腔腸動物という．彼らにはいろいろな形があるが，どれも組織は非常に単純だ．しばしば群体を作り，多くの個体が一緒に協力して空間を占めている．この協力の一形態が，鉱物を堆積させて構造物を作ることであり，なかでもサンゴ礁は最も壮観なものだ．サンゴについては第5章でもっと詳しく述べる．

サンゴ礁は，生きている部分とそうでない部分の2つからなる．サンゴ礁の生きている部分は，炭酸カルシウム（$CaCO_3$）の土台の上で増殖しているサンゴポリプの薄い層だ．この炭酸カルシウムは，ポリプの基部にある炭酸カルシウム形成細胞性外胚葉（calciloblastic ectoderm，略して炭酸カルシウム形成細胞）という細胞が分泌し堆積させる．したがって，ポリプが世代を重ねるとともにサンゴ礁の鉱物化した土台は成長する．炭酸カルシウムの層を絶えず付加していくこの作業は，何百万という個々のポリプすべてが加わって増幅されていく結果，ついには巨大なサンゴ礁となる．

サンゴ礁の形成能力に欠かせないのが，ポリプの組織内の居候，（1対の大きな鞭毛をもつ）渦鞭藻類といわれる小さな原生動物だ．渦鞭藻類は海，湖，小川の水面に漂うプランクトンのありふれた仲間だ．渦鞭藻類がサンゴの居候，すなわち共生者になると，褐虫藻といわれる．それは，彼らがさまざまな色素を含み，その一部がサンゴに見事な色を与えるからだ．緑の色素であるクロロフィルが緑色植物の光合成を助けるように，この色素も褐虫藻の光合成を助ける．このようなわけで，サンゴのポリプとそこに棲む褐虫藻の間にはうるわしい相互協定，すなわち共生関係がある．褐虫藻はポリプの体内によい隠れ家が得られ，サンゴは日光をエネルギーとして二酸化炭素と水からグルコースを作り出す小さな「食品工場」を自分の中にもつことになる．

　サンゴは褐虫藻をもっていてもいなくても，すべて炭酸カルシウムを作ることができる．しかし，サンゴ礁を形成する能力，すなわちサンゴ礁に必要な莫大な量の炭酸カルシウムを作る能力と褐虫藻の存在には，強い相関がある．このことは，サンゴ礁形成にはかなりのエネルギーを要することをうかがわせる．造礁サンゴが熱帯海洋の美しく澄んではいても栄養は豊富でない水域によく見られる理由は，褐虫藻の存在が一因だと考えられている．サンゴは共生している原生動物から供給される，事実上無制限のエネルギー源（グルコースとして捕えられる光由来のエネルギー）をもっているからだ．

　この考えの奇妙な点は，炭酸カルシウムを堆積させる作業には，サンゴがエネルギーを費やさなければならないところがどこにもないことだ．炭酸カルシウムはカルシウムイオンと炭酸イオンの塩で，水にわずかしか溶けない．

$$Ca^{2+}(aq) + CO_3^{2-}(aq) \rightarrow CaCO_3(s)$$

溶液中のカルシウムイオン ＋ 溶液中の炭酸イオン → 炭酸カルシウム

「わずかしか溶けない」とは，炭酸カルシウムは（反応式の左側の）可溶性のイオンが微量にしか存在しないときでも，（式の右側へ進んで）固体結晶を作る傾向が強いということだ．炭酸カルシウムの析出に必要な濃度はわずか 95×10^{-6} M ほ

---

[6] 最近，サンゴの白化現象がカリブ海のサンゴの間で顕著になっていることから，科学者の関心をひくようになってきた．白化はサンゴの細胞から褐虫藻が排除されて起きる．これはストレスに対する応答だと考えられる．ストレスの潜在的な要因には，病気，汚染，高温などがある．現在のサンゴ白化の蔓延は海洋の温暖化が原因かもしれない．これを地球温暖化の先触れと考える人々もいる．

どなのだ．炭酸カルシウムの溶解度が小さいというのは，サンゴ礁での堆積作業は第2法則を味方につけたことになる．カルシウムイオンと炭酸イオンを一緒にしさえすれば，はい，炭酸カルシウムのできあがり！　サンゴは問題なく十分な原料を手に入れられる．海中ではカルシウムの濃度は，炭酸カルシウムを生成させるのに必要な濃度のおよそ100倍もある．炭酸イオンも代謝のおこなわれるところでは豊富にあるので，欠乏の心配はない．生きものが存在するところでは，炭酸イオンは常に豊富にあるはずだ．

　するとなぜサンゴ礁を堆積させるのはエネルギー的に高くつくのだろう？　それは二酸化炭素が水に溶けるときの，奇妙な化学的性質によるのだ．以下に二酸化炭素（グルコース代謝の生成物）が水に溶ける際の全過程を示す．

$$CO_2 + H_2O \leftrightarrow H_2CO_3 \leftrightarrow H^+ + HCO_3^- \leftrightarrow 2H^+ + CO_3^{2-}$$

二酸化炭素　＋　水　↔　炭酸　↔プロトン　＋　炭酸水素イオン↔2プロトン　＋　炭酸イオン

この式で両方向を指す矢印は，反応が可逆的なことを示す．これはかなり複雑な反応だが，上記の問題の説明としてはわかりやすい．二酸化炭素の水への溶け方は，酸素とは異なる．すなわち酸素は溶媒とはいわば関わりをもたない溶質だが，二酸化炭素の方は溶媒である水と反応して，炭酸（H_2CO_3）という弱酸を作る．炭酸は水素イオン（プロトン）と炭酸水素イオン（HCO_3^-）という炭酸イオンの水素化された形に分かれる．炭酸カルシウムを作るときにカルシウムイオンが結びつくのは炭酸イオンであるため，その形にするには炭酸水素イオンから水素イオンを剥ぎ取らなければならない．

　エネルギーが必要となる理由は，溶解した二酸化炭素が炭酸水素イオンとして存在するのを最も好むからなのだ．水中で二酸化炭素が取るいろいろな形の相対量を，文字の大きさによって示すと，上記の反応は大体次のように表わせる．

$$CO_2 + H_2O \leftrightarrow H_2CO_3 \leftrightarrow \mathbf{H^+ + HCO_3^-} \leftrightarrow {\scriptsize 2H^+ + CO_3^{2-}}$$

　さらに炭酸水素イオンには，褐虫藻にとっての別の問題がある．光合成をするには褐虫藻は二酸化炭素が必要なのだ．炭酸水素イオンでもなく，炭酸イオンでもなく，炭酸でもなく，二酸化炭素でなければならないのだ．サンゴの代謝で大量のCO_2が作られたとしても，そのCO_2が瞬時に炭酸水素イオンの形に固定されてしまうなら，褐虫藻は飢えてしまうだろう．

したがって，二酸化炭素の側からも，炭酸イオンの側からも，熱力学的に有利な炭酸水素イオンになろうとするのだが，その傾向に逆らってサンゴも褐虫藻も仕事をしなければならない．さらに，この傾向に逆らう彼らの仕事は，互いに逆を向いている．サンゴが炭酸カルシウムを堆積させるには，反応を右側，CO_3^{2-}の方向へ進めなければならない．褐虫藻が光合成でグルコースを作るには左側，CO_2の方向へ進めなければならない．（化学反応速度論の概要と，化学反応のエネルギー論の基礎となる重要な法則については，Box 2C 参照）．

幸い両者の問題を解く簡単な方法がある．これには炭酸水素イオンの周囲の水素イオン濃度を操作することが必要だ．炭酸水素イオンの溶液から水素イオンを取り除く（アルカリ性を強くする）と，炭酸水素イオンから2番目の水素イオンを追い出させることになり，炭酸イオンができる．ここでまた，相対濃度を文字の大きさで示すと，反応は次のように表わせる．

$$\text{\small{CO}}_2 + \text{\small{H}}_2\text{\small{O}} \leftrightarrow \text{H}_2\text{CO}_3 \leftrightarrow \text{H}^+ + \text{HCO}_3^- \leftrightarrow 2\text{H}^+ + \text{CO}_3^{2-}$$
$$\downarrow$$
水素イオン除去

一方，炭酸水素イオンの溶液に水素イオンを加える（酸性にする）と，反応を炭酸の方向へ，したがって二酸化炭素と水の方向へ，押し戻すことになる．

$$\text{\Large{CO}}_2 + \text{\Large{H}}_2\text{\Large{O}} \leftrightarrow \text{H}_2\text{CO}_3 \leftrightarrow \text{H}^+ + \text{\small{HCO}}_3^- \leftrightarrow {\small 2\text{H}^+ + \text{CO}_3^{2-}}$$
$$\uparrow$$
水素イオン添加

水素イオンを加えると褐虫藻はCO_2を得られるようになる．したがってサンゴと褐虫藻の両者にとっての解決法は，水素イオンを移動させることであり，実際に彼らはそうしている．サンゴと褐虫藻のどちらがこの過程を取り仕切っているのかなどの詳細ははっきりしないが，基本は次のようなものらしい．炭酸カルシウムが堆積する炭酸カルシウム形成細胞の外側表面には，ATP（糖からのエネルギー）を利用してカルシウムイオンを細胞の内部から外側へ輸送し，水素イオンを内部へ輸送する活性な輸送タンパクがある（図2.4）．この型の水素イオン輸送は，2種類の物質を膜を横切って反対方向へ輸送するので，対向輸送（アンチポート）といわれる．炭酸カルシウム形成細胞の対向輸送では，細胞から運び出されるカルシウムイオン

1個につき，2個の水素イオンが細胞内に輸送される．どちらの輸送作業も，それぞれの濃度勾配に逆らった仕事だ．すなわちこれらの仕事は秩序を作り出すので，ATPからのエネルギーを必要とする．通常，1個のATP分子はクランクを1度回すのに十分で，1個のカルシウムイオンと2個の水素イオンを炭酸カルシウム形成細胞の膜を横切って反対方向に移動させる．対向輸送の作業は，炭酸カルシウム形成細胞と炭酸カルシウムの土台との間の水溶液に2つの作用を及ぼす．カルシウムイオンを増やし，酸性に傾ける水素イオンを取り除くので，炭酸イオンは水素イオンに邪魔されずにカルシウムを抱きしめることができる．そして愛情の先には結婚が待っているように，炭酸カルシウムが作り出される．

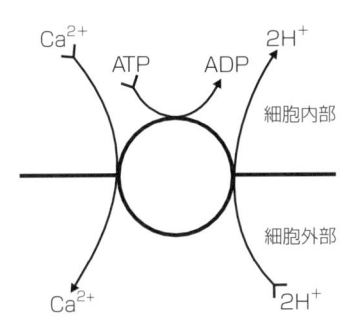

図2.4 造礁サンゴの炭酸カルシウム形成細胞によるカルシウムイオン‐水素イオン対向輸送．

炭酸カルシウム形成細胞の膜の反対側では，（エネルギーを使って）細胞内に運

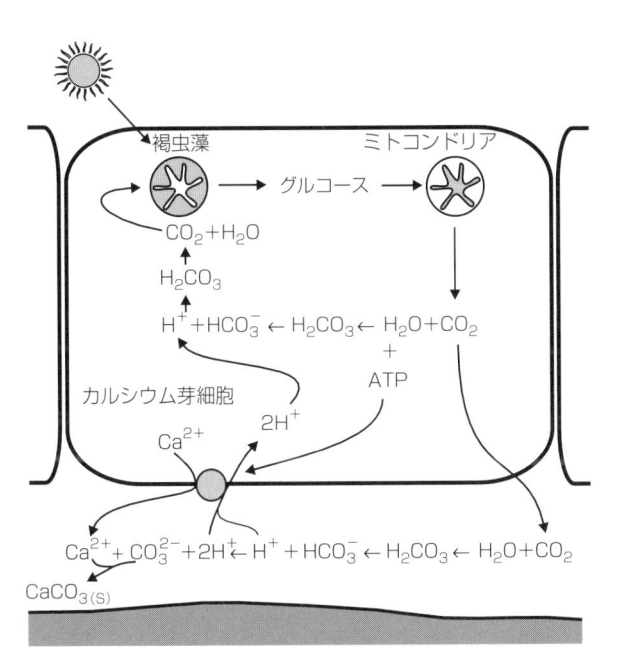

図2.5 造礁サンゴの炭酸カルシウム形成細胞における炭酸カルシウム堆積の全体像．

Box 2C　エネルギーと化学反応速度論

　化学反応速度論は，化学反応と反応を推し進める力についての理論である．この理論の中心をなすのは，化学反応の反応物と生成物の間の平衡という考えだ．AとBが反応してCとDができるという仮想的な反応を考えよう．この反応は，次のような化学反応式で表わせる．

$$jA + kB \leftrightarrow lC + mD \qquad [2C.1]$$

式中の係数 j, k, l, m は，それぞれ反応物A，Bと生成物C，Dのモル数を表わす．

　どのような系でも，反応式の左右はそれぞれ特有のエネルギーレベルをもち，通常は，左右どちらかの側のエネルギーレベルが他方より高い．もし反応が高エネルギー側から低エネルギー側へ進むなら，反応はエネルギーを発散し，**発エルゴン反応**といわれる．グルコースの燃焼は，発エルゴン反応の一例だ．しかし低エネルギー状態から高エネルギー状態へ向かっても反応は進行できる．この場合は反応にエネルギーを供給しなければならず，これは**吸エルゴン反応**といわれる．秩序を生み出す反応はすべて吸エルゴン反応だ．

　通常，化学系には発エルゴン反応と吸エルゴン反応の両方を推し進める十分なエネルギーがある．反応の正味の方向は，両方の反応を比べたときにどちらが速く進むかによって決まる．熱力学の第2法則は，（エントロピーや無秩序の増加を生み出す）発エルゴン反応が常に優位に立つと述べている．したがって，反応は常に高エネルギー状態から低エネルギー状態へ，「坂を下る」傾向がある．しかし，どちらの方向へ向かう反応速度も反応物と生成物のモル濃度によって決定される．だから反応が（エネルギーの供給を要するなどの理由で）エネルギー的に有利でなかったとしても，もし発エルゴン反応の生成物の濃度が十分高くて，発エルゴン反応よりもその逆向きの反応が頻繁に起きるなら吸エルゴン反応は進む．

　両方の反応の速度が等しくなるような，反応物と生成物の濃度がどこかにあるはずだ．そこでは，反応物と生成物の濃度は正味の変化はなく，反応は平衡状態になる．

　この状態は生成物と反応物の濃度を関連付ける平衡定数によって示される．

$$K_{eq} = ([C]^l[D]^m)/([A]^j[B]^k) \qquad [2C.2]$$

　言うまでもなく，もし $K_{eq} > 1$ なら，平衡状態ではC，Dの生成が好まれ，反応はエネルギー的に式の右側へ進められる．逆にもし $K_{eq} < 1$ なら，平衡状態ではA，B

の生成が好まれ，反応はエネルギー的に式の左側へ進められる．しかし平衡定数の真価は，化学反応の平衡状態と反応を進めるエネルギーとが，この定数によって明白に関連付けられることにある．具体的に言うと，反応の自由エネルギーの変化は次式で表わされる．

$$\Delta G = -RT \ln K_{eq} \qquad [2C.3]$$

ΔG は反応の自由エネルギーの正味の変化，R は気体定数（8.31 J・mol^{-1}・K^{-1}），T は絶対温度（K），$\ln K_{eq}$ は平衡定数の「自然」対数（e を底とする対数）である．通常は，比較ができるように，自由エネルギーの変化は定められた標準状態（生成物と反応物の濃度1モル，25℃，pH = 7.0）の下で計算され，正味の標準自由エネルギー変化，$\Delta G^{\circ \prime}$ が得られる．

　反応を平衡状態から動かすのにどれだけのエネルギーが必要かがわかれば非常に役立つ．生物は体内の物質を，標準自由エネルギー変化によって支配される濃度とは異なる濃度に調節・維持したいのだから，これは生物に共通の問題だ．答えを出すには単に，自由エネルギーの正味の変化と，動物体内にある反応物や生成物の自由エネルギーの差を見ればよい．平衡状態での濃度が，系が到達できる最少のエネルギー状態だと仮定すれば，系を平衡状態から動かすには必ずエネルギーが要ることになる．ある動物体内のA，B，C，Dの実際の濃度が，それぞれ α，β，γ，δ だと仮定すれば，系を平衡状態から動かすのに要するエネルギー，ΔE は次のようになる．

$$\Delta E = \Delta G - RT \ln [(\gamma^l \delta^m)/(\alpha^j \beta^k)] \qquad [2C.4]$$

したがって，平衡状態の化学系に反応物や生成物を添加したり除去したりすることは，それに仕事をするのと同じことになり，反応を平衡状態から動かすことになる．炭酸イオンの場合は，水素イオンを加えたり除去したりするだけで，熱力学的に不利な状態に反応を推し進めることができる．すなわち，有利な形の炭酸水素イオンではなく，二酸化炭素あるいは炭酸イオンの濃度を高められるのだ．

び込まれた水素イオンは，炭酸水素イオンを二酸化炭素に押し戻すので，これを褐虫藻が取り込んで水と結合させて糖を作る（図2.5）．するとサンゴがこの糖を使ってさらにATPを作り出し，このATPが使われてカルシウム芽細胞の膜を横切る水素イオンの輸送が盛んになり，これによって炭酸カルシウムの堆積が盛んにおこなわれ，光合成が盛んにおこなわれ，と限りなく続く．

生物とNOT‐生物の生理作用

　ここで少し距離を置いて考えよう．私は少し前に，生理作用とはつまるところ生物がエネルギーを使って秩序を生み出す仕事をする仕組みだと主張した．この非常に一般的なレベルでは，魚のネフロンとサンゴの炭酸カルシウム形成細胞でおこなわれていることの間には，明白な類似点がある．どちらの場合もエネルギーが生物の体を流れて（結局，光がグルコースになりATPになる），秩序（どちらの場合も膜を隔ててイオンその他の分子を分離する）あるいはポテンシャルエネルギー（魚のネフロンでは血圧，炭酸カルシウム形成細胞では水素イオンの濃度勾配）を生み出す．2つの例の相違は，主に作用の起きる場所の範囲の違いだ．魚のネフロンでは，何が生物で何がNOT‐生物なのかがはっきりしている．周囲の環境は生物の外側にあり，生理機能は動物の内側でおこなわれる．しかし造礁サンゴでは，生物とNOT‐生物の境界はそれほどはっきりしていない．生理作用の重要な部分は動物の外側，つまり炭酸カルシウム形成細胞の外側表面と，それまでに堆積した炭酸カルシウムの表面の間の空間でおこなわれる．さらにサンゴの内部でも，2種類の生物が関わりあっており，その境界は共生をおこなっているためにぼやけている．手短に言うと，造礁サンゴでは，生物の自己の境界が非常にあいまいなのだ．それでも，サンゴ礁と炭酸カルシウムとサンゴと褐虫藻からなる系全体は，1つの生理系として一緒に機能している．

　もし生理作用が生物と周囲の環境の両方の系で起きるのならば，そしてもし生理機能はそれらの境界がはっきりしていなくても存在するといえるのならば，生物を環境から分離した別個の存在とみなすのは，あまり意味のないことに思われる．これが本章で私が主張したかった議論の核心だ．動物が「体外の」環境で仕事をするためにエネルギーを使っても，「体内の」環境で仕事をするためにエネルギーを使うのと同様に，その活動は生理作用なのだ．

3 生きている構造物

> 昔の人の考えが愚にもつかないって思うことがよくあるだろ．でも面と向かって嗤ってやれないのが残念なんだ．
> ——ジャック・ハンディ, *Deep Thoughts*（1996）

　ダンテは黄泉の国に特別の場所を用意した．私が第2章でしたようなたぐいの議論をする人々が送り込まれる所だ．しかしそこはそれほど捨てたものでもなさそうだ．ダンテはキリスト教以前の（異教徒の）哲学者たちをほとんどそこに送ったので，よい仲間がいて元気づけられるだろう．しかし，申しわけない，私は詭弁の罪によってそこに送られてしまうのだ．

　近頃では，詭弁は悪いこととされている．手持ちの辞書を引くと，この言葉は「巧妙なだましの論法」と説明してある．つまり，人をだますことを目的とした口先だけの議論のことだ．たとえばタバコ会社の弁護士が，「会社はタバコに火をつけるように誰にも強制したことはない，だから会社はその製品を大衆が使用したことによる社会的結果の責任を負うべきではない」と主張するとき，彼が言葉の上では正しくとも，彼が推進しようとしている見え透いた利己的なもくろみを覆い隠しはしない．これはよく知られた詭弁だ．

　しかし詭弁にはむしろもっと名の知れた祖先がある．この言葉は，ソクラテスより前の巡回する哲学者の一団に与えられた名前，ソフィストすなわち「賢者」から来ている．彼らの哲学の主な研究方法は，人間や宇宙についての基本的な問題を検討するために論理を使うことだった．彼らは当時のアテネの道徳や習慣を問うのにしばしば手ごわい論争術を駆使したので，反感を買ったようだ．ソクラテスが殺されたのも彼らと混同されたためかもしれない．それでも彼らは支配階級には受け入れられていた．彼らが修辞学，論理学，演説など，社会で成功者となるために必要な技術の優れた教師だったからだ．いまで言えば彼らは，大学の教授陣とちょっと似たような存在だった．

　ソフィストについてはプラトンの「対話篇」から窺い知る以外にはほとんど方法はないのだが，そこにはよいことはほとんど何も書いてない．プラトンは彼らが議

論のための議論をするのを嫌い,難癖をつけては議論を吹っかけるやからとみなしていた.プラトンが最も嫌ったのは,彼らが論理と修辞学を駆使して虚偽をいとも簡単に押し通す術に非常に長けていることだった.プラトンから見れば,ソフィストたちは空虚な修辞学,見せかけの論理,討論の勝利に最も関心をもつ人々なのだった.

ソフィストたちのお気に入りの詭弁術の1つは,反対論理法といわれるテクニックだった.論理的な命題に論理的な反論をぶつけ,両者とも同等に妥当だということを示す.すると命題がなぜ正しいかをその真価によって検討せずに傷つけることができる.ソフィストたちが頻繁に災難にあったのは,吟味している事柄が道徳性や社会習慣の問題であるときに反対論理法を使ったからだ.これは私たち団塊の世代にはなじみ深い方法で,いまや(腹立たしいほどに)子や孫の世代にも広がっている.

　命題(父から娘へ):鼻ピアスをつけることは許さん!
　反論(娘から父へ):お父さんは若いときに長髪だったけれど,おじいちゃんおばあちゃんはそれを止めなかったわ!

実は私は第2章でこれに近い論法を用いた.その議論はおおよそ次のようなものだった.

　命題:生物体内の生理作用は熱力学によって明らかに支配されている.
　反論:生きものに関連した,体外で起きるある種の作用も,熱力学によって明らかに支配されている.
　結論:体内の生理作用と体外の同様な作用の間に区別はない.

私が主張したのはもちろん,「現実世界」で起きる生理作用は,生命のない物理系に適用されるのと同一の化学・物理法則によって支配されるということだけだ.これは実に平凡な結論だが,非常に簡単に歪曲して不条理な結論に変えられる.たとえば雷雲が形成されるときには,魚の水分バランスを維持するのに腎臓が熱力学の法則に従うのと同じくらい厳格に,この法則に従う.その気になれば反対論理法を使って,雷雨のもとと魚の尿のもとの間には基本的な区別はないと主張することが簡単にできる.そしてこの主張は論理的に正しいと同時にばかげている.ソフィストたちがプラトンを怒らせた理由がわかるだろう.

私が前章で実際におこなったのは，生理作用が生物の外側で起きることが不可能な理由は論理的には何もないということを示しただけだ．「体外生理作用」は妥当だ，あるいは（せめて）興味深い考えだということを示すところからはまだ程遠い．私が本章で意図しているのは，生物体外での生理作用が単に論理的に可能なだけでなく，妥当でもあることを示すことだ．

非効率の壁？

　従来の生理学は，体内環境に対する仕事に代謝エネルギーを用いる生物を扱っている．私の考えている体外生理学は，この仕事の範囲が動物の外部環境にまで広がっている．前章で私は，熱力学の法則はたった一点を除いて，この外部への拡張には何の制限も加えないと主張した．この1つの制限はたまたま重大なものなので，直ちに論じなければならない．

　この想定される制限は第2法則から来る．この法則はエネルギーが有用な仕事に変換されるときには，そのエネルギーの一部は熱として必ず失われる，と述べている．

供給されるエネルギー　→　有用な仕事　＋　熱

問題は，生理機能は有用な仕事をするために作られるエネルギーでしか働かないということだ．つまり，抱き合わせで作られる熱は，わずかな例外を除いて生物の生理作用にほとんど役立たないのだ．そしてここから，非効率の壁と呼んでもいいような問題が出てくる．非効率の壁というものが存在するとすれば，体外生理学はたとえ可能ではあってもエネルギー的には成り立たないと結論づけなければならなくなりそうだ．

　生物はすべての機械と同様にもともと非効率にできている．その上，非効率は累積していく．つまり生物が一まとまりのエネルギーで有用なことをしようとすればするほど，非効率さはさらに増すのだ．これは困ったことだ．ほとんどの生物は，生理的「エンジン」に最初にエネルギーを投入してから，小さな段階を次々とこなしてやっと仕事をなし終える．各段階が少しずつエネルギーを無駄にしていくとすると，非効率が蓄積して，体内の生理から外へまわすエネルギーはほとんど残っていないだろう．生物が熱力学的には境界をもつ必要がないにもかかわらず，はっき

表 3.1　魚の腎臓がおこなうろ過の仮想的効率.

過　程	過程の効率	累積効率
CO_2 と H_2O → グルコース	36%	36%
グルコース → ATP	38%	36%の38% = 13.7%
ATP → 血圧の上昇	21%	13.7%の21% = 2.87%
血圧 → ろ液の生産	70%	2.87%の70% = 2.01%

りした境界をもっているのは，この「非効率の壁」が原因だろう．

わかりやすく説明するために，第2章で述べた魚の腎臓で，エネルギーがどのようにろ過の仕事をするかを考えよう（表3.1）．この過程は，もともと糖の中に蓄えられた一まとまりのエネルギーで始まり，続いてそのエネルギーが数段階の仕事をし，最終的には熱として散逸する．各段階にはそれぞれ固有の効率があり（常に100％より低い），有用な仕事から熱への劣化が各段階で累積する．最後にろ過が行われると，エネルギーはわずか2％ほどしか残っていない．非効率の上に非効率が積み重なったピラミッドから，生物が体外で生理作用をおこなえるという見通しはかなり暗くなる．

この問題に立ち向かう2つの方法が考えられる．第1は少々詭弁に近いので，黄泉の国での刑期を長引かせることになるかもしれない．いずれにしても私はこれを採用する．というのは，今回はこれが命題であり，反論ではないからだ．反論の方がおそらく間違いなのだ．第2は，生物が体外生理にエネルギーを与えることが非効率の壁によって妨げられるとしても，この制約を迂回する方法があるという主張だ．

最小化による否定

ソフィストの別の効果的な詭弁術は，最小化による否定だ．「小さい」と「価値のない」を同一視することは，何かについて真剣に考えないですませられ，また（もっとよいことには）他の人にも真剣に考えさせないように仕向ける便利な方法だ．私たちはみんな嫌になるくらいこの方法になじんでいる．このぎすぎすした時代のいわゆる政治「論争」では，四六時中使われている．少し例を挙げよう．「（私の）［計画X］に使われる税金は非常に少ないので，これをカットしても国債削減

には大きな影響は見込めない．(他の人の)［計画 Y］をカットする方がはるかに効果的だ」．あるいは，「年収 300 万ドル以上の（私や友人のような）納税者が払う税金は徴税総額のほんのわずかな割合でしかないので，税額を上げても税収全体には大した影響はない．年収 5 万ドル以下の（あちらの私たち以外の）納税者の税金を上げる方がよい」．非効率の壁を体外生理作用の障害であると断定するには，最小化による否定の手法を使う．生物を通過してくるエネルギーのごくわずかな部分しか有用な仕事をするために残されていないとするならば，生物がそれを使ってできることは，たとえば体外生理作用をおこなうことなどは，どれも取るに足りない．

　政治ではこの類の議論は巧妙なごまかしだ．生物学でも同様である．最小化による否定への言わずと知れた対応策は，無視するように言われたものが結局無視できるほど小さくはないと示すことだ．だから非効率の壁の基礎となっている命題をもっと詳細に検討しよう．先に概説した非効率の鎖を考えよう．生物は本当にそんなに非効率的なのだろうか？

　答えはイエスでもありノーでもある．グルコースから ATP への変換効率がおよそ 38 ％だという主張を考えよう．この数値はどこから来たのだろう？　標準自由エネルギー（$\Delta G^{\circ\prime}$ と略．Box 2C 参照）という量に基づいた，かなり簡単な計算からだ．標準自由エネルギーは，仕事に使える化学反応のエネルギーの量を表わす．たとえばグルコースの二酸化炭素と水への酸化では，$\Delta G^{\circ\prime}$ は 2.82 MJ である．エネルギーはグルコースから ATP へ移されるので，グルコースからのエネルギーの放出は ADP へのリン酸の付加と結び付けられなければならない．この反応の $\Delta G^{\circ\prime}$ はおよそ $-30.5 \text{ kJ} \cdot \text{mol}^{-1}$ である．つまり 1 モルの ADP のリン酸化には約 30.5 kJ のエネルギーが必要なのだ．細胞が 1 モルのグルコースを完全に酸化すると，36 モルの ATP ができる．36 モルの ADP のリン酸化には，$30.5 \text{ kJ} \cdot \text{mol}^{-1} \times 36$ モル = 1.09 MJ のエネルギーが必要となる．したがってグルコースから ATP への変換効率は，$100 \times (1.09 \text{ MJ} / 2.82 \text{ MJ}) = 38$ ％となる．

　標準自由エネルギーは厳密に測定された量だから，非効率のこの計算はゆるぎない基礎の上に組み立てられているように思われる．しかし見かけほどには確固たるものではない．標準自由エネルギーが問題なのは，不正確だからではなく，不完全だからだ．反応の標準自由エネルギーがこう呼ばれるのは，ある一定の標準条件のもとでのエネルギー量を表わすからだ．いろいろな反応が比較できるように，またある反応が進むかどうか予想が立てられるようにと，エネルギーの測定は標準条件

のもとでおこなわれる．このやり方は生化学者にとっては役立つが，残念ながらある反応が細胞内で起きるときの実際のエネルギー収量についてはほとんど何もわからない．実は，反応がおこなわれる条件を操作すれば，エネルギーの浪費が非常に多いと考えられている反応でも，有用な仕事のエネルギー収量を大幅に改善できる．たとえば1本のペプチド結合は，標準効率23％で作られる[1]．生成物や反応物の濃度，局所的なpH，温度を生物の細胞内で想定される条件に変えると，効率を理論的な最大値のおよそ92～96％にまで上げられる（DNAやミトコンドリアなどの基礎的な構造のコストをどのように計算に入れるかによる）．

ほとんどの細胞では反応はこの理論的な上限には達しないが，それでも標準効率が示すよりははるかに上をいく．たとえば細菌の総変換効率は約60％に及ぶ[2]．原生動物細胞は平均するともう少し効率が劣るが，それでもかなり高く，約50％になる．ほとんどの動物細胞も同様で，50～60％の効率で反応をおこなっている．ある肉食性の原生動物は，可能性の限界まで迫り，およそ85％の効率を達成している．こうして見ると，細胞内の条件を考えに入れるかぎり，体外生理作用に立ちはだかる第2法則の恐ろしさはちょっと減じたように思われる．

これは理論的には大変結構なのだが，それなら生物は日常的に必要な反応を片付けた後で，まだ〔体外で使う〕余分のエネルギーをもっているということになるのだろうか？　どうもノーと言わなければならないようだ．生物はエネルギーを体内に留めておいて，成長や生殖など他の有用な仕事に振り向ける方がもっと賢明ではないだろうか？　このことを調べるための便利な方法がある．生物の間のエネルギーの移動の効率を観察するのだ．通常，このようなエネルギーの移動は，生物学者が食物連鎖と婉曲に呼んでいるもので，ある生物が別の生物に食われることだ．

食物連鎖の効率は，ある生物（捕食者）の生命の維持にどれだけの別の生物（被食者）が必要かを調べれば大まかに見積もれる．たとえば緑色植物は光のエネルギーをグルコースに変換し，成長のために使い，その過程で貯蔵エネルギー，いわゆ

---

[1] 1本のペプチド結合は2つのアミノ酸を結びつけてジペプチドを作る．n個のアミノ酸の直鎖で作られているタンパク質には，$n-1$本のペプチド結合がある．1本のペプチド結合をつくるには，およそ20.9 kJ・mol^{-1}が必要で，これには2個のATPと1個のGTPが必要とされる．供給されるエネルギーは3×30.5 kJ・mol$^{-1} = 91.5$ kJ・mol^{-1}であるから，効率は$100 \times (20.9/91.5) = 22.8$％となる．

[2] 総変換効率とは，食物中のエネルギーをそれを食べた生物に変換する効率である．したがってこれらの数値は，少なくとも食物エネルギーからATPへの変換と，成長に必要な合成反応をおこなうためのATPの利用とを含む，一連の段階の正味の効率を反映している．

るバイオマスを築いていく．草食動物（捕食者と呼ぶのはふさわしく思われないが実際には植物の捕食者）は自らの維持のためにこのエネルギーを奪う．もし草食動物によるエネルギーの利用が100％効率的であったら，植物組織の一定量のバイオマスは，草食動物の同じ量のバイオマスを維持することができるはずだ．ところが草食動物の利用効率がたった10％でしかなかったら，一定量の植物のバイオマスは1/10量の草食動物のバイオマスにしかならない．

　この議論を究極まで押し進めるなら，この世のすべての生物を配置した食物連鎖ピラミッドのようなものが作れる（図3.1）．（独断的に効率の値を10％と仮定すると）草食動物の総バイオマスは植物バイオマスの10％となり，（草食動物を食べる）一次肉食動物は草食動物のバイオマスの10％（植物バイオマスの1％）になるはずで……というように続く．これらの食物連鎖のピラミッド型は，エネルギーが生物を通過する間の避けようのない熱としての損失によって作られる．内部での損失が多いほど，他の生物の生理作用に資するエネルギーは少なくなり，栄養ピラミッドは急速に細くなる．

　それならば食物連鎖は，生物がどれだけ効率的かということについて何を教えてくれるのだろうか？　この問題は長い間生態学研究の中心課題だった．そして非常に多くのことを語っていることがわかった．実際，あまり多いのでうまくまとめる方法がなく，まとめると話が平凡なものになってしまう．それでも大まかにまとめると，生物はもともと非効率であるという考えにとって，望ましいことと望ましくないことの両方があるといえる．たとえば哺乳類や鳥類などのようなタイプの生物は，エネルギーのかなりの量を計画的な熱の生産に回すので，断然非効率で，「生態学的効率」は2～3％だ．他のタイプの脊椎動物は，10％くらいの効率のようだ．昆虫を除くほとんどの無脊椎動物は，もっとよく，効率は20％から35％に及ぶ．昆虫は全体の中で最も生態学的効率がよい．草食昆虫では効率39％，肉食昆虫ではとてつもない56％にもなる（これも昆虫が最終的には世界を征服するだろうという根拠の1つだ）．

　一般的に，非常に効率のよい生物は，より多くの仕事を自分の体内でこなすだけでなく，エネルギーの流れの「下流」にあたる所でも多くの仕事をおこなう．生態学的には，この関係は食物連鎖が何段階になっているかで表わされる．つまり小さい魚がそれより大きい魚に何回食べられるかということだ．たとえば生産性の低い生態系では食物連鎖ピラミッドは単純で，エネルギーがすべて熱として消散してし

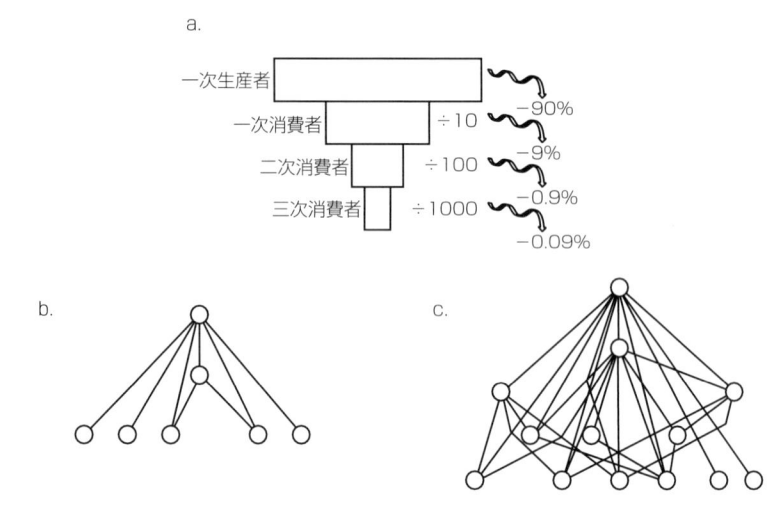

図3.1 生態系を通り抜ける非効率なエネルギーの流れ．a：あるタイプの生物から別のタイプの生物へとエネルギーが通過すると，必ずエネルギーの一部が熱として失われる．この例では効率を10%に設定した．b：ワシントン海岸の潮間帯の生物群集に見られる単純なピラミッド型の食物網．c：カリフォルニア湾の潮間帯の生物群集の食物網．［bとc：Pimm（1982）より］

まうまでにほんの少数の段階しかない（図3.1）．一方，生産性の高い生態系では，初期段階で十分なエネルギーを系に積み込むので，供給されるエネルギーの塊は10〜15にものぼる多くの段階を通過して行く．生産性の高い生態系は，ピラミッド型ではなく複雑な食物網として描いた方がよく実態が表わされる．

　エネルギー変換の非効率は，生きものを通過する際にも，生きものどうしの間でも，明らかに存在する．そしてこの非効率はすべてのレベル，すなわち細胞，生物，生態系のレベルで生じる．その上，非効率は累積し，かけ算で効いてくる．その結果，生物体内と外部環境を隔てると通常考えられている境界を超えて生理作用が広がる範囲には限界がある．この限界があるにしても，体外生理作用の可能性を無視できるところまで最小化するのには無理がある．生理作用の効率は巧みな処理によって改善されやすく，自然選択に基づく理論からみても，経験的な観察をもとにした結果からみても，生物種は一般に体内生理作用の効率を改善していくと十分期待できる．確かに生物を通して流れるエネルギーは，それよりエネルギー的に下流の生物の生理作用を支えていることが明らかだ．だとすれば，生物は自分の外側の（そしてエネルギー的に下流でもある）自分自身の生理作用を支えるために，この

エネルギーを使えないと考えなければならない理由はなさそうだ．

非効率の壁を迂回する

　生物が内部の非効率を迂回して仕事をする興味深い方法は，化学に基づく自らの生理作用によらない別のエネルギーを用いることだ．この方法によって生物は，エネルギー的な柔術をおこなうことができる．

　生物は自分を通してエネルギーを流し，その過程でそのエネルギーを仕事に使う．したがって生物は流れるエネルギーの小川の中に身を置いており，ちょうど川の中の水力発電所のようなものだ．いわゆる（生物体内の）生理作用は特別な形のエネルギーの流れに頼っている．すなわちグルコースや ATP のような複雑な化学物質の秩序の中に蓄えられた化学ポテンシャルの形だ．まず初めに植物が光のエネルギーを捕えることを別にすれば，生物を通して流れるほとんどすべてのエネルギーは，さまざまな化学変換の形をとる．グルコースから ATP へ，ATP から合成・輸送・機械的な仕事といったさまざまな作業へ．最終的にはすべて熱として散逸する．このエネルギーの流れは，主として生物による直接の管理下での化学変換を必要とするので，代謝エネルギーの流れと呼んでもよいだろう（図3.2）．非効率の壁は，それが大きかろうが小さかろうが，代謝エネルギーの流れに特有の問題なのだ．

　しかしエネルギーは別の形で外部環境を流れる．太陽から毎秒地球へ降り注ぐエネルギーの量は桁はずれに大きく，年間平均で約 $600\ \mathrm{W \cdot m^{-2}}$ になる．[3] このうち緑色植物によって捕えられるのは，およそ 1〜2％で，ほんのわずかな部分にすぎない．残りは，宇宙へ反射されてしまわなければ，他のことに利用できる．この余剰分は相当なものだ．自然界に存在するさまざまな表面には，やってくる太陽光を 95％ も反射してしまうものもあるが，たいていの表面の反射する量はずっと少なく，平均して 15〜20％ ほどだ（表3.2）．反射されずに吸収されたエネルギーは，表面を暖めたり，水や空気の塊をあちこち動かして天気や気候を変化させたり，水

---

[3] この数値を具体的に理解するために，アメリカの東北部にある小さな 4 人家族の家（私の家）のエネルギー消費量と比較しよう．私の家族の年間のエネルギー消費量は平均で，電気が約 19,500 MJ，天然ガスが約 84,300 MJ，合計で約 104,000 MJ になる．これは毎秒の総エネルギー消費量が約 3.3 kW という計算になる．家の建坪は約 350 m² なので，標準的な私の家では，約 $9\ \mathrm{W \cdot m^{-2}}$ のエネルギーを消費していることになる．これは太陽から降り注ぐエネルギーのおよそ 1.5％ である．地球表面に届くエネルギーがこのように潤沢なことも，太陽光エネルギーの推進者達が望みを託している理由の 1 つだ．

図3.2 環境中の多様なエネルギーの流れ．

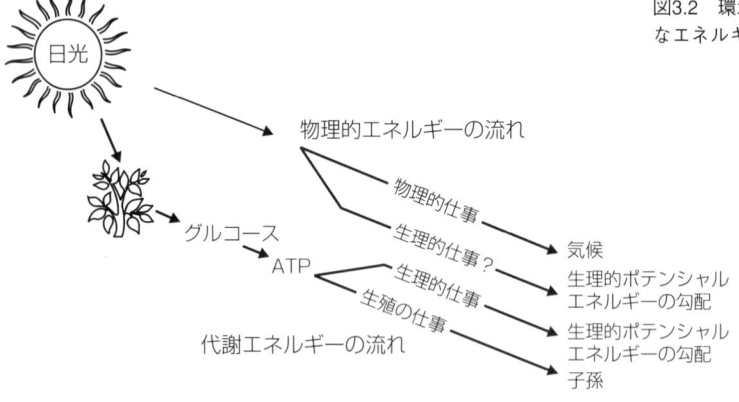

を蒸発させたりと，いろいろな仕事ができる．最終的にはこのエネルギーは熱として散逸してしまうのだが，代謝エネルギーとほぼ並行して流れる物理的エネルギーの流れをつくり，散逸するまでの間に確かに仕事をする（図3.2）．

　もし生物がこの並行して流れる物理的エネルギーを利用できれば，代謝エネルギーの流れの効率の限界を迂回して，体外生理作用を稼動させられる．太陽エネルギーをほんのわずかでも捕えて生理的な仕事をさせられれば，生物にとって計り知れない利益となるだろう．たとえば体温調節は，鳥類や哺乳類のような恒温動物にとって，代謝コストの高いものの1つだ．一定の体温を維持するには，熱が外界に失われるのに合わせて急速に熱を作り出さなければならず，寒くなればなるほどこのコストは高くなる．熱を作り出すためのエネルギーはATP，すなわちまさしく代謝エネルギーの流れから供給される．これは浪費だ．お札を燃やして暖を取るようなものだ．ホトトギス科の鳥，ミチバシリ（*Geococcyx californianus*）はこの常識を覆す興味深い例だ．熱生産の代謝コストが高い寒い朝，ミチバシリの日向ぼっこが見られることがある．明らかに，ミチバシリが太陽から吸収する分の熱は，ATPから生み出される必要がなく，代謝エネルギーの倹約になる．ミチバシリの体は，日向ぼっこから得られる恩恵を増すように工夫されている．背中の皮膚にはメラニンが沈着して黒くなった部分がいくつかあり，ブラインドの羽根板よろしく背中の羽毛をもち上げたときに直接太陽にさらすことができるようになっている．太陽から得る余分の熱は，ミチバシリの体温調節にかける代謝コストを約40％低く抑えられる．動物がこのような恩恵を利用するために，体外構造を作っているだろうと想像

するのは難しくない．本書の後の方の章では，そのような多くの例を調べていく．

エネルギーと進化

延長された表現型の概念は，その基礎となる生理作用を理解しないと完全とは言えない．遺伝子は，生物とその環境の間での物質とエネルギーの流れを操作できて初めて体外で働くことができる．この土台の上に，

表3.2 自然界に存在する代表的な表面の反射率．[Rosenberg（1974）より]

表　　面	短波長の反射率（％）
新　　雪	80〜95
古 い 雪	42〜70
乾いた砂地	25〜45
乾いた粘土質の土	20〜35
泥 炭 地	5〜15
ほとんどの農地	20〜30
落葉樹林	15〜20
針葉樹林	10〜15

エネルギーと進化と生理作用のさらに論理的な構想を組み上げ，本書のこの先の内容の基礎としよう．この構想には2つの要素が含まれる．生理作用を支える生物の内側あるいは外側のエネルギーの流れと，生理的仕事を支えるためにこれらのエネルギーの流れを操作できるたぐいの「外部器官」や「外部器官系」だ．

すこぶる目的論的な主張から始めることにする．

> 生物のなすことはすべて，唯一の目的の「ため」である．その目的とは，自らの生物の遺伝子が複製されて子孫に確実に受け継がれるようにすることである．

もし生物 X がこの目的を生物 Y よりもわずかにうまく達成するとしたら，X は Y よりも多くの子孫を残すことになり，X が適切におこなった事柄が何であっても子孫に引き継がれ，子孫もそれを適切におこなうことができるようになる．これは単に自然選択を言い換えただけだ．

自然選択による進化は，もっぱら遺伝子とその伝達の問題なのだが，適応と自然選択は生理作用と不可分のつながりをもち，したがってエネルギーの流れともつながってくる．生殖にはエネルギーが要ることがわかっている．卵や精子を作るのにも，卵と精子が合体するのにも，でき上がった接合子が自分自身の生殖のためのエネルギーを自ら得ることができるまでに成長するのにも，エネルギーが使われなければならない．したがって生物を通過するエネルギーの流れの一部は，生殖に，もっと正確にいうならば生殖の仕事に費やされなければならない（図3.2）．生殖の仕

事をよけいにする生物は，それほどしない生物に優先して選択されることになる．

　生殖の仕事にはそれを支える基礎構造が必要であり，この基礎構造を作り，維持し，稼動させるのにもエネルギーが必要である．生物のエネルギー支出のかなりの部分は，生殖の仕事がおこなわれるのに適した身体的環境を整えるのに充てられる．通常は，そのために生物の外部環境とは何らかの点で異なる体内環境を維持することが必要になる．この作業を成し遂げることは，エネルギー面にも大きく関わってくる．

　動物の体内環境は，温度・塩や溶質の濃度・酸性度・圧力など，さまざまな物理的特性で表現される．動物の外部の条件もこれらの特性として現れる．通常，体内環境の条件はほんのわずか変化するだけだが，外部ではもっと激しく変わる．たとえば外部環境の日内温度変化は 10 〜 20 ℃くらいだが，季節や場所によってはその幅ははるかに大きくなる．能動的な調節によるにしろ，単なる惰性によるにしろ，動物の体温の一日の変化はこれよりいくぶん小さい．哺乳類や鳥類では，日常の最高体温と最低体温の差は，せいぜい 5 ℃くらいだ[4]．さらに外部環境の温度は，動物の耐えられる最高温度と最低温度の範囲をしばしば超える．動物は全体として，およそ 45 ℃の体温にまで耐えられ（まれには限界がこれより高いものもある），下は − 2 ℃あたりまで耐えられる（何らかの方法で氷の形成の抑制や管理ができれば，もっと低温でも耐えられる）．一方，熱帯では日中の表面温度は 70 ℃を超えることもがあり，冬の温度は温帯でも優に − 10 ℃以下になることがある．

　このように差があるので，動物の体内環境の状況は，外部の状況とはしばしば異なっている．そして今度はこの差がポテンシャルエネルギー（potential energy；PE）の差を生み出し，生物と環境を分離している境界を横切って物質やエネルギーの流れを作る（図 3.3）．たとえば周囲より体温の高い動物は，体と周囲の温度差に比例する速度で熱を失う[5]．同様に，動物の体液の溶質 X の濃度が環境中の X の濃度より高ければ，X は濃度差に従って拡散するので体から X を失う[6]．溶質濃度や圧力に差があれば，動物と環境の境界を横切って水を運ぶ，などなど．物質やエネルギ

4）ここでは冬眠動物やトーパー（鈍麻状態）に陥る鳥類を除いてある．この状態の鳥や小型哺乳類は，摂氏数度に体温が下がっても耐えられる．

5）もっと正確に言うなら，動物はポテンシャルエネルギーの差を熱含量の形で体験する．これは体の温度，比熱，質量の関数になる．すなわち，$\Delta PE = \Delta T c_p M$ となる．式中の ΔT は温度差（K），c_p は比熱（J・K^{-1}・kg^{-1}），M は質量（kg）である．

6）ポテンシャルエネルギーの差と濃度差には，次式の関係がある．$\Delta PE = RT \Delta C$．R は気体定数（8.314 J・mol^{-1}・K^{-1}），ΔT は溶液の温度（K），ΔC は体の内外の濃度の差（mol・l^{-1}）である．

生きている構造物 49

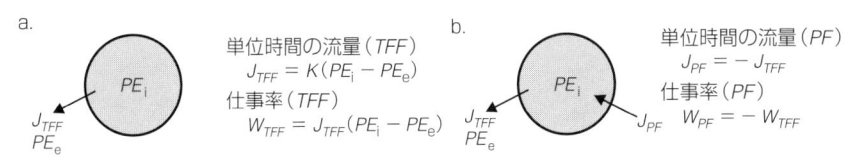

a.
J_{TFF} ← PE_i
PE_e

単位時間の流量（TFF）
$J_{TFF} = K(PE_i - PE_e)$
仕事率（TFF）
$W_{TFF} = J_{TFF}(PE_i - PE_e)$

b.
PE_i ← J_{PF}
J_{PF}
PE_e

単位時間の流量（PF）
$J_{PF} = -J_{TFF}$
仕事率（PF）
$W_{PF} = -W_{TFF}$

図3.3 内部環境を維持するエネルギーの流れ． a：ポテンシャルエネルギーの差（$PE_i - PE_e$）によって，熱力学的に有利な流れ（J_{TFF}）が生じる．周囲の環境はW_{TFF}の仕事率で生物に対して仕事をする．W_{TFF}は，外皮を通した単位時間の流量とそれを押し進めるポテンシャルエネルギーの差の積になる．b：内部環境を維持するために，生物は外部環境に対して仕事をしなければならないが，それは外皮を通した物質の生理学的な流れ（J_{PF}）としておこなわれ，その仕事率はW_{PF}である．

ーは，第2法則の指示どおりに，このようなポテンシャルエネルギーの差に従って自発的に流れ下る．したがって，この種の流れを熱力学的に有利な流れ（thermodynamically favored flux；TFF）と呼ぶ．

　動物の内部環境が外部環境と異なるとTFFが起き（図3.3），内部環境は変化する．たとえば体から熱が失われると，体温が下がる．したがって内部環境の維持のためには，TFFと等しい量の物質やエネルギーを逆向きに流すために仕事が必要になる（図3.3）．これを生理学的流れ（physiological flux；PF）と呼ぶ．寒い環境中で体温を維持するには，体の中への熱の生理学的流れが必要であり，これはたとえばグルコースや脂肪の代謝によって放出される．

　当然ながら，生理的な仕事の遂行と同様に，生理学的流れも代謝エネルギーの流れによって起こされる（図3.2）．第2章の淡水中の魚の例では，水と溶質のTFFを作るポテンシャルエネルギーの勾配は，魚の内外の溶質濃度の差とその結果の浸透濃度の差から生じていた．それに対抗して，魚は代謝エネルギーを使って，水を外へ，溶質を中へというPFを作らなければならなかったわけだ．しかしこの生殖の例では，代謝エネルギーは2種類の仕事をするので，2本の並行した流れに分かれる（図3.2）．生殖の仕事は子孫を作り，生理的な仕事は体内環境を維持するために必要な物質とエネルギーの流れを作る．

　従来の生理学が関わる適応は，ダーウィンの思想の本流にうまく収まる．私たちの知るかぎりでは，生殖の仕事をさせることのできる唯一のエネルギーの種類は，食物中の化学ポテンシャルエネルギーだ．すなわち生殖の仕事は代謝エネルギーの流れに由来しなければならない．おそらくこれは，生物が自分自身についての情報を（DNAを通した）化学的な方法によってしか伝えられないことと，DNAの維持・

合成・複製は化学エネルギーを必要とする化学反応であることが理由だろう．生殖の仕事に一定の内部環境の維持が必要とされるなら，この環境を効率的に用意できる基礎構造は自然選択によって好まれるだろう．というのは「間接費」にあまりエネルギーが要らなければ，それに比例して生殖の仕事のためによけいにエネルギーが割けるからだ．基礎構造は遺伝的情報として書かれているのだから，生理的適応の説明には従来のダーウィニズムは適している．

しかし生理的な仕事の多くが，温度，圧力，溶質の濃度などの勾配を維持するといった，かなり単調なものであることを覚えておく必要がある．熱力学的には，代謝エネルギーの流れがこれらすべての仕事をしなければならない重要な理由はないように思われる．実際に，もし生理的仕事をおこなうのに何か別のエネルギー源が使えたなら，代謝エネルギーの流れのさらに多くが生殖の仕事に振り向けられるだろう．たとえこの転用がわずかであるとしても，進化にもたらす影響は大きいだろう．

構造物はどのようにして生きもののようにふるまうのか

エネルギーに仕事をさせるとは，エネルギーを捕まえて，上手にコントロールしながらポテンシャルエネルギーの勾配に沿って下へ流すことだ．通常，ある種の構造物は，シリコン結晶の格子欠陥であれ，酵素分子であれ，クランク軸であれ，エネルギーの流れをうまく導く．生理的仕事に物理的エネルギーの流れを注ぐには，エネルギーを捕まえてうまく流すことのできる何らかの構造がなければならない．

人間は工学技術を駆使して，もっぱらエネルギーを操作する巧みな方法をあみ出そうとしている．驚いたことに操作方法はたった4種類しかない．すなわちエネルギーの流れを，食い止め，調整し，方向を変え，後で使うために貯めることだ．これらの共通のパターンは，動物が生理的仕事をするために構造物を作り上げる方法についての，私たちの考えを整理するのに役立つ．

19世紀の物理学の大きな業績の1つは，エネルギーが多くの互換性のある形で存在できることを示したことだ．このこと自体は万物に通用する特徴なので，さしあたってそこに立ち入ることはしない．私がこれをもち出すのは実用的な理由からだ．これはエネルギーの動き方や働き方について考えるのに非常に強力な手段となる．すなわち，もしすべてのエネルギーの形に互換性があるとするなら，ある形の

エネルギーが仕事をする方法を説明すれば，他の形のエネルギーが仕事をする方法を説明することにもなる．1つを理解すれば，(少なくともあるレベルでは) その他のすべてのものを理解することになるのだ．

　表面的には関係のない，抵抗器を流れる電流と管の中を流れる水流を関連付けることによって，わかりやすく説明しよう．電流は，電位 (ポテンシャルエネルギー) に差のある2点間を電流 (エネルギー) がどのように流れるかを示すオームの法則によって表わされる．

$$I = \Delta V/R_e \qquad [3.1]$$

ここで I はアンペアで表わした電流，ΔV は電流を流す電位差，R_e はオームで表わした (電流を妨害する) 電気抵抗である．一方，管の中を流れる水流は，ポアズイユの法則によって表わされる．

$$V = \pi r^4 \Delta P/8L\eta \qquad [3.2]$$

V は1秒間に管を流れる水の量，L と r はそれぞれ管の長さと半径，η は水の粘性，ΔP は管の両端の圧力差である．

　ポアズイユの法則は，オームの法則とはほとんど関係のなさそうな複雑な式だが，いくつかの項を1つにまとめれば簡単な式にできる．水力学抵抗 R_h は，管を流れる水流を妨害するものを表わす．これには管の寸法 (長くて細い管に水を流すのは，短くて太い管を流すより難しい)，流れる液体の粘性 (シロップのように粘性の高い液体を流すのは水を流すより難しい) が含まれる．3.2 の式をちょっと数学的にいじれば，水力学抵抗を簡単に式として表わせる．

$$R_h = 8L\eta/\pi r^4 \qquad [3.3]$$

するとポアズイユの法則は次のように書き直せる．

$$V = \Delta P/R_h \qquad [3.4]$$

式をこの形にすると，オームの法則とポアズイユの法則は非常によく似ている．実際に，両者は共通の言葉を用いて書き表せる．

物質やエネルギーの流量 ＝ ポテンシャルエネルギーの差 / 流れに対する抵抗 [3.5a]

抵抗をその逆数，すなわちコンダクタンスで表わすのを好む人もいる．その場合には次のように書き直せる．

物質やエネルギーの流量 ＝ コンダクタンス × ポテンシャルエネルギーの差　　　[3.5b]

これらの式によって普遍性が示唆されることから，素晴らしい一般化が可能になる．もし一種類のエネルギーの流れについてたくさんのことがわかれば，すべての種類のエネルギーについてたくさんのことがわかる．たとえば，電気の専門家が水力学の専門家より電気エネルギーに仕事をさせる方法を巧みに考え出せるなら，水力学の専門家はこの巧みな考えを採用して彼らの問題に応用し，水力に仕事をさせることができる．

私もここで同じことをしようと思う．動物が作った構造物がどのように物理的エネルギーの流れを変更し操作し，生理的な仕事をさせられるのかについて，電気工学でよく使われる概念・専門用語・記号を用いて論じようと思う．実はこれは，電気をモデルにした類推といわれる非常によく使われる方法であり，また私が本書全体を通じてたびたび使う方法でもある．さらに，可能な電気回路の数が莫大なように，動物が外部の生理作用にエネルギーを供給するために作る，回路に相当する構造物の数も莫大だ．体外の生理作用をうまく機能させるために，動物が外部に作った構造物をどのようにして利用するかについて，非常に一般的な方法で説明して，本章を締めくくりたい．

まず，環境と地球（大地）との間にポテンシャルエネルギー（PE）の差があると仮定する．これは日光でも，風でも，温度勾配でも，水蒸気でもよい．この差を言葉できちんと表わすと，

PE の差 ＝ 環境の PE － 地球の PE

式で表わすと，

$$\Delta PE = PE_{env} - PE_{Earth} \qquad [3.6]$$

もしこのポテンシャルエネルギーの差が物質やエネルギーの流れを都合よく動かすとしたら，これに仕事をさせられることになる．仕事率は，単位時間の流量とそれを流すポテンシャルエネルギーの差の積になる．言葉で書くと，

仕事率 ＝ 単位時間の流量 × PE の差

式 3.5a が示すように，単位時間の流量（J）は PE の差と流れへの抵抗によって決められるので，

$$J = \Delta PE / R_\mathrm{e} \qquad [3.7]$$

したがって，構造物が環境と地球の間のエネルギーの流れに抵抗するなら，それがどんな構造物だとしても仕事をすることが潜在的に可能である．

仮想的な構造物がないとすれば，環境と地球の間の PE の差を流れ下るエネルギーの流れは，それに相当する電気回路，すなわち等価回路で表わされる（図 3.4a）．この場合の等価回路は非常に単純だ．別々のポテンシャルエネルギーをもつ 2 点が，エネルギーの流量を制限する抵抗器で橋渡しされている．

さて，動物が PE_env と PE_Earth の間に構造物を作ると仮定しよう（図 3.4b）．この構造物がエネルギーの流れに与える影響を表わすのにいくつかの方法がある．構造物がおこなうのは，PE_env と PE_Earth の間のエネルギーの流れの妨害だけかもしれない．等価回路では，これは R_e と直列につないだ新たな抵抗器（R_str と呼ぶことにする）で表わされる（図 3.4b）．R_str と R_e の間の接点は，新たなポテンシャルエネルギー PE_str をもつことになる．もちろんこれによって新たなポテンシャルエネルギーの差が導入され，構造物と環境，あるいは構造物と地球の間の流れが作られる．PE_env が PE_Earth より大きいときは，環境のエネルギーが構造物に対して仕事をする．逆に PE_env が PE_Earth より小さいときは，地球のエネルギーが構造物に対して仕事をする．

抵抗器は当然のことながら制御がきかないので，受動的な部品だ．抵抗器はエネルギーの流れを，どちらの方向に対しても同じように楽々と（あるいは不十分に）妨害する．多くの場合は抵抗のこの性質は重要ではないのだが，これでは状況に適応した調節ができない．たとえばいま考えている仮想的な構造物は，地球がこれに仕事をするときではなく，環境が仕事をするときだけ作り手に役立つものだとしよう．言い換えると，構造物はエネルギーがある方向（**環境→構造物→地球**）に流れるときだけ役に立ち，反対方向（**地球→構造物→環境**）に流れるときには役に立たないとする．

これは思い通りに作動する電気回路を作ろうとするときによく経験する問題で，

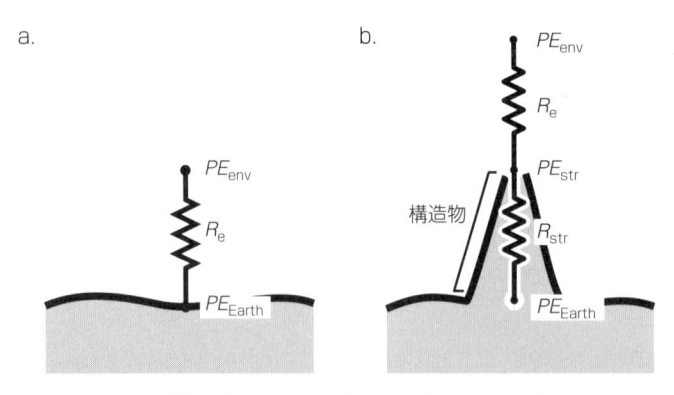

図3.4 a：エネルギーは，環境のポテンシャルエネルギー（PE_{env}）と地球のポテンシャルエネルギー（PE_{Earth}）の間を流れ下る．エネルギーの流れの方向は，どちらのポテンシャルエネルギーが高いかによって決まり，また抵抗R_eによって制限される．b：地球と環境の間に仮想的な構造物を作ることは，これらのポテンシャルエネルギーの間に別の抵抗R_{str}を付け加えることに当たる．この等価回路から，仮想的な構造物が仕事をすることが可能だとわかる．

解決法はいろいろあるが，電流を一方向にだけ流す装置を間に入れるのも1つの手だ．このような装置は整流器と呼ばれ，電流をある方向に制限する過程は整流といわれる．最もありふれた型の整流器はダイオードという簡単な装置だ（図3.5a）．等価回路に描かれた抵抗器の記号がエネルギーの勾配に沿った流れの制限を示すように，ダイオードの記号はエネルギーの流れの整流を示す．前の段落で示した種類の整流をする構造物は，抵抗器R_{str}とダイオードD_{str}が直列につながれた回路と等価になる（図3.5a）．最も簡単な場合，構造物を通るエネルギーの流れは，次の条件付等式で表わされる．

$$
\begin{aligned}
J &= (PE_{str} - PE_{Earth})/R_{str} &&[(PE_{str} - PE_{Earth}) > 0 \text{ のとき}] \\
J &= 0 &&[(PE_{str} - PE_{Earth}) < 0 \text{ のとき}] \qquad [3.8]
\end{aligned}
$$

ダイオードは，電気を通すかどうかを流れの方向に基づいて「決定する」単純な論理装置だ．しかし，別の基準に基づいて決定するのが最良という状況もあるだろう．この仮想的構造物では，環境のエネルギーを捕えることは，ある条件のときのみ役立ち，他の条件のときはそうでないかもしれない．すると，生物が望まないときは，エネルギーが構造物を迂回して流れられる別の通り道が用意されていそうだ．これもまた電気回路ではよくある問題で，その解決にはスイッチが使われる．スイ

生きている構造物　55

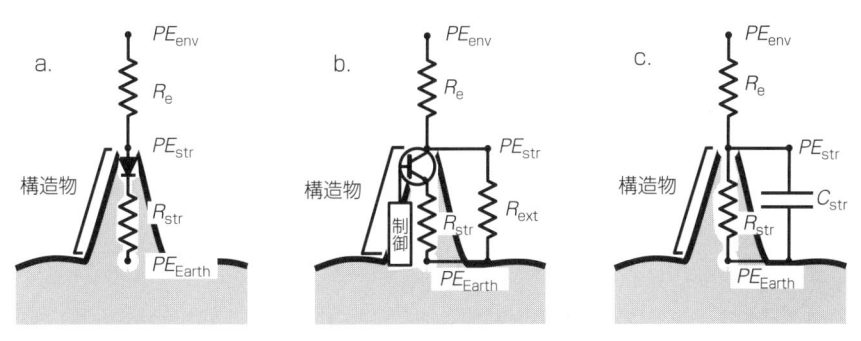

図3.5　a：構造物は，通過するエネルギーの流れを整流することによって適応的な仕事をすることが可能になる．整流装置はダイオードの記号で示した．　b：構造物が，エネルギーの流れをトランジスタを通すときのように条件に合わせて制御できれば，さらに精巧に適応的な仕事ができるようになる．c：構造物は環境のエネルギーをコンデンサー C_{str} に蓄えることができる．

ッチにはいろいろな種類があるが，上記の目的のためには，トランジスタというありふれた種類を使う．トランジスタでは，ベース（あるいはゲート）という端子に流される小電流が，コレクタとエミッタという2つの別の端子間に流れる大きい電流のスイッチを切り替える．電流はコレクタからエミッタへ向かう方向にしか流れない．したがってトランジスタは，ゲートに流れる電流によって制御されるスイッチで切り替え可能なダイオードとみなすことができる．条件に応じてゲートの電流を調節すれば，トランジスタを通る電流を条件に応じて調節できることになる．

したがって，構造物を通るエネルギーの流れは，構造物の作り手，あるいは構造物に働きかける環境からの何らかの種類の入力によって制御されるトランジスタ Q_{str} を用いた等価回路で表せる（図3.5b）．最も簡単な場合，構造物を通るエネルギーの流れは，[3.8]とは別の条件付等式で表わされる．

$$J = (PE_{str} - PE_{Earth})/R_{str} \quad [条件 = ON のとき]$$
$$J = 0 \quad [条件 = OFF のとき] \quad [3.9]$$

最後に，これらのどの等価回路でも，構造物にやってくるエネルギーを由来にかかわらず後で使うために蓄えておきたいという状況になることがあるだろう．たとえば，やってくるエネルギーが構造物を暖めるとするなら，上昇した温度は実は蓄えられたエネルギーであり，構造物と環境の間の PE 勾配が好ましくなくなったときに，仕事をするのに使うことができる．たとえば構造物が熱エネルギーを使って

水を蒸発させ，動物の都合のいいようにそれを何らかの方法で動き回らせるとしよう．もし太陽がたくさんの光エネルギーを与える昼間のうちに構造物がこのエネルギーを（高温として）蓄えられれば，太陽が沈んだ後で仕事をさせるのにこれが使える．

電気エネルギーの貯蔵もまた，電気工学者が常にしなければならないことだ．彼らはコンデンサーに電気エネルギーを蓄える．電気回路のどこに組み込むかは，どんな仕事をさせるかによっていろいろだ．ここでは，抵抗器とコンデンサー C_{str} を並列にした最も単純な形の等価回路で説明しよう．(図 3.5c)．この回路の場合，環境が構造物に対して仕事をするのに PE 勾配が適しているときは，エネルギーが流入する．エネルギーの一部は R_{str} を流れ下って仕事をし，一部はコンデンサーに蓄えられる．環境が構造物に対して仕事をするのには PE 勾配が不適当になると，蓄えられていたエネルギーがコンデンサーから流れ出して R_{str} を流れ下り，仕事を続ける．

ここまでで，生物の体外の生理作用の概念への道筋は，明瞭とまではいかないにしても，かなり見えてきたと思う．次章以降は「真の生物学」を扱うことにする．

4 培養液と走性

> 法廷で笑うと6ヶ月の拘置の処罰を受ける．もしこの処罰がなかったら，陪審員は本当の証拠を耳にすることなど決してないだろう．
>
> —— H. L. メンケン

私は第2章で詭弁を弄する罪を犯した．そして第3章では自分の無罪を証明しようと努めたが，実はそこでまた別の知能犯的な罪を犯してしまった．説明の手段として，「オカルト的な力」を利用したのだ．

こう書くと非常に聞こえが悪い．オカルトという言葉からは，魔術的なごまかしを本気で信じるイメージや，もっと邪悪なもののイメージが連想される．しかし本来，オカルトはそんなに悪いものではない．「目に見えない」あるいは「視界から覆い隠された」というのが，この言葉の文字通りの意味だ．したがってオカルト的な力というのは，単に，何かの原因となる見えない力のことだ．実際にオカルト的な力は非常に便利なので，科学者は常に利用している．たとえば引力は，目に見えず，ある意味では不思議な感じがするので，オカルト的な力と言える．それでも私たちは引力の働きについてはかなりよく知っているし，驚異的な精度で惑星の位置を計算したり，宇宙船の軌道を予測したりできる．そして誰も（少なくとも私の知るかぎり誰も）引力を何かへんてこな考えとして退けようとはしないし，アイザック・ニュートンをオカルト超能力者ユリ・ゲラーと十把一からげにはしない．

私は秩序とエネルギーを関連づける手段としてオカルト的な力を援用した．かなり単純な例を使ってエネルギーと秩序が関連していることを示そうとしたが，引力の働きがあたかも魔法のごとく見えるように，これら2つの間にも魔法のような因果関係があることを示唆した．

生物を通してエネルギーが流れるときは，必ず秩序が生み出される．

誰しも生物学的な問題をじっくり考えると，秩序を生み出すこの明らかに神秘的な能力に驚かずにはいられない．

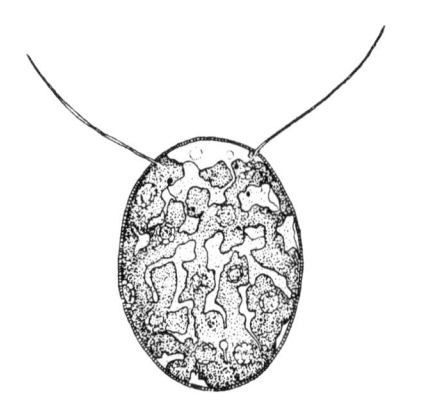

図4.1 単細胞の微生物クラミドモナス．
[Kudo（1982）より]

　本章では，エネルギーと秩序の関係を覆い隠すベールをちょっともち上げて中を覗こうと思う．そのために，エネルギーが生きものを流れるだけで無秩序から秩序が生じるありさま，それも見たところ自発的に生じるように思われるおもしろい例を少し詳しく調べていく．これは不思議に思えるが，生物は普通にやっていることだ．細胞が単純なアミノ酸を集めて複雑で非常に整然としたタンパク質を作り上げるときもそうだ．しかしここで例として挙げるのは，秩序が生物の内部ではなく，その環境中に現れるもので，サイズは作り手の生物よりも桁違いに大きい．この大規模な秩序についての記述にあたって，環境を構造的に変更することによって体外生理機能を働かせられるという私の主張についても，詳しく述べようと思う．

微生物の培養液中の大規模な秩序

　最初に私の考えている現象について述べさせてほしい．主人公の生物は，鞭毛のあるクラミドモナス（*Chlamydomonas*）など，遊泳性の原生動物だ（図4.1）．これらの生物は研究室でかなり簡単に培養できる．もし動物学か原生動物学を学んだことがあれば，おそらく名前を聞いたことがあるだろう．この現象は，1立方センチ当たりおよそ100万個の細胞密度のクラミドモナスの培養液中で起きる．シャーレを透光して見る，つまりシャーレの下から光を当てて，上から覗き込んで見るとよい．

　培養液をかき回すと，均一に濁る．ちょうど冷蔵庫の中で発酵し始めたりんごジュースのビンのようだ．培養液が濁って見えるのは，培養液中に漂っている何十億個という細胞の一つひとつがシャーレを通過する光を反射し屈折させるからだ．細胞が培養液中でランダムに分布していると，通過する光線の散乱もランダムになり，その結果濁って見える．

培養液の濁りは原生動物のランダムで無秩序な分布から生じるので，第2法則によれば培養液は濁ってしかるべきなのだ．さきほど培養液をかき混ぜてランダムになるの手助けしたが，第2法則によればいったんランダムになると，そのままの状態が続くはずだ．しかし実際には，培養液はかき混ぜ続けている間しか濁っていない．混ぜるのをやめると，様子は劇的に変わる．均一に濁っていた懸濁液には2，3分のうちにいくつもの点ができ始める．中心となる暗い領域が，明るい領域に囲まれていて簡単に見分けがつく（図4.2）．やがて暗い点々はつながり始めて複雑になり，明るい帯と暗い帯が交互に重なった美しいパターンを作る．もちろん暗い部分は微生物が集中していて，培養液を通過しようとする光を散乱させるだけでなく，遮ってしまうほど高密度になっている領域だ．明るい部分は，これも明らかに，微生物の密度が低く，光線が培養液を通して「直接」目に入る領域だ．

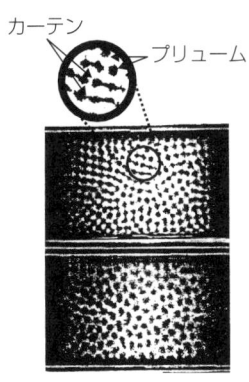

図4.2 *Chlamydomonas nivalis* の懸濁液中の生物対流パターンの発達．写真は2枚の培養皿のクラミドモナス懸濁液を見下ろしたもの．培養液の深さは上は7 mm，下は4 mm．上部の円内の点状のものがプリューム，線状のものがカーテンである．[Kessler（1985a）より]

雷雨と生物の違い

さて，何が起こっているのだろうか？　これらの点や帯の構造をもっと詳しく見ると，これらがどのようにして生じているかのヒントが得られる．横から眺めると，暗い点は嵐の雲からの下降気流のような，微生物の流動する円柱，すなわちプリュームであることがわかる．同様に，暗い帯は下方に流れる集団だが，この場合は円柱というよりは下に流れる壁，すなわちカーテンとなっている（図4.3）．このように微生物の集まったプリュームやカーテンがいったん容器の底に着くと，微生物は横へ散らばる．やがて彼らは上昇するプリュームに集まったり，プリュームの間を上へ向かって泳いだりして，上へ戻る．そしてやがて再び下降するプリュームに集まる．結局，微生物が培養液の上面と培養皿の底との間を循環運動することになる（図4.4）．

この種の流れのパターンは，ベースボードヒーティング（訳注1）の持ち主には

おなじみだろうが，専門的には対流セルとして知られている．ベースボードヒーターが床の近くの冷たい空気を暖めると，空気は密度が薄くなって浮き上がり，天井まで上る．暖められた空気が上昇するとき，それより温度の低い壁や窓や周囲の空気に熱を奪われ，再び密度が濃くなってついには床へ沈み，ヒーターのところへ戻る．結果として部屋の中にドーナツ状の空気の流れのパターンができる．空気は壁のところで上昇し，天井に集まり，部屋の中央でまとまってプリュームとなって下降する．形ははるかに複雑だが，同じような過程が雷雲中の風のパターンを作り出す．

ここで先を急がず，これらの事実を注意深く考察すべきだろう．室内の対流セルと嵐の雲は，流体力学ではよく理解された現象だ．これらが原生動物培養液中の対流セルと似ていることから，原因の類似性を探す気になるかもしれない．しかしそれは間違っている．というのは室内に対流セルを生み出すには，部屋の空気に対して仕事をしなければならない．つまりベースボードヒーターで空気を暖める．嵐の雲の場合は，日光が地表近くの空気を暖めることによって仕事がされる．これはすべて第2法則に完全にのっとっている．空気の流れの秩序立ったパターンは，外部からその系に仕事がされるときにだけ現れる．仕事をするのをやめると（ヒーターのスイッチを切る，日が沈む），秩序立った対流セルは消える．シャーレの中で観察されることはまったく逆だということをはっきりさせておきたい．秩序は私たちがシャーレに対する仕事を止めたときだけ現れる．したがって何か理由がありそうだ．

この現象は，たとえばベースボードで温められた部屋で見られる通常の対流とは異なるので，区別のために**生物対流**という特別な名前がついている．生物対流につ

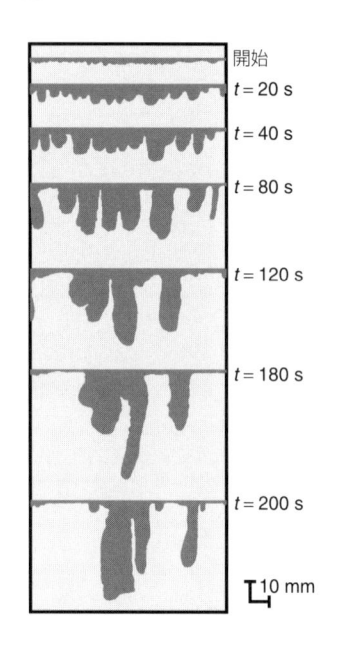

図4.3 浮遊性の原生動物 *Stenosemella nucula* の培養液中の生物対流のプリュームの発達を横から見たもの．
[Kils (1993) より]

開始
$t = 20$ s
$t = 40$ s
$t = 80$ s
$t = 120$ s
$t = 180$ s
$t = 200$ s
10 mm

訳注1）壁の最下部の幅木部分に放熱器を設置して，室内を暖房するシステム．床全体を暖める床暖房とは異なる．

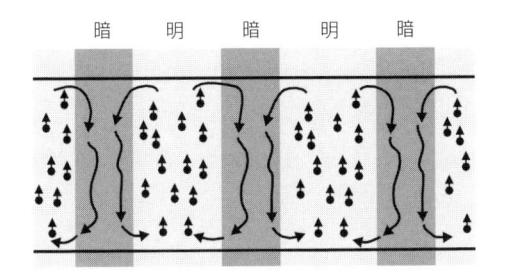

図 4.4　3本の生物対流プリュームを側面から見た模式図．暗い区域には，培養液中を下に向かう微生物の集中した流れがある．

いては多くのことがわかっている．それはこの現象自体がおもしろいからでもあるが，直接に商業的な応用価値があるからでもある．生物対流が起きるには，一定の必要条件が満たされなければならない．

1. 培養液には遊泳性の微生物がいなければならない．——自分の力で動くことができない細胞は培養液中に生物対流を作らない．
2. 生物は何らかの走性をもって泳がなければならない．——すなわち何かに向かってあるいは何かから遠ざかるように泳ぐ傾向をもたなければならない．
3. 生物は周りの培養液よりわずかに密度が高くなければならない．——これは簡単だ．ほとんどの細胞は棲みかとしている水よりも 5 〜 10 % 密度が高い．
4. 生物は浮力中心とは別の位置に重心をもたなければならない——この最後の必要条件は，やや不明瞭に思われるが，生物対流の仕組みを理解するうえではきわめて重要なのですぐに詳しく検討する．

これらの必要条件はそれぞれがジグソーパズルの 1 ピースだ．ピースを組み合わせる前に，まずこれらを 1 つ 1 つ理解しなければならない．

クラミドモナスの「賢い」重力走性と「間抜けな」重力走性

　クラミドモナスは細胞の「頭」に生えた 2 本の移動運動器官である鞭毛（図 4.1）を，平泳ぎのように動かして培養液の中を動き回る．泳ぐスピードは，それなりに結構速い．クラミドモナスの泳ぐ最高速度は，1 秒間に約 200 μm，すなわち 5 秒ごとに 1 mm だ[1]．しかし泳ぎはでたらめではない．彼らは周囲の状況を感知でき，この情報を使って泳ぐ方向を決める．原則として，細胞は状況が「よければ」そこ

に留まり，培養液の状況が「悪ければ」「よりよい」領域へ泳いでいく傾向がある．

　ある種類の環境へ向かって，あるいはそれを逃れて選択的に泳ぐ傾向は，**走性**という名でよく知られている．走性にはさまざまな種類があり，どんな条件に反応するかによって名前がつけられている．たとえば走光性は光に向かってあるいは光から遠くへ泳ぐ運動だし，重力走性（時々間違って走地性と言われる）は，地球の重力場に対して上あるいは下へ泳ぐことだ．走性には正と負がある．たとえば正の走光性は光へ向かって泳ぐことで，負の走光性は言うまでもなく光から遠くへ泳ぐことだ．同様に，正の重力走性は下すなわち地球へ向かって泳ぐことで，負の重力走性は上すなわち地球から遠くへ泳ぐことだ．

　走性はいろいろな方法で発揮される．走性が「賢い」場合もある．細胞には周囲の情報を手に入れる感覚装置があり，遊泳器官に命じて細胞を条件のよいところへ行かせ，条件の悪いところから遠ざける．たとえば藻類細胞の片側が光に照らされると，鞭毛の振り方が影響を受け，細胞は光に向かって泳ぐことになる．磁性細菌 *Aquaspirillum magnetotacticum* のように，走性が「間抜けな」場合もある．これらの泥の中に棲む細菌は，体内に小さい磁鉄鉱の結晶をもっている．磁場が方位計の針にトルクを与えるように，地磁気はこれらの小さい結晶にトルクを与える．こうして細菌の体は磁場によって特定の方向に向けられ，細菌は単にそちらの方向に泳ぐ．クラミドモナスの場合，走性には「賢い」側面と「間抜けな」側面がある．原生動物は知覚によって環境を評価する．十分な酸素があるだろうか，十分な光があるだろうかというように．そして答えがノーであれば泳ぎを開始する．しかし，細胞内の質量の分布が泳ぐ方向を偏らせてしまうためにクラミドモナスの泳ぎは賢くない．どういうことなのかを見ていこう．

　質量をもつすべての物体は，重力加速度による下向きの力を受ける．この力の働き方を分析するとき，生物の質量が重心（CG）という仮想的な点に集まっているとして扱うと便利だ（図4.5a）．クラミドモナスを鞭毛でつるすと，細胞がつるされている点の真下に重心が来て，細胞は静止する．クラミドモナスでは，重心はたまたま鞭毛と反対側の細胞のはじにある．

　ある密度の物体，たとえば空気を満たしたタイヤのチューブを，水などの空気より密度の高い流体中に入れると，チューブにかかっている下向きの重力は，上向き

---

1) クラミドモナスの直径は約 $8\,\mu\mathrm{m}$ であるから，人間の大きさ（平均身長を 1.5 m とする）に拡大して換算すると，泳ぐ速度は，$135\,\mathrm{km\cdot h^{-1}}$ となる．

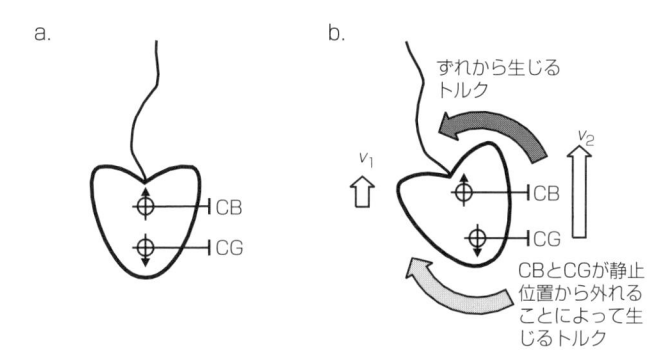

図 4.5　浮力中心（CB）と重心（CG）が一致しない微生物の向く方向．a：静止している流体，あるいは一定速度で動いている流体中では，重心は常に浮力中心の真下に来て静止する．b：微生物がずれの力（異なる長さの速度ベクトル v_1, v_2 で表わした．〔白い矢印〕）を受けると，その大きさに比例したトルクによって回転する（濃い矢印）．浮力中心と重心が回転によって静止位置から外れると，反対方向のトルクが微生物にかかる（薄い矢印）．微生物は2つのトルクがつり合う角度で静止する．

の浮力によって差し引きされる[2]．重力が単一の重心に働くように，浮力も一点の浮力中心（CB, 図4.5a）に働く．通常，流体中に浮遊する物体は，その浮力中心が重心の真上に来て，垂直に並ぶような方向を向く．もし浮力中心と重心がこのように並んでいないと，これらが正しく並ぶ方向に戻す回転力，すなわちトルクを受ける．

　すべての細胞と同様に，クラミドモナスも水よりわずかに高い密度をもつ．したがって細胞をゆっくり沈める正味の重力が働く．重心と浮力中心が一致していないため，クラミドモナスは邪魔されなければ鞭毛が上になるような方向を向く（図4.5a）．他の力がかかっていないとき，泳いでいないクラミドモナスは，（泳いでいないので厳密には走性とは言えないが）常に正の重力走性を示す．つまり沈む．しかし泳ぐときには細胞が上を向いているため，たくまざる「間抜けな」メカニズムで負の重力走性が生じ，常に上へ向かって泳ぐことになる．

クラミドモナス培養液中の流体力学的集束

　ここでジグソーパズルの次のピースに移ろう．流体力学的集束として知られている現象だ．浅い培養液中に自然に発生する生物対流セルとは異なり，流体力学的集

---

[2]　流体中に入れられた物体は，それが押しのける分の流体の質量に見合う浮力を受ける．したがって，空気中にいる人間は体をもち上げようとする浮力を受けているのだが，空気は体よりはるかに軽いので，浮力は小さい．物体の重さは重力によってのみ生じるのではなく，重力と浮力の差から生じる．

束には培養液に仕事，それも特別な種類の仕事がなされなければならない．

前と同じように，クラミドモナスのような遊泳能力をもつ原生動物の培養を考えよう．しかし今回は，2本の垂直なガラス管をもつ装置の中で培養をおこなう．これらのガラス管はつながっていて，培養液は一方の管を下へ流れ，他方の管を上へ流れて循環できるようになっている（図4.6）．まず下向きに流れている管に注目しよう．これらの管によく混ぜ合わせた培養液を循環させると，シャーレのときと同様に，初めは均一に濁った懸濁液なのだが，2，3秒後には，下向きに流れている管内の細胞は中央に集まり，細胞が密に詰まった柱になる．これが流体力学的集束である．

流体力学的集束は，培養液中の微生物を収穫する安価で便利な方法となるので，商業的に大きな関心が寄せられている．微生物を商業的に培養する場合，ある時点で収穫することが必要

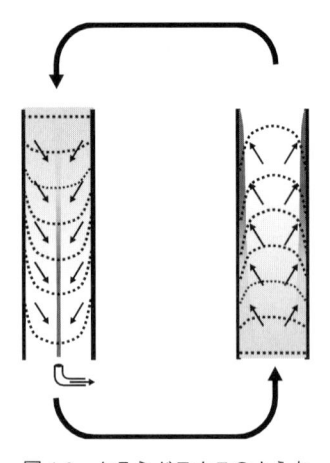

図4.6　クラミドモナスのような微生物による流体力学的集束．培養液が下に向かって流れる管の中では，細胞は中央に集まって密度の高いプリュームとなる．培養液が上に向かって流れるときは，細胞は管の壁の方へ移動する．管内に生じる速度分布を，一連の点線で示す．ベクトル（小さい矢印）は，細胞を動かす力を表わす．

になるが，それには通常高いコストがかかる．たとえば多くの商業的培養はバッチ法（一括処理）でおこなわれるので，培養を開始し，ある時間増殖させた後，収穫するためには培養を停止させなければならない．流体力学的集束は，この問題を迂回する方法となる．下向きに流れる培養管のうちの1つの中央に小さなサイフォンを取り付けることができれば（図4.6），バッチ全体を停止させずに高度に濃縮された細胞懸濁液を抜き取ることができる．しかし私たちにとっては，流体力学的集束の実際的な応用よりも，プリュームの生じ方の方に興味がある．

集束は，この生物の泳ぎ方と，管を流れる流体の特徴的なパターンの相互作用によって生じる．流体が管を流れるとき，速度はどこでも同じではない（図4.7）．中央では管の壁に近いところよりも速く動く．管の直径に対して速度をグラフにすると，特徴的な速度の曲線ができる．理想的な状況では，速度は壁の内側のところでゼロ，管の中央で最大に達する．培養液中に懸濁したクラミドモナスに，この速度

分布がどのように影響するのだろうか？

　クラミドモナスが管の中心以外のどこかにいるとすると，細胞の片側（中心側）の流れは反対側（壁側）の流れよりわずかに速いことになる．ずれといわれるこの速度の不均衡により細胞にトルクがかかり，たいていは細胞を回転させることになる（図4.5b）．しかし重心と浮力中心が異なるため，この原生動物はトルクに抵抗することを前に述べた．その結果，速度のずれによって細胞にかかるトルクと，重心と浮力中心の配列の不具合から生じるトルクがちょうど打ち消しあう角度に細胞が傾いて静止する．速度のずれは管の壁のところで最大なので，傾きも壁の近くで最大になる．重力は常にクラミドモナスに上を向かせるので，下に向かって流れている管内でのずれは，すべての細胞を管の中心方向に傾かせる．クラミドモナスはどの方向であっても向けられた方向に泳ぐので，管の

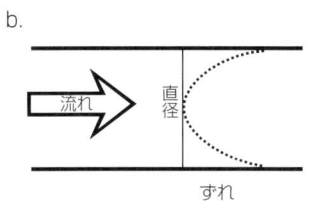

図4.7　管の内側を流れる流体の速度分布．a：管内の速度は放物線状の分布になる．管の壁では$v=0$，中央では最高速度（最も長い矢印で示す）になる．b：流体が流れる管内でのずれの分布．速度勾配dv/drが急なところ（壁）では，ずれが最も大きく，中央ではゼロになる．

中央に集まりプリュームを形成することになる（図4.6）．上向きに流れる管の中では，反対のことが起きる．こちらでは上に向かう流れの速度分布によって，管の中のすべての細胞は壁の方向に傾けられる．今度は細胞は管の中心ではなく壁に群がる．この現象はジャイロタキシス（gyrotaxis：gyro＝回転，taxis＝走性）として知られ，文字通り「回転によって配置される」ということである．

生物対流のプリュームはどうして生じるのか？

　これでまた，クラミドモナスのシャーレ中に出現する興味深い生物対流プリュームに話を戻すことができる．興味深い現象の例に漏れず，これにも2つの説明がある．短く単純な説明と，その陰に隠れた複雑だがもっとおもしろい説明とがある．短く単純な説明は，この秩序は生物を通って流れるエネルギーによって作られるというものだ．その場合，なされる仕事は，かき混ぜるスプーンやベースボードヒーターのような外部の手段からから来るのではなく，細胞を通って流れる培養液中の

化学ポテンシャルエネルギーから来るのだ．すなわち以下のようになる．

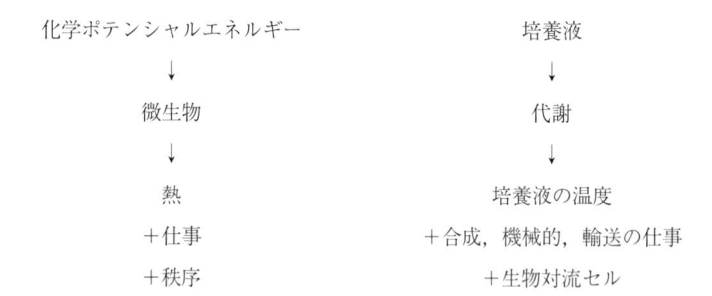

```
化学ポテンシャルエネルギー          培養液
        ↓                        ↓
      微生物                     代謝
        ↓                        ↓
        熱                    培養液の温度
      ＋仕事                ＋合成，機械的，輸送の仕事
      ＋秩序                    ＋生物対流セル
```

もちろんこれはオカルト的な過程を説明に使っていて，これが出だしから混乱の元となっている．真の答えを見つけるには，問題を3段階に分解することが必要だ．

1. この生物全体の代謝の結果として酸素濃度の大規模な勾配が培養液中に生じる．
2. 生物はこの勾配に応答して，培養液中の酸素濃度勾配に応じた再分布をする．これによってポテンシャルエネルギーの大規模な勾配ができるが，これは培養液中での質量の空間的な再分布という形をとる．
3. 重力がこの新たな PE 勾配に対して作用して，質量の再分布を壊そうとする方向に働き，培養液中に大規模な流れを生み出す．

これらの段階が一緒に働くことにより，どのようにして生物対流が生じるのかを考えていこう．

段階1：酸素濃度勾配の出現

　微生物がランダムに分布した培養液が，ふたを開閉して空気を流通させたり遮断したりできるシャーレに入れてあるとしよう．初めはシャーレが閉まっていて外の空気から遮断されているとする．

　まず1個の微生物とそれを取り巻く小さな区画の流体（培養液）に焦点を合わせよう[3]．さまざまな理由によって，個々の微生物とそれに付随した流体の区画を，分離できない単位として扱う[4]．この微生物が酸素を消費するときは，どうしても自分に付随した区画から取り入れることになる．したがってこの区画の酸素濃度（酸素分圧 pO_2 と記す）は，酸素の減少に比例して少量だけ低下する．その後，この区画

の酸素濃度を数回測ると，時間と共に pO_2 は低下していき，低下速度はこの微生物が酸素を消費する速度とちょうど等しいことがわかる．

　同じことが培養液中のどこでも起きている．微生物がいるところはすべて，その周りの流体の区画の pO_2 は低下していく．便宜上，すべての微生物が同じ速度で酸素を消費していると仮定すると，pO_2 は培養のどこを測ろうとほとんど同じになる．言い換えると培養液全体で酸素は均一に分布し，均一に消耗している．もっときちんと言うと，空間的には酸素分圧には勾配がない．微生物は上下左右，東西南北どちらを向いても，どこでも同じ酸素分圧に出会う．したがって培養液中の酸素の動きは，個々の微生物とそれに付随した流体区画の間の酸素分圧の小規模な変化に左右される．

　しかし培養容器のふたを開けて外の空気にさらすと，著しい変化が起きる．培養液中のすべての微生物がどちらを向こうと同じ酸素濃度に出会うなどということはもはやない．流体中の深みにいる運の悪いものは，少なくとも最初は，もとのままの低い pO_2 の液体区画に囲まれている．しかし表面の幸運なものは，豊かな酸素原である空気に面する．液体の表面区画と空気との間には酸素分圧に差ができている．第2法則の指示通りに，酸素が空気から最上段の区画中に移るので，その部分の酸素濃度は増加する．

　最上層でのこの増加により，培養の深みへと酸素を運ぶ一種の「バケツリレー」が始まる．バケツリレーは以下のように進む．空気中から酸素が表面の区画に移ってくると，そこの pO_2 はそのすぐ下の流体区画の pO_2 よりも高くなる．区画間に酸素分圧の差が生じると，その差に比例した速度で酸素が下へ送られる．培養液の上から下まで隣り合って並ぶ区画間のすべてで同じことが起きる．つまり，表面のすぐ下で隣り合っている区画間で，またその下の区画間で，またその下の……という具合だ．最終的な結果は，酸素分圧の大規模な勾配ができて，培養液内部へ向かう酸素の下向きの大規模な流れを作る．

　この酸素の下向きの動きは2つの理由で効率が悪い．第1に酸素は拡散によっ

3）クラミドモナスのような微生物は，半径約 $4\,\mu m$ の球形に近い形をしているので，体積はおよそ $2.7 \times 10^{-10}\,cm^3$ になる．培養密度が約 $10^6/cm^3$ とすれば，個々のクラミドモナスはおよそ $10^{-6}\,cm^3$ の培養液を占有している．すなわち細胞の体積のおよそ3,700倍であり，一辺の長さがほぼ $100\,\mu m$ の立方体になる．この長さは細胞自身の長さの12.5倍になる．

4）規模が非常に小さい場合，物体とその周りの流体は，流体の粘性によってほとんどいっしょに保たれ，物体に「余分の質量」が加わったような感じになる．したがって流体中の非常に小さい物体は，常にそれを取り巻く流体と共に動く傾向がある．

て下へ移動するが，これは細胞の直径くらいの短距離であれば非常に速いが，培養液の上から下までの数 mm という「長」距離になると非常に遅い．第2に，すべての液体区画には酸素を消費する微生物が入っていることだ．表面区画中の微生物はそこを通る酸素のいくばくかを消費するので，その下の区画に移動できる酸素は減ることになる．微生物の1つ1つがそこを通る酸素分子から「酸素税」を取り立てているようなものだ．積もり積もった結果として，培養液内の垂直方向の酸素分圧勾配ができる．上面では分圧が高いが，微生物がそれぞれ「酸素税」を搾り取るので，底に行くに従って急速に低くなる．すべての区画で酸素が均一に消費されていく閉じた培養容器とは異なり，開いた培養容器では，区画内の酸素は微生物による消費に伴って補給されるので，各区画の pO_2 は時間に対して一定である．また，最上層の細胞はより高い，おそらくより安定した酸素分圧を享受する．彼らの酸素消費速度は，底へ向かう酸素の流れの途中で分け前を分捕る多くの「中間搾取者」に介入されないからだ．一方，最下層の細胞は，上からのおこぼれに頼らねばならず，したがって低い酸素分圧でやりくりしなければならない．

　この筋書きをもっと一般的なエネルギーの観点から見てみよう．培養液中の酸素がある場所から別の場所へ移動できるのは，移動させるポテンシャルエネルギー源があるときだけだ．酸素分子には質量があるので，動かすには仕事が必要なのだ．酸素を動かすポテンシャルエネルギーの勾配は，培養液中の2点間の酸素濃度の差から来る．実は，酸素濃度を分圧として表わすとそれは，酸素を動かす仕事をするポテンシャルエネルギーの大きさを直接示すことになる．

　閉じた培養液中では，ポテンシャルエネルギーは散らばって分布している．酸素分圧の勾配は，微生物とそれに付随する流体区画の内部から外へは広がらない．微生物が培養全体に広がって分布しているなら，培養液中の小規模なポテンシャルエネルギー勾配もそうなる．しかし培養液を空気にさらすと，酸素分圧の上から下への勾配という，大規模なポテンシャルエネルギーの場が生じることになる．この新たなポテンシャルエネルギーの場は，一部は培養液の上面をふんだんな酸素源（専門用語で言えば，環境のポテンシャルエネルギー）にさらしたことからもたらされ，また一部は生物を通して流れるエネルギーからもたらされる（酸素が微生物のそばを通るときに搾り取られる「酸素税」から明らかだ）．その結果，培養液中の生物に作用しているポテンシャルエネルギーの勾配より，はるかに大きな規模の勾配が培養液全体に生じることになる．

段階2：微生物の再分布

次の段階は微生物の運動能力によって決まる．クラミドモナスの負の重力走性は部分的に「間抜けな」メカニズムによっていたことを思い出そう．すなわち，細胞の質量分布に頼って常に上を向いているにすぎない．しかしこの生物は悪条件を察知したときにも泳ぎだす．最上層のクラミドモナスは，そこに留まるのに必要なだけの運動しかしない──「最高の生活だもの，動く気はさらさらないよ」．しかし最下層の細胞は，より多くのエネルギーを運動器官へ振り向け，表面へ上るのに必要な強力な運動をおこなう．したがって大規模な酸素分圧勾配が存在すると，培養液中の代謝エネルギーの流れの大きさにも大規模な勾配が生じることになる．全体として培養液に対して仕事がなされるが，その分布は酸素分圧の分布を反映する．細胞が移動する距離が長いほど，よけいに仕事がおこなわれる．この仕事の結果，細胞は培養液表面の薄い層に集まることになる．

これらの細胞の正味の密度は棲みかである水よりもわずかに大きいので，培養液の最上層に細胞が集まると，培養液のこの層は下の層より重くなる．この高密度の密集状態は，レンガを箒の柄の上に載せてバランスを取るのと同じで，明らかに不安定だ．うまく支えないとすぐに落ちてしまうレンガとは違って，培養液上層の集団はある程度は安定だ．流体中の不安定な質量分布（反転分布という）がついに崩壊するとき，それはかなり統制された形で起こり，秩序のある生物対流セルが生じる．

段階3：生物対流セルの発生

反転分布を安定化したり不安定化したりする要因は，似たようなことがらから簡単に実感できる．水の入ったなべをコンロの上で熱しているとしよう．水は熱によって不安定な反転分布状態になる．鍋の底の水は表面の水よりも熱いので軽い．したがって底の暖まった水は表面へ上昇「したい」のだが，その上の冷たい，密度の高い水の層によって蓋をかぶせられたように邪魔されている．

反転分布は流体の粘性によって安定化される．粘性は流体の流れにくさを示す量だ．熱せられた水の入った鍋の中に生じる反転分布では，底の軽い水は上にある重い水をある力で上へ押す．この力を F_b としよう．普通は浮こうとする力は上昇流を作り出す．しかしそうなるには，底の軽い水がその上の重い水をかき分けて流れ

なければならず，水の粘性によって抵抗を受ける．この力を F_V としよう．水を押し上げて浮こうとする力がそれに抵抗する粘性の力より小さいかぎり（すなわち，$F_b \ll F_V$）反転分布は安定だが，浮こうとする力が抵抗する粘性力と等しいか超えるようになると，反転分布は崩壊する．反転分布がまさに崩壊し始めるときのようすが，私たちにとって興味の的なので，少し詳しく考察しよう．

　鍋底のような面を完全に均一に熱するのは非常に難しい．どうしても他よりよけいに熱せられる部分が出てくる．その部分の水は，あまりよく熱せられなかったところよりも暖かく軽い．そのため反転分布の層を水平方向に区切っている境界は完全に平らではなく，一時的な凹凸ができる．ところどころにできる軽い水の「かたまり」はそばの少々冷たくて重いところよりも少し上にもち上がる．

　鍋をさらに熱し続けると，これらのかたまりのうちの1つがやがて十分なエネルギーをもち，その浮力が上向きの流れを抑えている粘性の力を上回るようになる．すると下に押さえつけていた重い層を「突き抜けて」上へ昇る．そうなると重い上層に開けられた穴は，鍋底に「抑えつけられていた」ほかの暖かい流体層にも道を開く．鍋底の軽い水は穴を通ってどんどん上昇できるようになり，一方上部の重い水はその重量で穴以外の部分の軽い水を下に押し下げることによって流れに加担する．その結果，暖かく軽い水の激しい上昇プリュームが突然出現し，結局，反転分布が転覆する．

　クラミドモナスが培養液の最上層に移動してくると，培養液の温度は均一なのだが，一種の反転分布が起きる．表面に生物が集まったためにできた高密度の流体の層は，もしその下に密度の低い層が広がっていなかったら，当然重力によって沈むはずだ．この反転分布も，熱した鍋の中の温度の反転分布と同じ物理法則によって安定が保たれている．しかしこちらの場合は，反転分布を転覆させるのは微生物の密度のランダムなゆらぎだ．培養液表面のところどころに細胞が密に集積した密度の高い重い「かたまり」ができ，その下の細胞の少ない軽い培養液の下へ沈み込もうとする．通常はこれらのかたまりは，浮いているうちにブラウン運動によって四散してしまう[5]．しかしある時点でかたまりの1つが非常に重くなり，下から支えていた力を上回るようになって沈み始める．

---

5) ブラウン運動はスコットランドの植物学者ロバート・ブラウン（Robert Brown）の名を取って名づけられた．1827年，彼は流体中にある微粒子の奇妙な不規則運動を報告した．この運動は，粒子を取り巻く流体分子が粒子に及ぼす力のランダムな変化によって引き起こされる．この力は細胞や分子のような微細な世界でのみ有効で，これらを不規則に動かす．

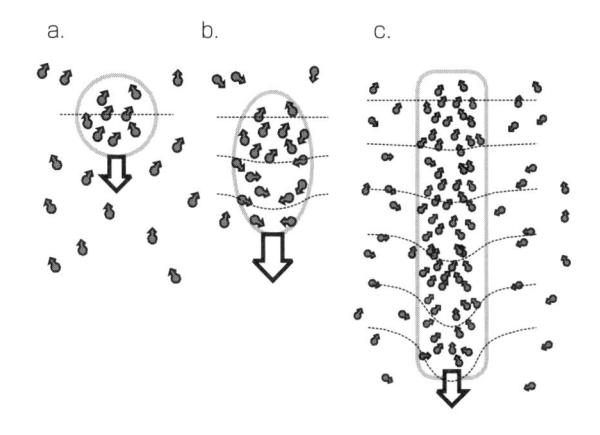

図 4.8 培養液中の微生物が密に詰まった「かたまり」の発達．a：微生物のランダムな動きによって局所的に細胞の集団ができる（円内）．b：集団の密度が周囲よりわずかに高いので，できたてのかたまりが沈み始める．c：かたまりが沈むに従って周囲に沈降速度のずれの場ができ，かたまりの外の微生物を中心に向かって誘い込む．

　しかし，十分に重いかたまりがあるだけでは，まだ生物対流プリュームは生じない．流体密度の最大値は，微生物自体の密度によって決められる．微生物を最上層にできるかぎり詰め込んだとしても，水より 5％ほどしか重くならない．実際には密度の差はもっと小さい．密度の差以外に必要なことは，このかたまりが生きた微生物から構成されていることだ．死んだ細胞でできたかたまりでは決してプリュームを生じるほどに重くはならない．ところが生きた細胞であれば，生物対流プリュームは確実に，すぐさま（数分以内に）現れる．

　次に何が起きるかを理解するために，流体力学的集束の仕組みを思い出そう．下向きの流れの速度分布により，細胞は中心に向かって傾き，その度合いは，ずれに比例するということだった．それを頭に入れて，生物対流プリュームの発達の詳細を見ていこう．

　まず微生物が密に詰まったかたまりが，培養液中をゆっくり沈み始めるだけの重さがあると仮定しよう（図 4.8）．もしこれらの細胞が死んでいたら，ブラウン運動によってすぐに散らばってしまうので，この高い密度は長続きしない．しかし生きた細胞であれば，まったく異なる変化が起きる．密度の高いかたまりが沈み始めると，そばの流体の区画を一緒に引きずって行く．するとそれがまたそばの区画を引きずり，それがまた……というように続き，その結果，沈んで行くかたまりからある程度の距離にまで及ぶ，沈降速度の分布ができあがる．速度はかたまりの中央で最も速く，離れるほど遅くなる（図 4.8）．この流れの場に捕えられた生きている微生物は，流体力学的集束が働いたときと同様に中心に向かって傾けられる．クラミ

ドモナスは自分の向いている方向へ泳ぐので，周辺のものがかたまりの中心部へ集まる．するとそれがかたまりの中の細胞数と密度を高め，それが沈む速度を速め，それが速度の勾配を急にし，それがもっと多くの細胞を中心に傾け，それがかたまりの密度をさらに高め……

　もうおわかりだと思う．かたまりが沈降を始めること自体が，沈降速度を速めていく条件，つまり正のフィードバックの原因となっている．正のフィードバックは細胞が生きていないとかからない．結局，培養液中の各所でしっかりした生物対流プリュームが数分以内に生じ，各々のプリュームは沈降開始に十分な濃さの生物が一時的に集まったかたまりを中心としているのだ．やがてこれらのプリュームはそこに加わる微生物の獲得合戦を始める．最初に勢いのあったプリュームは弱いプリュームをだんだんと引き入れていき，発達して生物対流のカーテンになる（図 4.3）のは当然のなりゆきなのだ．

生理作用の起源

　遊泳性の微生物の培養液中に，大規模な流体の流れのパターンがあたかも自然に現れるようすを述べてきた．しかし実はこの現象は自発的なものではない．ベースボードヒーターのある部屋と同じように，この系には仕事がなされている．ただ，仕事の出どころが培養液に蓄えられたエネルギーであり，系を通過するエネルギーが微生物のおこなう代謝によるという違いはあるが（図 4.9）．最初に微生物が培養液中の酸素の分布を変えることから仕事が始まる．次に微生物自体が流体に対しておこなう仕事が続く．この過程のすべての段階は完全に筋が通っていて，説明可能であり，第 2 法則とも矛盾しない．しかしそれでも結果は無秩序ではなく秩序が生じる．

　微生物自体にとって生物対流は，シャーレの中に明暗のきれいな縞ができる以上に重要な意味がある．プリュームに乗って表面から下降する流体区画は，表面にある間に取り入れた豊富な酸素をもっているので，拡散によるよりもずっと速く酸素を深いところへ運ぶ．プリュームの沈降速度は微生物の遊泳速度のおよそ 10 倍の，毎秒 2 mm か 3 mm にもなる．この速度で酸素や二酸化炭素が運ばれる．あたかも私たちの体を循環する血液がこれらの気体を運ぶのと同じように．みごとな循環－呼吸系の出現だ！

生物対流の現象は，生理作用の進化の起源は何かという興味深い問題も俎上に載せる．すでに述べたように，私たちは通常，生理作用には高度な協調や制御がつきものと考えている．たとえば腸のような器官では，食物に腸管内を移動させる筋肉は絶妙なタイミングで協調して収縮しなければならないので，腸には筋肉の動きと多様な分泌を制御する神経系が分布している．しかしクラミドモナスの培養液は，仲間どうしで協調した行動は取らない比較的独立独歩の細

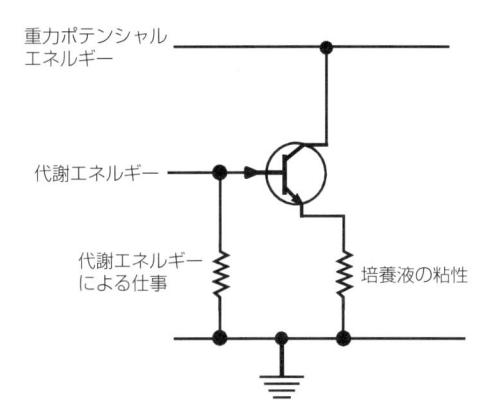

図4.9　遊泳性の微生物の培養液中に生じる，大規模な秩序の形成に関わるエネルギーの流れ．大規模な重力ポテンシャルエネルギーのおこなう仕事を，運動を起こす手段〔ここでは鞭毛〕を介して，代謝エネルギーが制御する．

胞の集まりだ．それでも彼らは個々の細胞よりも何倍も大きい構造体として組織されるようになる．典型的な生物対流の直径は数ミリあるので，細胞の何百倍もある．さらにこの構造体は，酸素と二酸化炭素を培養液全体に輸送するという大規模な生理作用をおこなう．

　このたぐいの自己組織化は生理作用の進化の起源と言えるのだろうか？　多細胞生物のさらに複雑な生理作用が発展していく元となった，短命な超構造体と言えるのだろうか？　確かに，このような「超生物的」生理作用がそれに関わっている微生物に利益を与えている仕組みを理解するのはそれほど難しくはない．しかしこの個体を超えて広がった生理機能と，前に述べた従来のダーウィンの適応モデルはうまく折り合いがつくのだろうか？　確かに，特定の遺伝子がクラミドモナスの形や，体内の質量の分布や，鞭毛をつくっているタンパク質の効率や刺激への反応性を決めていると想定することはできる．また，自然選択によって，クラミドモナスに適正な質量分布をさせる遺伝子や，生物対流に都合のよい鞭毛をつくる遺伝子が選ばれるのだと考えることもできる．しかし遺伝子が「超生物的」生理作用の表現型を示すことになるのは，(a) おびただしい数の個体に広がった同一の遺伝子がいっせいに働き，(b) その作用が物理的な環境や，その中のポテンシャルエネルギーの大

規模な分布に変化をもたらすときだけだ．最初の条件とネオダーウィニズムとの折り合いをつけるのは難しくない（第11章で再検討する）．しかし2番目の条件は，何が何に適応しているのかというやっかいな疑問に直面するのでかなり困難だ．律儀なダーウィニストが力説するように生物が環境に適応しているのだろうか，それとも環境が生物に適応しているのだろうか．生物対流現象では，確かに流体の密度や粘性，酸素分圧といった環境のもつ性質を織りこんだ現象が，クラミドモナス自体の生理器官の機能と同じくらいに表現型の一部なのだ．

5 そして奇跡が起きて……

> 哲学者であり聖職者であったバークレーは，
> 形而上学的見地から陰鬱に述べた．
> 「我々に見えないものは
> 決して存在することはできない．
> そしてそれ以外のものはまったく取るに足りない．」
> ——フランシス＆ヴェラ・メイネル（1938）

　前章で私は，生物を通って流れるエネルギーは，周囲の環境の大規模なポテンシャルエネルギーの勾配に出会うと，そこに生物自体よりも何倍も大きい規模の秩序をつくり出すことができると論じた．この秩序の形成は，私が第1章で仮定した体外生理作用と関係があることを信じてほしい．

　疑い深い人はこのような議論に出会うと，おそらくシドニー・ハリスの漫画を思い出すだろう．黒板にややこしい数式が書かれていて，真ん中に「そして奇跡が起きて」と大書してあるあの漫画だ（図5.1）．第4章で展開しようとした議論（呼びたいなら「奇跡」と呼んでもかまわない）の弱点は，原生動物の培養液中の生物対流セルが生理作用をもつ原始的な形の構造物に当たるという私の主張にあった．もちろん言いたかったことは，そのような整然とした構造物は，代謝エネルギーと物理的エネルギーの流れの相互作用があればいつでも生じ，常に生理的な働きをするはずだということだ．それゆえ，動物が作る構造物は生理的な器官である．違うだろうか？

　残念ながら違うのだ．生物対流は興味をそそる現象ではあるが，明らかにそれをもとにこのような断定を下せるほどしっかりしたものではない．生物対流セルは整然としたものであり，生理的な働きをもち，代謝エネルギーと物理的エネルギーという2つのエネルギーの流れの相互作用によって生じるということについては，どれも疑いの余地がない．しかしこれは構造物だろうか？　もし到底そうは言えないなら，少なくとも動物が作るもっとしっかりした構造物の「はしり」であるとさえも言えないなら，この議論自体が行き詰る．ここで必要なのは，動物が作るしっかりした構造物と，生物対流セルのはかないとは言え整然とした「構造物」の間のギャップを埋める方法だ．

本章では最も原始的な動物，カイメンと腔腸動物（クラゲ，サンゴ，ヒドラなどの仲間）が作る構造物について考察してこのギャップを埋めようと思う．動物の体（従来どおりの，体内の生理作用を司る）と動物が作る構造物（体外で起きる生理作用を司ると思われる）との差を理解することが重要なので，余談と思われそうな，生物とは何か，どのようにして現れてきたのか，というところから始めなければならない．カイメンと腔腸動物，特にサンゴは，体と外部の構造体との区別があいまい

「この段階をもっと明確にしなくちゃいかんよ」

図5.1　秩序形成の問題……解けた！［Harris（1977）より］

なので，この問題を検討するための興味深い舞台を提供する．また，動物の形に関するかなり難しいいくつかの問題——測定方法，発生のしかた，動物の棲む環境や進化の歴史による影響——についても掘り下げて考えなければならない．そうすれば，生物対流セルによって代表される擬似構造物と，動物によって作られるもっとしっかりした構造物との間のギャップを埋める準備が整う．そのときには，非現実的な「奇跡」と思われたことが，理論的に起こりそうなこと，あるいは少なくとも単に起こりそうもないことに帰着していることと思う．

動物とは何か

現在，生物学者たちは生物界を 6 つの大きな区分，「界」に分けることにほぼ同意している．そのうちの 2 つは原核生物であり，細菌とも言われる単細胞生物で，遺伝物質（必ず DNA）ははっきりした核内に包み込まれていない．原核生物の界は，

・古細菌界：原始的な細菌で，最初に現れた細胞におそらく最も近い生物．古

細菌は酸素の存在下では生息できず，温泉・強酸性・高塩濃度などの極端な環境に棲むことが多い．
- 真正細菌界：古細菌から生じたが，さまざまな環境に棲み，さまざまな生活様式がある．

原核生物については第6章で詳しく述べる．

原核生物から生じたのが4つの真核生物の界である．これらの生物は遺伝物質（やはりDNA）を膜で囲った核内に閉じ込めている．真核生物の界は，

- 原生生物界：非常に多様な単細胞生物の集団であり，自分の食糧を合成しない「動物のような原生生物」と，自分の食糧を光合成する「植物のような原生生物」に大きく分けられる．原生生物の細胞は普通は単独で存在するが，群体を形成する種もある．
- 植物界：すべての緑色植物が属する．植物は独立栄養（「自力給餌」）である．すなわち光合成によって自分の食糧を生産する．
- 菌類界：キノコとカビが属する．菌類は従属栄養（「他力給餌」）である．すなわち他の生物から食料を手に入れる．ほかでもない菌類がおそらく私たち人類を含む動物界に最も近いのだろう．
- 動物界：すべての動物が属する．動物はすべて従属栄養であるが，独立栄養生物と共生しているものもある．

いわゆる高等な界（菌類・植物・動物界）はすべて原生生物界から進化してきた．これには細胞の相互作用の方法を根本的に方向転換することが必要だった．すなわち，集合体を形成する原生生物の比較的ゆるやかな結びつきから，高等な界の特徴である複雑な多細胞生物への方向転換が必要だったのだ．

動物のボディプラン

動物学者は動物をおよそ32の門に分けている（およそとしたのは論争中で確立

---

1) リンネの「公式の」分類体系の最も大きい区分が門である．この体系の各区分は，次々と小さい区分に分けられるので，何段階にもなった入れ子状の体系となる．これらの区分は大きい方から小さい方へ，門，綱，目，科，属，種の順に決められている．生物学の学生は，こじつけや駄洒落など，さまざまな記憶方法を用いてこれらの区分の順序を覚える．私の知っているのはどれも下品なので，ここで紹介できないのが残念だ．

していない門があるためだ）．門によって，そこに含まれる生物のボディプランが異なる．たとえばほとんどの動物門は，三胚葉性であり，3層の胚葉から由来した器官をもつ．すなわち，内臓の内部を裏打ちする内胚葉（「内側の皮」），外側の皮を形成する外胚葉（「外側の皮」），その間にあって他の多くのものを生じる中胚葉（「中間の皮」）だ〔ただし神経組織が外胚葉由来であるなど，例外もある〕．少なくとも動物門の1つ，腔腸動物門は外胚葉と内胚葉の2つの胚葉しかもたない．これらは二胚葉動物と呼ばれ，明らかに三胚葉動物とはボディプランが根本的に異なる．

　ボディプランは胚の発生の結果現れるもので，ボディプランが異なれば単細胞の受精卵（接合子）から成体への発生の道筋が異なる．たとえば三胚葉動物の中では2種類の主なボディプランが知られており，これらは消化管の発生過程の根本的な違いが基になっている．ほとんどの動物の成体の消化管には開口部が2つある．食物を取り入れる口と，その反対側にあって残り滓を捨てる肛門だ．しかし胚の初期段階では，消化管は原腸（「古い腸」の意）という袋として始まり，開口部は原口1つだ．きちんと管になるには，原口と反対側の原腸と体壁の間に，2つ目の開口部ができなければならない．これらの2つの開口部は発生の間に連続して生じ，どちらが口になるかは消化管のその後の発生に2つの可能性を与える．動物の進化の2大系統は，どちらの道筋をたどったかによって区別されている．旧口（「最初に口」の意）動物では，原口が口になり，肛門はあとからできる．環形動物，軟体動物，そして動物進化のおそらく最先端とも言われる節足動物（甲殻類，クモ類および昆虫）のような，いわゆる高等な無脊椎動物の大部分の門では，旧口を特徴とする．旧口動物から派生したと思われるもっと新しい動物では，この配列がひっくり返っている．新口（「2番目に口」の意）動物では原口が肛門になり，あとからのが口になる．新口動物には，脊索動物，棘皮動物，そのほか1つか2つの無脊椎動物の小さな門が含まれる．

　ボディプランは，遺伝的な発生プログラムが制御する一連の発生学的過程によって生じる．これらのプログラムがボディプランを不足のない状態で確実に将来の世代へ伝えて行くのだが，同時にボディプランの進化もこれらのプログラムの改変を通じてなされるのだ．その仕組みを簡単に見て行こう．

　まず，接合子から多細胞の成体ができるには何代もの細胞分裂が必要なのだが，発生プログラムはまずその系列に手を加える．この場合の系列とは，基本的には人間の家系のようなものだ．系列内の各細胞には親の細胞があり，またその細胞自体

が増殖するときには，1個以上の娘細胞を作る．1つ1つの系列は親から娘へと何代にもわたって順番にたどることができ，すべての系列をあわせれば発生の「家系図」のようなものができる．胚発生の間に，系列には3種類の基本的方法によって手が加えられる．増殖すなわち細胞分裂の速度の調節，分化すなわち特定の遺伝子を活性化してある系列の細胞が1つかせいぜい少数のことを司るようにする専門化，アポトーシスすなわちある細胞あるいはそこから生じるはずの系列の計画的な死，である．

　次に，発生は前の段階が後の段階に影響するような一連の段階を通して起きる．たとえば大人になるには，各個人は出生，子供時代，思春期，青春期をうまく乗り越えなければならない．もしどこかの段階でつまずいたり異常を来したりすると，その後の人生のすべての段階が影響を受ける．一連の発生の段階を仮に次のように書いたとしよう．

$$\text{接合子} \rightarrow A \rightarrow B \rightarrow C \rightarrow D \rightarrow E \rightarrow F \rightarrow \cdots\cdots \rightarrow \text{成体} \qquad [5.1]$$

ある段階がうまく行くには，その前のすべての段階がうまく行っていなければならない．たとえば脊椎動物の脊髄が発生するには，胚が特別な形に折りたたまれなければならない．この折りたたみの過程が起こらなかったりうまく行かなかったりすると，正常な脊髄の発生が起こらないだけでなく，正常な脊髄の発生に依存するその後のすべての段階が起こらない．そしてまた脊髄の発生に先行する胚の折りたたみ過程は，特定の細胞が胚の特定の場所へ移動するというその前の段階に依存している．

　さまざまな動物の門の進化というのは，主としてこれらの発生プログラムが進化の系列を通してどのように変更されてきたかという問題なのだ．一般的に変更は，胚の中のどこか特定の細胞系列の運命を支配する遺伝子の変異や，関わりあう一連の段階を支配する遺伝子の変異によって生じる[2]．たとえば式5.1の発生段階のC→Dに関わる変異が起こるとしよう．すると新しい発生プログラムは次のようになる．

---

[2] 主な発生段階を制御する遺伝子はホメオティック遺伝子といわれ，これらの遺伝子に変異が起きると根本から異なったボディプランになることがある．動物のボディプランはこれらの遺伝子の出現によって生じたと考えられ，実際に類縁関係の遠い生物のホメオティック遺伝子が非常に似ており，共通の祖先からの進化を示唆している．たとえばショウジョウバエとヒトは5つのホメオティック遺伝子を共有しているので，輪形動物や苔虫動物に似たような形だったと思われる共通の祖先もそれらをもっていたことがうかがわれる．

接合子 → A → B → C → D′ → E′ → F′ → …… → 成体′　　　　　[5.2]

ある段階の変異はそれ以後のすべての段階の発生に影響を与える．変異は進化の系列に分岐を生じさせる．共通の祖先の系統（5.1 の「成体」と書かれた系統）は変異の起こっていない個体を生み出し続ける．一方，新しい系統（5.2 の「成体′」と書かれた系統）は子孫として変異のある個体を生み出す．一般的に変異の起きるのが胚発生の早い時期であればあるほど，ボディプランの変化は激しくなる（図5.2）．たとえば旧口動物と新口動物の根本的に異なるボディプランは，胚発生のごく初期に現れる差から生じている．発生プログラムの後期に起きる変更は，それほど激しい差にはならない．たとえばイヌの血統間の差は，頭の骨の成長速度とか，骨の成長停止時期などの変更から生じ，これらは発生のかなり後の段階で起きる．

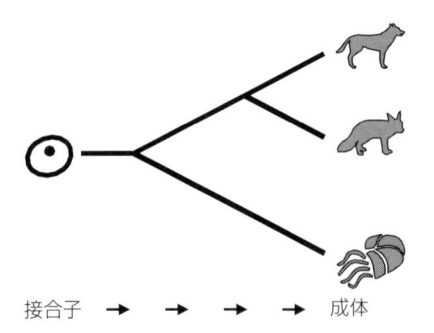

図5.2　オウムガイとイヌのボディプランの大きな違いから，早い段階で分岐が起きたことが示唆される．キツネとイヌのようによく似たボディプランの動物は，発生の後期まで同じ道筋をたどる．ボディプランの分岐は動物の進化の歴史を物語ることが多い．

カイメンのボディプラン

ボディプランの概念は，動物界のおおもとに位置すると考えられる生物に適用するときには，少しあやしげなものになる．たとえば海綿動物門に属するカイメンは，最も原始的な動物と考えられる．群体性の原生動物のわずか1ランク上，あるいはむしろ最高級の群体性の原生動物といったほうがよいかもしれない．事実，動物学者によっては，本来の動物である後生動物（「高等動物」）ではなく，側性動物（「動物のそばに」の意）という独特の群に分類している．カイメンが現在のところ動物と一緒にまとめられているのは，はっきりした証拠によるものではなく，むしろ動物学者たちの相互協定や長い間の習慣によるものなのだ．

カイメンの分類が決まらないのは，そのボディプランを見極めるのが難しいからでもある．後生動物のもっと厳密に拘束された発生に比べると，カイメンの発生規則は「柔軟」だと言ってもよいだろう．カイメンの発生は，ごく平凡に単細胞の接

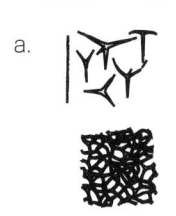

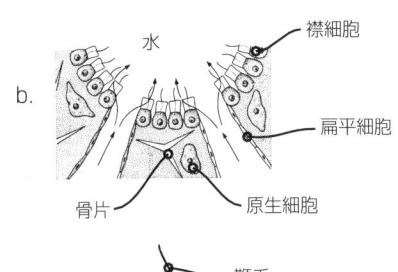

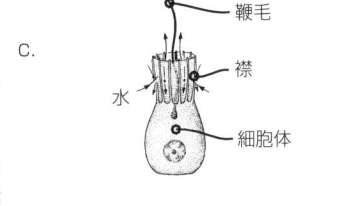

図5.3 カイメンの構成要素.
a：結合組織の構成要素．骨片は鉱物質で炭酸カルシウムか二酸化ケイ素でできている．骨片をもたないカイメンは，繊維タンパクでできた海綿質の網状組織によって結合している［Storeら（1979）より］．b：細胞型．c：襟細胞は鞭毛を動かして水流を起こし，襟を通る水から微生物その他の食物を濾しとる．襟細胞の襟に描かれた矢印は，捕えられた食物の移動する方向を示す．［bとcはHickman and Hickmanより］

合子が多種類の細胞型を生じることから始まる（図5.3）．しかし分化の結果，何百何十という専門化した細胞型を生じる複雑な動物とは違って，カイメンの細胞は，3，4種類にしか分化しない．外側の保護膜を作る扁平細胞，カイメンの体中をアメーバのように移動して海綿質繊維を作ったり骨片という鉱物質の小片を分泌したりする原生細胞，鞭毛を使って体内に水を通す襟細胞だ．これらの細胞は一定の集合規則によって編成され，おびただしい数の孔で外部と結ばれた海綿腔という中空の内腔を形作る．水は側面の流入小孔という多数の開口部を通して海綿腔に流れ込み，てっぺんの流出大孔という1つの穴から流れ出す．水がカイメンを通って流れるとき，襟細胞が浮遊している食物粒子を捕える．

この編成が厳密な意味でボディプランといえるかどうかは疑問だ．一方では，カイメンは科によっては特有の形態をもち，発生プログラムが確かに発生を方向づけていると思わせるものもある．たとえばアスコン型カイメンは単純な円筒状に編成される．対照的にリューコン型カイメンは概して球形で，海綿腔は小さくなり，流入小腔はカイメンの「体」全体に広がる複雑な網目状の管となっている．それでもカイメンの「体」の形は，後生動物に特有の発生過程――複雑な一連の計画的な成長，分化，段階を踏んだ発生反応――から生じるとは言いがたい．動物とカイメンが体を修復する方法を見れば違いがよく分かる．カイメンをバラバラに壊して構成

細胞をごちゃ混ぜにして，海水の入った深皿に入れておくと，まるで壊れたハンプティダンプティが自力で元通りになるように，2，3日後には細胞は特有の構造を再構築する．動物も似たようなことができる．たとえば発生中のひよこの肢を切ると，すぐに新たな肢が再生する．しかし似ているのは表面だけだ．カイメンの再構築は再生ではない．カイメンの場合，周りの細胞から引き離された細胞は，すぐに同じあるいは似た相手を見つけ，再び結合する．肢の再生の場合は，肢形成の発生過程がもう一度初めから繰り返される．新たな一揃いの細胞が元の肢の細胞が経たのと同じ成長と分化の過程を繰り返すのだ．

動物では発生は遺伝プログラムによって厳しく拘束されているが，完全にかというとそうではない．発生中に胚の置かれた環境も影響する．発生生物学的にいうと，体の形態は遺伝（生まれつきの）因子と後成的（環境の）因子の両方の結果だ．後生動物では，ボディプランが非常に正確なことからわかるように，遺伝的な制御が明らかに優位を占めている．イヌの子は必ず子犬で，胎児の期間をどんな環境で過ごそうとも子犬とわかる．確かに環境の影響もある．栄養状態が悪ければ，体が小さかったりやせていたり，脳の発達のしかたも違うかもしれない．しかしそんな胎児期を過ごしてもやはり子犬として生まれ，成長して成犬となる．

しかしカイメンでは，遺伝的な制御は比較的弱く，優位を占めるのは後成的因子のようだ．たとえばムラサキカイメン（*Haliclona*）属のカイメンの基本的な形は，アスコン型カイメンに特有の枝分かれしたふるいのような管からなる．しかしムラサキカイメンの形は，成長時にさらされた水流の種類によって大いに異なる．静水中で育つと枝は細長く，数は少ない．流水中で育つと枝はずんぐりして短く，数が多くなる．極端な場合は，リューコン型カイメンと見分けのつかないような太い形になる．生息場所を移すだけでカイメンの体形を変えることさえできる．実際に形態の決定には，カイメンの種類よりも（遺伝的に受け継がれたものが発生を指示するよりも），生息する環境の方が強く影響するらしい．

腔腸動物とサンゴのボディプラン

カイメンとは異なり腔腸動物は疑いの余地なく動物だ．だから発生中には，遺伝因子はカイメンの場合よりも強く自己主張する．カイメンと同様に，腔腸動物は単純な1個の細胞から始まって，一端の閉じた管をつくる（図5.4）．消化管の発生は原腸の段階で止まる（成体では腔腸とよばれる）．腔腸には口でもあり肛門でもあ

る開口部が1つあり，2層の体壁に囲まれている．腔腸を裏打ちしている内側の細胞層は内胚葉で，外側に面しているのは外胚葉だ．

ある型と別の型の「ボディプラン」がほとんど見分けがつかないようになってしまうカイメンとは異なり，腔腸動物はそれぞれのボディプランにほぼ確実に従って分化する．たとえば腔腸動物は世代交代という生活史をもつ．腔腸動物の二胚葉のボディプランには基本型が2つある．無性のポリプ型は一般的に定住性で，たいていは増殖しないか，成体からの出芽によって増殖する．有性のクラゲ型は遊泳型で生殖器をもつ．大部分の腔腸動物の生活史はこれらの2つの型を交互に繰り返す．有性生殖をするクラゲ型が生み出す胚は，発生してポリプ型となり，これが育つとやがて出芽でクラゲ型を生じる．腔腸動物の綱は，生活環でどちらの型が優位を占めるかによって識別できる．イソギンチャクが属する「花虫類」では，ポリプ型が優位で，クラゲ型はあまり重要とはみなされず，この型をまったく失ってしまった種もある．自由に泳ぐクラゲの属する「鉢虫類」では，クラゲ型が優位を占める．環境条件がさまざまに異なってもこれらの型が存在するので，腔腸動物の発生では，後成的因子に比べて遺伝因子の力がかなり強いことをうかがわせる．

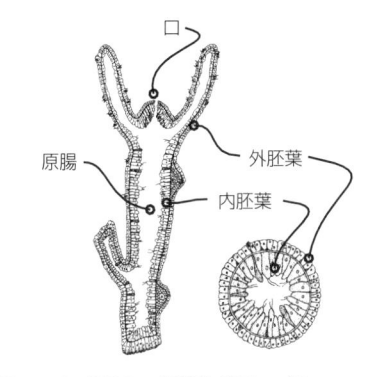

図5.4 ヒドラの二胚葉性ボディプラン．2つの細胞層（外側の外胚葉と内側の内胚葉）により，原始的な袋小路の腸（原腸）が囲まれている．[Storerら（1979）より]

それでも腔腸動物は遺伝因子による制御が完璧なわけではない．腔腸動物の中には，サンゴに代表されるように群体性の生物として存在するものがいる．そのような群体の「体」は，個々のポリプにとって互いに一緒にいることが多少なりとも必要であるような集合体としてでき上がっている．個々のポリプはかなり厳しい遺伝制御のもとで発生するようだが，集合体の発達はそれほど厳しく拘束されていない．したがって，個々のポリプが特有の体形を保っているにもかかわらず，サンゴの全体の形には環境因子の非常に強い影響が見られ，カイメンで見られたのと同様なパターンができる．たとえばアナサンゴモドキ（*Millepora*）のようなサンゴは成長に従って枝分かれし，ムラサキカイメンを思わせる樹枝状の形になる．ムラサキカイ

メンとちょうど同じように，静水中で育つサンゴは細長い枝を伸ばし，流れが速いと太く短い枝となり，分岐も多い．これは多くの種類のサンゴに共通の特徴で，ここでも後成的因子の支配は，個々のポリプにまでは及ばないものの，集合体の形態を支配しているように見える．

したがって，カイメンやサンゴは遺伝的な拘束による非常に込み入った影響を受けない構造物を作るように思われる．これらは，代謝エネルギーが周囲のエネルギーと相互作用しながら，どのようにして永久的なしっかりした構造物，それも生理作用を営む大建築をつくり上げるかという例としてうってつけのようだ．カイメンに対しては，明らかに構造物の定義を少し広げている．カイメンそのものは動物の体なのだろうか，それとも細胞の集合体がつくり上げる構造物なのだろうか？　私は単純に後者の見解を取るので，それについて来てほしい．実はそうする理由は，議論がしやすいからにすぎないのだが．

モジュールによる成長とフラクタル幾何学

カイメンとサンゴはモジュール（規格部品）を重ねるような成長をする．これは動物よりも植物の成長パターンに似ている．モジュールによる成長とは，その言葉からわかるように，既存の生物に，同一あるいは類似の単位モジュールを次々と付け加えていくことだ．成長と共にこれらの生物が取る構造は，新たなモジュールがどこにどれだけ速く付け加えられるかによって大体決められる．この工程はサンゴで説明するのが一番わかりやすい（図5.5）．それぞれのポリプは自分の下に炭酸カルシウムを分泌し，それが蓄積してサンゴ虫骨格という円柱に近い構造になる．ポリプとそれにつながる骨格は個虫とよばれる単位モジュールとなる．サンゴという「動物」は，すべてのポリプとそれにつながる骨格からなる．つまり，個虫というモジュールの集積からなる．サンゴは個虫の成長（通常は骨格の伸長）か，個虫の増殖によって成長する．

カイメンでは，骨片が多角形（四角形，五角形，六角形）を形づくることが多く，細胞が骨片間の隙間を埋めようと増殖するのでモジュールによる成長が起きる（図5.6）．したがってカイメンは，骨片とそれに結合した細胞でできた単位の増殖によって成長する．

モジュールによる成長をすると，高等生物の典型的な体の形とはかなり違ってくる．高等生物は球や円筒などの単純な幾何学的立体の変形したものになることが多

いが，モジュールからなる生物はフラクタルな構造というもっと複雑な形になる．そう呼ばれるのは体の構造がフラクタル幾何学的な配列を示すからだ．フラクタル幾何学は自然界によく見られる複雑な形を表わす非常に優れた方法なので，カイメンやサンゴの成長を理解するには，これに取り組まなければならない．多くの優れた方法と同様に，フラクタル幾何学はちょっと見には恐ろしげだが，基本は非常に単純だ．

フラクタル幾何学の基礎は，曲線の長さを測るというありふれた仕事を考えれば一番楽に理解できる．コンパス（あるいは他の測定道具）を曲線に沿って「歩かせ」れば，終点までの歩数を数えて長さを見積もることができる（図 5.7）．単にコンパスの両足間の距離と歩数を掛ければその値が出る．しかしこの方法では

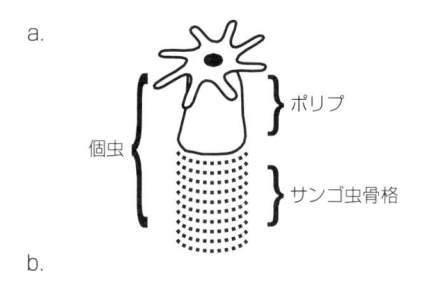

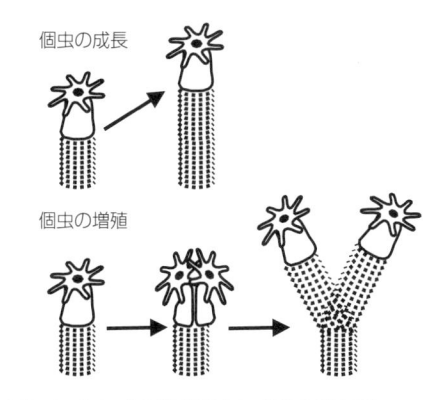

図5.5 サンゴの構成要素と成長の基本形．a：個虫はポリプとサンゴ虫骨格結晶からなる．b：個虫は新たな炭酸カルシウム層を単純に骨格に付加させて成長する．ポリプが分裂すると，2個の新たな個虫が生じ，枝分かれができる．

曲線の長さのおおよその近似値しか得られない．というのは曲線を一連の線分に分けても，重なり合わないわずかなずれが生じ，それが真の長さに寄与しているからだ．もっとよい近似にするためには，コンパスの両足を近づけて測りなおせばよい（図 5.7）．両足間の距離を毎回縮めて見積もりを繰り返せば，その値はある 1 点，曲線の真の長さに収束する．実は，単なるよい近似値ではなく正確な長さは，両足間の距離を無限小にすれば得られる．微積分を知っているなら，この過程は極限を求める方法だとわかるだろう．微積分の言葉でいうと，曲線は微分が可能なのだ．

通常の幾何学では，微分が可能なものには必ず次元があり，それを D という数で表わす．たとえば直線や曲線は長さの次元 1 つしかないので $D = 1$ となる．面には面積があるので長さの二乗（l^2）の次元をもち，$D = 2$ と表わされる．立体は

長さの三乗（l^3）の次元をもち，$D = 3$ である．明らかに D は，物体を表わすのに必要な長さの次元の累乗となる．

単純な曲線や面や立体の次元を理解するのは易しい．しかしフラクタルな構造については次元の概念を少し広げなければならない．線と面と立体の次元はそれぞれ 1，2，3，つまり整数であることがわかった．さて，概念を広げることにしよう．フラクタルな構造というのは次元が整数ではなく分数なのだ．この概念はつかみにくいが，何かの長さをどうやって測るかを考えれば楽に理解できる．

今度は現実の曲線を考える．フラクタル幾何学紹介でよく例に引かれるのは海岸線，たとえばパプアニューギニアのものだ（図5.8）．海岸線の長さは微分可能な曲線を測ったのと同じ方法で測れる．海岸線を一連の線分に分割して，（地図の縮尺を考慮した）線分の長さに線分の数を掛けるのだ．コンパスの歩幅を狭めたり，縮尺の度合いの小さい地図を利用したりすれば，測定の精度は上がり，どんどんよい値が得られる．それ以上大きな地図がなくなったら，測量機器をもって現地に飛んで，さらに細かい測定を続ければよい．その気なら砂粒ほどの小さなスケールに至るまで．しかし歩幅の長さに対して海岸線の長さの計算値をグラフにすると，驚くべき結論に達する．測定にどんなに大きな地図を使おうと，無限に小さな歩幅を使おうと，先ほどの単純な曲線が「真の」値に近づいたようには真の値に近づかない．それどころか計算値は無限に増加し続け，「真の」値には決して収束しない（図 5.8）．

海岸線（あるいは葉の縁，肺の内側などなど）のような自然の形の真の長さが測定できないということから，フラクタル幾何学の中心概念が導かれる．海岸線の「真の」長さにたどり着けないという事実は，これが単純な，つまり整数の次元をも

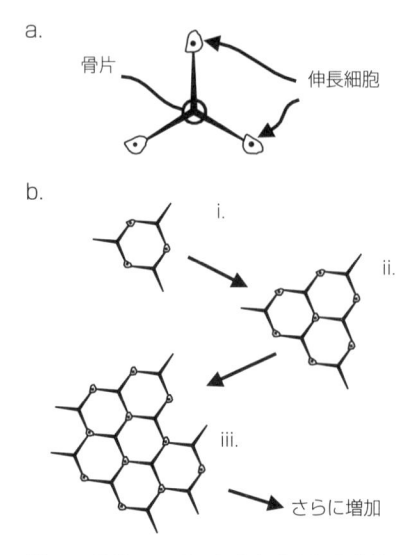

図5.6　モジュールによるカイメンの成長．
a：伸長細胞が骨片の先端に炭酸カルシウムあるいは二酸化ケイ素を分泌堆積するにつれ，骨片は成長する．b：カイメンは骨片とそれに結合した細胞の増殖によって成長する．細胞は骨片をつなげて相互に連結した網目構造を作る．

図5.7 曲線の長さの見積もり．a：曲線を一連の線分に分ける．b：線分の長さを短くすればするほど，見積もりの値は曲線の真の長さに漸近的に近づく．

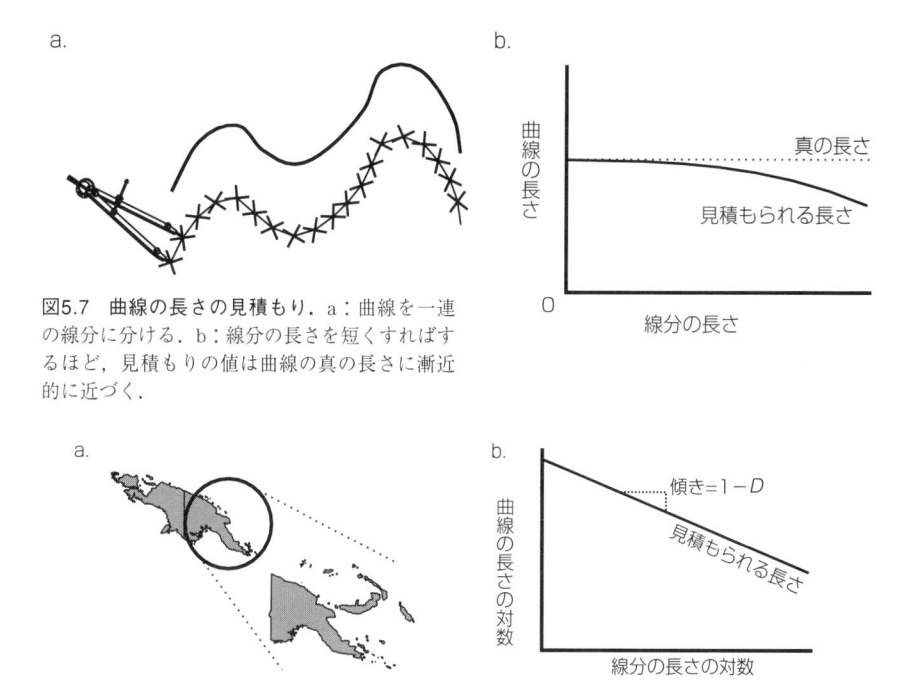

図5.8 フラクタル曲線の長さの見積もり．
a：海岸線の地図は，拡大するほど微細に入り組んだ曲線を示す．なめらかな曲線とは違って，フラクタル曲線では，線分を短くすればするほど見積もられる長さは際限なく増加する．

たないことを意味している．1，2，3のようなお行儀のよい次元をもつ構造は微分可能なので，大きさを見積もるのに微分法が使える．しかし「真の」値が決められないということは，構造あるいは物体の次元が整数ではない，つまり線（$D=1$）でも面（$D=2$）でもなく，その間のものだということになる．すなわち$1<D<2$の分数の次元（フラクタル）をもつ．実際，ほとんどの海岸線は，Dが1.2から1.4の間の分数の次元をもっている．

　海岸線の測定とカイメンやサンゴの成長が結びつくのは，モジュールによる成長はフラクタルな構造になることが多いからだ．最も単純なフラクタルな構造の1つ，コッホ曲線（図5.9）を見れば類似性が簡単にわかる．コッホ曲線は3つの角，つまり頂点をもつ単純な正三角形から始まり，この正三角形の各辺の真ん中に，その辺の長さの3分の1の長さの辺をもつ正三角形を繰り返し付け加えていくとでき上がる．三角形を付け加えるたびに，曲線は精巧に枝分かれした構造になっていく．

図5.9　コッホ曲線

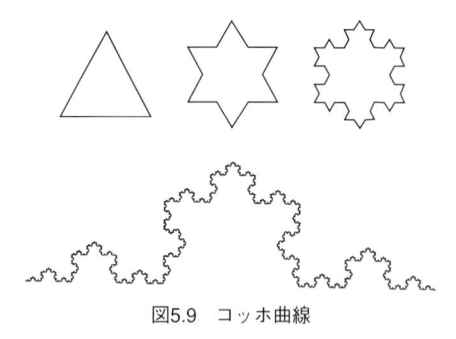

明らかにモジュールからなる生物と似ている．何らかのモジュールが繰返し加わっていくと，何らかのフラクタルな構造を生み出すことになる．実際にカイメンやサンゴの成長は，フラクタル幾何学を使うコンピューターモデルによってシミュレーションされて，驚くほどそっくりな結果が出ている．

付加とモジュールによる成長

　カイメンやサンゴの成長の過程は，既存の表面に新たな材料を付け加える単純な成長である付加と似ている．付加成長の最もありふれた例は結晶成長だろう．たとえば食塩（NaCl）の結晶は，既存の塩化ナトリウムの結晶の表面に（この場合の「モジュール」である）ナトリウムイオンと塩素のイオンが付加して成長する．この表面は以後の成長のための忠実な鋳型として働く．結晶中の原子の配置が，新たなイオンが付加するための「最適の場所（ニッチ）」となる．ニッチが生じては埋められるこの過程の繰返しによって結晶は成長する．ニッチの配置は既存の結晶中のナトリウム原子と塩素原子の配置から生じるので，結晶の形は成長の間中変わらずに保たれる．だから NaCl の結晶は大きさにかかわらす常に立方体をしている．

　しかしカイメンやサンゴは別の種類の付加成長をするに違いない．前述のように彼らの形はいろいろで，環境条件に強く影響される．なぜ付加成長の過程は，一方では結晶成長のように，他方ではカイメンやサンゴの成長のように，形を維持したりしなかったりするのだろうか？

　付加成長は2段階からなる．第1に，物体が浸されている溶液中から材料が物体の表面に届けられる必要がある．塩化ナトリウムの結晶の場合は，ナトリウムイオンと塩素イオンが溶液から成長中の結晶表面までやって来なければならない．第2に，表面にたどり着いた材料は適切な「ニッチ」を見つけてそこに定着しなければならない．これらの段階は成長中の表面にそれぞれ違った影響を与える．どちらの段階がたやすく達成されるかによって，付加表面は形を維持したりしなかったりするのだ．新しい材料の配達速度よりも，定着の方に手間取れば，付加成長は形を維

持する．しかし配達速度が定着よりも遅ければ，付加表面の形は材料の配達速度を左右する条件によって影響される．配達速度が速い領域では遅い領域よりも速く成長するので，成長表面の形が変わることになる．カイメンやサンゴは形態がさまざまなので，成長中のモジュールへの新しい材料の配達規制によって成長が著しく影響を受けていることをうかがわせる．彼らの成長を理解するために，規制がどんなものかを見ていこう．

勾配がどう違うのか？

成長表面への材料の配達速度は，結局，拡散過程によって決定される．拡散については簡単にだが第4章ですでに出会っている．拡散を理解することがカイメンやサンゴのような付加成長の成長様式を理解する鍵なので，ここではその概念を詳しく調べよう．

拡散は物質の濃度勾配に従った自発的な動きだ．教科書では，拡散は透過性の仕切りで2つに区切られた箱を使って説明されることが多い（図5.10）．2つの区画をIとIIとしよう．それぞれの区画には，溶液中の分子とか混合気体中の成分とか，拡散によって移動できる物質が入っている．したがって各区画はこの物質をある濃度（C）で含むことになる．もし区画Iの濃度が区画IIのものと異なれば，濃度差は$C_I - C_{II}$となる．

濃度差は結局ポテンシャルエネルギーの差なので，仕事をすることができる．区画を分離している仕切りを横切って物質が動くと仕事がなされる．たとえば区画Iが区画IIよりも酸素に富めば，酸素分子は自発的にIからIIへ移動する．仕事はそれを押し進めるポテンシャルエネルギーに比例するので，次のように書ける．

$$J \propto -(C_I - C_{II}) \qquad [5.3]$$

明らかに流量Jは濃度差に正比例して変わる．Jは正にも負にもなることに注意しよう．符合は流れが区画Iから区画IIへ向かうのか（C_IがC_{II}より大きいとき）その逆か（C_IがC_{II}より小さいとき）という方向を示すにすぎない．濃度差がないとき（最大限の無秩序状態にあたる）には流れが起きないことにも注意しよう．

拡散によって起きる流量と濃度差の関係は，自然の基本法則の1つであるフィックの拡散の法則によって表わせる．区画に区切られた箱の場合は，フィックの法則は次のようになる．

$$J = -DA\left[(C_\mathrm{I} - C_\mathrm{II})/x\right] \quad [5.4]$$

A は区画を区切っている透過性の仕切りの表面積，x は仕切りの厚さ，D は分子の大きさや分子と仕切りの相互作用の仕方に依存する拡散係数である[3]．

　フィックの法則の2つの項，$(C_\mathrm{I} - C_\mathrm{II})$ と x が角かっこでくくってあることに注意してほしい．そうしたわけは，この商が濃度勾配といわれ，非常に重要な量だからだ（図5.10）．濃度勾配は比例式5.3に出てくる濃度差とは異なる．勾配は差がどれだけ急かを表わす．この違いは次のたとえでよくわかるだろう．山の高さと，そこへ導く坂道の険しさは別物だということだ．ここが重要なポイントだ．心して読んでほしい．流量は濃度勾配の急な程度に比例し，必ずしも濃度差の大きさに比例するわけではないとフィックの法則は述べている．確かに，2つの区画を区切っている仕切りの厚さを変えるだけで，濃度差には手を付けずに流量を変えることができる．濃度差を変えないでも，仕切りを薄く（つまり濃度勾配を急に）すれば流量は増加する．

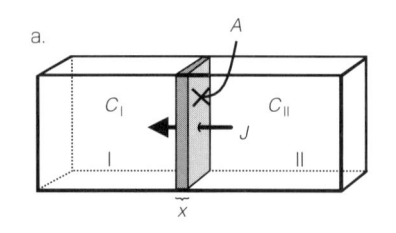

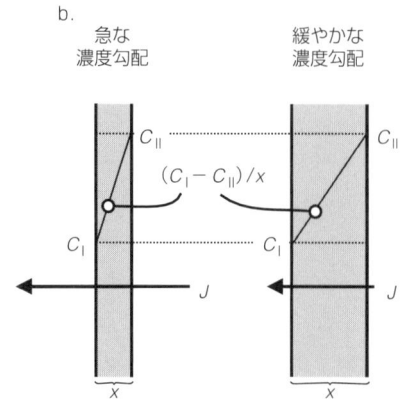

図5.10　濃度差と濃度勾配との違い．a：拡散の標準モデルには，2つの区画IとIIの間を区切る厚さx，断面積Aの仕切りを横切る物質の流量Jが関わる．b：濃度勾配 $(C_\mathrm{I} - C_\mathrm{II})/x$ は単に仕切りの厚みを変えるだけで，濃度差とは無関係に変えられる．

　勾配と差との違いは，付加表面の形が成長時に変化する仕組みについてのヒントを与えてくれる．この仕組みの核心は単純な原理だ．すなわち，拡散が付加成長を律速する系では，局所的な成長速度は，材料を表面へ届ける拡散流を引き起こす局

---

[3] フィックの法則はもっと一般化（かつ厳密化）すると，$dJ = -DdC/dx$ という微分方程式で表わせる．これは厚さが x で表面積が A の平らな仕切りをはじめとして，さまざまな幾何学的な形状に対して答えが求められる．ここに概説した，流量と方向が一定の2区画のモデルは最も単純な例だが，管の中や広々した場所での拡散といった，異なる形状中での拡散も，一般化したフィックの法則を積分すれば答えが出る．

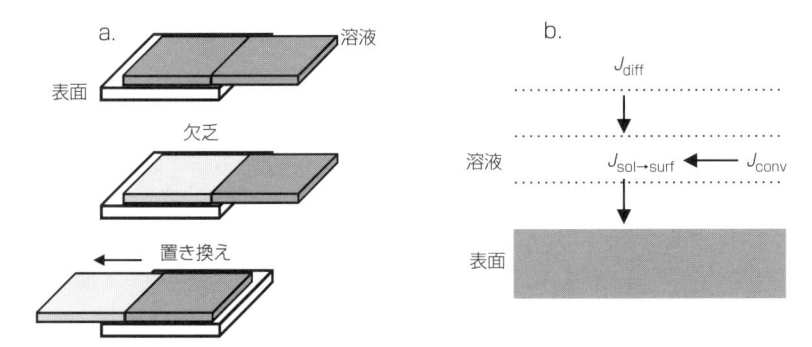

図5.11 付加表面での拡散に律速される流れ. a：薄い表面層（濃い灰色）中の材料は表面に接して留まる時間が長くなると欠乏してくる（淡い灰色）．横からの流れが欠乏した層を押しやって新しい層で置き換える．b：したがって，付加表面での材料の濃度は3種類の流れによって決まる．$J_{sol \to surf}$（溶液から表面へのカルシウムの流れ），J_{diff}（異なる層間の溶液の濃度差によって起きる流れ），J_{conv}（横から流入する流れ）である．

所的な濃度勾配に比例する．この原理を発展させれば，拡散が律速する付加（diffusion-limited accretion；DLA，拡散律速付加）という付加成長の一般的なモデルが説明できる．これはモジュールからつくられている生物の成長のモデルとして非常に適している．

　ある表面（たとえばサンゴのポリプの層）がある物質（たとえば炭酸カルシウム）の付加によって成長し，新たな材料の配達が付加速度（「定着時間」）より遅いとしよう．つまり拡散速度が付加による成長を律速しているとする．DLAによる成長を理解するには，付加表面に接する液体中のカルシウムの動きを少し詳しく理解しなければならない．表面に接する溶液の薄い層を考えよう（図5.11）．炭酸カルシウムが表面に付加するとき，カルシウムは溶液から表面へ $J_{sol \to surf}$ の流れで移動する．カルシウムが溶液の薄い層を離れるので，そこの濃度は減少する．すると表面に接する薄い層とその上の層の間に濃度の差ができ，この差が表面に接する層に向かう流れ J_{diff} をつくり出す．平衡状態では表面の層内のカルシウム濃度はある低い値に落ち着き，表面にカルシウムの欠乏した液体の静止した層ができる．この静止層が，溶液から表面へのカルシウムの移動に対する拡散障壁となる．

　ここで条件を変えて，水が非常になめらかに表面上を流れるとすると，状況は一変する．水は静止表面上を流れるとき速度が遅くなり，境界層に特有の速度分布を示す（訳注1）．境界層を横切るカルシウムの流れは，静止層を横切る流れとはかな

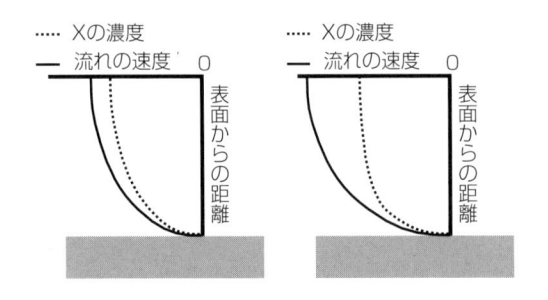

図5.12 付加表面の境界層での速度と濃度. 流れが遅いとき（左図）は，速度分布と濃度分布のグラフは似ている．流れが速くなると（右図），それに伴って濃度分布のグラフも表面の近くでは急になる．

り異なる．水が表面上を流れるのは，水のタイルがしばらくの間表面に居座るようなものだ．そして「居座っている」間にカルシウムをいくらか堆積させる．このタイル中のカルシウムが少なくなると，別のタイルに押しのけられて取って代わられ，新たなカルシウムがもち込まれる．この過程は横から流入する別の流れ，J_{conv} によって表わされる（図5.11）．平均すると表面に接する層のカルシウム濃度は，流れる溶液中の方が静止層中よりも高いので，表面へのカルシウムの堆積速度は増加する．結局カルシウム濃度は，境界層では定常状態になる．J_{conv} は流速に比例するので，境界層内の濃度分布は境界層内の速度分布に類似することになる（図5.12）．流速を速めると境界層内の速度が増加し，境界層内のカルシウム濃度勾配は急になる．フィックの法則どおりに，濃度勾配が急になればなるほど表面に堆積するカルシウムの流れも増し，表面は急速に成長する．流速を落とすと，逆のことが起きる．

いままでのところこのモデルは別におもしろくない．私が仮定した理想的な条件（完全になめらかな表面，乱れのない流れと濃度差）は，表面での均一な成長を促進するだけだからだ．肝心の説明が必要な，表面の形の変化を促す因子などは何も出てきていない．しかし，表面に欠陥がある場所で何が起きて周囲より隆起する部分ができてくるのかを調べていくと，おもしろくなってくる．

表面上の流れを流線で描けば，何が起きるかがわかりやすい．流線は単に，小さな水の塊が流れるときにたどる軌道を表わしている．流線そのものはその塊の速度を示すわけではない．たとえば完全になめらかな表面の上を流れる場合，表面からの距離によって境界層中の速度が異なるが（図5.12），それでも流線は等間隔の平行線の列になる（図5.13）．しかし時には速度の変化も表わす．もし表面に欠陥，たと

訳注1）流体内の物体表面の流速がゼロのところから，流速が一様になるところまでの薄い層を境界層という．

えば半球のようなこぶがあると，流線はその上で混み合う（図5.13）．混み合うということは，こぶの上で水の速度が増加していることを示す．ホースの中を流れる水がスプリンクラーのノズルのような狭くなったところを通るときに，速度が増すのと同じだ．

このように流線が混んでいるのは，こぶの上の境界層の速度の勾配が急になったことを示し，もし付加が起こっているなら，境界層の濃度勾配も急になることを示す．さていよいよ一番おもしろいところに来た．付加の流れを起こす濃度勾配はこぶの部分で最も急なので，付加成長はここが最も速い．これは付加表面の小さな欠陥を増幅させるおもしろい結果となる（図5.13）．手短に言うと，DLAは付加表面の既存の欠陥を増幅させていくのだ．

カイメンとサンゴでのDLA成長

DLA成長モデルは，結晶の成長から稲光の広がり方に至る，あらゆる種類のフラクタル成長系に適用されてきた．カイメンやサンゴの成長パターンや形を説明するのにも使われてきたが，おもしろい違いがある．たとえばサンゴの付加成長は，明らかに単なる結晶成長の問題とは異なる．第2章で見たようにサンゴ骨格中の炭酸カルシウムの堆積には，ATPの形の代謝エネルギーが必要である．その結果，サンゴ骨格の成長は，カルシウムイオンと炭酸イオンが炭酸カルシウム形成細胞に届く速度だけでなく，代謝エネルギーが届く速度にも依存する．そして後者の速度は，サンゴが周囲から餌を捕える速度によって決まる．カイメンでも新しい骨片や海綿質繊維，それらの間の空間を満たす細胞を作る

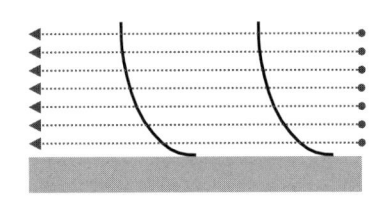

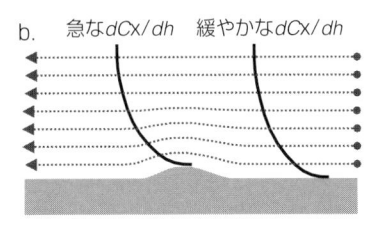

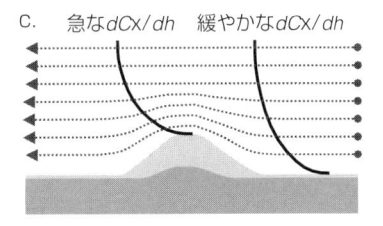

図5.13 付加表面の欠陥の増幅．a：等間隔の流線で表わされる流れの場では，境界層内の濃度勾配曲線はどこでも同じになる．b：表面に小さなこぶのような欠陥があると，流線が混み合い，こぶの箇所の濃度勾配（微分の形dCx/dhで表わしてある．hは高さ．）は局所的に急になる．c：境界層の濃度勾配が局所的に急になるので，欠陥の箇所では付加が加速される．

にはやはりエネルギーが必要なので，状況は似ている．サンゴのポリプのようなろ過による食物粒子の捕獲は拡散ではないので，フィックの拡散の法則は厳密には当てはまらないが，両者の過程は十分似ているので DLA モデルが使える．第 3 章で電気回路を説明に使ったが，そうしてよい理由を覚えているだろう．ほとんどのエネルギー移動は，基本的に類似の過程によって行われる．フィックの法則は，基本的に，ポテンシャルエネルギーの働く仕組みを記述した式なのだ．

　カイメンとサンゴのありふれた形態的特徴の 1 つ，枝分かれが，DLA 成長モデルでどのように説明できるのか見ることにする．数個のモジュールからなる表面上にわずかな欠陥があるとしよう．すなわち表面にはいくつかの領域（こぶ）が他の領域（谷）よりも盛り上がっている．こぶの上に生じる急な「濃度勾配」のために，こぶ上のモジュールは低い谷にあるモジュールよりも多くのエネルギーを捕えて，成長が早まる．こぶは成長して谷の位置との差は拡大する．こぶが成長して十分大きくなると，今度はその中にある欠陥が新たな枝として成長を始められるような大きさになる．この過程の繰返しによって，カイメンやサンゴに共通の樹枝状の形に発展していく．

　静水と流水に棲むカイメンやサンゴの形の違いも，DLA 成長モデルで説明できる．円筒状の体の成長は 2 つの次元でおこなわれる．両端での縦方向の成長は円筒を伸ばす．外側表面の放射状の成長は円筒を太くする．成長につれて円筒がどんな形を取るか，細長いか太短いかは，2 つの次元の相対的な成長速度に依存する．縦方向の成長が放射状の成長より速ければ，円筒は細長くなるのは明らかだ．

　境界層中に円筒が直立していると，垂直方向と水平方向の 2 つの次元で流線をゆがめる．すでに見たように垂直方向のゆがみは円筒の伸長を盛んにする．水平方向のゆがみは円筒の放射状の成長を促進する．流れのない，あるいは遅い環境では，流線の最大の乱れはカイメンの頂点で起きるので，縦に伸びる方向に成長しやすい．その結果，細長くやせたカイメンができる．流れの速度が速いと，境界層は薄くなって濃度勾配が急になる．栄養分を含む水は円筒のより低い位置にまで運ばれるので，先端の成長と同様に下部の成長も促進される．その結果，ずんぐりした形態になる．

カイメンとサンゴの作る構造物と生理作用

　さていよいよ，生物対流とカイメンやサンゴの堅固な構造物との間のギャップがうまく橋渡しできたかどうかを検証する番だ．問題を復習すると，私は第4章で，生物対流セルは代謝エネルギーの流れが大規模な環境中でポテンシャルエネルギーの勾配と相互作用する結果，自然発生する原始的な構造物にあたると主張した．このモデルは，動物が作るもっとしっかりしたほかの構造物にも適用できる組織化原理なのかもしれないと提唱した．つまり生物対流に代表されるような体外生理作用は，動物も含めた生命の共通の特徴であり，何らかの動物で体外生理作用が存在しないことの方が，存在することよりもむしろ特殊なのではないかと思うのだ．

　この議論は次の3点が弱点になっている．生物対流セルと動物で想定されるもっと大規模な体外生理作用との間に，基本的な類似性があるかどうか，この類似性は動物が作る構造物で実際に示されるかどうか，そのようにして作られた構造物が生理作用を営むことができるかどうか，である．ここまでは，主としてこれらの弱点を補強するのに必要な基礎を築くことに関わってきた．これから1つ1つ見ていこう．

　明らかに生物対流セルとカイメンやサンゴの成長は非常に異なるものだが，基本的な類似性はある．両者とも調整された正のフィードバック現象の結果だ．正のフィードバックについては前章で簡単に触れたが，ここで少し詳しく記述してから，調整された正のフィードバックとは何かを説明する．

　名前が示すとおり，どんな種類のフィードバックでも，物質，情報，あるいはエネルギーの流れを自分自身に還流する経路，つまりフィードバックのループをもつ．ロックミュージックで使われる技術を考えよう．（たとえばギターに取り付けられた）マイクはアンプに音を入れ (feed)，アンプはスピーカーから音を出させる．（図5.14）．もしマイクがスピーカーの近くに置いてあったら，音のエネルギーはスピーカーからマイクへ，そこからアンプへ，そしてスピーカーへとループを回って戻る．なぜこれが正のフィードバックといわれるかわかるだろう．音のエネルギーはループを回るたびに増幅される．

　正のフィードバックは生物対流セルの発生でも，カイメンやサンゴの成長でも働いている．生物対流セルの場合は，正のフィードバックは流体力学的集束の際に働く．沈み込む「かたまり」は微生物を中に引き込み，それによってかたまりの密度

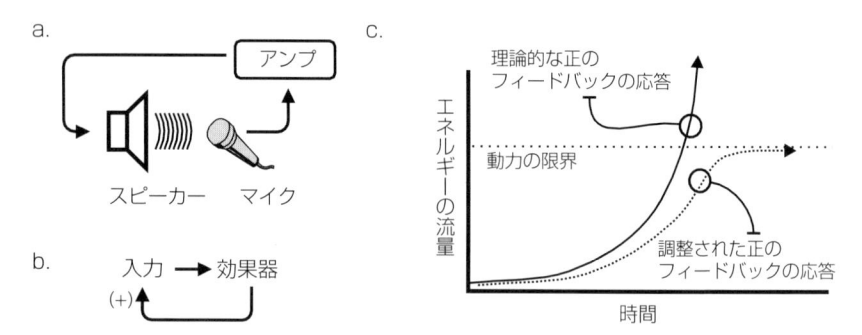

図5.14 正のフィードバック. a：この正のフィードバックループには，マイク，アンプ，スピーカーがあり，スピーカーからの音がマイクに戻る．b：一般的な正のフィードバックループの模式図．効果器は入ってきた入力の大きさを増加させる．c：正のフィードバックは系を通るエネルギーの流量を指数関数的に増加させる．理論的にはエネルギーの流量は際限なく増加する．実際の正のフィードバック系では，系の駆動に使える動力に限りがあるので，応答も制限される．

が増え，それが沈む速度を速め……と際限なく続く．カイメンやサンゴの成長の場合は，正のフィードバックはDLAの際に働く．成長表面のわずかな隆起によって，付加を起こす境界層の濃度勾配がそこだけ急になり，上方への成長がそこだけ促進され，境界層の濃度勾配がさらに急になり……という具合だ．どちらの場合も，ある過程（かたまりの沈み込み，サンゴの個虫の成長）が自分自身の変化の速度を増加させる条件を作り出す．

　正のフィードバックは評判がよくない．なにも音楽の才能のなさを安っぽい方法でごまかしているせいばかりではない．音響設備のよくないホールに行ったことがある人なら，マイクがスピーカーに近づきすぎたときの耳をつんざくひどい音を経験したことがあるはずだ．それでも正のフィードバックはきちんと条件を整えれば，非常に創造的で秩序を生み出す力となる．正のフィードバックを使いこなす優れたミュージシャンの手にかかると，楽器はすばらしい音を奏でる．フィードバックループを調整して，ある種の音だけがループを回るようにするのだ．後で説明するが，生物対流セルも同様な調整がおこなわれる結果生じる．したがって調整されたフィードバックループの働く仕組みを理解するために，少々時間を割くことは重要だろう．

　ギターから出る音のエネルギーは，まず，固有の振動周波数をもつ弦が弾かれて生じる．弦の振動はギターの共鳴箱を同じ周波数で振動させ，これが今度は弦の振動を強める．弦と共鳴箱はいっしょになって共鳴系を作る．この相互強化の結果，

弦だけが出す音よりも大きな音になる．

しかし共鳴は正のフィードバックではなく，特定の振動周波数を強める方法にすぎない．共鳴周波数は，最初に弦に与えられたエネルギーがなくなると消滅する．正のフィードバックは，別のエネルギー源（エレキギターの例では増幅器とスピーカー）が共鳴系に加えられると起きる．フィードバックループの中に共鳴系（弦と共鳴箱）があると，正のフィードバックの働き方が変化する．スピーカーからはあらゆる周波数の音が出るが，ギターの共鳴周波数の音だけがループを回る．他の周波数の音は，弦と共鳴箱を共振させられず，それらのエネルギーは熱として失われる．専門用語で言うと，共鳴周波数以外の周波数は，「抑制」されるのだ．しかしスピーカーから出る共鳴周波数の音は，共鳴箱の振動を増幅させ，それが弦の振動を強化し，それがスピーカーにより多くのエネルギーを与えることになり，この繰返しの結果，純粋な音が増幅される．この増幅過程は，動力をループに送るアンプの能力によって維持され，音量が制限される．単純なマイクや運動場などの拡声装置から出るかん高いハウリング音の原因がこれでおわかりだろう．不要な周波数をループに通さないようにする共鳴系がないので，フィードバックが調整されず，その結果，多くの周波数の耳障りな音が無差別に増幅されるのだ．[4]

調整された正のフィードバックは，生物対流セルの発生やサンゴやカイメンの成長の際にも働く．培養液中で生物対流セルが一定の間隔でできることから，調整は明らかだ．ここでも一種の共鳴が働いているのだが，それには培養液の粘度や密度といった物理的性質や，微生物自身の密度や大きさや形が関わる．これらの性質が，ある大きさの対流セルが生じるのを助け，選ばれた大きさより大きいセルや小さいセルの発達を抑制する．

はるかに規模は大きいが，同様の過程がカイメンやサンゴの付加成長で働く．この場合は，成長表面の欠陥のようすを見れば調整がかけられていることは明らかだ．サンゴもカイメンも普通は成長につれて枝分かれする．サンゴは種類によってそれぞれ特有の方法で，すなわち先端あるいは枝の途中から枝分かれするが（[Box 5A]参照），枝そのものは互いに固有の間隔を置いて生じることが多い．すなわち，特定の表面欠陥の成長が他のものより促進されること，成長が促進されるかどうかの決定には既存の枝からの距離が重要だということが示唆される．おそらく成長中の枝

4）マイクや拡声装置の場合，電子部品の性質から高周波数を拾いやすく，かん高い音が出る．

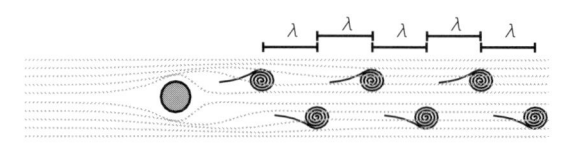

図5.15 渦形成の粘性による調節．a：障害物の後では，固有の（λ）の間隔をおいて渦ができる．b：成長中の表面の後では，障害物から固有の距離（2λ）の間隔で付加成長が促進される．

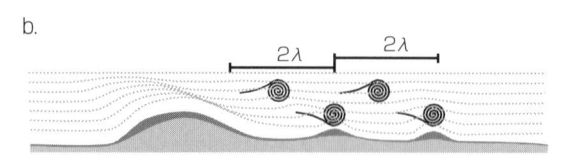

とその周囲の液体の物理的性質との相互作用によって，調整がかかるのだろう．通常，流水中のサンゴの枝の後ろ側には乱流が生じ，渦ができる．その頻度は枝の大きさや，そこを流れる水の速度・粘度・密度によって決まる（図5.15）．ある音波の山と山の間隔が決まっているように[5]，これらの渦も互いにある一定の距離を置いてできる．渦は枝の後側で，この一定の距離のところでサンゴの表面と最も強く相互作用する．川底や砂丘の波状の模様などが非常に規則的な間隔でできるのはこういう理由だ（砂丘自体が一定の間隔でできるのも同じことだが）．DLAによって表面が成長していると，付加に関わる濃度勾配がこの特有の距離のところで最も急になり，その場所での成長が促進される．ここでも付加成長を進める正のフィードバックループを流れるエネルギーは，環境の物理的性質によって調整されている．

したがって，生物対流セルを生み出す過程は，カイメンやサンゴの付加成長を起こさせる過程と基本的に似ていることが納得できたと思う．どちらも調整を受ける正のフィードバック系である．もちろんループを流れるのが，一方は対流を起こさせる重力エネルギーおよび泳ぐための代謝エネルギーで，他方は流水のエネルギーおよび鉱物の堆積を起こさせるための代謝エネルギーという違いはある．しかし基本的には似かよった過程だ．

生物対流セルとカイメンやサンゴの成長形態を生じる過程が似ているならば，できあがる2つの構造物もやはり同じように生理作用をおこなうだろうか？　この主

5）具体的にはこの距離は波長 λ にあたり，音波の周波数 f（回数／秒）と音速 c（m／秒）から，$\lambda = c/f$ の式で計算できる．「中央のド」の空気中の波長は，$f = 263\ s^{-1}$，$c = 330\ m\cdot s^{-1}$ から，約 1.25 m となる．すなわち音波の隣り合う山と山は 1.25 m 離れている．

張はほとんど証明されていると思う．生物対流セルの場合は，流れをつくり出す仕事は，培養液中を拡散よりはるかに高速で酸素と二酸化炭素を垂直に運ぶので，明らかに生理作用をおこなっている．カイメンやサンゴの成長中の枝でも，別の方法で生理作用がおこなわれていることは明らかだ．成長にはエネルギーが要るので，生物にとって成長に必須の生理作用の一部はエネルギーを捕えることだ．そのためにほとんどの動物はウィリー・サットン〔世界恐慌時代の有名な泥棒〕流に獲物のあるところへ体を移動する．この過程は多くの生理機能——移動，食物のありかの探知，そこへたどり着くための適切な行動——をともなう．カイメンやサンゴのような固着性の動物は，あちらこちらへ動き回れない．しかし食物のあるところへ行け

Box 5A　サンゴの成長の仕組み

　サンゴはポリプの基部から分泌される炭酸カルシウムが積み重なって，通常は円柱状に成長する．成長は単純ないくつかの規則に基づいて進み，この基本的な工程自体が本文で概説した DLA 成長を調整するようだ．

　多くのサンゴは程度の差はあるが多少とも独立栄養である．共生する褐虫藻のおこなう光合成を，炭酸カルシウム堆積のためのエネルギー源として用いる．成長は，流水が運ぶ栄養と光の 2 つのポテンシャルエネルギー勾配によって影響され，これらはそれぞれ独自の結果をもたらす．$Montastera$ 属のサンゴは，浅い海では強い光にまんべんなく照らされるので，半球状に成長する．水深が深くなると光は主に上からしか来なくなり，上面がほとんどの光とそれに伴う褐虫藻からの栄養を受け取るので，太い円柱状の枝を作る．上方への成長は本文で述べた境界層の効果によって増強される．影になる場所や光が差さない深みでは，栄養が最も多く補給されるのは，サンゴの端，ポリプが流れに面するところになる．したがって横に広がって平面となる成長が促進される．

　サンゴのさまざまな成長のタイプは，少数の基本的な成長モデルで説明できる．よいモデルの 1 つは樹木の成長に似たものだ．樹もサンゴと同様に先端から成長する．その上，サンゴには共肉部という連絡管系を通じてポリプ間で栄養を移動させるものもあり，これは樹が篩管と道管を通じて栄養を移動させるのとちょうど同じ方法なので，両者はこの点でも似ている．樹木生物学者は樹木の成長の基本モデルを 4 種類にまとめ，それぞれに考案した植物学者の名前がつけられている．これらはサンゴの成長のさまざまなタイプの説明にもかなり当てはまるようだ．

　最も単純なのは，E. J. H. コーナーの提唱した先端での単純な線状の成長モデルである．サンゴでは成長する先端はサンゴ虫骨格の表面で，できあがる構造は単に円柱とな

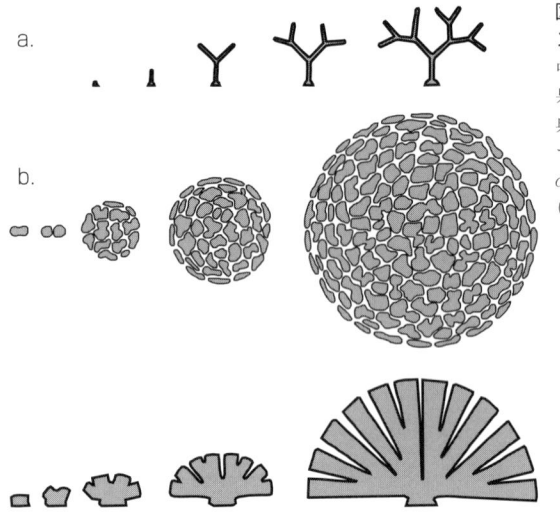

図5A.1 ショウテの樹枝状サンゴの成長モデル．a：成長中の枝の先端で分岐が起きる結果，ショウテの樹ができる．b：典型的なショウテの樹．マルハナガタサンゴ *Lobophyllia corymbosa* の成長．[Dauget (1991) より]

る．ポリプがサンゴ虫骨格から離れて別の場所で成長を始めるときには，コーナーのモデルに従って成長する．このモデルのように成長しているサンゴは，通常，ポリプ間の原料の移動はほとんど起こさない．

　成長モデルのうちの2つは，サンゴ虫骨格の枝分かれに対して別々の規則を適用している．一方の J.C. ショウテのモデルは成長端の単純な二また分岐による成長である（図 5A.1）．1個のポリプが骨格をしばらく成長させた後，出芽して2個のポリプになると，どちらも自分専用の骨格を成長させ始めるので二またに分かれた枝が形成される．成長と出芽が繰り返される結果，複雑な樹枝状の構造となる．ショウテのモデルは，シート状に広がるポリプ集団にもあてはまる．これらの集団は分裂して成長領域の数を増やし，その結果やはり複雑な樹枝状の構造となる．その形は縦方向の成長と出芽の速度の比に依存する（図 5A.1）．

　もう一方はアッティムの分岐モデルで，分岐は先端ではなく側面から始まる（図5A.2）．サンゴのポリプが円柱状のサンゴ骨格を覆う生きた膜組織をよくつくることから，この一般的な成長モデルが適用可能になる．ある場所で側面のポリプが出芽を始め，そこで分岐した枝が円柱から横に伸び出し始める．縦方向の成長と横方向の出芽が繰り返される結果，ショウテのモデルと同様にやはり樹枝状の構造になる．しかし面白いことに，同じ結果を得るためにある種の制御が必要とされるという差がある．アッティムのモデルは，側面のポリプの成長と増殖の巧みな操作に依存しているため，特定のポリプの成長を選択的に抑制したり促進したりする何らかの仕組みが必要になる．ショウテのモデルでも同じことが起こるのだが，ショウテの樹は先端の単純な成長と出芽によっ

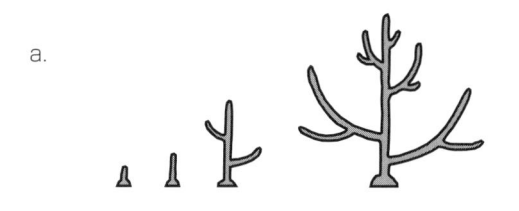

図5A.2 アッティムの樹枝状サンゴの成長モデル．a：成長中の枝の側面に分岐が起きる結果，アッティムの樹ができる．b：典型的なアッティムの樹．スギノミドリイシ *Acropora formosa* の成長．[Dauget（1991）より]

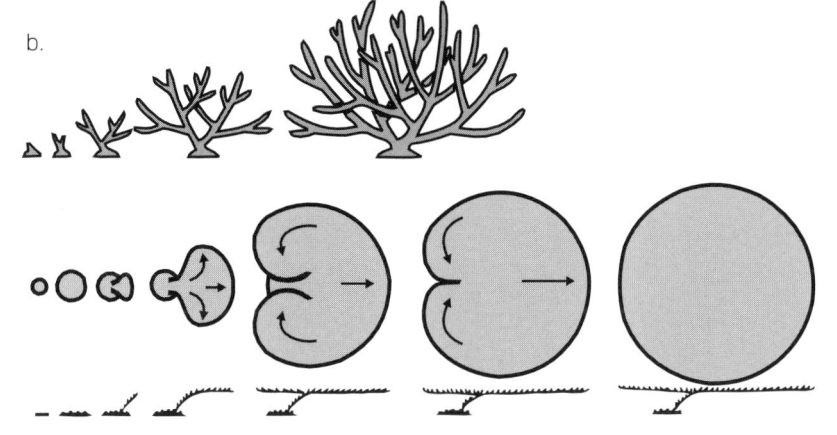

図5A.3 ウッド-ジョーンズの盤状サンゴ（テーブルサンゴ）の成長モデル．クシハダミドリイシ *Acropora hyacinthus* の成熟型は平たい円盤になる．盤に材料を横方向に付け加えることによって成長し，やがて自身を囲むような恰好で円形の棚を形成する．[Dauget（1991）より]

て達成できるので，この類の制御は必要でない．本文にも記したように，成長と増殖をポリプ間で協調する必要はない．

最後のモデルは植物学者は A. オーブレヴィルのモデルと呼ぶが，サンゴ生物学者はウッド-ジョーンズモデルと呼ぶ．これまで見てきた3つのモデルでは，サンゴ骨格の軸に沿った一次元の成長しか扱っていなかった．ウッド-ジョーンズモデルは，軸方向と横の2つの次元の成長を考える（図5A.3）．植物学ではオーブレヴィルのモデルは，茎や枝よりも葉の成長のモデルとして使われる．葉は軸方向の成長よりも横方向の成長速度がはるかに速い茎だと考えることができる．ウッド-ジョーンズモデルは，巨大な平たい盤になるサンゴに適用される．これらのサンゴは，骨格円柱の縦方向ではなく盤の縁に沿う方向に主に伸展する．

ないとしても，食物のあるところへ伸びていくことはできる．したがって成長は，移動と似たような方法で方向づけられているに違いない．サンゴやカイメンの場合は，食物の方向への成長は，成長過程と生物をかすめて流れる栄養を含んだ水流との相互作用によってもたらされる．

　これらの原則は，この2つのかなり限定された例以外に，どれだけ広く適用できるだろうか？　この疑問についての議論は次章以下の大部分を占めるので，ここでは保留しておこう．しかし1例だけを挙げることにする．体外生理作用は普遍的な現象だということを強く示唆する，いわばとっておきの現象だ．おそらく読者はしばらく考えてみる気になるだろう．

　その例とは前述したフラクタルな構造をもつサンゴに関するものだ．サンゴは通常，海岸線に棲む．海岸線は，栄養物のたまり場である開けた海と，その縁に沿って棲む生物の接点とみなせる．生物がこの栄養物を得るには，栄養物がこの境界を超えねばならない．こういう意味で海岸線は，肺の中の血液と空気の間のガス交換障壁に似ている．

　従来の生理学の多分野が境界を横切る交換の問題に関わり，生理学者は「"効率のよい"交換表面としての構造特性は何か？」という疑問にしばしば直面する．フィックの法則（式5.4）を見直すと，式中によい交換体としての1つの重要な「設計原理」が見つけられる．表面積Aと拡散障壁の厚みxの比をできるだけ大きくすることだ．しかしフィックの法則は微分可能な交換障壁を扱うものだった．海岸線がフラクタルな境界だとしたら，そこを横切る栄養物の交換について，「フラクタルな思考」は何を教えてくれるだろう？

　フィックの法則を説明するのに使った簡単な例（図5.10）のような，膜で2つの区画に分けられた箱を考えよう．先の例では境界を横切る流れは拡散によって律速されると暗黙のうちに仮定した．しかしこれはDLAには当てはまらず，流れは膜の上の空間から膜自体への比較的遅い分子の動きによって律速される．フィックの法則が示唆する「設計原理」はここではあまり参考にならない．

　ここでいよいよフラクタルな思考が威力を発揮する．境界へ向かう移動が律速であるのなら，両区画内のすべての分子が境界に少し近づくように，境界を「折り曲げ」てやれば境界の交換体としての能力は高まる（図5.16）．ところが折り曲げが1箇所だけでは一部の分子は境界からまだ遠くにあるので，設計上で非効率が残る．しかし同じことを繰り返せばこの問題は克服できる．前につくった折り曲げの中に

また折り曲げをつくるのだ．つまりコッホ曲線のように境界を増やすことになる（図5.9）．

もう何を言おうとしているかおわかりだろう．2つの区画間の交換効率は，両区画内のすべての分子が仕切りの膜にできるだけ近づくようにすれば最大にできる．それには膜を繰返し入り組ませてフラクタル境界をつくり，断面が作る線の次元 D の値を 1 より大きくすればよい．このように考えると設計原理は，別のものが得られる：フラクタル次元を最大化すればよい交換体になる．それでもなお，境界が作る曲線は絶対に面積にはならない，つまり D は 2 よりも小さくなければならないという事実によって，次元の値が制限される．最大の効率は境界のフラクタル次元を可能なかぎり 2 に近づけることによって達成される．実際に，哺乳類の肺の効率の高いガス交換膜の断面では，肺の入り組んだ表面のフラクタル次元は 1.9 と 2.0 の間である．[6]

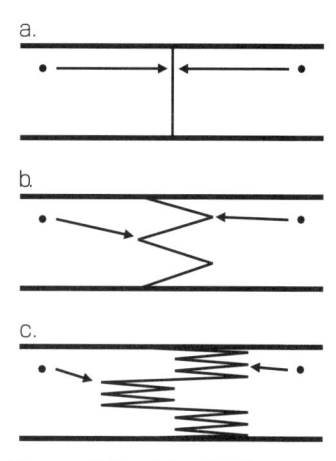

図5.16　拡散に対する境界線のフラクタル次元を増加させると，境界線と両側のすべての点との距離が小さくなり，境界線を横切る流量が増加する．

海岸線が栄養物のたまり場である海洋と，その縁に棲む潮間帯の生物を区切る境界ならば，この境界を横切る交換の効率はどれほどだろうか？　通常の海岸線はフラクタル次元が 1.2 から 1.4 くらいだから，それほど効率的ではなさそうだ．しかし海岸線がサンゴ礁で縁取りされると，境界ははるかに凸凹になってフラクタル次元が増加し，1.8 から 1.9 くらいに近づく．つまりサンゴが棲み着いた海岸線は，それ以前の海岸線よりも効率的な栄養物と鉱物の交換体に変わることを示している．これは大規模な体外生理作用だと私には思われる．

---

[6] もちろん肺の実際の境界は曲線（$D=1$）ではなく曲面（$D=2$）である．ここでは断面を扱っているので，曲面の断面は曲線になることに注意してほしい．実際の膜を本文に述べた方法で入り組ませると，その次元は 2（面積）から 3（体積）に向かって増加し，断面の次元は 1 から 2 へ増加する．

動物に何が起こったか？

　私は本章で，生物対流セルのような一時的な現象と，サンゴ礁のような動物の作るもっとしっかりした構造物の間の関連を強化したかったのだが，それがうまくできたかどうかはわからない．それでも本書の「真の生物学」の部分，すなわち私が考えている，動物の作る体外の生理器官として働く構造物の議論に取り掛かる準備はできた．しかしその前に，動物の起源と，体外生理作用がそこでどんな役割を果たしたのかに関連する疑問をあと 1 つだけ検討しておきたい．

　後生動物をカイメンやサンゴから区別しているのは，胚形成と発生の根本的な違いだということに，ほとんどの生物学者は同意すると思う．カイメンやサンゴの体形は，後成的因子によって支配される．後生動物の発生には，後成的影響は比較的小さな役割しか果たさなくなり，遺伝子がはるかに強く制御しているように見える．どうしてこの根本的な差が生じたのだろうか？

　動物のボディプランの多様化は，初めのうちはほとんどが「生理的な内部調達」の度合いを高めた結果だった．最も単純な生物を調べると，ボディプランの主要な革新の多くは，より一層複雑な体内の生理器官を揃えるためだったことがわかる．だから，たとえばカイメンやサンゴには器官も器官系も全くない．扁形動物には，消化と神経機能のための単純な器官系があるが，それ以外はほとんど何もない．さらに高等な動物は，水分バランス，消化，循環，ガス交換などのための多数の複雑な器官系を備えている．これらの各器官系の発生のためには新たなボディプランが必要だった．腔腸動物の単純な体では特殊な方法で折りたたみでもしなければ器官系を組み込めないからだ．解剖学的に細かく見ればボディプランによって折りたたまれ方はいろいろだが，高等動物はすべてこれらの器官を組み込み，幅広くますます多くの生理機能をもつようになっている．何がそうさせたのだろう？

　おそらく，生理作用を内在化させればさせるほど，信頼性と融通性が増すというメリットがあったのだ．体外生理作用には多数の長所があり，なかでも動物自身よりも何倍も大きな規模で生理作用がおこなわれるという点は卓越している．もちろんこれが可能なのは体外生理作用と正のフィードバックが連携しているからだ．動物が大規模な物理的ポテンシャルエネルギー勾配の中に身を置けば，正のフィードバックを利用して巨大なエネルギー貯蔵庫の栓を開け，それで生理作用をおこなうことができる（図 5.17）．

　しかし正のフィードバックには長所と共に短所もある．最も重大な短所の 1 つは，

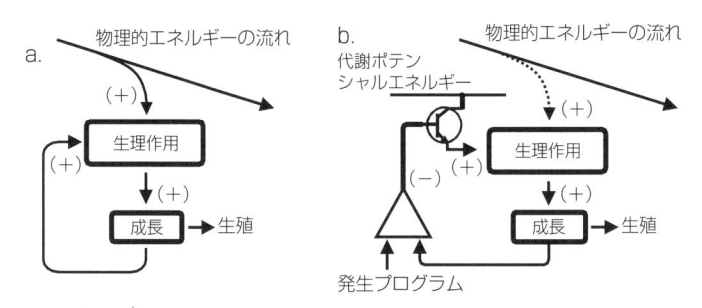

図5.17 a：モジュールの付加による生物の成長は，DLAにつきものの正のフィードバックによって支配される．b：もっと普通に見られる生物では，成長と発生は，食物からの化学エネルギーによって駆動される負のフィードバック系の支配下に置かれる．

　この方法でエネルギーを得ておこなう生理作用は，信頼できないか融通がきかないかその両方だった．たとえば体外生理作用を風力でまかなっているとしたら，風が止まるたびに生理作用が止まり，おそらく生きていられなくなる．また，正のフィードバックループが何らかの調整を受けているとしたら，それによって駆動される体外生理作用の能力は制約を受けることになる．たとえば原生動物は，属している生物対流セルが小さいほど，あるいは循環速度が速いほど多くの利益を得られるとしよう．もし対流セルの大きさや循環速度が水の粘度や密度によって制限されるなら，小さいセルは物理的に存在できないので，小さいことの利点は意味がなくなる．

　どういうわけか動物は，生理作用のエネルギー源として化学ポテンシャルエネルギーに強く依存するように進化してきたようだ．なぜそうなったかははっきりしないが，いくつかのそれらしい理由は考えつく．おそらくグルコースが他より見通しの立つ燃料だからだ．手に入る量は変化するとしても，比較的安定な形で楽に蓄えられ，グルコース分解のエネルギー変換はほぼ熱力学的性質によって決められ，混沌とした予測不能な環境の変動によって影響されないからだ．おそらく高等動物の生理的「内部調達」の度合いが増加したのは，生理作用を支える土台が物理エネルギー経済から化学エネルギー経済に転換したことを反映しているのだろう．グルコースが見通しの立つ燃料だということはまた，それを効率よく利用できるような内部環境の整備を促進することになっただろう．実際に主要な生理機能のほとんどは，動物の内部環境を安定させるために働いている．この現象はホメオスタシス（恒常性）といい，温度・pH・溶質濃度を適切な状態に整え，体内の栄養分・燃料・酸化剤・廃棄物の輸送と分配を整然とおこなわせる過程である．

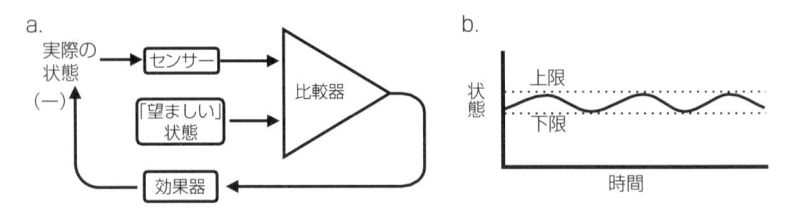

図5.18 a：負のフィードバック制御では，効果器はある「望ましい」状態から逸脱した方向とは逆方向に系の状態を変化させる．b：負のフィードバック系は，制限された狭い範囲に系の状態を保つ．

　ホメオスタシスについては本書の終わりの方，第11,12章で本格的に考察する．いまのところは，多くのホメオスタシス過程はいわゆる負のフィードバックという別の種類のフィードバック（図5.18）を使って働くと言っておくだけで十分だろう．名前が示すように負のフィードバックは，正のフィードバックの逆で，自分自身を弱めるように働く過程だ．負のフィードバックの例としては，室内のサーモスタットがよくもち出される．部屋が寒くなりすぎるとサーモスタットがヒーターを入れ，室温の下降を逆戻りさせることになる．

　生物はホメオスタシスによって多くの恩恵を受けているが，特筆に価するのは，ホメオスタシスのお陰で動物が棲める環境がずっと広がったことだ．たとえばネズミの体温が38℃から大幅にずれると死ぬとするなら，もしネズミが体温調節できなかったら比較的暖かい限られた環境を選ぶしかなかっただろう．しかしネズミには体温を一定に保つ仕組みがあるので，はるかに寒いあるいは暑い環境にも進出できたのだ．もちろんこの恩恵はただでは手に入らない．ホメオスタシスにはエネルギー的にも基本設備の点でも出費がともなう．しかし動物界に広まっていることから見て，これは実りある投資だったと思われる．事実，初期の動物によるホメオスタシスの獲得が，彼らの出現と子孫の繁栄にとって必須のことがらだったと主張する古生物学者もいる．

　すると動物が作った構造物による体外生理作用は，体内生理作用を発達させられなかった非常に原始的な動物に限られた現象ということになるのだろうか？　答えはイエスの可能性があることは認めるが，実は私が本書を書いているのは，答えがノーである十分な可能性があり，実際に体外生理作用が広く認められる現象であると考えているからだ．むしろそうでないと考える方が難しい．動物の体内で多くの生理作用がおこなわれているとしても，体外生理作用を駆動する環境のエネルギー

勾配は常にあり，私がこれまでに述べてきた例から判断すると，これらの勾配によって莫大な量の生理作用がおこなえるはずなのだ．サンゴ礁によってなされる「土木事業」の大きさをよく考えてみるとよい．おそらく体外生理作用は，これより優勢な体内生理作用によって一蹴されるような原始的なものではない．おそらくこれは常に存在し，常にはっきり見えるとは限らないが，駆動する外部エネルギー源があるかぎり絶えず働いているものなのだ．

6　泥の威力

> ……結局世の中は捨てたもんじゃない．
> 僕自身元気な若者なんだし．
> 心地よい泥の中に横たわって，
> 再び目覚めるまでは幸せだった．
> ── A. E. ハウスマン，
> 　　『シュロプシャーの若者』(1896), No. 62

　もしあなたが泥の中を這い回るものが嫌いだとすれば，お仲間には事欠かない．スウェーデンの生物学者カール・リンネは，生物の分類法を大成したが，地上や地中を這うものはすべて忌まわしい卑しい生きものだと感じていた．泥の中を這うものに対する偏見は長く根深く，いまなお強く残っている．這う虫は「気持ち悪い」．地面から這い出てくるものはホラー映画のお決まりの仕掛けだ．この偏見は人間の仕事にさえ及んでいる．採掘，溝掘り，墓掘りなどは，不快な，どう考えてもやぼったい，陰気な職業だとみなす人が多い．

　本章と次章では，地中を棲みかとする生物と，彼らがそこに作る構造物を詳しく見ていきたい．本章はいわゆる無酸素の泥，つまり干潟や湿地の表面のすぐ下に隠された臭い真っ黒などろどろしたものの中に棲む水中動物にあてる．次章では陸地に舞台を移し，ミミズが作る潜穴を調べる．これらの生物が掘る潜穴の機能的な重要性は，進化上の大事件を背景にすると最もよく理解できる．海の堆積物の中に棲む動物の場合は2回あった．およそ6億年前に後生動物がそれ以前の単純な生物から出現したことと，およそ22から25億年前に細菌の中に光合成をおこなうものが現れたことだ．ミミズ類の場合の進化上の主要な事件は，水を離れて陸に棲む能力，陸上生活機能の獲得だった．

カンブリア紀爆発と潜穴の出現

　動物が潜穴を作り始めたのは，おそらく6億年前ごろで，これは約5.45億年前から始まったカンブリア紀よりも前に当たる（図6.1）．カンブリア紀は注目に値する時代で，現在の動物界を構成するほとんどの門がこの時代に初めて出揃ったこと

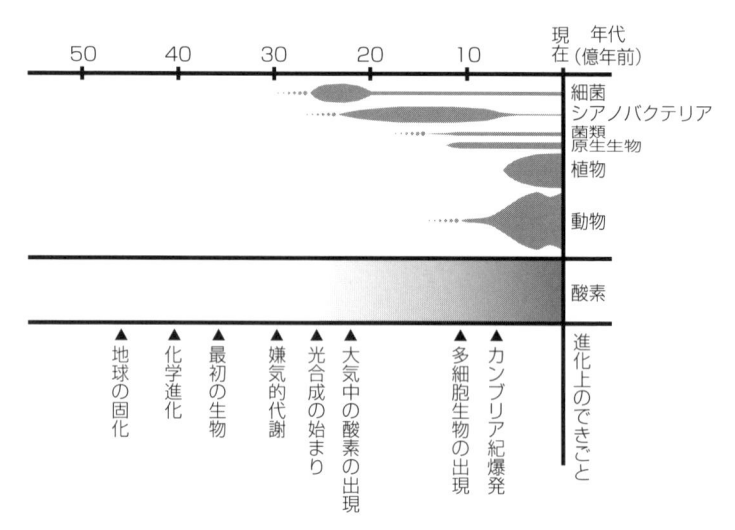

図6.1 地球の生物の進化の歴史．それぞれの界を示す帯状の図形の幅は，その時代に存在した種類の相対量を表わす．「酸素」の欄の色の濃さは大気中の酸素濃度を表わす．[Hickman, Roberts, Larson (1993) より]

が化石からわかる．それ以上に驚異的なのは，これらの門の出現が比較的短期間に起こったことだ．生物の多様化がほんの2，3百万年の間に「爆発的」に一気に起きたのだ．

カンブリア紀爆発と呼ばれるこの現象の原因についてはまだいろいろと議論されているが，当時の生命がとてつもない変化を起こしていたことが化石の記録からはっきりわかる．重大な事件の1つは，いわゆる大型捕食生物の出現だ．この言葉はかなり恐ろしげだが，大型捕食生物とは単に捕食生物の方が獲物より大きいことを指す．その逆に，獲物が自分より小さな生物に食べられるときは小型捕食という．つまり，もしあなたがワニの餌食になれば，あなたは大型捕食生物の犠牲者というわけだ．もし伝染病で死ねば，小型捕食生物に「食べられた」ことになる．

潜穴掘りは，大型捕食の出現と同時期に起きたようだ．これは潜穴が掘られた跡を示す生痕化石からわかる．生痕化石には，トンネルや潜穴，泥中を通った跡，泥中に生物がいた跡などがある．[1] この時期の生痕化石は，潜穴とそれを作った動物が急速に複雑化していったことを示している．たとえば最も初期の生痕化石には，柔らかい泥の上に鎮座していた動物が遺した単純な痕跡がみられる．先カンブリア時

代の終わりの頃には，柔らかい海底の泥の上を這いずり回る動物が作った這い跡が，これらの単純な化石に取って代わる．その後，水平なトンネルや短い縦穴が現れ始める．最後に泥の中へ垂直に深く掘られた穴が，これらに取って代わる．ただの垂直な縦抗もあるが，枝分かれしたトンネル，部屋，溝が複雑な網目状になったものも現れ始めた．

潜穴掘りの「軍拡競争」

　何が先カンブリア時代の潜穴を多様化させ，精巧にさせたのか？　もちろんたくさんの理由が考えられるが，まったく新しいボディプランの生物たちが出現して，泥を掘るまったく新しい方法を獲得したことが原因だとする説明に，多くの古生物学者が賛同している（Box 6A）．こうして潜穴を掘る動物と彼らを捕食しようとする新しい大型捕食生物の果てしない追いつ追われつの関係が始まった．進化の軍拡競争といわれる関係だ．私たちは軍拡競争の概念はよく知っている．少なくとも1つの例，核軍拡が続くのを見てきたので，このような競争の共通の特徴がいくつか指摘できる．1つは攻撃と防御の方法がますます複雑に進化していくことだ．攻撃の手段が対抗する防御の手段を発達させ，それがまた新たな攻撃手段を生み出していく．たとえば核軍拡競争は，敵の頭上に非常に強力な爆弾を落とすという単純な目的から始まった．そこから，知能対知能の複雑な絡み合いへと発展した．核弾頭と誘導システムは改良が重ねられ，具体的な目標に正確に対応させた爆発エネルギーをもつミサイルの狙いはますます正確になり，1980年代にはアメリカによる戦略防衛構想で頂点に達した．いまや核戦争は非常に複雑になったので，莫大な数の人々を殺したり都市や作物を破壊したりする仕事を人間から取り上げ，コンピューターに任せなければならなくなった（悲しいことに，もっと個人的な残虐行為もいまだに盛んであると言わなければならないが）．

　もし数千年後に火星から有名な動物考古学者がやって来て，私たちが遺した人工

1）潜穴や這った跡のように見える生痕化石が15億年も前の岩で発見されているが，これらが動物によるものかどうかは論争の余地がある．およそ12億年前までは後生動物は出現していなかったので，それより古い岩に見られる生痕化石は動物によるものではありえない．他の生痕化石と思われるものも，乾燥による割れ目や乾燥途上の堆積物中に生じた結晶構造で，生物起源ではないとも解釈できる．動物によって遺された生痕化石だとほぼ誰もが認める最古のものは，泥中につけられた円形の痕跡で，古生物学者によって *Bergaueria* と呼ばれている．おそらく柔らかい堆積物の上に鎮座していたイソギンチャクのような生物の遺した痕跡なのだろう．*Bergaueria* は約7億年前より古い堆積物の中には発見されていない．

表6.1 先カンブリア時代からカンブリア紀に至る時期の生痕化石の出現と消滅のパターン（Crimes 1994より）．年代は現在から遡った百万年単位で表わす（Haq and van Eysinga 1998より）．消滅の率は，属の累計数をもとに計算した．軍拡競争の結果として起きたと思われる2回の爆発的な多様化は，太字で示す．

時代	年代 （百万年前）	初出属数	消滅属数	累計属数	消滅率 （％）
カンブリア後期	505－495	8	3	88	3
カンブリア中期	517－505	4	5	85	6
三葉虫出現後のカンブリア初期	540－517	25	4	85	5
三葉虫出現前のカンブリア初期	**545－540**	**33**	**5**	**65**	**8**
エディアカラ以後の先カンブリア	550－545	11	4	36	11
エディアカラ	**570－550**	**31**	**10**	**35**	**29**
ヴァランガー	625－575	3	0	4	－
リフェアン	1,750－810	1	0	1	－

物から20世紀の歴史を把握しようとしたら，簡単にできるのではないかと思う．核軍拡競争は私たちの社会にも，文化にも，思考にも，そこらじゅうに痕跡を残しているから．同様に，古生物学者も動物間の限りなく激化する手段と対抗手段のいたちごっこを示す化石に出会うことがある．先カンブリア時代の大型捕食生物とその獲物の場合もそうだ．最初の防御手段の1つは，体を大きくすることだった．捕食生物が自分より大きい生物を飲み込むことは難しいので，大きくなることは明らかに防御になる．捕食者がさらに大きくなるのも，やはり明らかな対抗手段だ．別の防御手段は体の外側に炭酸カルシウムやケイ酸質のよろいを分泌した「殻をまとった動物群」の出現から明白だ．捕食生物は対抗手段として，獲物のよろいを砕いたり穴を開けたりできる硬く頑丈な口を発達させた．すると獲物は，その対抗手段に対してトゲなどでさらに対抗し，いたちごっこの末に競争が頂点に達し，カンブリア紀の初めに主要な動物門がすべて誕生することになった．

先カンブリア時代のこの軍拡競争の一部として，潜穴もますます多様化していったのだろう．この主張の最もよい証拠となるのは，この期間に出現した新種の生痕化石の数だ（表6.1）．潜穴と潜穴の種類の多様化には，2度の大きな爆発がある．1つはおよそ5.6億年前のエディアカラ時代，もう1つはおよそ5.4億年前のカンブリア紀の初期だ．動物の体形の多様性も，これらに並行して同時に増加している（Box 6A）．この時期の新種の潜穴の絶滅速度がやはり同時に速くなっていることか

ら，おそらくこれらの変化が進化の軍拡競争のステップだったということが示唆される．潜穴の「新しい設計」がたくさん試されたのだ（表6.1）．

　ますます複雑になった先カンブリア時代の潜穴から，生物間の攻防手段がどんなものだったか，どれだけ効果的だったかがわかる．ある種類の潜穴が「成功した」ならば，それを作った生物は生き延びて子孫を残す．彼らが遺した生痕化石は，長期間にわたって化石の記録の中に現れることになる．逆に「失敗した」潜穴は，化石の記録の中にあまり長くは留まらない．成功と失敗の差は，3つの因子にかかっているようだ．まず，潜穴はエディアカラ時代に垂直に向きを変えて深くなり始め，カンブリア紀の初めまでこの傾向が続いた．垂直の潜穴は作り手の動物を，それ以前の浅くて横向きの潜穴より効果的に危害から守っただろう．第2に，体に炭酸カルシウム（軟体動物の場合），キチン（節足動物），軟骨と骨（脊索動物）からできた固い部分が生じることだ．これらは穴掘りの有効な道具となり，固い堆積物の中へ深い穴を掘れるようになった．この傾向はカンブリア紀の直前に始まり，カンブリア紀初期にピークに達した．これに続く3番目の成功の要因は，より複雑な潜穴の発達だ．単純な縦坑は枝分かれして込み入った網目状のトンネルとなり，水路や見せかけの入り口や行き止まりを備えた複雑なものまである．

史上最大の生態学的災害

　泥の中の潜穴は確かに作り手のために生理作用をおこなっている．それはおよそ20億年前に起きた事件の名残なのだ．ここでその当時，つまり動物の出現のはるか前に目を転じよう．

　私はときどき学生たちに，いままでで最大の生態学的災害は何かと尋ねる．彼らはたいていプリンスウィリアム湾のエクソン・ヴァルディーズ号の原油流出事故や，ウクライナのチェルノブイリの原発事故などの，最近大きなニュースになった事件を挙げる．人間が熱帯雨林の生態系を侵害したせいだと思われる現代の異常に速い種の絶滅速度を指摘する者もいる．約6千5百万年前に恐竜（およびたくさんの生物）を絶滅させた小惑星の衝突を挙げることもある．しかし私から見ればすべて間違っている．私はもっと太古の出来事，すなわち約25億年前にある種の細菌つまりシアノバクテリア〔酸素発生する最初の光合成生物〕が光を用いて水から引き剥がした水素を二酸化炭素と結合させて糖を作る方法を会得したときに賭けてもいい．つまり光合成の起源だ（図6.1）．

Box 6A　穴掘りの方法

　動物の穴の掘り方は長らく古生物学者の興味の的だった．動物の存在したことを示す証拠が，穴や潜穴や這い跡などのいわゆる生痕化石だけしかないことがよくある．古生物学者はほんのわずかな証拠から最大限の情報を引き出すことに長けている．彼らは現存の動物の穴の掘り方を理解し，現在の掘り手についてわかっていることと絶滅した動物が遺した穴とを関連付けることによって，大昔に絶滅した動物の生活について非常に詳しい推論を組み立てる．

　生痕化石を専門とする古生物学者（化石足痕学者）は，動物が穴掘りに用いる共通の方法を少なくとも5種類見出した．(1) 押入り法，(2) 圧縮法，(3) 掘削法，(4) 後方輸送法，(5) 流動化法だ．

　押入り法は，掘るための新たな行動も専門化した装置の発達も要らないので，穴を作る技術の中で最も単純で原始的なものだろう．動物は，体の動きにほとんど抵抗しない水気を含んだ泥や粘土の底質に，単に押入るだけだ．堆積物の中へ入ると，水の中を泳ぐのと同じ行動と仕組みを用いて，底質中を文字通り泳ぐ．通常はこのようにして作られた潜穴はそのまま残ることはない．動物が泳いでできた底質中のトンネルは，動物が通り過ぎるとつぶれてしまう．多くの線形動物，多毛類，軟体動物は，柔らかい水中の泥の中へもぐるのに押入り法を使う．

　圧縮法は泥の中に先の丸い釘を打ち込むようなものだ．動物は頭（あるいは体の前面に当たる部分）を底質に押し付け，堆積物を脇へ押しやりながら前へも圧縮する．その結果，潜穴の先端と脇の底質は他の場所よりも締まって固くなる．押入りとは違って圧縮には専門的な技術が必要になる．動物は，前向きの圧縮力の「反作用」で体が押し戻されないように，少なくとも体の一点を固定しなければならない．したがって圧縮掘りをする動物は，一連の複雑な動きができなければならない．たとえば典型的な掘り手は，押しては引く動きを繰り返しながら底質中を進む．まず体の後部が侵入のための固定装置となり，前部が堆積物の中へ勢いよく突っ込むときに後部をそこにとどめる．次に前部が収縮のための固定装置となり，後部が引き寄せられるときに前部をそこにとどめる．海水や陸水にすむ無脊椎動物の穴掘りでは，これが最も一般的な方法だろう．

　掘削法はさらに込み入っている．（節足動物や脊椎動物のように）関節をもち，爪・

　光合成を大災害の要因として指摘するのは不思議に思われるだろう．緑色植物は現在では地球上のほとんどすべての生命の基礎をなしているのだから．しかし常にそうとは限らなかったし，現在でも部分的に正しいだけなのだ．生命の起源から10億年以上の間，生きもの（当時はすべて細菌）は，稲妻，紫外放射，アンモニア・

歯・鉤爪のような掘るための何らかの硬い先端をもつ動物にはよく見られる．掘削法は，押入りや圧縮に向いた土より，もっと固く締まった土に向いている．掘削者は底質から土の塊を少しずつ削り取って，それを他所へ運んで捨てなければならない．掘削法を使えば複雑な形の潜穴を作り出すことができる．押入り法や圧縮法による潜穴は主として空洞のチューブにすぎない．しかし掘削法による潜穴は，枝分かれした穴や，方向転換や他の方策のための部屋や，廃棄物や食糧の貯蔵庫や，家族のための居室のような，もっと複雑な地下構造を可能にした．

後方輸送法は，押入り法と同様に，空洞の潜穴を残さないのが普通だ．しかしこの方法は新たな構造や行動の発達を必要とする点で，押入り法とは異なる．後方輸送法では，前にある底質をベルトコンベアーのように後ろに運んで捨てる．したがってこの動物の前進は，キャタピラーの走行のようだ．泥の後方輸送は，柔らかい体の蠕動運動や繊毛の運動によることもあるが，多くは棘皮動物（ヒトデ，ウニ，ナマコ）の特徴である管足によっておこなわれる．後方輸送法は別の点でも変わっている．押入り法も，圧縮法も，掘削法も，掘る穴が狭ければ狭いほど効率よく進められる．したがってこれら3種の方法は，細長い円筒型の体形に向いている．一方，後方輸送法は「ベルトコンベアー」の表面積が大きいほど効率がよい．したがって後方輸送屋の体は幅広く平べったい傾向がある．

最後に流動化法は，押入りと後方輸送の要素をもつ．この方法は，多くのカリフォルニア州に住む人，あるいは地震の起きる活断層の近くに棲む人のよく知っている（少なくとも知っていてほしい）現象を利用する．土などの底質は，非常に強くゆすぶられると「流動化」する．手短に言えば，普段は土の粒子を互いにくっつけている力が他から加えられた別のエネルギーに負けると，土は流動化するのだ．そうなると土は，空気や水のような流動体のように流れる．地震の場合は，エネルギー源は活断層のずれによって放出される運動エネルギーだ．動物の場合は筋肉を激しく収縮させて運動エネルギーを放出して土を流動化する．たとえば，虫が危険を感じて体を激しく蠕動運動させると，これが水を動かし，底質の流動化につながり，虫は急速に泥の中へもぐることができる．同様に，干潟のようなかなり固い泥の中に棲んでいる多くの二枚貝は，驚くと水管から水を勢いよく噴射する．すると周囲の泥は流動化し，貝は泥の中を泳いで逃げる．潮干狩りをしたことがあれば，このすばらしいテクニックを見たことがあるだろう．

メタン・二酸化炭素をはじめとする種々の分子など，さまざまなエネルギー源に頼っていた．しかし太陽からの事実上無制限に降り注ぐ光には手を付けていなかった．ところが光合成の出現がすべてを変えた．光合成のできる細菌は即座にエネルギー面で，同時代ののろまなライバルが太刀打ちできないほどの優位に立ったからだ．

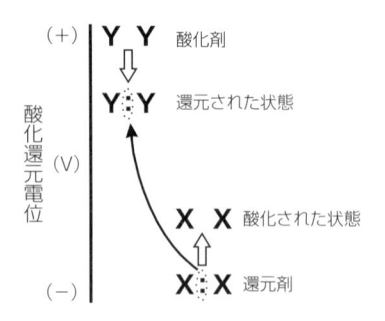

```
(+)  Y Y    酸化剤
     ↓
     Y:Y    還元された状態
酸
化
還
元 (V)
電
位
     X X    酸化された状態
     ↑
     X:X    還元剤
(−)
```

図6.2　酸化還元反応での電子の動き.

その結果，シアノバクテリアはじきに地球上で優勢な生命形態となり，その多さが直接に大災害の第2の原因となった．光合成は水から水素原子をはぎ取るので，副産物として酸素ガス（O_2）を作り出す．光合成生物は増えるにつれて，この要らない気体をますます多量に作るようになった．酸素は海洋の水に吸収されたり，鉄やケイ素といった酸素と結合しやすい鉱物と結びついたりするので，最初のうちは大した影響はなかった．しかしこれらの貯蔵庫がいっぱいになると，酸素は大気中に蓄積し始め，地球の化学的性質を根底から変えてしまった．これは当時のほとんどの生物にとって，非常に困ったことだった．

酸化還元電位

　酸素は奇妙な物質だ．ほとんどの生物にとって必要な反面，非常に毒性が強い．酸素のこの毒性こそが20億年前の細菌にとっての難題だったのだ．その理由を知るためには，基本的な化学を学ぶ必要がある．

　化学は基本的に電子を動き回らせる科学だ．原子間の化学結合とは，実際には2個の原子によって共有されている1対の電子だ．たとえば酸素ガス O_2 は，2個の酸素原子が共有結合で結び付られている．原子間を直線で結んでO−Oのようにして共有結合を表わすのが一般的だ．しかしO:Oのように書く方が化学結合の性質に近い．ここで2個の点は2つの共有される電子を示す．

　化学反応とは，基本的にはある結合から他の結合への電子の移動だ．どんな化学反応でも，反応物中の原子間のある結合が切れると同時に，生成物中に新しい結合ができる．化学者はこれを共役した酸化還元反応と呼ぶ．電子を与える結合は酸化され，電子を受け取る結合は還元される（図6.2）．

　化学というのは，原子や分子を一緒にして，電子がどの結合に落ち着くかを「選択」できる状態にしたとき，電子がどこに行くかを知る技術だ．化学者はこれらの選択を予測する強力な道具として酸化還元電位（レドックス電位）を用いる．酸化

還元電位は，電子をある結合から別の結合へ移動させるポテンシャルエネルギーの尺度で，電圧で表わす．電子は負の電荷をもつので，ある結合に存在する電子は，それより正の酸化還元電位をもつ結合の方へ移動する傾向がある．電子が電池の負極から正極へ導線を伝わって移動するのとちょうど同じだ．

単純な例でこの概念を説明しよう．酸素と水素を結合させて水を作る反応だ．

$$O_2 + 2H_2 \rightarrow 2H_2O$$

単純化すると

$$\frac{1}{2}O_2 + H_2 \rightarrow H_2O$$

この反応を 2 つの半反応に分けると，電子の動きが追える．電子 (e^- と表わす) は，2 個の水素原子を結びつけている化学結合から移動して (水素の酸化)，

$$H:H \rightarrow 2H^+ + 2e^-$$

酸素に移り，新しい化学結合を作る (酸素の還元)．

$$\frac{1}{2}O_2 + 2H^+ + 2e^- \rightarrow H_2O$$

電子がどこに行くかは，H_2 の水素-水素結合と H_2O の酸素-水素結合の電子を引き付ける強さを比べれば判断できる．これは半反応の酸化還元電位 (E'_0 と表わす) を用いて数値化できる．

$$H:H \rightarrow 2H^+ + 2e^- \qquad E'_0 = -0.42\text{V}$$
$$\frac{1}{2}O_2 + 2H^+ + 2e^- \rightarrow H_2O \qquad E'_0 = +0.82\text{V}$$

酸素-水素結合は水素-水素結合よりも電子に対して強い親和性をもつ．[2] ある結合から別の結合へ電子を移動させるポテンシャルエネルギーを見積もるには，電子受容体 (この例では酸素-水素結合) と電子供与体 (この例では水素-水素結合) 間の酸化還元電位の差を計算すればよい．

---

2) 水素-水素結合の負の酸化還元電位は，水素-水素結合から電子が追い出されるという意味ではない．電子機器の電位を地面に対しての値で示すように，酸化還元電位は標準電位に対しての電位である．水素の酸化の場合には，負の値は単にその電位が標準として決められた値より低いというだけだ．

$$\Delta E'_0 = +0.82\text{V} - (-0.42\text{V}) = +1.24\text{V}$$

このように電子を H−H 結合から O−H 結合へ移動させるポテンシャルエネルギーの差（正確にいうと 1.24 ボルト）がある．したがってこの反応は自然に進む．2 種類の分子を十分に近づけ，電子が移動するのに十分な時間，そこに留めさえすればよい．逆反応，すなわち水を水素と酸素に引き離す反応（つまり電子を酸素−水素結合から水素−水素結合に移す）は自然には起きない．供与結合と受容結合が入れ替わるので，ポテンシャルエネルギーの差は−0.42 − 0.82 = −1.24V になるからだ．この反応を進めるためには，仕事をしなければならない．明らかに光合成では，光を捕えることによってこの仕事のエネルギーを得ている．

酸素が代謝に果たす役割

しかしまだ疑問は解けていない．酸素のどこがそんなに悪いのか？　皮肉なことに，酸素に強い毒性があること自体が，逆に私たちのような生物にとって非常に役立つものでもあるのだ．その訳を知るために，酸素がグルコースの代謝で果たしている役割を見ることにしよう．第 2 章ですでに基本的な反応については概説した．復習すると，グルコースは酸素と結合して水と二酸化炭素とエネルギーを生じる．

$$C_6H_{12}O_6 + 6O_2 \rightarrow 6CO_2 + 6H_2O + 2.82\text{MJ}\,[\text{mol グルコース}]^{-1}$$

この単純な式は一連のかなり複雑な反応を覆い隠している（図 6.3）．実際は一連の反応によってグルコースは段階を踏んで分解され，中間の物質を通って電子が流れ，それらがエネルギーを捕まえ，エネルギーが ATP の形で蓄えられる．これらの反応の中での酸素の役割は，グルコース中の炭素−水素結合から放出された電子の最終的な受容体として働くことだ．つまりこれらの電子を水の酸素−水素結合中に組み入れるのだ．放出された電子は，組み入れられるまでの間に細胞に対して化学的な作用を及ぼす．電子は非常に強く酸素に引きつけられるため，驚くほどの仕事ができる．酸素があるときとないときとで，グルコースからどれだけのエネルギーが得られるかを比べれば，酸素の有利さがはっきりする．嫌気的条件下（酸素不在）では，グルコースのエネルギーのわずか 7 %ほどしか ATP に転換されない．あとは乳酸の結合中に残されたままになる．酸素が存在すると，すなわち好気的条件下では，エネルギー収率は 7 倍近くに上昇し，およそ 40 %になる（図 6.3）．条件が

よければ 95 ％を超えることもある．この収率は半端ではない．

嫌気的世界

いよいよ私たちは，なぜ酸素が強い毒性をもちながら，同時に非常に必要とされるのかを説明するところまで来た．どちらの性質も，酸素の酸化還元ポテンシャルが高いことから来る．生命の出現から 10 億年ほどは，酸素ガスはわずかで，当時の細菌は現在の私たちのように酸素の高い酸化還元ポテンシャルを利用できなかった．電子を受け取る酸素がないので，他の分子がその代わりを務めなければならない．その頃の生物はエネルギーを得るために工夫を凝らして代わりの電子受容体を探した．代わりの電子受容体の条件は簡単だ．電子を引き出す「食物」分子より高い酸化還元電位をもちさえすればよい．酸素がないときには，種々さまざまな分子が電子受容体や電子供与体として働く．たとえば 6 個の炭素をもつグルコース（C6 化合物）の分解には何段階かの重要な反応が関わるが，その 1 つはグルコースから 2 個の C3 化合物，ピルビン酸を作る．次にピルビン酸はグルコースの酸化によって放出された電子を受け取って乳酸かエタノールになる．こうしてピルビン酸は酸素の代わりに電子受容体として働く（図 6.4）．このような「内部でまかなう」酸化還元反応を発酵といい，細菌でも真核生物でも普通におこなわれる．もちろん発酵の問題点は，乳酸やエタノールの化学結合中に残されたエネルギーを，強力な電子受容体がないために仕事に使えないことだ．生物はいわゆる嫌気呼吸によって，代謝経路外の化合物も電子受容体として使うことができる．たとえば嫌気性生物では硝酸塩（NO_3^-）が一般的な電子受容体として使われ，還元されて窒素ガス（N_2）になる．同様に硫酸塩（SO_4^{2-}）も電子を受け取って，イオウ元素（S），硫化水素（H_2S，「腐った卵」の臭いがする），その他の還元されたイオウ化合物になる．このようにして嫌気呼吸は酸素がなくてもグルコースの正味の酸

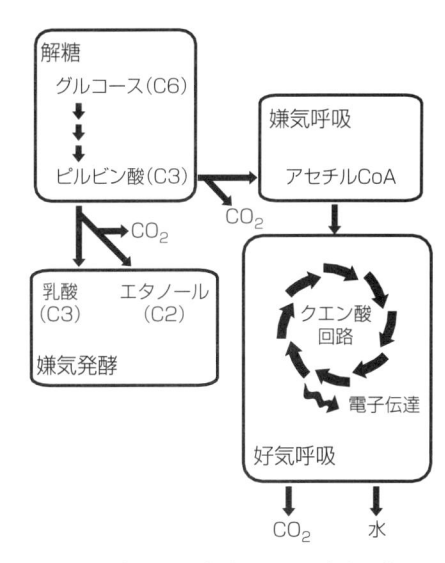

図 6.3 グルコース代謝における炭素の動き．

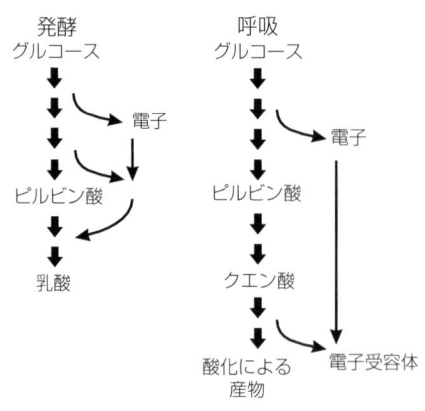

図6.4 グルコースの発酵と呼吸. 呼吸のみが正味の酸化をおこなう.

化をおこなう.

　これらの電子受容体はそれぞれ固有の酸化還元電位をもつ（表6.2）. また, ある生物の電子受容体が別の生物では電子供与対として働くことも原則的に可能だ. 実はある食物分子を完全に代謝できない生物の化学的「廃棄物」は, 別の種類の生物に摂取されて使われる（図6.5）. こうして複雑な相互依存した微生物の群集ができる. たとえば発酵細菌は大きな有機分子を分解する副産物として多数の化合物を作る. 食物分子がグルコースのときは, 副産物はエタノールや酢酸などのC2化合物であることが多い. 食物分子が脂質のときは, プロピオン酸（C3）や酪酸（C4）などの少し大きい化合物や, ギ酸のような炭素1個からなる酸も作る. これらの化合物はさらに他の生物にとっての電子供与体すなわち食物となることができる. たとえば酢酸生成菌として知られている幅広い分類群にまたがる微生物が, これらの化学的「廃棄物」を利用する. 酢酸生成菌には大きく分けて3種類ある. 酢酸（食酢に含まれる酸）と二酸化炭素などを作る発酵細菌, ギ酸と水素ガスを取り込んで酢酸を作るCO_2還元菌, プロピオン酸と酪酸からCO_2・水素ガス・酢酸を生成する微生物群だ. 嫌気性細菌の中古のエネルギー経済はまだ続く. 酢酸生成菌によって作られた酢酸は, 別の種類の細菌, メタン生成古細菌にとっての原料となる. この古細菌は最終生産物としてメタンガス（CH_4）を生成することからこう呼ばれる. ある種のメタン生成古細菌はCO_2還元菌や発酵細菌から酢酸を受け取り, 別の種類の菌は酢酸・水素ガス・CO_2を受け取る.

　酸素ガスが上記のような生物になぜ致命的な脅威となるかがだんだんわかってきただろう. これらの驚くほど多様な生化学反応は, かなり小さな酸化還元電位の差によって動いている. もし非常に高い酸化還元電位をもつ酸素をもち込んだら, 細菌内部や細菌間で電子を動かす力のバランスが崩れることになる. 酸素は苦労して精巧に作り上げた嫌気的経路から電子を奪うので, この生化学反応経路は意図した仕事ができなくなる. この経路に依存している生物はあっという間に死んでしまう.

表6.2 真核生物と細菌に見出される一般的な生化学反応の基質と酸化還元電位.

酸化/還元の組合せ	E'_0(mV)	備考
O_2/H_2O	+815	酸素
Fe^{3+}/Fe^{2+}	+780	鉄細菌
NO_2^-/NH_4^+	+440	アンモニア酸化細菌
NO_3^-/NO_2^-	+420	亜硝酸酸化細菌
SO_3^{2-}/S	+50	硫黄細菌
フマル酸/コハク酸	+33	グルコースの好気的酸化の中間体
オキサロ酢酸/リンゴ酸	−170	グルコースの好気的酸化の中間体
ピルビン酸/乳酸	−185	グルコースの嫌気的発酵の産物
アセトアルデヒド/エタノール	−197	グルコースの嫌気的発酵の産物
S/H_2S	−270	硫黄（還元）細菌
SO_4^{2-}/SO_3^{2-}	−280	硫酸（還元）細菌
H^+/H_2	−410	（嫌気的）水素資化性菌
CO_2/CO	−540	（嫌気的）一酸化炭素資化性菌

光合成の出現以前から存在していた生物がすべて嫌気的な生化学反応に依存していたことを考えれば，光合成の出現が生態学的になぜそれほどの大災害となったかがわかるだろう.

光合成の出現に伴う酸素の猛攻撃に直面して，嫌気世界の細菌は死ぬか，適応するか，避難するしかなかった.
おそらく死は最も一般的だっただろうが，もちろんこれは進化論的にはおもしろくない．適応は長いものには巻かれろということだ．酸素はどっちみち最後には電子を奪うものならば，これに仕事をさせるように工夫してみてはどうだろう？ 実際にこの戦略を採用した細菌には，多くの新たな代謝の道が開けた．グルコ

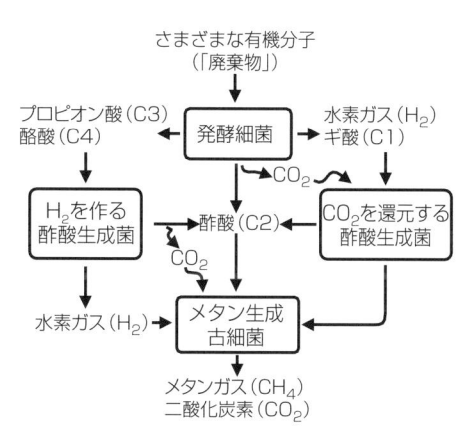

図6.5 種々の嫌気性細菌の生態的関係. [Ferry(1997)より]

ースが食物として特別なわけではない．ある分子が食物となるには，食物分子（電子供与体）と酸化剤（電子受容体）との間に十分大きな酸化還元ポテンシャルの差があればよいだけだ．酸素は非常に強力な酸化剤なので，これを利用する微生物は，弱い電子受容体しかないところでは電子をしっかり引きつけていた多くの化合物から電子を奪うことができるようになった．その結果，細菌には種々さまざまな新しい代謝経路が花盛りとなり，アンモニア，一酸化炭素，イオウやその他のイオウ化合物，水素ガス，はては鉄やケイ石など，それまでだったら奇妙だと思われた「食物」分子が利用されるようになった（表6.2）．これらの経路の1つ，すなわち電子を利用して水素イオンをあちこちへ動かしてATPを作らせる方法を学んだ細菌から受け継いだ経路によって，私たちの好気的代謝は支えられている．

嫌気的避難所への撤退

そのような代謝経路を獲得できなかった細菌にとっては，押し寄せる酸素から逃げるしか道はなかった．幸いたいていの水中にはさまざまな嫌気的な避難所があるので，それほど遠くへは行かずにすんだ．たとえば深海にはほとんど酸素がない．そこでは光合成がおこなわれないし，たとえ酸素が非常な深みまでたどりついても，好気性細菌によってすぐに消費されてしまうからだ．その結果，深海底，特に熱水孔の周囲のような還元的な要因のあるところでは高度に還元的な環境になっている．しかし光が届く浅い水中では，光合成独立栄養生物が多量の酸素を作り出すので，好気性細菌は水中や波打ち際の浅い堆積物の上層中に棲むことができる（図6.6）．

この上層の下には，非常に異なった世界がある．第4章で述べた酸素輸送の「バケツリレー」で原生動物がやるのと同様に，上層の好気性細菌は酸素を消費するので，同じことが起きる．つまり堆積物に深く潜れば潜るほど酸素濃度は低くなる．しかし酸素の拡散速度は，泥の中では液体培地の中よりはるかに遅い．したがって酸素濃度は深さと共に急激に減少する．非常に急激なので，数ミリから1センチほどの深さで不意に不連続層が現れる．この急な酸素濃度の低下は代謝の「万里の長城」のようなものになって，その背後に嫌気性細菌が隠れられる．そんなわけで25億年前，彼らはそこへ潜ってほんの数ミリ上に渦巻く毒ガスの雲から逃れたのだ．少なくとも約6億年前まではそうして隠れていたのだが，この快適な小さな世界は無残に破壊されてしまった．新たに出現した先カンブリア時代の潜穴掘り動物が万里の長城を力ずくで破って侵入し，毒ガス，酸素をもち込んだのだ．

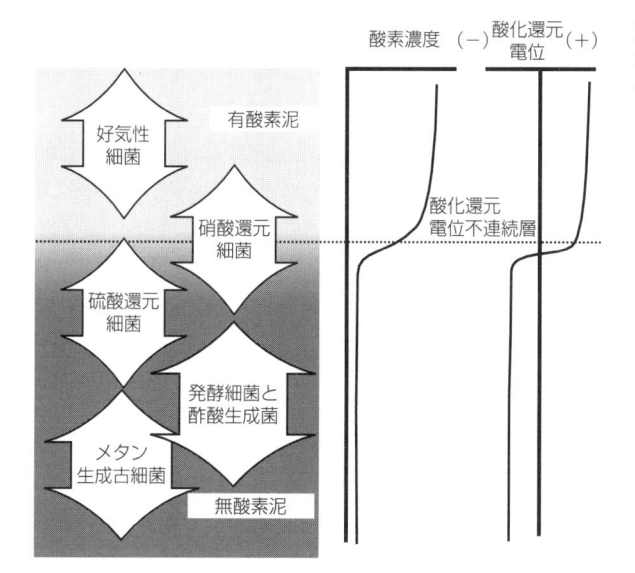

図 6.6 表層の泥の典型的な酸化還元電位の勾配に沿った細菌の分布.

海洋堆積物内の酸化還元電位

　最初の潜穴掘り動物が代謝の万里の長城を突破してその下に長らく隠れていた嫌気的世界に踏み込んだとき，図らずも地球の最も威力のあるエネルギー源の1つを手にした．酸素の枯渇した領域の両端の酸化還元電位の差はおよそ1ボルトある．潜穴掘り動物はこのポテンシャル差を利用できれば左団扇になっただろう．

　酸化還元電位は堆積物中では，単純な化学反応式で記述されるのとはちょっと異なる意味合いをもつ．通常，堆積物はさまざまな電子供与体と受容体を含み，堆積物の酸化還元電位はこれらの化学物質の加重平均のようなものだ．たとえば多量の酸素を含む堆積物の酸化還元電位は非常に高いが，酸素が少なければ酸化還元電位は弱い酸化剤に影響される．したがって堆積物中の酸素濃度が落ち込んだところに現れる代謝の万里の長城は，酸化還元電位の勾配と並行して存在する（図 6.6）．最上部の1センチかそこらは，酸素がその上の水から難なく入り込んで，好気性細菌によって消費された分を置き換えるので，酸化還元電位は高く，＋600 mV ほどだが，深さと共に次第に下がり＋400 mV くらいになる．代謝の万里の長城で酸化還元電位は急に落ち込み，酸化還元電位不連続（redox potential discontinuity；RPD）

層ができる（図6.6）．RPD層の下では，酸化還元電位はたいてい-200 mV以下になる．

かき乱されない堆積物中では，この急な酸化還元電位の勾配は，豊かな微生物群集によって利用される（図6.6）．たとえば絶対好気性の細菌や他の生物（原生動物や小型無脊椎動物）は，酸素が豊富で酸化還元電位が高い堆積物の上部から数ミリに棲む．この領域ではグルコースは通常CO_2とH_2Oに代謝される．もっと深くなって酸化還元電位が低くなると，好気性生物は姿を消し発酵細菌が取って代わる．泥からさらに酸素がなくなると，嫌気呼吸が支配的になる．RPD層の付近では勾配が非常に急なため，仕事をするポテンシャルが高く，ここではさまざまな細菌からなる生態系が維持される．酸素濃度が低いか断続的にしか得られないRPD層とそのすぐ上では，電子受容体としては硝酸塩が優位に立ち，そのため硝酸還元細菌が圧倒的に多い．酸素にめぐり合う可能性はほとんどないRPD層の下では，最も一般的な電子受容体は硫酸塩だ．さらに深く，硫酸塩の還元さえできない酸化還元電位の場所では，酢酸生成菌とそれに頼るメタン生成古細菌が支配権を握る．これらのさまざまな細菌は，酸化還元電位の分布に従ってきれいに棲み分けし，それぞれの集団はうまく生きられる酸化還元電位のところで，上に棲む集団に恐ろしい酸素ガスの遮蔽と食物を頼っている．

餌取り用の潜穴

6億年前に初めてRPD層を破った動物は，捕食動物に追われてそこへ逃げ込んだのかもしれない．しかしいったん代謝の万里の長城を破ってしまうと，潜穴掘りたちは餌を得るまったく新しい方法を見つけた．実は，泥の中に常に棲むようになった多くの動物は，潜穴を餌を得るための穴として使っている．これらの穴は大きく2つに分類できる．1つはいわゆる底質を食べる動物によって作られる．彼らは栄養豊富な泥を飲み込みながら進むので，食べたあとがトンネルとなって残る．もう1つは浮遊物を捕まえて食べる動物によるもので，浮遊生物に富んだ水を導く水路として使われる．

餌取り用の潜穴の構造はたいてい単純だ．最も単純なものは，Ⅰ潜穴，Ｊ潜穴，Ｕ潜穴の3種で，形の似た文字を冠して呼ばれている（図6.7）．Ⅰ潜穴は真下を向き，穴の主（通常は多毛類）はその中で頭を下にしている．Ｊ潜穴はⅠ潜穴が延長されて，まっすぐな縦坑の底が行き止まりの横穴につながっている．ここの住人も

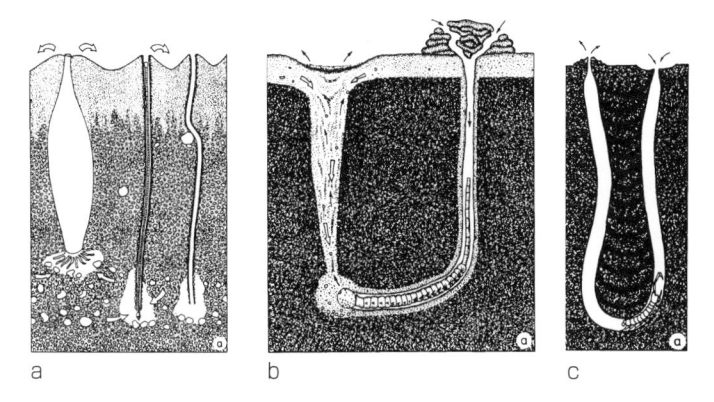

図6.7　潜穴の種類．a：イモナマコ（左）とタケフシゴカイ（右）が作ったI潜穴．b：タマシキゴカイによるJ潜穴．c：ドロクダムシによるU潜穴．[Bromley (1990) より]

J潜穴の中で頭を下にしている．一般的なU潜穴はJ潜穴がさらに延長されたもので，U字管でつながれた2つの開口部が表面にできている．虫は管の底に棲み，虫の種類によるが，前から後へ，または後から前へ流れを作り出す．

浮遊物喰いと底質喰い
　臭い泥の中の餌取り用の潜穴は，夢の家からは程遠い．臭いし，食べ物はひどいし，息が詰まる．これらの潜穴につつましく棲む生物を，進化の遅れたもの，人間となる進化競争から取り残された原始的な動物だとつい見下げてしまいがちだ．泥の中に棲むのはほかに何かわけがあるのだろうか，泥を食べるためなのか？
　単純な消化の生理機能は，一見したところこの考えを支持しているように見える．泥には多数の細菌その他のよいものが含まれているので食物にはなるが，実際にはとうてい質の高い食品とはいえない．泥はほとんどが二酸化ケイ素その他の鉱物だ．シルト〔細砂より小さく粘土より大きい土壌中の粒子〕の粒子を覆う細菌の薄膜は栄養価が高い．細菌の薄膜自体は非常に品質の高い食物だが，この膜を手に入れるのが大変なことが泥の栄養価を低下させている．泥は粘って重く，消化管の中を移動させるのが大変だ．また，土が細かくなるほど細菌の膜は消化に抵抗性になる．最後に，嫌気的な泥の中に棲む好気性の動物は，「郷に入っては郷に従う」ことを余儀なくされるかもしれない．無酸素層に棲むと，好気的呼吸を支える酸素がほとんどないので，食物からエネルギーを引き出すのに非効率的な嫌気的経路を使わざるを

得ない．要するに，餌取り穴の家と，得られる食物は，住人に不活発な動きのない生活形態を強いるように見える．

しかし河口の干潟に行ってみれば，これらの生物があまりに豊富なので驚くだろう．ありふれた潜穴動物タマシキゴカイの個体数は，1平方メートル当たり数百匹にもなる．もっと小さい潜穴動物ならば，1平方メートル当たり千匹にも達することがある．したがって不活発で代謝的にも不十分だとの評判にもかかわらず，すさまじい数が存在しているようだ．

彼らが食べているものを詳しく調べると，さらに当惑する．これは簡単にできる．消化器官を開いて中にあるものを見ればよい．泥についた細菌を糧にする底質喰いのお腹の中には，泥と細菌しかないはずだと思われそうだが，その他にもいろいろなものが入っていることが多い．たとえば彼らの食べる泥の中には棲んでいないはずの珪藻類，小さい線形動物，節足動物がしばしば多量に見出される．もっと不思議なのは，摂取された細菌が頻繁に消化管をそのまま通り抜けてしまうことだ．

これらの動物の食べ物の化学組成を調べると謎は深まるばかりだ．動物の食物は，炭水化物，脂肪，タンパク質，ミネラルなど，何がしかの量の栄養を含む塊だ．この塊が消化器官を通過するときに栄養が一部吸収される．その結果，排泄される食物のかすは，元の食物よりも栄養が減っているはずだ．しかし多くの底質喰いは，熱力学の第1法則のこの基本的な要求を無視しているように見える．たとえばタマシキゴカイの糞は，実際に元の泥より栄養価が高いのだ．明らかにここには何か単純ではない消化の生理作用が働いている．この異常な生理作用を解く鍵は，この生物が作る潜穴にある．

タマシキゴカイのベルトコンベアー式の餌取り

タマシキゴカイの一見奇妙な食事の生理作用には合理的な説明がつくのだが，それには虫そのものより，虫と堆積物中に作られる構造物が，そこの酸化還元電位とどのように相互作用するかを調べる必要がある．タマシキゴカイの糞の中の増加した栄養は，実はこのポテンシャルエネルギー源を使って作り出されている．

タマシキゴカイはJ潜穴を作る．虫は堆積物中に縦坑（尾部の坑）を掘り，その底から横向きの短い地下道を延ばす．穴の中では頭を下向きにして，Jの字の先に突っ込んでいる．虫は堆積物を取り込んで食べながら地下道を延ばしていく．取り込まれた泥は消化管を通り抜けて，尾部の坑の上の方にある肛門から外に出る．糞

はそこでとぐろを巻いたように積み上がる．タマシキゴカイは1本の尾部の坑から数本の横向きの地下道を延ばす．上から見ると全体が，1本の縦坑から横向きの地下道が放射状に延びた形をしている．

　I潜穴やJ潜穴に棲む動物は，一般にベルトコンベアー方式で餌をとる．タマシキゴカイの場合はこの方法を次のようにおこなう．体についた肉質の櫂を使って潜穴の中に流れを起こし，尾部の坑の開口部から水を引き込み，頭上の堆積物を通して吹き上げるのだ．水が堆積物を通して吹き出すときに，堆積物が舞い上がり，じょうご型の頭部の坑ができる．一方，頭部の坑が作られている間に堆積物粒子は大きさに従って分かれ，上部の栄養に富む細かい粒子は地下道の中へゆっくり落ちてきて虫に取り込まれる．虫が餌を食べると頭部の坑のじょうごは深くなり，ついには空になる．すると虫はその地下道を放棄して別の方向に地下道を延ばし，この方法を繰り返して別の場所の泥から餌を取る．

　しばらくの間，タマシキゴカイの糞の栄養価の高さは，ベルトコンベアー式の餌取りの副産物として片付けられていた．上乗せされる栄養物は，動物が穴を通して流す水によってもち込まれるという説明だった．したがって動物の食事は，流れによって引き寄せられる浮遊生物と泥との混合物だと考えられた．しかし又もや詳しい分析によってこの説明は成り立たなくなった．底質喰いの消化管には確かに原生動物や他の小さな生物が見られるが，プランクトンとしてあたりに漂っている種類ではない．消化管に最も多いのは，むしろ泥中に棲む種類の原生動物だ．これは完全に筋が通る．タマシキゴカイは泥を食べているのだから，当然その食事の中には泥中に棲む生物がいるはずだ．わからないのは，これらの泥中に棲む生物が，食事となる堆積物中よりも消化管の中にはるかに多いのはどうしてかということだ．

ただで何かを手に入れる？

　タマシキゴカイは第1法則の対象外になっているわけではないので，消化管の中の余分のエネルギーはどこかしらから来るはずだ．確かにそうなのだ．RPD層に広がる酸化還元電位の勾配からだ．タマシキゴカイが棲む微粒子の堆積物中では，RPD層は表面からわずか数mmほどの非常に浅いところにある．一方，タマシキゴカイの潜穴は5〜8cmと深い．潜穴が代謝の万里の長城を突破すると，電子の流れはRPD層に広がる細菌の複雑な連合体を通して進む必要がなくなる．潜穴を通って入れ替えられる水の流れのお陰で，酸化作用の強い電子受容体（硫酸塩，硝

酸塩，酸素）が RPD 層の下の堆積物中へ絶えず供給される．したがって潜穴は RPD 層を横切る近道のようなものとなる．

　この近道は潜穴の周囲の堆積物に，一連の複雑な変化を起こさせる（図 6.8）．かき乱されていない堆積物中の RPD 層の下の微生物群集では，酢酸生成菌やメタン生成古細菌が跋扈している．したがってこれらの堆積物は，酢酸・二酸化炭素・水素ガスといったメタン生成古細菌への供給原料と，メタンに富んでいる．一部の嫌気性細菌が用いる硫酸塩のようなもっと強力な電子受容体は，使い尽くされると補充されないせいもあって，比較的少ない．しかし海水にはかなり硫酸塩が豊富なので，タマシキゴカイが潜穴を通して水を入れ替えると硫酸塩の流れが再導入され，嫌気性の硫酸還元細菌の増殖に必要な電子受容体を供給する．こうして硫酸還元細菌の増殖が盛んになると，電子の流れが酢酸を生産する発酵細菌やメタン生成古細菌から硫酸塩の方へ向きを変える（図 6.8）．潜穴を通る流れによって酸素も導入され，好気性細菌，とりわけ水素・一酸化炭素・二酸化炭素・メタンを食物分子として利用する細菌の増殖を支える．

　その結果，潜穴壁の周りにできた酸化還元電位の近道一帯に，微生物の群集が繁殖することになる．この好気性細菌の群集はそれまでに存在していた嫌気性生物連合から電子を取り上げて，盛んに増殖する．これらの細菌は原生動物（ほとんどが捕食性の鞭毛藻など）に食べられ，彼らは別の捕食性の原生動物（繊毛虫など）やカイアシ類などに食べられる（図 6.8）．そしてこれらが泥の中の細菌と一緒にタマシキゴカイに摂取される．

　栄養価が高くなった泥は，タマシキゴカイの消化管を通過するとき一部は消化されるが，泥の中にはまだ十分なエネルギーが残っていて，この新たに活性化された群集の増殖を続けさせる力があるので，消化管から糞として出されるまでに，泥はさらに栄養価が高まる．代謝は糞の中でさえ続く．実は，これは系全体の中で最も生産的な部分だ．しかし重要なのは，タマシキゴカイはただで何かを手に入れているのではないことだ．無酸素泥の還元的な環境の中に作った潜穴を，電子の流れの別の回路として利用しているのだ．

潜穴の内壁は代謝の整流器である

　こういうわけで潜穴は，図 3.5 で述べたトランジスターを組み込んだ構造に少し

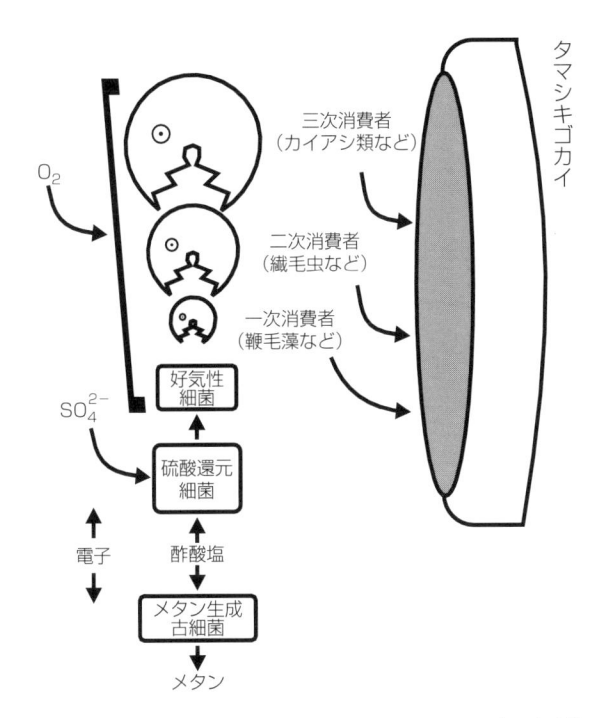

図6.8 タマシキゴカイによって無酸素泥に硫酸塩が導入された後の生産性の増加.

似ている．虫は穴掘りや水の流通のために代謝エネルギーを少し割くことによって，外部のポテンシャルエネルギーの勾配を下るはるかに大きなエネルギーの流れを呼び込む．しかし潜穴がする仕事はこれだけではなく，整流器としても働く（図3.5）．物質をある方向には通すが逆の方向には通さないという，流れを選択的に妨げる装置だ．

　タマシキゴカイは潜穴を作るときには壁を補強する．突き固めるのと同時に潜穴の壁の周りの堆積物中に2〜3cmも浸み込む粘液を分泌して塗装する．ねばねばする粘液はモルタルの役目を果たし，堆積物粒子を互いに接着させる．しかし粘液には他にも変わった性質があり，潜穴の壁を整流器として働かせる．これを理解するには，類似した分子を互いに分離するときに化学者が使う方法の1つ，クロマトグラフィーという技術について少し知っておく必要がある．

　クロマトグラフィーでは，溶液中の類似した分子は，分子とそれを引き付ける基

材との間の相互作用の違いによって分けられる．最も単純な種類のクロマトグラフィー，ろ紙クロマトグラフィーを例に取ると，紙タオルに水が吸われていくのとちょうど同じように，1枚の吸着紙を伝って溶液が吸われる．アミノ酸の混合溶液中のアミノ酸を，ろ紙クロマトグラフィーを使って互いに分離したいとしよう．23種類のアミノ酸は，いわゆるR基が互いに異なる．たとえばR基はグリシンでは水素原子だが，アラニンではメチル基（CH_3）だ（訳注1）．分子のそれ以外の部分はどのアミノ酸でも同じだ．

　紙はおびただしいセルロースの繊維が絡み合ってできた膜で，繊維間には隙間がある．アミノ酸の溶液をそういう構造の繊維に吸わせたとしよう．溶液中のアミノ酸分子は，水分子とアミノ酸分子の間の弱い静電力の作用で，水分子の「上着」をまとっている．同時にセルロース繊維とアミノ酸分子の間にも多少の引力が働いている．これらの引力の相対的な強さはR基に依存する．水と強く結合するアミノ酸もあれば，そうでないものもあり，セルロース繊維と強く結合するアミノ酸もあれば，そうでないものもある．溶液が繊維を通過して動くとき，水分子とセルロース繊維の間でどちらがアミノ酸分子をより強く結合できるかで競争が起きる．もしアミノ酸と水分子の結合に打ち勝つほどにセルロースへの引力が強ければ，アミノ酸を運んでいる水が繊維を通り過ぎるときにアミノ酸はわずかに遅れる．セルロースへの引力が弱ければ，アミノ酸はあまり遅れない．したがってセルロースに比較的弱くしか引き付けられないアミノ酸は，強く引き付けられるものよりも先に運ばれる．数十センチも運ばれるうちに，アミノ酸は互いに分離される．

　セルロースは多糖，すなわちグルコース分子の重合体なのでクロマトグラフィーの基材となる．グルコース重合体は糖分子中の電荷が独特の分布をしているため，クロマトグラフィーに好んで使われる．糖分子は電気的に中性だが，電子が他より長く留まる領域がある．したがって糖分子上の電荷分布は不均一で，電子が集まる領域は，そうでない領域よりも負に荷電する傾向がある．糖が多糖に組み入れられて，この多糖が球や薄い膜を作ると，外側に向けて負電荷を並べる．すると荷電領域はそばを流れる荷電分子と相互作用できるようになり，強く相互作用する分子の流速を遅くし，相互作用しない分子は邪魔せずに通す．

訳注1）遺伝暗号に対応するアミノ酸は20種類しかないが，タンパク質中に組み込まれてから酵素によって修飾されて別のアミノ酸になるものもあり，実際にタンパク質から得られる主なアミノ酸は23種類くらいになる．

前述のようにタマシキゴカイは潜穴の内壁に粘液を分泌するが，これはムコ多糖というタンパク質を含む特殊な多糖であり，優れたクロマトグラフィーの基材となる．潜穴の内壁にこのムコ多糖があるだけで壁を横切るすべての物質の流れを40％ほど遅らせる．しかし分子の種類によって差ができる．臭化物イオン（Br^-）のような負に荷電した溶質は，アンモニウムイオン（NH_4^+）のような大きさも（符号は逆だが）電荷の強さも似た正に荷電した溶質よりもよけいに妨害される．潜穴の内壁は，負に荷電した溶質よりも正に荷電した溶質をたやすく通すようだ．

　潜穴の内壁のクロマトグラフィー的な性質は，潜穴の周囲の酸化剤と栄養分の流れを取り仕切っていて，潜穴の周りの広範囲の微生物共同体に影響を及ぼす．たとえば動物がタンパク質を食物として利用すると必ず生じる廃棄物，アンモニアの運命を考えよう．

　アンモニア自体は電荷をもたない分子だが，溶液中では水と激しく反応して，水酸化アンモニウムを作り，これがさらにアンモニウムイオン（NH_4^+）と水酸化物イオン（OH^-）に解離する．

$$NH_3 + H_2O \rightarrow NH_4OH \leftrightarrow NH_4^+ + OH^-$$

アンモニウムイオンはグルコースの好気的酸化の中間体の1つと反応して，その中間体（および電子）をATP生産から脇へそらせてしまうので，すべての動物にとって毒性が強い．したがって動物はアンモニウムイオンを取り除くためにはあらゆる努力をする．文字通り水洗して流すことが多い．タマシキゴカイも通常，潜穴に水を流してアンモニウムイオンを押し流すが，潜穴に水を四六時中流しているわけではない．流していないときは，虫のまわりにアンモニウムイオンが溜まる．

　潜穴の内壁は正のイオンに対して比較的透過性が高いので，溜まってくるアンモニウムはたやすく潜穴から外へ出て，周囲の堆積物中に拡散していく（図6.9）．アンモニウムは潜穴の外へ出るとアンモニア酸化細菌の栄養源となり，この細菌は廃棄物として負に荷電した亜硝酸イオン（NO_2^-）を作る．潜穴の内壁は負に荷電したイオンが横切って流れるのを妨害するので，亜硝酸イオンは潜穴内に戻らず堆積物中に留まろうとする．このようにして潜穴の内壁は窒素の整流器として働く．窒素がアンモニウムという正に荷電した形であればたやすく抜け出させるが，亜硝酸イオンという負に荷電した形になると逆流を妨げる．窒素が潜穴の外側に留められると，他にもよい結果が生まれる．蓄積される亜硝酸イオンは亜硝酸酸化細菌の食

糧となり，この細菌は最終産物として硝酸イオンを作る．この硝酸イオンは嫌気性の硝酸酸化細菌の電子受容体となり，この細菌の増殖を盛んにする（図 6.9）．

クロマトグラフィーのような作用をする潜穴の内壁は，イオウとの興味深い相互作用にも関わっている．無酸素泥中では硫酸還元細菌の活動によって硫化水素（H_2S）が蓄積する．無酸素泥の「腐った卵」の臭いはこれが原因だ．硫化水素はアンモニアと同様にほとんどの動物に対して強い毒性をもつ．水中では水素イオンと硫化物イオンに解離するので，弱い酸として働く．

$$H_2S \leftrightarrow 2H^+ + S^{2-}$$

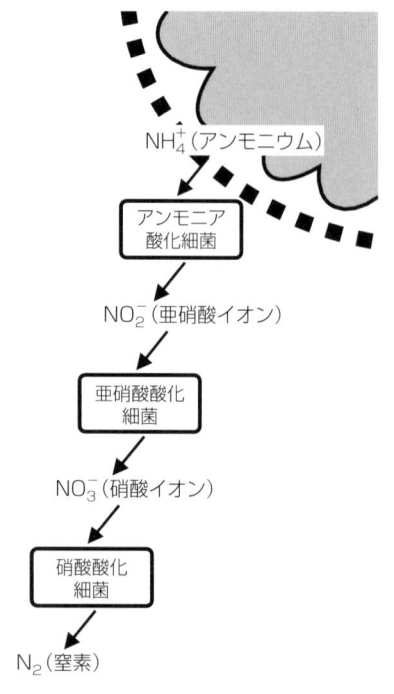

図 6.9　タマシキゴカイの潜穴の内壁の窒素化合物整流器.

硫化水素が酸素と接触すると，酸化されて硫酸イオン（SO_4^{2-}）となる．この反応は自発的に非常に速く起きる．硫化物酸化細菌という好気性細菌も，硫化水素を硫酸塩に酸化できる．ということは，この細菌は問題を抱えている．硫化物の酸化によって放出されるエネルギーをめぐって，酸素と競争しなければならないのだ．硫化物中の電子を細菌を通して流すことができれば，これらの電子に細菌のための生理作用をおこなわせられる．電子が直接酸素に流れれば，もちろん細菌は何も得られない．したがってこの細菌は，酸素の量が電子を受容するには十分だが電子をめぐって細菌を打ち負かすほどには存在しない RPD 層の縁に棲む傾向がある．

タマシキゴカイの潜穴は時おり水が入れ替えられるだけなので，酸素は堆積物中に断続的にしか導入されず，結果として潜穴付近の泥の中の酸素濃度は低い．もちろん水の入れ替え中には上昇するが，入れ替え作業が止まると潜穴の付近に棲む好気性細菌や小形動物によって酸素は急速に消費され，近くの酸素濃度は下がる．

平均すると潜穴付近の酸素濃度は，硫化物酸化細菌にちょうどよいくらい低い．

潜穴の内壁は硫化物イオンに対する透過性が低いので，硫化物は潜穴の中へ戻る心配はなく，周囲の堆積物中の濃度は高く保たれる．こうして硫化物酸化細菌の増殖は促進され，これらの細菌が生産する硫酸塩は嫌気性の硫酸還元細菌に酸化剤を供給し，そして彼らの増殖も活発になる．

タマシキゴカイの牧場

　したがってタマシキゴカイとその潜穴は，平穏な泥の中の酸化還元電位勾配中にあるエネルギーを流動させる．これは本来は酸化剤が存在しない RPD 層の下の堆積物中に，酸化剤を直接送り込むことによって部分的には達成される．この虫はまた，潜穴の内壁を横切る物質の動きを偏らせ，潜穴の周囲の堆積物中の酸化剤と栄養物の混合比を変える．全体的な結果として堆積物中の増殖が活発になり，一部の動物学者はこれを「ガーデニング」と呼んでいるが，私は「牧場経営」の方がもっとぴったりした言葉だろうと思う．増殖の活性化は非常に大きく，堆積物中に元気なタマシキゴカイの餌取り用の潜穴があると，そうでない場合の3倍近くの速度でエネルギーを流動させる．

　ではタマシキゴカイはこの大規模なエネルギーの流動によってどんな利益を得るのだろう？　結局，虫は潜穴を掘り堆積物中に酸化物を送り込むためのすべての作業をおこなう．実のところ流動させられるエネルギーの大部分は，当の虫ではなく他の生物の利益になる．虫の呼吸とまわりの種々の生物の呼吸によって消費されるエネルギーを比べれば，これは明らかだ．別の多毛類，フツウゴカイの餌取り穴では，虫自身は総エネルギー消費量のおよそ 10 % しか消費しない．残りは，虫が導入した酸化剤にたかる他の生物の大きな群集によって消費される．大体 30 % は潜穴の壁のすぐそばに棲む生物（ほとんどが窒素固定細菌と硫化物酸化細菌）に渡り，60 % は周囲の堆積物中に棲む生物（ほとんどが硫酸還元細菌）に渡る．それならば虫にとってどんな得になるだろう？

　虫はてこ入れをすることで利益を得ている．タマシキゴカイが1日に X J のエネルギーを必要とし，餌のもつエネルギーがキログラムあたり Y J だとすると，1日に餌を X/Y キログラム摂取すれば必要なエネルギーが満たされることになる．吸収や消化の効率は 100 % ではないので，実際にはもっと摂取しなければならない．たとえば，もし消化効率が 10 % ならば，要求を満たすためには毎日 $10X/Y$ キロ

グラムの餌を食べなければならない．

　消化効率は部分的には餌の質に関係する．「質の悪い」餌は獲得や処理に多量のエネルギーを要するかもしれないし，消化を妨げる化学物質や素材を含むかもしれない．タマシキゴカイのような動物が棲む泥は，すでに述べたように質の悪い餌だ．無酸素泥は多量のエネルギーを含むが，主として細菌の増殖に資する形でしかない．動物は細菌がおこなう変わった代謝をすべてできるわけではないのだ．ほとんどの底質喰いは細菌を消化できないので，細菌の増殖に資するだけでは底質喰いにはまったく役に立たない．細菌がどんなに増殖しても，すべてタマシキゴカイの消化管をそのまま通り抜けてしまう．しかし細菌の増殖を盛んにすると，細菌を消化できる捕食性の鞭毛藻や線形動物のような微生物捕食生物が利益を受ける．タマシキゴカイはこの種類の生物は消化できるので，自分の利益のためにこの二次的な増殖をてこ入れする．

　したがってタマシキゴカイは結局，質の悪い餌（細菌と泥）を鞭毛藻や線形動物の質の高い餌に変換するために，無酸素泥中の酸化還元電位勾配を使っている．これはもちろん牧場経営者がやっていることだ．彼らは質の低い草や穀物やわらを家畜に与え，家畜がそれを肉や乳に変える．牧場の経営がおよそ 10 % のエネルギー効率でおこなわれる（家畜の飼料のエネルギーのわずか 10 % がウシの体となる）のと同様に，フツウゴカイのような虫の場合もそうで，堆積物中を流れるエネルギーから同じくらいの割合を自分の消費に振り向ける．しかし利ざやがこのように小さくても，底質喰いのいる干潟は地球上で最も豊かな生態系の 1 つに位置づけられている．泥の威力はそれほど素晴らしいのだ．

7 ミミズが土地を耕すと

> 人類はまったく狂っている．虫けら一匹作れないくせに，
> 何十もの神をこしらえるのだから．
> ——ミシェル・ド・モンテーニュ

　もし創造論者が正しくて，神が本当に生物界を作ったのなら，神は手抜きをしたに違いない．私がこう言うのは，神のあるべき姿と神の御業の実態を比べたとき，誰もが当惑してしまうからだ．ありふれた例を挙げよう．神は完全無欠だというのが一般的な宗教上の教義だ．すると神の完全無欠さはその御業に反映されるはずだ．しかしこれを受け入れるそばから，世界の明らかな不完全さに直面する．深刻なもの（なぜ飢饉や戦争があるのか？）から些細なもの（なぜこれほど多くの子供たちに歯列矯正が必要なのか？——私にとって現時点での心配の種だ）までいろいろある．これはもちろん古くからの難問で，少なくともアウグスティヌス以降は，キリスト教の教義は満足の行く答えを用意している．私たちの不完全さは原罪と，その後の神からの離反の結果だという．

　なぜ人間やそのおこないが不完全で，不条理ですらあるのかは，これでうまく説明される．しかし人間以外の生物界は，「生物界は合理的で念入りに計画された場所だ」という教義に公然と逆らうびっくりするような生物に満ちている．たとえば禅問答のようなこの謎を考えよう．なぜミミズなのか？　もう少し普通に言い換えてみよう．ミミズはなぜミミズ（土壌の虫，earthworm）なのか？　ミミズは後述するように，生理学的に陸上生活にはまったく不向きなので，そこに棲む筋合いはないのだ．それでも彼らはそこで幸せそうに掘り続け，おまけに繁栄している．どうしてそんなことができるのだろう？

　この章では，ミミズの土掘り活動が，この生理学的なよそ者たちに慣れない土地でどのように役立つかを詳しく検討する．それには一般によく知られているミミズについてのいくつかの事実を，新たな独特の視点から見る必要がある．たとえばミミズの穴掘りは土を空気にさらし，肥沃にするのだと永年いわれてきた．近頃（や

っと！)，これらの活動が私たちにとって非常に役立つことが再認識され始めている．ミミズは生産的な農業を支える生態系の欠くことのできない要素だからだ．しかしミミズは私たちの健康を増進しようとしてこれらの仕事をしているわけではなく（私たちの共通の運命が虫の餌になることであって，彼らが私たちを養殖しているというのでもないかぎり），自分たちの利益のためにやっている．私の意見では，ミミズは穴を掘ることによって，棲みかの土やトンネルに補助腎臓の役目を果たさせ，本来ならば到底棲めないような環境中での生存を可能にしているのだ．

稀なミミズ

　ミミズは陸に進出した環形動物，つまり体節のある虫だ．ミミズはどこででも見かけるので，実は陸上に棲む環形動物は非常に稀なのだといったらきっと驚くだろう．環形動物門の 15,000 種ほどのうち，およそ 10,000 種は第 5 章で論じたタマシキゴカイのように海に棲む多毛類，4,000 種ほどは淡水に棲む多毛類と貧毛類とヒル類だ．千種以下の貧毛類（ミミズ）と 2，3 種のヒル類が水を離れて陸に上がったにすぎない．だからミミズはそこら中にいるけれども，実は彼らにはたぐい稀なすばらしい能力があるのだ．

　しかし彼らは本当に土の虫なのだろうか，つまり，陸上に棲む環形動物なのだろうか？　それはミミズをどう見るかによる．たとえば，水中に棲んでいなければすべて陸上生物だと考えることもできるが，その基準に照らせばミミズは紛れもなく陸上生物だ．するとヒレナマズ（短い距離なら陸上を移動できる）も陸上生物で，ミズグモやクジラは水中生物となる．しかし別の区別の仕方もある．陸上での生活に対応する生理作用を備えているかどうかだ．これは生理学者としての私の思い込みかもしれないが，この定義は動物が単にどこに棲むかだけで判断するよりも説得力のある基準になると思う．私がそう信じるのは，生物を常に無秩序へと向かわせる物理的な環境に逆らって，生理作用が体内の秩序を保つ働きをしているという実態を踏まえてのことだ．したがって，動物が棲まなければならない物理的環境の性質は，その動物の生理作用にはっきりと影響を及ぼしているはずなのだ．たとえば体内の水と塩のバランスを適切に保つときに動物が直面する問題を考えよう．水中に棲む動物と陸上に棲む動物では，問題への対処の仕方が違うのはばかばかしいほど明らかだ．たとえばザリガニの水と塩のバランスを保つ器官がゴキブリの器官と

非常に異なっていても驚くには当たらないのだ．

淡水，海水，陸上に棲む動物の生理学的特性

　水分平衡の問題に生理学的な基準を当てはめると，驚いたことに自然界は水と陸の2つの環境ではなく淡水・海水（塩水）・陸の3つに分けられることがわかる．それぞれに独特の物理的課題と生理的適応の組み合わせがあり，それが動物にこれらの棲息環境の1つに「属するもの」としての刻印を押している（Box 7A）．

　もうお馴染みとなった腎臓を例にとって説明しよう．一般的に腎臓は体内の水と塩の適切な含量を保つ器官だ．第2章で見たように，動物体内の水と，その動物が棲んでいる水の組成は異なることが多い．溶質濃度に差があると，第2法則に従って，動物とその環境の間に溶質と水の流れが起きる．これらの熱力学的に有利な溶質と水の流れに逆らって，腎臓その他の水分平衡器官は生理的な仕事をしなければならない．淡水に棲む動物は，浸透による多量の水の流入と拡散による塩の喪失を相殺するために，非常に薄い尿を多量に作らなければならない．海水中に棲む動物は，一般的に体液よりも濃い環境に直面する．浸透による水の喪失と拡散による塩の流入がここでは問題になる．従って彼らは少量の相対的に濃い尿をつくる．

　これらの異なる水環境が生理学的に強い影響を及ぼす．それぞれの環境は固有の水分平衡の課題を突きつけ，それはそこに棲む動物の腎臓の構造に反映される．たとえば淡水と海水の魚のネフロンを比べよう．淡水魚のネフロンにはよく液の行き渡る大きなろ過装置があり，それが多量のろ液を作る．腎細管は長く，再吸収能が高いことを示している．腎細管の壁は水の透過性が低いので，水の再吸収より塩の再吸収が優先される．これらの構造特性が，淡水に棲む生物に必要だと思われる大量で薄い尿の生産を支えている．一方，海の魚のネフロンは，液の行き渡りにくい小さなろ過構造しかもたないことが多く，ろ液を少ししか作らない．腎細管は短く，再吸収能は低いことを示している．また塩に対しても水に対しても透過性である．したがって海の魚の腎臓は，ろ過速度を低く抑え，ろ液からできるだけたくさんの水を再吸収するように設計されている．その結果，海水に棲む生物に必要だと思われる少量で比較的濃い尿が作られる．

　陸上動物も海の動物と同様に水分を奪われる環境に棲む．これらの環境の大きな差は，体から水を奪う物理的力だ．海中では水は体から浸透によって奪われる．陸

上では蒸発による．両者とも水を保持しなければならないので，陸上動物の腎臓は，海中に棲む動物のものと非常によく似たつくりをしている[1]．

このように生理作用は，動物が陸上，海，淡水のどの生息場所に「属す」のかを判断する役に立つ基準になる．もし水分平衡の器官が淡水に棲む場合の課題に対処するように設計されているなら，すなわち高速のろ過と，水ではなく塩の選択的な再吸収ができるなら，その器官をもつ動物は当然ながら淡水に棲む動物だ．その逆に，陸上の課題に対処できるように装備された腎臓をもつ動物は，生理学的に陸上動物である．

ミミズの「腎臓」

ミミズの腎臓は，水中動物と陸上動物のどちらの作用を示しているのだろう．ミミズにふさわしい生息地がどこかを判断する生理学的な基準を当てはめると，本当は陸上動物ではないという結論からは逃れられそうもない．ミミズはむしろ淡水に棲むもののように思われる．理由を考えていこう．

環形動物は腎臓というようなきちんとしたものはもたず，腎管という小さな水分平衡器官を体節ごとに1対ずつもつ（すべての体節がもつわけではない）．腎管はくねくね曲がった管で，虫の内部の液体の溜まる体腔と外部とをつないでいる（図7.1）．腎管の一方の端では腎口が体腔に向かって開いており，そこから腎細管につながる．腎細管の他の端は腎管排出口を通じて外部に開き，ここから尿が排出される．

ミミズの腎管は，脊椎動物の腎臓のネフロン（図2.2）のように，ろ過・再吸収・分泌によって尿をつくるが，二，三の違いがある．たとえば脊椎動物のネフロンでは，糸球体で高圧の血液からろ液が作られ，ろ過は1段階で起きる（図2.2）．それに比べてミミズでは，ろ過は2段階で起きる．まず，糸球体でのろ過と同じように，ろ過によって血液から直接に体腔内に液体が作られる．次いでこの体腔液が腎口でろ過されて腎細管に入る．どちらのろ過段階も圧力によって押し進められる[2]．最初の段階はミミズの血圧によって進められる．環形動物の心臓は，私たちの血圧と比

---

[1] 陸生の脊椎動物の腎臓（たとえばカエル，および類似性は低いが爬虫類）は，海の魚のものと設計が似ている．すなわち（血液とほぼ同じ濃度の）比較的濃い尿を少量作る．哺乳類と鳥類の腎臓の設計はもう一段階進歩していて，高速のろ過と高い水の保持率を兼ね備えており，血液よりも高濃度の尿を作る．

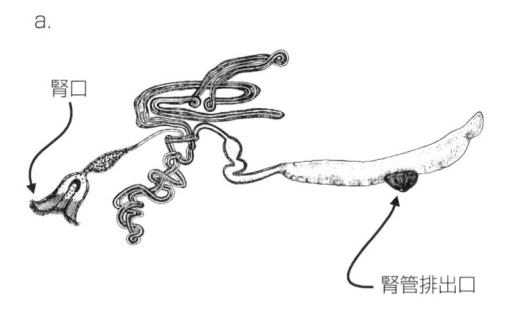

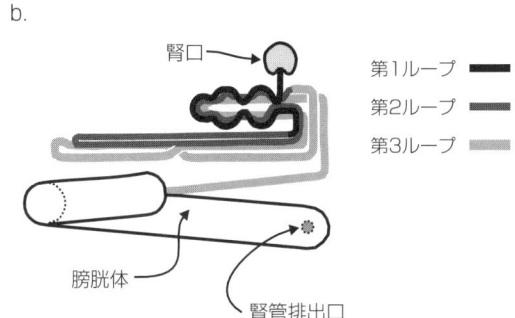

図7.1 環形動物の「ろ液高生産性の」腎管.

a：*Pontoscolex corethrurus* の腎管のスケッチ．開いた腎口，長く複雑に折りたたまれた腎細管，大きい膀胱体，腎管排出口を通じた外部への開口が見られる．
［Goodrich（1945）より］
b：よく見られるミミズ *Lumbricus terrestris* の腎管の模式図．塩類の再吸収を促進する多数のループが見られる．
［Boroffka（1965）より］

べると低めだが（ヒトの収縮期平均血圧のおよそ 20 〜 50 ％），無脊椎動物の基準から見ると高い血圧を維持できる．第2段階目は，ミミズの体を取り巻く運動性の筋肉によって体腔液に伝えられる体腔の圧力によって進められる．腎細管に入ると，脊椎動物のネフロンでと同様に，ろ液から塩と水が再吸収され，さらに分泌によってろ液の組成が変えられる．そして尿は腎細管を通って腎管排出口から外部へ出る．

魚のネフロンを見れば魚に「適した」生理的な場所がわかるように，環形動物の腎管の構造にも特有の生息地との相互関係がある．たとえば海の多毛類の腎口は非常に小さく，血管分布も少なく，しかも開口せずに閉じていて，体腔の圧力によるろ液の生産を抑えている（図7.2）．その結果，腎管は予想通りわずかなろ液しか作らない．一方，淡水の多毛類や貧毛類の腎口は大きく，血管分布も多く，開いていて，明らかに多量のろ液を作るように「設計されている」（図7.1）．

淡水の環形動物の腎管は，それ以外の点でもさらに2段階進んでいる．ほとんど

2）環形動物の中には，体腔液と血液の浸透圧の差も，ろ過に関わるものがある．

Box 7A 陸上環境の難題と素晴らしい可能性

　生命は水中で誕生し，長らくそこに留まっていた．しかしおよそ7億年前，生きものは水から出て陸上へ上がり始めた．移動を開始したのは藻類と，その他にはコケのような原始的な植物だったが，5億年前くらいになると動物を含むもっと複雑な生物もそれに続いた．

　生物が出生によってまったく異なる物理的環境にさらされるように，陸への移動によっても劇的な変化にさらされる．これらの変化は生存にとって厳しい重圧となることが多い．と同時に，うまくそれを乗り越えた生物には，新たな環境は大きな報酬の見込める素晴らしい機会をもたらす．

■重力

　ほとんどの生物は水とほぼ同じ密度，およそ $1,000\ kg \cdot m^{-3}$ をもつ．したがって水中に棲む生物は，浮力によって支えられるので，骨や殻といった支持構造をもつ必要がほとんどない．水生生物が備えている支持構造は，通常は他の目的，つまり身を守ったり（殻の場合），移動したりするためだ．

　空気中では明らかに浮力はずっと小さいので，生物の重量を支えられる構造が必須となる．これらの構造をただで手に入れるわけには行かない．植物の主要な支持構造であるセルロースはグルコースからなるので，光合成によって作らなければならない．節足動物の体を支えるキチンも同様に，主として糖からなる．骨や殻といった鉱物化した支持構造を作るにも，鉱物を集めて輸送するエネルギーが必要だ．さらにミミズのように，体内の流動体の圧力によっていわゆる流体静力学的骨格を作り，体を支える生物もある．流体静力学的骨格に必要な高い内圧を維持するためには，心筋にエネルギーを与えるコストがかかる．

■水分平衡

　水分平衡についてはこの章の本文で詳しく論じたので，ここでは，陸上生物は水中の環境ではあり得ない蒸発という脱水の力にさらされるとだけ言えば十分だろう．結局，陸へ移動するとその1つの結果として，蒸発がもたらす生理学的要求と向き合うことになる．しかし同時に興味深い可能性も開ける．蒸発はかなりの熱を奪うので，陸上生物は水生動物には不可能な方法で体を冷やすことができる．多量の蒸発を維持できる動物は，陸上環境では珍しくない高い気温にさらされても，それよりかなり低く体を冷やすことができる．

表7.1 海水，淡水，陸上に生息する動物の生理学的な特徴と，ミミズの特徴との比較．

作　　用	生息地による生理学的特徴			ミミズ
	淡　水	海　水	陸　上	
塩分の流れ				
拡　散（TFF）	－	＋	∅	－
ろ　過（PF）	－	－－	－	－－
再吸収（PF）	＋＋＋	＋	＋	＋＋＋
水の流れ				
浸　透（TFF）	＋＋＋	－	∅	条件による
蒸　発（TFF）	∅	∅	－	－
ろ　過（PF）	－－	－	－	－－
再吸収（PF）	＋	＋＋＋	＋	＋
排　出				
アンモニア	アンモニア	尿素	尿素／尿酸	アンモニア／尿素
二酸化炭素	炭酸水素イオン	炭酸水素イオン	CO_2 ガス：炭酸水素イオン	炭酸カルシウム：炭酸水素イオン：CO_2 ガス

＋：外部から体内への流れ，－：体内から外部への流れ，∅：流れない，TFF：熱力学的に促進される流れ，PF：生理作用による流れ．

■酸素

　酸素は本文中では触れなかった別の利点をもたらす．酸素が楽に手に入るので，水生動物の代謝を制限していた代謝速度の限界が上がる．「スピードアップ」した代謝と体を冷却できる能力によって，内温性すなわち「恒温」の代謝による「生活様式」が可能になった．内温性動物では，エネルギー消費の大きな部分が熱の生産にあてられる．動物は体内に熱源をもつことになったお陰で，体温を調節し高く安定したレベルに保てるようになった．これは哺乳類や鳥類の特徴である．

■二酸化炭素

　動物は代謝の廃棄物として二酸化炭素を作る．二酸化炭素が水中で示す独特の化学的性質（第2章参照）は，陸上生物に固有の難題を突きつける．二酸化炭素は水に溶けると炭酸になり，それが解離して炭酸水素イオンと水素イオンになる．
　動物が水中に棲んでいる場合は，二酸化炭素は炭酸水素イオンとして体から離れてい

くので，難なく厄介払いができる．事実，細胞膜や上皮の膜を横切って炭酸水素イオンを輸送する生理的な仕組みがたくさん存在する．しかし空気中では，炭酸水素イオンが体から離れるには二酸化炭素に戻らなければならず，これは第2章で見たように難しい．したがって陸上動物は，血液を水生動物よりもいくぶん酸性にして，呼吸でできた二酸化炭素を炭酸のままに保つ傾向がある．これによって，今までより酸性の負担に耐える新たな方法を進化させることが必要になった．

■窒素

最後に，陸上生活には窒素の問題が立ちはだかる．窒素が問題なのは，タンパク質が窒素を含んでいるからだ．タンパク質が代謝の燃料として使われると，廃棄物の1つとして，非常に毒性の強いアンモニア NH_3 ができる．

水中であろうと陸上であろうと，すべての動物にとってこれは問題なのだが，陸上動物にとっての方が難問だ．というのは，アンモニアは二酸化炭素と同様に水と反応するが，この反応によって水酸化アンモニウムができる．

$$NH_3 + H_2O \leftrightarrow NH_4OH \leftrightarrow NH_4^+ + OH^-$$

水中ではアンモニアは水酸化アンモニウムとして体を離れていける．しかし陸上では，アンモニアはアンモニアガスとして（これは難しい），あるいは尿中に溶けて（多量の水が失われる）しか離れていけないのだ．

多くの陸上動物は，アンモニアを毒性の少ない物質にすることによってこの問題を解決している．たとえば尿素は哺乳類の尿に共通の成分であるし，これより溶解度の低い尿酸は鳥類や爬虫類が用いている．

表7.1には，動物が水分平衡と廃棄物の問題をいろいろな環境で解決するためにおこなった生理学的な適応の例をまとめてある．ミミズは「典型的な」陸上動物よりも，淡水中の動物と生理学的な共通点が多い．

の環形動物では，腎口はそれに続く腎管と同じ体節内にあり，体節間の隔膜は不完全なので，体腔液は体節間を行き来できる．このような構造では，ある体節の体腔圧を隣の体節よりも高くしようにも限界がある．しかし通常，淡水の貧毛類は完全な隔膜をもっており，体節間の圧力差を2，3百パスカルにもすることができる（図7.3）．さらに腎口は，腎管のある体節から隔壁を突き抜けて隣の体節内に開口している．体節間の圧力差はろ液の生産をさらに高める力となる．要は，淡水の貧毛

類の腎管は，予想通り多量のろ液を作るように構成されているということだ．

ミミズの腎管はどうだろうか？　実は，淡水の貧毛類の腎管と共通点が多く，陸上に棲む動物として期待されるような構造的な適応はほとんどない．機能的には，ミミズは淡水動物であるかのように多量の尿を作り，1日に体重の 60 ～ 90 %もの水分を失う（これに比べて，私たち人間が尿として失う水分量は，1日に体重の 5 ～ 10 %だ）．塩類の回収も相当多いようで，元のろ液中の塩類のほぼ 90 %になる．海の多毛類はもっと環境にふさわしい構造の腎管をもち，尿の生産量は 1 日に体重のおよそ 5 ～ 35 %に留まり，塩類の回収もほとんどしない．

ミミズは本質的に淡水の貧毛類であって，陸上の生活に向いた生理機能はほとんどもち合わせていないと結論せざるを得ない．それでもミミズは陸上に棲んでいる．ミミズは陸上動物としての水分平衡の問題に直面しているはずで，立派に陸に棲んでいるからには，何かが陸上生活に必要な生理作用を営んでいることになる．ミミズの体内の生理作用がこの任務をほとんど果たせないとしたら，この仕事を何がしているのだろうか，という疑問が湧く．おそらく皆さんは，それはミミズが土の中にトンネルを掘るときに作る構造だ，という私の答えをすでに予想しておられるだろう．

この答えに納得してもらうには，先に 2 つの議論をしておかなければならない．

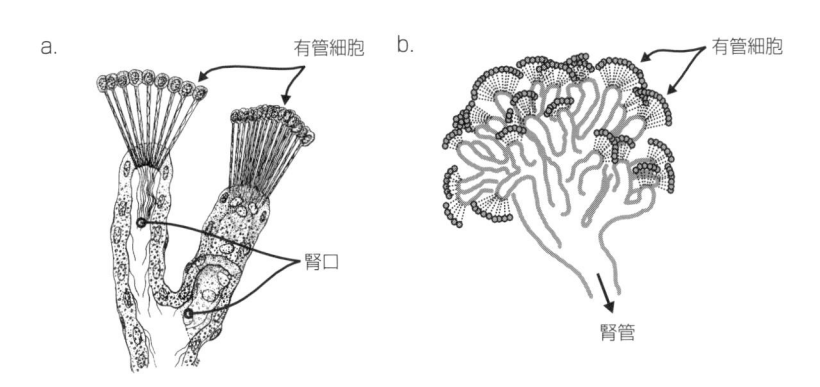

図7.2　環形動物の「ろ液低生産性の」腎管．
a：多毛類ヒモサシバの一種の「閉じた」腎口．腎口の端は盲管になっており，有管細胞（液体を腎細管に送る鞭毛をもつ細胞）の起こす流れによってろ過が進められる．
b：ヒモサシバの腎管は，有管細胞の集団を鶏冠のように載せた腎細管の集団からなる．
[Goodrich (1945) より]

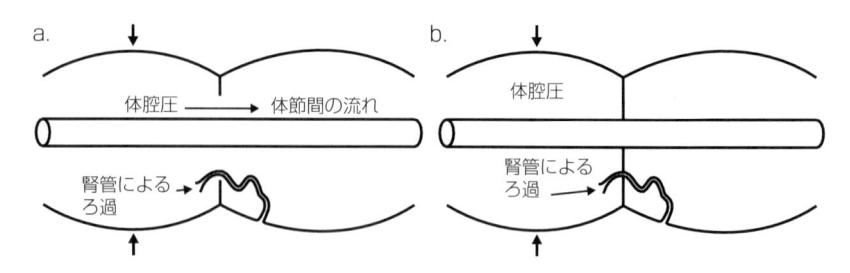

図7.3　腎口を通るろ過への隔壁の影響.
a：隔壁が不完全な場合，ある体節の圧力を高めてもそのエネルギーは体腔液を隣の体節に逃がすことに使われ，ろ過を進めるエネルギーはほとんど残らない．
b：隔壁が完全であれば，ろ過を進めるエネルギーが多く得られる．

1つ目は（かなりわかりやすいことだが），酸素のような呼吸に使われる気体の空気中と水中での挙動を示しておく必要がある．というのは，動物がそもそもなぜ陸上へ苦労して進出したのかを，この特性が明らかにするからだ．次に（少し複雑になるが）土壌の多孔質の基材の周囲に水をめぐらせる物理的な力について，少し説明したい．これらのことが済めば，ミミズが掘る穴をはじめとする土の構造の改変が，どのようにしてミミズにとっての生理的な仕事をしてくれるのかを見る準備が整う．

なぜわざわざ陸上生活をするのか？

陸への移動が生理的にそれほど困難なのであれば（Box 7A），生物はいったいなぜわざわざ移動をしたのかと聞きたくなる．これは生物学分野での大きな謎の1つで，当然ながらいくつかの説があるのだが，うなずけるものもそうでないものもある．光合成のための光が得やすいから，水中の捕食生物から逃れるため，食物が楽に得られるから，などが理由として挙げられているが，単に水中には酸素が少ないので空気中から得るよりもはるかに大変だからというのが，私は理に適っていると思う．単純な計算をすれば，水中では酸素がどれだけ少なく，どれだけ高くつくかがわかる．1gの糖を代謝してエネルギーを取り出したいとしよう．それにはどれだけの酸素が要るだろうか？　そしてそれだけの酸素を得るにはどれだけの空気あるいは水が必要だろうか？

最初の質問は簡単だ．グルコース1分子を酸化するには酸素6分子が必要なことをすでに学んだ（第2章）．酸素とグルコースのそれぞれの分子量を計算すれば，

1 g のグルコースの酸化にはおよそ 1.07 g の酸素が必要なことがわかる[3]．1.1 g の酸素を得るのに必要な空気の量も簡単に計算できる．約 3.6 リットル空気が必要だ．この数字を覚えておいてほしい．

　水中での酸素の利用は，その溶解度――酸素が水から泡となって出てくるまでに最大限どれだけ溶けられるかを示す数値――によって制限される．溶液中の酸素の量はヘンリーの法則によって定められる．

$$[O_2]_s = \alpha_{O_2} pO_2 \qquad [7.1]$$

ただし $[O_2]_s$ は溶液中の酸素濃度（$mol \cdot l^{-1}$），pO_2 は酸素の分圧（キロパスカルすなわち kPa），α_{O_2} は酸素のブンゼン吸収係数（$mol \cdot l^{-1} \cdot kPa^{-1}$）である．20 ℃の水への酸素の溶解度は $13.7 \times 10^{-6} mol \cdot l^{-1} \cdot kPa^{-1}$ である．海水面では大気圧がおよそ 101 kPa で，酸素分圧はその約 21 % だから，およそ 21.3 kPa になる．したがって大気にさらされている水の酸素濃度はおよそ 292 $\mu mol \cdot l^{-1}$（$1 \mu mol = 10^{-6} mol$）となる．酸素を 1.07 g（およそ 0.033 mol すなわち 33,000 μmol）取り出すには，113 リットルの水が必要になる．これは空気の場合の必要量（3.6 リットル）のおよそ 31 倍になる．最も条件がよくてこの値だ．水温が 20 ℃より高かったり，空気への接触が何らかの理由で妨げられていたり，海抜が高かったり，他に酸素を消費するものがあったりすれば，もっと悪くなる．

　酸素は水中に少ないだけでなく，取り出すのも高くつく．動物が酸素を水や空気中から取り出すとき，ガス交換器官である鰓あるいは肺にその流体を通さなければならない．つまり流体をガス交換機に送り込むために仕事をすることになる．送り込まなければならない流体が少なければ少ないほど，そのためのエネルギーコストは低くなるのは明らかだ．同じ量の酸素を取り出すのに空気は水のわずか 3 % しか要らないのだから，明らかに空気の勝ちだ．おまけに空気は水のおよそ 1000 分の 1 の密度しかなく，粘性も低いので，送り込むのも楽だ．その結果，呼吸に必要なコストは，空気を呼吸する動物（総エネルギー消費量の約 0.5 〜 0.8 %）では，水を呼吸する動物（総エネルギー消費量の 5 〜 20 %）と比べてかなり低い．「諸経

---

[3] グルコースの分子量は 180，つまり 1 mol あたり 180 g だから，1 g のグルコースは 5.56 mmol にあたる．グルコースの酸化にはモル数にして 6 倍の酸素が必要なので，33.3 mmol すなわち（酸素の分子量は 32 なので）1.07 g の酸素が要る．気体は 1 mol でおよそ 22.4 l を占める．したがって 33.3 mmol の酸素は 746 ml であり，空気の 21 % が酸素であるから，746 ml の酸素を含む空気は 3.56 l となる．

費」がはるかに低いので，空気を呼吸する動物は余ったエネルギーを子孫を作るために使えることになる．

したがって「楽な呼吸」がジグソーパズルの最初のピースだ．水中に棲んでいたミミズの祖先が水から陸の土の中に引っ越したのは，そうすればそこの豊富で楽に手に入る酸素が利用できるようになるからだったのだろう．

土壌中の水

パズルの2番目のピースは，土壌中の水の動き方だ．これは酸素の件よりもかなりややこしく思われるが，基本的には実はかなり単純なのだ．2つのことを覚えているだけでよい．第1は，一かたまりの水がどこかへ動くには，そこへ押されるか引っ張られるかしなければならない．つまり水を動かし始め，動かし続けるには，何らかの力がかからなければならない．第2に，一かたまりの水がじっと動かないとしても，力がかかっていないとは限らない．これは水にかかっている正味の力がゼロ，つまりある方向へ押している力が反対方向へ押している力と等しく，つり合っているということだ．

土壌科学者は長らく土壌中の水の動き方に関心をもち，この問題に役立つ包括的な一連の理論を展開してきた．私たちは，水ポテンシャルという量を中心にすえたこの理論の初歩を理解する必要がある．名前が示すように水ポテンシャルとは，水に対して仕事ができる（つまり水を動かす）ポテンシャルエネルギーの尺度だ．水ポテンシャルはギリシャ文字Ψで示され，圧力と同義でパスカル単位で表わされる（パスカルはニュートン/m^2に等しい．後出の注4参照）．

水を動かす力は数種類あるが，水ポテンシャルはこれらすべての力を含む．これらの力は，圧力ポテンシャルΨ_p，重力ポテンシャルΨ_g，浸透ポテンシャルΨ_o，マトリック・ポテンシャルΨ_mであり，これらが合わさって水ポテンシャルΨとなる．

$$\Psi = \Psi_p + \Psi_g + \Psi_o + \Psi_m \qquad [7.2]$$

水ポテンシャルの4つの成分のうち，圧力ポテンシャルが一番理解しやすい．これは単に水の塊に働く流体静力学的な圧力だ．たとえばホースに入った水は圧力ポテンシャルをもつ．圧力ポテンシャルは正（水を押しやる力）のことも負（水を引き寄せる，つまり吸引力）のこともある．ミミズにとっては，心臓と体の筋肉が体

内の水の圧力を数千パスカル（キロパスカル）も上げることができるので，圧力ポテンシャルは重要だ．

重力ポテンシャルもわかりやすい[4]．水は質量をもつので，重力は水を下へ引っ張る．重力ポテンシャルは，ある標準の高さ h_0 から見た水の塊の高さ h に比例する．

$$\Psi_g = \rho g\,(h - h_0) \qquad [7.3]$$

ただし ρ は水の密度（およそ $1,000\,\text{kg}\cdot\text{m}^{-3}$），$g$ は重力加速度（$9.8\,\text{m}\cdot\text{s}^{-2}$）．標準の高さ h_0 とは，水にかけられる他の力とは無関係に，水が静止する高さ（メートルで表わす）のことだ．たとえば地面に静止していた水の塊が $1\,\text{m}$ もち上げられたとすると，地面の高さから見て $9,800\,\text{Pa}$ すなわち $9.8\,\text{kPa}$ の重力ポテンシャルをもつことになる．重力ポテンシャルは，地下水の汲みあげに必要なエネルギー計算のような実用的なことにも役立つ．たとえば地下水面が地面より $10\,\text{m}$ 低いと（$h - h_0 = -10\,\text{m}$），地表まで運び上げて畑を灌漑するには，$1,000\,\text{kg}\cdot\text{m}^{-3} \times 9.8\,\text{m}\cdot\text{s}^{-2} \times -10\,\text{m} = -98,000\,\text{Pa}$ すなわち $-98\,\text{kPa}$ の吸引力を発揮できるポンプが必要となる．

浸透ポテンシャルは，水の動きに対する溶質濃度の影響を示す．浸透ポテンシャルは，溶質濃度が高いほど水を塊の方へ引き寄せる力が強く働くことを表わす．浸透ポテンシャルは，習慣的に常に負の値をとる．言い換えると，常に吸引力として表わされ，その大きさは溶質濃度に依存する．

$$\Psi_o = -CRT \qquad [7.4]$$

ただし C は溶質のモル濃度（$\text{mol}\cdot\text{m}^{-3}$），$R$ は気体定数（$8.314\,\text{J}\cdot\text{mol}^{-1}\cdot\text{K}^{-1}$），$T$ は絶対温度（K）である[5]．

---

[4] パスカルという「便利な」単位の説明をしておかないと，この議論はわかりにくい部分があるかもしれない．パスカルはいわゆる誘導単位であって，長さ・時間・質量・温度という基本単位とは区別される．パスカルは圧力の単位で，力（ニュートン（N）で表わす）を，それが作用する面積（平方メートルで表わす）で割ったものである．したがって，$1\,\text{Pa} = (1\,\text{N}) \div (1\,\text{m}^2) = 1\,\text{N}\cdot\text{m}^{-2}$ である．ニュートン自体も誘導単位で，質量（kg）と加速度（$\text{m}\cdot\text{s}^{-2}$）の積であり，基本単位を使って表わすと，$1\,\text{N} = (1\,\text{kg}) \times (1\,\text{m}\cdot\text{s}^{-2}) = 1\,\text{kg}\cdot\text{m}\cdot\text{s}^{-2}$ となる．したがってパスカルを基本単位で表わすと，$1\,\text{Pa} = (1\,\text{kg}\cdot\text{m}\cdot\text{s}^{-2}) \times (1\,\text{m}^{-2}) = 1\,\text{kg}\cdot\text{m}^{-1}\cdot\text{s}^{-2}$ となる．水ポテンシャルが本文に示した公式で表わされるわけがこれではっきりする．重力ポテンシャルを例に取ろう（式 7.3）．Ψ_g は水の密度 ρ（$\text{kg}\cdot\text{m}^{-3}$）と重力加速度 g（$\text{m}\cdot\text{s}^{-2}$）と高さ h（m）の積である．この積の単位は，$(\text{kg}\cdot\text{m}^{-3}) \times (\text{m}\cdot\text{s}^{-2}) \times (\text{m}) = \text{kg}\cdot\text{m}^{-1}\cdot\text{s}^{-2}$ となり，誘導単位パスカルと同じになる．

マトリック・ポテンシャルは水ポテンシャルの成分の中で最も扱いにくく，他の成分のようにうまく公式にまとめられない．しかし私が組み立てようとしている話にとっては最も重要なものなので，相応の注意を向けなければならない．

こぼれた液体を紙タオルで吸い取った経験があれば，マトリック・ポテンシャルが働いているのを見たはずだ．水が吸い込まれるのは，タオルが水にいわゆるマトリック力を及ぼすからだ．この力は毛管作用といわれることもある．マトリック力は表面の電荷どうしの相互作用から生じる．この例では，紙タオルのセルロース繊維上の電荷と，水分子上の同じようだが反対符号の電荷の間の作用だ．磁石の反対の極が互いに引力を及ぼしあうように，これらの反対の電荷も引き付け合う．

この強力な相互作用は，肉眼でも水の入ったガラスのコップで見られる．水の表面は大部分の場所では平らなのだが，コップの壁の近くでは水が壁にわずかに這い上がって，メニスカスと呼ばれる湾曲した表面ができている．メニスカスは3つの力の釣り合いから生じる．上へ引っ張り上げるのは，いま述べた静電力だが，この場合はガラスの表面と水分子の間で働く．この引力が強いほど，表面は濡れやすい，といわれる．メニスカスはこの力と他の2つの力の相互作用によって作られる．明らかに重力は，水をその密度に比例した力で引き下ろす．それに加えて水の表面張力は表面に平行な力を及ぼし，コップの中央に向かって内向きに引っ張る．3つのすべてが釣り合って，優雅に曲がった表面，メニスカスができる．

メニスカスを作り出す複合的な力を，小さな孔や管の並んだ多孔質の素材にあてはめてみると，結果はマトリック力となる．一般に，マトリック力は水をガラスの壁に引き上げる力よりもはるかに強い．安い紙タオルでさえ，水を十から十数センチ引き上げられる．これは，水を数ミリしか引き上げられないガラスよりも，紙タオルの引き上げる力はもっと強いことを示す．紙タオルに強い力が生じるのは，たくさんの非常に小さい孔がそこでのメニスカスのカーブをきつくすることにも原因がある．水の表面を湾曲させると，表面張力が大きくなる．したがって素材中の孔が小さいほどマトリック力は大きくなる．紙タオルの品質の違いがこの点を証明し

---

5) 浸透ポテンシャルをパスカルで表わすことにも，単位の説明が少し必要だろう．濃度（mol・m^{-3}）と気体定数（$J \cdot mol^{-1} \cdot K^{-1}$）と温度（K）の積は，(mol・$m^{-3}$) × ($J \cdot mol^{-1} \cdot K^{-1}$) × (K) = $J \cdot m^{-3}$ という単位をもつ（式 7.4）．ジュールも誘導単位で，力（N）と距離（m）の積なので，$1 J = 1 N \cdot m$ となる．したがってジュールを基本単位で表わすと，$1 J = (1 kg \cdot m \cdot s^{-2}) \times (1 m) = 1 kg \cdot m^2 \cdot s^{-2}$ である．したがって浸透ポテンシャルは，$1 J \cdot m^{-3} = (1 kg \cdot m^2 \cdot s^{-2}) \times (1 m^{-3}) = 1 kg \cdot m^{-1} \cdot s^{-2}$ となり，これも注4で示したのと同様にパスカルと同じになる．

てくれる．「良質の」紙タオルは繊維が密に織られているので，ゆるく織られた「質の悪い」種類よりも強く水を吸う．土壌はその成分である鉱物の粒子や小さな有機物粒子の間に小さな空間が無数にできている，つまりたくさんの小さな孔のある素材だという点で，紙タオルに似ている．したがって，土壌粒子間の小さな空間すなわちミクロポア（微細孔）の中の水は，強いマトリック力を受ける．

　土壌中のマトリック・ポテンシャルについて理解するのは，2つの単純な原則を覚えていればかなり簡単だ．第1に，マトリック・ポテンシャルは水と空気の境界面があることを必要とする．マトリック・ポテンシャルを構成しているのは，濡らす力と表面張力との相互作用なので，空気と水の境界面がなかったら表面張力がないことになり，したがってマトリック・ポテンシャルも存在しなくなる．第2に，表面張力は表面積の増加に抵抗するので，新たな表面をつくるには仕事をしなければならない．ゴムの膜を引き伸ばすことを考えてみればよい．膜の弾性力は表面張力と同じように働くので，ゴムの膜に対して仕事をしなければ引き伸ばすことはできない．

　さてこれらの原則を使ってマトリック・ポテンシャルのある1つの挙動——ある量の土壌が保持している水の量，つまり土壌の含水量にともなってマトリック・ポテンシャルがどう変わるか——を解釈してみよう（図7.4）．土壌が飽和しているとき，すなわち土壌中のすべての孔の空間が完全に水で満たされているとき，マトリック・ポテンシャルはゼロだ．濡れているが飽和はしていない土壌ではマトリック・ポテンシャルは弱く，土壌が乾くに従ってほんのわずか強まるだけだ．しかし臨界含水量ではマトリック・ポテンシャルは相当に強まり，マイナス何十万あるいは何百万パスカルもの負の値に向かって急速に落ち込む．

　前述の原則を使って，この挙動を説明してみよう．土壌中のミクロポアの総容積は空隙空間をなし，空気か水のどちらかで占められる（図7.5）．飽和した土壌のマ

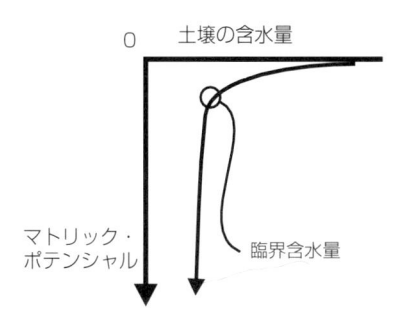

図7.4 土壌のマトリック・ポテンシャルと含水量（ある量の土壌が保持している水の量，たとえば乾いた土壌1キログラムあたりの水のキログラム数）との関係．土壌の含水量が減るにつれて（ゼロの方へ進むと），マトリック・ポテンシャルはどんどんマイナスになる（すなわち吸引力はますます大きくなる）．

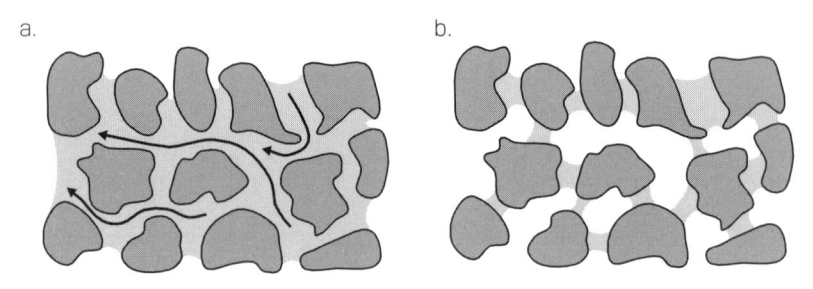

図7.5　湿った土壌と乾いた土壌のマトリック力の違い.
a：非常に湿った土壌では，ミクロポアの多くは水で満たされているのでマトリック力は弱い．
b：乾いた土壌では少量の水が多くのミクロポアに分布するのでマトリック力は強い．

トリック・ポテンシャルがゼロというのは第1原則で簡単に説明できる．空隙空間が水ですべて満たされると，その中には空気−水の境界面がなく，表面張力も働きようがなく，したがってマトリック・ポテンシャルもない．しかし土壌が乾くにしたがって空隙空間の一部を空気が占めるようになるので，第2原則を適用しなければならない．

　臨界含水量が存在するということは，新たな境界面ができるのには2つの仕組みがあって，臨界含水量より濡れた土壌と乾いた土壌とでは異なる仕組みが主となって働いていることを示している．土壌が臨界含水量より濡れているときは，空隙空間に分布している水の塊はかなり大きい．空気−水の境界面をもつ孔の数は比較的少なく，直径の大きな孔に偏ることになる．土壌が乾くにしたがって，水はこれらの孔の奥に後退し，後退にしたがって境界面のカーブもきつくなる（図7.5）．境界面積の増加は，主としてすでに存在している境界面の湾曲が増すことによって生じる．水が孔の奥へ後退するときには境界面はわずかしか変化しないので，土壌の乾燥にともなうマトリック・ポテンシャルもゆっくり変化する．しかし臨界含水量を下回ると，水の大きな塊は多数の小さい塊に分裂する．すると少数の大きな水の塊がただ縮むときよりも，はるかに急速に新たな臨界面ができる[6]．臨界面の急速な増

---

[6] 簡単な計算でこの主張が正しいことがわかる．ここに1リットルの水の球があるとしよう．1リットルは1,000 cm³ だから，この球の半径は，$r=\sqrt[3]{3V/4\pi} \fallingdotseq 6.2$ cm であり，この球の表面積は，$4\pi r^2 \fallingdotseq 483$ cm² となる．つぎにこの1,000 cm³ の水を 250 cm³ ずつの等しい4つの球に分けよう．それぞれの球の半径は 3.91 cm となり，表面積は 192 cm² となる．4つの球の表面積の合計は，4×192 cm² $= 768$ cm² となり，大きな1つの球の表面積のおよそ 60% 増しとなる．

加は，土壌の乾燥にともなうマトリック・ポテンシャルの劇的な増加をもたらす（図7.4）．

異なる種類の土壌中でのマトリック・ポテンシャルの挙動のしかたも，上記の原則を用いて説明できる（図7.6）．粘土はロームや砂などのきめの粗い土壌よりも臨界含水量が高く，水ポテンシャルははるかに低い値まで下がる．きめの細かい粘土中では粗い砂やローム中よりも全体にわたって孔の空間が小さいためであることは明らかだ．水の塊が分裂するのは，塊をまとめている力（凝集力）が引き離そうとする力（表面張力）より弱くなったときだ．水が粘土中のような小さい孔に分散していると，表面張力の引き離そうとする力はきめの粗い土壌中よりも強く働き，砂中よりも高い含水量で水の塊は分裂する．したがって粘土は多量の水を含むことができるが，非常に強いマトリック力で保持されているため，この豊富な水を粘土から取り出すことは難しい．

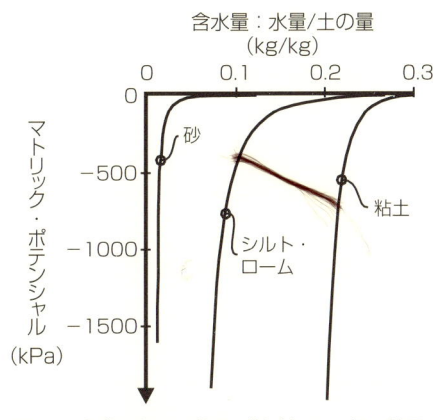

図7.6 非常に細かい粒子（粘土）から粗い粒子（砂）まで3種類の土壌の含水量とマトリック・ポテンシャルの関係．[Campbell (1977) より]

水ポテンシャルの便利な性質

水ポテンシャルを使えば水の動きとそのエネルギー的な結果が分析できるので，大変強力な手段になる．たとえば，土壌のマトリック力が地下水面からどれだけ上まで水を吸い上げるかを知りたいとしよう．計算を簡単にするために土壌のマトリック・ポテンシャルを$-100\,\mathrm{kPa}$だとしよう．水の塊は，引き下ろそうとする重力ポテンシャルと吸い上げようとするマトリック・ポテンシャルが釣り合う高さまで昇る．式で表わすと，

$$\Psi_g + \Psi_m = 0 \qquad [7.5]$$

すなわち，

$$\Psi_g = -\Psi_m$$
$$\Psi_g = \rho g\,(h - h_0) \quad \text{だから,}$$
$$\rho g\,(h - h_0) = -\Psi_m$$

標準の高さ h_0 を地下水面の高さと決めれば,求める高さは,

$$(h - h_0) = -\Psi_m / \rho g \qquad [7.6]$$

$\Psi_m = -100\,\mathrm{kPa} = -100 \times 10^3\,\mathrm{Pa}$,$\rho = 10^3\,\mathrm{kg \cdot m^{-3}}$,$g = 9.8\,\mathrm{m \cdot s^{-2}}$ であるから,これらの値を代入すると,土壌は地下水面の 10.2 m 上まで水を吸い上げられることがわかる.マトリック力がもっと強い土壌なら,もっと上まで水を吸い上げる.

水ポテンシャルを使って水を輸送するエネルギーコストを見積もることもできる.これは生物がおこなう土壌との生理的な相互作用の仕方を理解する上で非常に重要だ.たとえば,ある植物が $-101\,\mathrm{kPa}$ のマトリック・ポテンシャルをもつ土壌に生えていて,植物内部の水の水ポテンシャルはわずか $-1\,\mathrm{kPa}$ だったとしよう.すると植物から水を吸い出す $-100\,\mathrm{kPa}$ の水ポテンシャルの差があることになる.植物が能動的に水を「体」に汲み入れないかぎり,干からびてしまう.植物が含水量を一定に保つために十分な速度で水を輸送するには,どれだけのエネルギーを費やさなければならないかを知ることは役に立つ.土壌が植物から水を吸い出すときには植物に対して仕事をしており,この仕事率は水の流量と仕事をするポテンシャル勾配の積だということがわかっている.

$$P = V\Delta\Psi \qquad [7.7]$$

ここで $P =$ 仕事率(ジュール/秒 = ワット),$V =$ 植物から毎秒流れ出す水の量($\mathrm{m^3 \cdot s^{-1}}$),$\Delta\Psi =$ 仕事をするポテンシャルエネルギーの勾配(Pa)である.計算を簡単にするために,植物から水が毎秒 1 ml ($10^{-6}\,\mathrm{m^3}$) 吸い出されることがわかっているとすると,植物に対して ($10^{-6}\,\mathrm{m^3 \cdot s^{-1}} \times 10^5\,\mathrm{Pa}) = 0.1\,\mathrm{J \cdot s^{-1}}$ すなわち 100 mW の仕事率で仕事がなされる.水分平衡を保つためには,植物は代謝エネルギーを使って,水が失われるのと同じ速度で水を輸送しなければならない.ということは,水ポテンシャル中の熱力学勾配に逆らって仕事をする,つまり外部環境に対して生理的な仕事を 100 mW の仕事率でおこなっていることになる.もし植物

が少なくともこの仕事率でエネルギーを代謝できなければ，内部への水の輸送速度は水の喪失と釣り合いが取れず，しおれてしまう．実は農学者はこのような計算をして，さまざまな土壌でのいろいろな作物の水の必要量を見積もっている．

ミミズと土壌の水ポテンシャル

いよいよジグソーパズルのピースを並べて絵にする準備ができた．本来水中に棲むはずのミミズが，どうやって土壌という陸の環境に棲んでいるのか，彼らのつくる構造物がどのようにしてそれを助けているのか，という絵だ．

ミミズとその棲みかの土壌との間の水分平衡を律しているものから始めよう．水ポテンシャルを考慮すれば簡単にわかる．ミミズと土壌の水ポテンシャルをそれぞれΨ_wとΨ_sとしよう．ミミズの水ポテンシャルも土壌の水ポテンシャルも，水を動かすさまざまな力に由来する水ポテンシャルの和からなる．

$$\Psi_w = \Psi_{w,p} + \Psi_{w,g} + \Psi_{w,o} + \Psi_{w,m} \qquad [7.8]$$

ここで下ツキ文字 p，g，o，m は，それぞれ圧力，重力，浸透，マトリック・ポテンシャルであることを示す[7)]．

ミミズの内部の水は，2種類の原因による圧力ポテンシャルをもつ．血圧と，運動筋の活動時に体液に与えられる圧力で，これらは実際に測定されている．ミミズの血圧は安静時には+2.5 kPa，活動時にはおよそ+6.5 kPa であり，体腔圧は安静時にはおよそ 600 Pa だが活動時には 1.5 kPa になることがわかっている．

この外向きの圧力に対抗するのはミミズの浸透ポテンシャルだ．通常，ミミズは体液の溶質濃度を，最低の約 100 ミリモル（100 mmol/l）から最高の 300 ミリモルの間に調節している．これは浸透ポテンシャルに直すと，−250 kPa から約−750 kPa となる．このように浸透ポテンシャルと圧力ポテンシャルは釣り合わない．ミミズの正味の水ポテンシャルはマイナス数百キロパスカルになり，ミミズの内部圧が水を押し出すより速く，水は浸透力によりミミズの体内に入り込むことになる．

ミミズのマトリック・ポテンシャルと重力ポテンシャルは，土壌の水ポテンシャルと一緒に考える方がよい．ミミズと同様に土壌も水ポテンシャルをもち，圧力，重力，浸透，マトリック・ポテンシャルからなる．

7）蒸発による水の損失は無視してある．土壌中の湿度は非常に高く，蒸発によって失われる水の量は実質上ゼロだからだ．

$$\Psi_s = \Psi_{s,p} + \Psi_{s,g} + \Psi_{s,o} + \Psi_{s,m} \qquad [7.9]$$

土壌中の圧力ポテンシャルは普通は小さいので，1 kPa 以下と見積もって差し支えない．土壌の塩分が非常に濃くないかぎり，浸透ポテンシャルも小さいとみてよい．土壌中の水がミミズの体液のおよそ 10 ％の濃度の溶質を含むとしよう．すると土壌の浸透ポテンシャルは大体 −25 から −75 kPa となる．土壌とミミズの重力ポテンシャルについては，ちょっとした要領で，問題なく無視できる．重力ポテンシャルは水を垂直に移動させるときしか重要ではない．ミミズの直径はわずか 2～3 mm なので，土壌とミミズの間の水の垂直な動きは小さく，重力ポテンシャルは 10 kPa くらいにしかならず，重要な意味をもたない．同じように，ミミズのマトリック・ポテンシャルも無視できる．ミミズの体にある孔は大部分が水で満たされているのでほとんどマトリック・ポテンシャルには寄与しない．これを大まかに −10 kPa としよう．

これらの仮定をもとにすれば，土壌とミミズの間で水を移動させる力を表わす簡単な式が書ける．重要な量は，正味の水ポテンシャルの差，$\Delta\Psi = \Psi_w - \Psi_s$ である．この式を，ミミズと土壌の水ポテンシャルのすべての成分を表わすように書き換えると，

$$\begin{aligned}\Delta\Psi &= \Psi_w - \Psi_s \qquad [7.10]\\ &= (\Psi_{w,p} - \Psi_{s,p}) + (\Psi_{w,o} - \Psi_{s,o}) + (\Psi_{w,g} - \Psi_{s,g}) + (\Psi_{w,m} - \Psi_{s,m})\end{aligned}$$

確かにこれはそれほど簡単ではないが，小さな項を無視すれば，単純な式になる．

$$\Delta\Psi = \Psi_{w,p} + \Psi_{w,o} - \Psi_{s,m} \qquad [7.11]$$

式 7.11 で簡単な計算をすると，さまざまな含水量の土壌に棲むとどういう結果になるかがわかる．いくつかの例を表 7.2 にまとめた．これは非常に複雑な表だが，内容は重要なので，解説する間，しばらくお付き合い願いたい．

この表の中心は，一番左の欄に記された土壌のマトリック・ポテンシャルのさまざまな想定値だ．欄の数値はそれぞれが上段の倍になっている．これらの値は，水で飽和していてマトリック・ポテンシャルがゼロの土壌から，およそ −5 MPa の非常に乾燥した土壌まで，ミミズがよく見られる土壌の範囲をカバーしている．2 番目の欄は，式 7.11 で計算した土壌とミミズの水ポテンシャルの差を示す．表からわ

表7.2 仮想的な 500 mg のミミズがさまざまなマトリック・ポテンシャルの土壌中に棲むための，水分平衡とエネルギーコスト．水ポテンシャルの差 $\Delta\Psi$ は $\Psi_w - \Psi_s$ として計算してある．正の値の水分の損失は，水がミミズから土壌へ失われることを示し，負の値の「損失」は，ミミズが水を土壌から得ることを示す．代謝コストの百分率は，ミミズの平均の代謝率 $35\,\mathrm{J\cdot g^{-1}\cdot d^{-1}}$ をもとにして計算した．土壌の水の浸透ポテンシャルはミミズの浸透ポテンシャルの 10 % と仮定した．尿によって失われる水分量は，土壌のマトリック・ポテンシャルの変化に伴って，1 日につき最多の体重の 60 % から最少の 10 % にまで減るとした．同様に，ミミズの体の浸透ポテンシャルも，最低の $-250\,\mathrm{kPa}$ から最大の $-750\,\mathrm{kPa}$ まで，土壌のマトリック・ポテンシャルの変化に伴って増加するとした．

土壌のマトリック・ポテンシャル Ψ_m (kPa)	水ポテンシャルの差 $\Delta\Psi$ (kPa)	尿による水分の損失 (mg/h)	皮膚からの水分の損失 (mg/h)	正味の水分の損失 (mg/h)	代謝コスト (μW)	代謝コストの百分率
0	-224	12.5	-70.0	-57.5	3.6	2%
-10	-264	11.5	-82.4	-70.9	5.2	3%
-20	-304	10.4	-94.9	-84.5	7.1	4%
-40	-334	9.4	-104.2	-94.8	8.8	4%
-80	-344	8.3	-107.3	-99.0	9.5	5%
-160	-314	7.3	-97.9	-90.6	7.9	4%
-320	-204	6.3	-63.6	-57.3	3.2	2%
-640	66	5.2	20.7	25.9	0.5	0%
$-1,280$	656	4.2	204.7	208.9	38.1	19%
$-2,560$	1,887	3.1	588.4	591.5	310.0	153%
$-5,120$	4,397	2.1	1,371.2	1,373.3	1,677.3	828%

かるように，非常に湿った土壌では，ミミズの浸透ポテンシャルが優勢なので，水ポテンシャルの差は負になり，水はミミズの中へ引き込まれる．土壌のマトリック・ポテンシャルが $-500\,\mathrm{kPa}$ あたりで，ミミズと土壌は水分平衡に達する．水ポテンシャルの正味の差はゼロになり，水をどちらかに移動させる正味の力はなくなる．もちろん非常に乾燥した土壌では，土壌のマトリック・ポテンシャルが非常に強いので，水ポテンシャルの差の符号は逆転し，水をミミズから土壌へ吸い出す．表の下の 3 段は，からからに乾燥させる環境に当たる．

実に興味深いのは，これらの環境中に棲むときのエネルギーコストの見積もりだ．この計算のやり方はすでに見てきた（式7.7）．正味の水の流量が見積もれれば，それに対抗するために必要な仕事は，水の流量と水ポテンシャルの積になる．[8)] 水の流量を計算するには，ミミズの皮膚から外へ出る水や，尿として失われる量を見積もる必要がある．ここでも正味の流れ（表の 5 番目の欄）は，土壌のマトリック・ポテンシャルの低いところでは内向きだが，およそ $-500\,\mathrm{kPa}$ を超えると外向きにな

る.

　かなり湿った土壌では，土壌のマトリック・ポテンシャルは水をミミズの体内に引き込む正味のポテンシャル差に打ち勝つほど強力ではない．かなり乾いた土壌環境でさえ，ミミズの高速にろ過をする腎管からの多量の水分の損失を埋め合わせるのに十分な水分が得られる．この範囲では，代謝コストがある程度かかり，ほとんどが水の外への輸送に関連しているが，コストは小さい．ミミズは水分バランスを保つために，安静時のエネルギー消費のせいぜい5％を投入すればよい．

　しかし土壌のマトリック・ポテンシャルが $-500\,\mathrm{kPa}$ より下がると，まったく異なる事態となる．十分に高速で水輸送をするコストは，劇的に増加する．たとえば土壌のマトリック・ポテンシャルが $-1.28\,\mathrm{MPa}$ から $-2.56\,\mathrm{MPa}$ へと倍増すると，水分平衡の代謝コストは（$38.1\,\mu\mathrm{W}$ から $310.0\,\mu\mathrm{W}$ へ）約8倍に増加する．ミミズはマトリック・ポテンシャルが $-5\,\mathrm{MPa}$ もある土壌中でも生存できるが，エネルギーコストは法外に高い．安静時の代謝率のおよそ8倍にもなる（代謝コストの828％と記してある）．ミミズはエネルギーをこの速度で動員できる（ほとんどの好気性の動物はエネルギー消費を安静時の約10倍に増加できる）ものの，運動や最も大切な生殖などの他の目的のためのコストが大幅に削られる．ミミズは総エネルギー生産量のおよそ10％しか成長や生殖に振り向けられないことを考えれば，コストの削減がどれほど大きいかがはっきりするだろう．マトリック・ポテンシャルがおよそ $-5\,\mathrm{MPa}$ より強い土壌内でのように，90％以上のエネルギーが水分平衡を保つために使われるときには，ミミズの成長や生殖の能力はどうしても下がることになる．

　したがって，ミミズが水分平衡を最も効率的に保とうとするならば，マトリック・ポテンシャルが $-$数百 kPa の土壌に留まればよいことになるようだ．これなら，乾燥した土壌のマトリック力によって体から吸い出される水の激しさに抵抗して，ミミズが戦える見込みが十分ある．

8）このモデルを本物らしくするためには，当然，ミミズの生態についていくつか知っていなければならない．たとえば，ミミズの尿量は，1日につき最も多いときで体重の約60％，少ないときで約10％（乾燥した環境にいるとき）だということがわかっている．ミミズが体内の溶質濃度を変えることもわかっている．非常に湿った環境では約150ミリモルだが，乾燥した環境では約300ミリモルとなる．

土壌中の酸素と水の分布

　ミミズが最適の土壌を見つけるにはどこへ行けばよいのだろうか？　適切な土壌環境を探し当てるということは，ミミズがどれだけ深くまで潜るのかということとある程度一致している．土壌は一般に，土壌層位という水平な層に分けられ，深さが異なれば性質も異なる．ミミズにとってのこつは適切な層位を見つけることなのだ．

　土壌の層位は土壌形成の過程を反映している．いろいろな種類の土壌層位からなる構成は，その土壌の履歴書，つまり土壌の歴史の記録だ．たとえば，土壌の下の方の層位は，ほとんどがその下の基岩に由来する物質でできていて，その上は遠方の基岩が侵食されてできた物質を流水が堆積させたものだろう．土壌の乾燥や冠水も層位中の鉱物分布を変え，微生物の活動は（第6章で見た海底の泥のように），さらに変化を加える．水の下方への浸透や重力の作用は，土壌の粒子を粒の大きさでより分けて，最小の粒子を最深の層に落ち着かせる．落ち葉のくずなどの有機物は表面に溜まるだろう．最終的には土壌ごとに異なる特徴的な層位のパターンができあがり，それは形成の過程を多少とも物語るものになる．

　土壌と層位は多様で戸惑うほどに複雑なので，土壌学者はそれらを理解するために多数の分類方式をあみ出した．1つの便利な方法は，土壌中の孔空間を水あるいは空気が占める度合いを反映するような，上下3つの基本的な層位に分けることだ．これらは上から下へ，気相的・固相的・液相的層位という．

　名前が示すように気相的層位はかなり乾燥していて，土壌の空隙空間の大部分は空気で満たされている．孔は大きいものが多いが，この層位に存在する水はほとんどがごく小さい孔にある．したがって気相的層位のマトリック・ポテンシャルは非常に強く，-メガパスカル程度は十分ある．空気に満たされた大きな孔を通って空気は簡単に入ってくる．したがって酸素濃度は通常19％以上あり，大気中の21％よりも大して低くない．だから気相的層位では酸素は手に入りやすいが，水は手に入りにくい．この層位に棲んでいるミミズは深刻な乾燥問題に向き合うことになる．

　液相的層位ではミミズには乾燥の問題はない．重力は上の層位から水を引き下ろすので，空隙空間はほとんど完全に水で満たされている．通常この層位の孔空間は非常に小さいが，マトリック・ポテンシャルも非常に小さく，ほとんど常におよそ

$-30 \mathrm{kPa}$ よりも弱い．液相的層位でのただ 1 つの悩みは，利用できる酸素の少なさだ．酸素は空気中から上の層位を通して入ってこられるが，距離が長いので到達には時間がかかる．その上，酸素は移動中に上方の層位の生物の活動によって消費される．第 4 章と 6 章で述べた「酸素税」が取り立てられるのだ．したがって液相的層位中の酸素濃度は一般に低く，多くて 16 ％，少ないとゼロに近いところもある．だから水には困らないが，酸素は手に入りにくい．

ミミズはジレンマを抱えているようだ．水分平衡を安く上げようと十分に湿った層位まで下ってくると，窒息してしまう．酸素が十分な層位まで上ると，干からびる危険や，水分平衡に莫大なエネルギーを奪われる危険にさらされる．

しかし液相の層位と気相の層位に挟まれて，中庸の領域，固相的層位がある．気相の層位のようには乾き過ぎず，液相的層位のようには息苦しくない．私が学生によく言う通り，「ゴールディロックスの基準」（訳注 1）を満たす，まさにおあつらえ向きの場所なのだ．実際にミミズはほとんどが固相的層位に棲んでおり，たまたまそこから気相的層位や液相的層位に追いやられても，好みの土壌環境に戻ってくる．そういうわけで，ミミズの水分平衡系は生理的には水中生活に向いているのに，どのようにして陸上の環境に棲めるのかという謎の答えは，両方の世界で最もよいところ，固相的層位を選んで棲んでいるからなのだ．

ミミズの作る土の建造物

この時点までは，ミミズの水分平衡にはこれといっておもしろいことはないようだ．確かに，ミミズは自分の生理に合った環境を探し出す必要があるし，そのような環境は土壌中に明らかに存在する．だが，どこがおもしろいのだろう？

ミミズの棲みかには特殊な条件が必要なのでこれを制約と見る人が多い．もちろん，彼らはささやかなニッチ（適所）を見つけはしたが，生理的限界のため，そこから出るわけには行かない．彼らの生理が適応できる環境はかなり限られるので，環境が用意してくれる状況のなすがままにならざるを得ない．もし土壌に土壌層位がなかったり，あっても薄かったりしたら，ミミズがそこに棲める可能性は条件に応じて低くなる．残念ながらこの見解は，私が第 1 章で述べた考え方，つまり動物は常に環境に適応するのであって，その逆はないという考え方を反映している．

訳注 1） ゴールディロックスは「3 匹のくま」に出てくる女の子．くまの留守宅に入り込んで，大中小のスープ，椅子，ベッドから自分にぴったりのものを見つける．

生物学の歴史に馴染みのない人々には知られていないが，チャールズ・ダーウィンの最後の主要な研究（そして彼自身が最も満足したという研究）は，ミミズに関するもので，ミミズが土壌に対して何をするかが記してある．『ミミズの作用による肥沃土の形成』〔『ミミズと土』渡辺弘之訳，平凡社，1994．ほか複数邦訳あり〕と題され，没する1年前の1881年に出版された．一見したところは，英国の変人にありがちなへんてこなものの1つにしか思われない．実はダーウィンの研究はほとんどすべてが共通のテーマをもっていたが，彼の素晴らしい自然選択説はその一面でしかない．ミミズの研究はもう1つの面なのだ．手短に言えば，ダーウィンは進化論者というよりは斉一論者であって，取るに足りないような小さな作用でも，十分長期間にわたって働き続ければ変化を引き起こす非常に大きな力になると信じていた．体形の小さな変化が世代から世代へと累積していけば長い間には新しい種が誕生するように，またサンゴによる炭酸カルシウムのわずかな付加が巨大な珊瑚島や珊瑚礁をつくるように，ミミズの取るに足りないような活動も土壌の構造や機能に計り知れない影響を与える．実は，進化生物学者がダーウィンを彼らの学問の創始者であると言うのと同じくらいの自信をもって，土壌科学者は彼が土壌科学の創始者であると主張できるのだ．

　ダーウィンの進化の考えが論争を巻き起こしたように，意外なことに，彼のミミズの研究もそうだった．ダーウィンの研究以前には，ミミズはたとえ顧みられることがあったとしても，作物の根をかじる有害生物としてだった．たとえばフィッシュ氏は1869年の『園芸誌』に，ミミズは土壌の起源と変化に大きな役割を果たしたというダーウィンの主張を批判する記事を書いた．「（ミミズの）ひ弱さと小ささを考慮すると，成し遂げたとされる仕事はとてつもないものだ」彼は鼻で笑った．

　しかし私たちは皆，ダーウィンのことは知っているがフィッシュのことなど知らない．実際にミミズは土壌の生態系を変える主要な働き手であり，彼らは3種類の基本的な方法を駆使する．まず，ミミズは土壌中に長持ちのする大きなトンネルを掘る．掘りながら土を横に押し付けて，穴の壁を圧縮して少し安定化させる．ミミズは穴の壁に粘液を塗りつけながら進むので，これも安定化を助ける．次に，ミミズは掘り進みながら土を取り込んで消化器官を通し，有機物や細菌を消化し，残りかすを糞粒として押し出す．糞粒には粘液その他の消化器官からの分泌物が浸み込んでいるので，これらが乾くと驚くほど耐久性のある大きな土の塊となる．最後にミミズは地面の上へ出てきて，分解しかけた有機物をたくさん集める．通常は朽ち

た葉や草で，それらを穴の中へ引き入れる．これらをすぐに食べることもあり，後で食べるために貯蔵用トンネルに蓄えることもある．

　このように絶え間なく混ぜたり掻き回したりする結果が土壌を作ることになる．普通の畑に棲んでいるミミズがみんなこのような巧みな行動を取るのだから，並大抵ではない結果がもたらされる．ダーウィン自身は，大きな石や建物の土台などの大きな動かない物体がどれだけ速く地面の中へ「沈んでいく」ように見えるかを測定して，土壌の作られる速度を見積もった．もちろん彼が実際に測っていたのは，ミミズが新たに作った土が物体の周りにどれだけ速く積み上がるかだ．たとえばダーウィンが住んでいたケント州の田舎では，新しい土は年に約 5 mm の速度で積み上がった．これは 1 年に 1 ヘクタールあたり 40 トンの新しい土ができることになる．ミミズは確かに大仕事をしている．

土壌，ミミズ，そして熱力学第 2 法則

　土壌は動的な構造物であり，すべての動的な構造物と同様に，第 2 法則が要求する無秩序へ向かう情け容赦のない行進に逆らうことによって存在している．ミミズが土を作るとき，無秩序へ向かうこの行進を押し留め，逆行させるために働いている．

　土壌を無秩序にする重要な一原因は風化作用だ．土壌の始まりは岩の粒子，つまり二酸化ケイ素その他の鉱物でできている．できたばかりの土壌はもっぱら直径が 1 ミリくらいの大きめの粒子からなる．風化が進む間に，土壌中を流れる水は粒子を互いにこすり合わせ，重力はおしくらまんじゅうをさせる．風化した岩からできたばかりの比較的大きな粒子は，このようにしてだんだん小さな粒子になり，風化が続くかぎりこの作用は続く．エントロピー増大へ向かう土壌の行進が押し留められなかったら，粒子のサイズはどんどん小さくなり，砂からシルトとローム，ついには下限の粘土となる．

　マトリック・ポテンシャルについて私が述べたことから予想されるように，土壌の風化は土壌と水との相互作用に影響を与える．風化した土壌粒子の平均サイズが小さくなると，土壌の孔のサイズもまた小さくなる．マトリック・ポテンシャルは孔のサイズに依存するので，土壌は水との相互作用が次第に粘土に似てくる．多量の水を保持するが，ますます強いマトリック・ポテンシャルで保持するようになる（図 7.6）．

この傾向に対抗するのは，孔のサイズの縮小を防ぎ，さらに逆行させる作用だ．1つのわかりやすい方法は，小さな土の粒子を凝集させて大きい塊にすることだ．凝集は単純な化学作用で生じることもある．ときには土壌中の水から沈殿した炭酸カルシウムのような鉱物が砂粒を接着して大きな塊にする．しかし凝集は生物学的作用であることが多い．たとえば土壌中の多数の微生物は（加工食品の増粘剤としてしばしば使われるデキストランのような）長鎖の炭水化物重合体をつくる．これらは土壌粒子を実際に接着し，粒子の平均サイズを大きくし，塊の中の粒子を覆って保護するので風化の速度も落とす．

　ミミズはいくつかの方法で土壌を塊にする．まず，トンネルを掘るときに体の表面から粘液を分泌し，それがトンネルの周囲の土壌に浸透する．すると土壌粒子が凝集するので，トンネルが崩れて埋まらないようになり，また粘液は水の非常によい吸収材なのでトンネルの周囲に水が保持される．2番目に，土壌粒子がミミズの消化器官を通るときにも，粘液がまぶされる．こうしてできた糞は明らかにたくさんの小さい土壌粒子を接着して大きな塊となる．3番目に，環形動物は独特の生化学反応の1つとして，炭酸水素塩を炭酸カルシウムの結晶にして体から除く能力をもつ．これはミミズの糞の中に入って排出される．消化された土壌粒子と粘液と炭酸カルシウムが混ざることで，糞は非常に崩れにくくなる．地表の落ち葉の大きなかけらを糞の中やトンネルの中へ取り込むこともあわせて考えると，ミミズが無秩序化を進める風化に抗して働き，土壌を塊にする大きな力となっていることがわかる．もちろん大きい土壌粒子を維持することによってマトリック・ポテンシャルも弱く保たれ，したがってミミズが水を体内に取り込むのが容易になることは見てきたとおりだ．

　ミミズは棲みかの土壌を別の方法によっても変化させる．土壌のミクロポア（およそ直径1ミリより小さい空間と定義される）中での水の挙動についてはすでに詳細に述べた．しかし土壌には別の種類の，マクロポアといわれる大きな孔がある．これは名前から察しがつくように1ミリより大きい．マクロポアは物理的作用（たとえば基岩のひび割れや侵食の働き）によっても生じるが，生物が作ることが最も多い．たとえば土の中へ根が伸びていくのも，よくある原因の1つだ．根が生きている間は空間を満たしているが，死んで朽ちると直径が1ミリ（細かく分岐した根）から数センチ（主根）の空洞が残る．ミミズが土壌を掘ってもマクロポアができることは明らかだ．

マクロポアとミクロポアを分けて考えることは重要だ．それぞれの種類の孔を通る水の動きを支配しているのは別の物理力だからだ．ミクロポア中の水の動きは，この章で詳しく論じたマトリック力によって支配される傾向がある．一方マクロポア中の水の動きは重力によって支配され，この比較的太い「排水管」を通って水は下方の土壌に引き込まれる．したがって雨の後など，水が土壌に浸透する程度は，ミクロポアとマクロポアの相対量によって決まる．ミクロポアが圧倒的な乾いた粘土に雨が降ると，土壌の表層が多量の水を吸ってそこにしっかり保持するので，下の方へは浸透せず，また水を必要としている動植物の手にも入らない．水ポテンシャルを使って説明すると，粘土のマトリック・ポテンシャルは水の重力ポテンシャルをしのぐ強さがあるので，少なくとも表層の孔空間が十分に水に満たされてマトリック・ポテンシャルが小さくなるまでは，水はそれより下へ行かない．したがって雨の後，粘土質の土壌は表面の薄い層にだけ水を保持する傾向がある．太陽で一番温められるのはこの表層なので，水は地中へ深く浸み込まずに，蒸発してすぐに大気中へ戻ってしまうだろう．粘土ではこのような現象が最も起こりやすいが，砂でさえマトリック・ポテンシャルは十分強く，雨水は上部の数センチに留められる．

マクロポアの豊富な土壌では，水は上層の強いマトリック・ポテンシャルに捕まらず，急速に下方へ流れる．マクロポアの排水管を流れ落ちる際に，途中の土壌と相互作用し，地中深くまでいわゆる「恵みを施す」．厳密には，浸み込む速度は，土壌の2つの重要な性質よって決められる．浸透速度（表面に撒かれた水がどれだけ速く土壌に浸み込むか）と保水容量（一定量の土壌がどれだけの量の水を保持できるか）である．

ミミズがトンネルを掘ると明らかにマクロポアの量が土壌中に増え，それに比例してミミズの棲みかの土壌の性質も変わる．浸透速度と保水容量はミミズの棲んでいる畑では棲んでいない畑の数百％も高い．ミミズを殺したり数を減らしたりした畑では，実際に，雨水を吸収する能力や，植物が使えるくらいに弱く保持する能力が目立って減衰する．まったく耕さないあるいはあまり耕さない農法が効果的なのは，これが理由の1つだ．深く耕すとミミズが殺され，ミミズが死ぬと，作物の生長に必要な量の水を地面に撒くのにエネルギーとお金がよけいにかかる．「ミミズだらけの」土壌では水の浸透速度が速いので，地表温度も暖かくなり，したがってその畑の植物の根や葉の成長も速くなる．

食べたり，出したり，這ったり，穴を掘ったりのすべての「目的」は，水の浸透

速度の速い（しかしあまり速すぎず），保水力の高い（しかし高すぎず），酸素が豊富に得られる十分な空気で満たされた空間のある（しかし湿度は高い）土壌の層位をつくり出し，保ち，拡大することだ．手短に言うと，ミミズの建設活動は，ゴールディロックスの基準が満たされる土壌の層位の幅を広げることなのだ．言い換えると，土壌環境をミミズに適応させるのであって，その逆ではない．

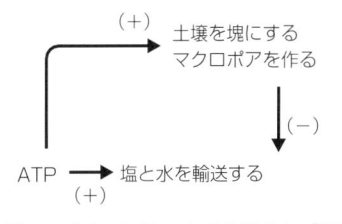

図7.7　ミミズがおこなう生理的な「選択」．

環境の適応が起きるのは，ミミズが生理的な「選択」をしているからだ（図7.7）．ミミズはATPのエネルギーを使って，干からびさせようとする力に対抗する生理的な仕事をすることができる．あるいは同じATPのエネルギーで，穴を掘り，トンネルを安定化させるための（粘液や炭酸カルシウムなどの）化学物質を合成分泌し，土壌の環境を水生の動物に適応するものに変えて居住範囲を広げることもできる．

何かがミミズに後者の戦略を取らせたようだ．なぜかを推測するのはおもしろい．この章の初めに概説したように，生理的な仕事をするには構造基盤——ATPを燃料に使って期待に応える仕事をするエンジンのような——が必要だ．私たちはこのようなエンジンを器官と呼んでいる．別の環境に移動して生理的な要求が変化することになると，どうしても「機械の入れ替え」が必要になる．課せられた新たな要求に適うように生理的なエンジンを改造しなければならない．

明らかにこれは，進化の歴史の中で動物たちが繰返しおこなってきたことだ．だからミミズの祖先が陸に移動してきたときに，同じことができなかったわけはない．しかし胚発生とボディプランの切っても切れない関係を思い出そう．生理器官の入れ替えには，ボディプランとそれを実現する発生プログラムの根本的な変更が要る．つまり体内の生理作用の入れ替えは，骨の折れる時間のかかる作業なのだ．たとえば鰓呼吸の魚を肺呼吸の哺乳類に変えるには，心臓，主要な血管，鰓，肺を変更するために大規模な配管系統の革新を必要とし，完成にはおよそ2億年を要した．明らかに脊椎動物はこの仕事を企て，成功した．しかし成功したからといって，これが私たちの祖先が新しい環境に適応する最良の方法だったとは限らないし，非常に

よい方法ですらなかったかもしれない.

　ミミズは陸に上がったとき，機械の入れ替えを選ばず，土壌の風化に抗する仕事にATPエネルギーを使う戦略を実行したようだ．その途上で結局，水分平衡の補助器官として土壌を組み入れたのだ．この戦略を取る利点は明らかだ．体内の生理作用の入れ替えよりずっと迅速に成し遂げられる．ミミズを初めて移植した畑の土壌の物理的性質の変化を見ていけば，その土壌の変遷する生理の「進化」が追える．入植前の土壌は目が詰まり，保水力が小さく，表面温度の変化は激しい．ミミズの移植をすると，およそ10年以内に，水の浸透速度や保水力や温度に著しい変化が見られ，それらすべてが居住するミミズにとって土壌環境を穏やかなものにする．ミミズの世代時間がかなり短いことを考慮しても，10年かけて土壌環境を作り変える方が，何千万年もかけて体内の生理作用を進化的な適応によって入れ替えるよりも明らかに好ましいことに，同意せざるを得ないだろう．

8　クモのアクアラング

> 「虫を騙すことができるのなら，きっと人間だって騙せるわ．人間なんて虫ほど利口じゃないもの」シャーロットはそう思った．
> —— E. B. ホワイト『シャーロットのおくりもの』(1952)

　ギリシャ神話に登場するリディア国の機織娘，アラクネをご存知だろうか．工芸を司る神，アテナの名声を脅かすほどの素晴らしい腕前をもっていたが，傲慢だったためアテナの怒りを買い，クモに変えられてしまった．よく言われるように，自然の摂理を出し抜こうとしてはいけないのだ．
　私たち人間は，自分たちを地球上の織物の達人だと考えたがるし，実際にその称号に値する十分な資格をもつ．ちょっと辺りを見回して，どれだけ多方面に織物が使われているか考えるとよい．布，自動車のタイヤ，高圧ホース，ダクトテープ〔耐水性のテープ〕，などなど．しかしアラクネの技術は動物の間にも広く行き渡っている．鳥の巣は織物構造のオンパレードだ．動物の織る作品も多様なら，織り手もまたさまざまだ．織物は特に昆虫やクモの間で普及しているようだ．彼らは体内の腺から自前の繊維，絹糸をつくり出す．これらの陸に棲む節足動物の織る構造物には，巣・繭・卵の袋・覆い，網・ひも・落とし穴・罠（非常に巧妙なものもある）・そのほかの獲物を取る仕掛け，飛行を助けるパラシュートや引き糸，信号装置や補助感覚器官などがある．この章では，呼吸のガス交換のための体外器官として織物構造に注目したいと思う．第7章では生理的には水生のミミズが本来なら棲むことのできない陸上の環境中でどのようにして生きているのかを検討した．そのテーマを引き継いでいるのだが，この章では逆に，本質的には陸生のある種の節足動物――主として昆虫だが数種のクモも含めて――がどうして水中で生きられるのかを見ていく．これらの動物が直面する生理的な問題は，彼らは絶対に空気しか呼吸できないから，水中の生活には生理的にまったく向かないということだ (Box 8A)．それでも彼らはそこでの生活に成功している．それらの中には，織物構造がその鍵を握っているものもある．

水中に棲む生物が織る構造物は，空気の泡を包むために使われることが最も多い．よく知られた例は，ミズグモ属のクモが織る「釣鐘型潜水器」だ（図8.1）．このクモは水中にドーム型の巣を張り，糸で細かく織った巣の網に泡をうまく保持しておく．クモは水面で空気を捕え，密に生えた撥水性の毛を利用して泡を体に抱えて巣まで運び下ろす．巣が空気でいっぱいになると，クモはこの小さな釣鐘型潜水器の中に留まり，時々狩りに出かける．やすで魚を取る漁師のように，一潜りしては呼吸のために巣に帰る．時おりクモは水面まで出て，新しい泡を集めて戻り，巣の中の空気を補充する．

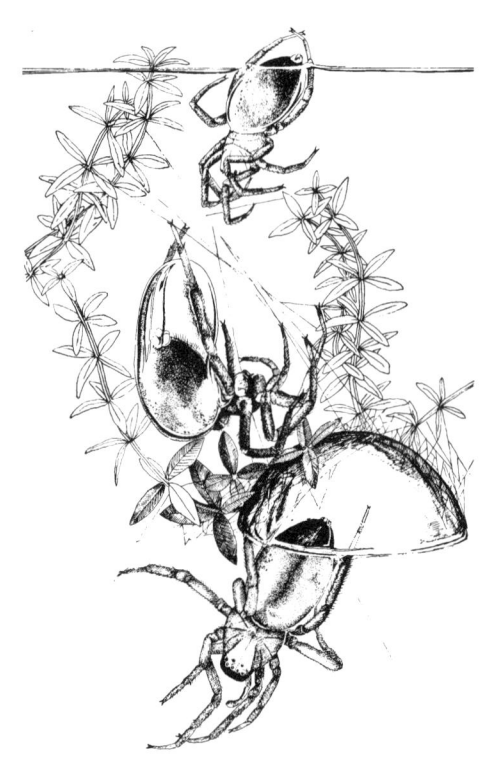

図8.1 ミズグモとドーム型の巣．[Preston-Mafham（1984）より]

多くの水生昆虫は，そのほとんどが甲虫だが，泡をもち運ぶ習性を共有している．通常は，泡は昆虫の撥水性の毛の生えた部分にうまく捕えられていて，体表の一部を覆う銀色の膜のように見える．泡が翅の下や翅鞘の下に引き込まれていて見えないこともある．ミズグモと同様に，これらの昆虫の多くは定期的に水面に浮上して泡を補充する．しかし浮上しない昆虫もいる．無限に水中に閉じ込められても，彼らは平気で泳ぎまわり，空気を呼吸する動物であることを忘れているように見える．どういうわけだろう．水生の昆虫やクモが水中で呼吸できる能力は，空気の泡を身につけ，その空気を呼吸するという単純なことがらではない．実は素晴らしく巧妙なある物理的性質が働いていて，そのためにこれらの動物は泡を補助的な鰓として使えるのだ．少しページを割いて泡と泡鰓の物理的性質を見ていこう．というのは，この性質自身がとてもおもしろいし，これを理解すれば思いがけないおまけが得ら

れるからだ．動物の作る構造物で，同じ機能をもっているのにそれとは気づかなかったものを見つける助けになるのだ．

単純さと複雑さ：オッカムのかみそりとゴールドバーグのてこ

　20世紀初めの生物学者たちは，泡をもち運ぶ昆虫の謎に困惑した．それは，人間が単純さを真実や真正さと混同しやすいという欠点をもっていることが一因だった．科学者なら証拠と証明を要求する頑固者だから，このような弱点は免れていると期待するだろうが，それは違う．実は，科学者の間には単純さの崇拝のようなものがあり，そのもとになったのは14世紀のフランシスコ会の修道士，ウイリアム・オブ・オッカムの著作だ．ウイリアム修道士が私たちに遺したものは，オッカムのかみそりとして知られるようになった哲学的な法則で，これによれば多くの可能な説明の中から，1つの「真実」の説明が見分けられるはずなのだ．手短に言えば，最も真実らしい説明は最も単純で，特別な仮定や法則や例外が最少で済むものだとオッカムのかみそりは，断言している[1]．惑星の見かけの動きを例に取ろう．これらの動きの説明には，地球あるいは太陽を中心とした太陽系のモデルをもとにした2つの相反するものがある．地球中心のモデルは，惑星の見かけの動きをどうやら説明できるが，惑星が実際に複雑な動きをすると仮定しなければならない．たとえば回転や円運動，惑星の不明な加速や減速，その他の特別な規則のさまざまな組み合わせに頼っている．太陽中心の太陽系モデルでは，必要なのは惑星が楕円軌道を動くことだけで，明らかに簡単な説明ですむ．オッカムのかみそりは，太陽中心の太陽系モデルを最も「真実」らしいものとして選ばせてくれる．

　役立つ道具の御多分にもれず，オッカムのかみそりも乱用されがちだ．よくある乱用の1つは，これが物理でも化学でも生物でも，すべての科学研究に等しく適用できるはずだと考えられてしまうことだ．化学や物理のような分野なら，そう考えてもたいてい大丈夫だろう．しかし生物学ではこれが役立つかどうか怪しい．オッカムのかみそりを利用するにあたって，前提としなければならないことの1つに，宇宙は単純な説明が通用する単純な場所だということがあったのだ．生物学は複雑な進化の歴史や，しばしばとやかく言われる自然選択の日和見的性質が関わってい

---

1) オッカムのかみそりは，以下のように馬に口を借りて語られている．Pluralitas non est ponenda sine necessitate. すなわち「必要もないのにたくさんのことを仮定してはならない」．

Box 8A　昆虫とクモが空気を呼吸しなければならない理由

　ほとんどの動物ではガス交換系は2つの流れ——肺の場合は空気と血液の流れ——を，非常に薄い拡散交換表面で接触させるように作られている．たとえばヒトの肺では，肺胞の空気は血液から約1マイクロメートル隔てられており，肺全体の交換表面の面積は，約80m^{2}ある．この設計は，循環–拡散共役交換装置として知られている．循環と拡散の共役という構成は多くのガス交換器官の中でもよく見られる．そのように多いということは，拡散のみによる交換能力の限界が広く共通の問題であることを物語る．

　それに対して陸生のクモや昆虫のガス交換器は，拡散のみで働き，循環の必要はほとんどない．昆虫はこの制約にもかかわらず，大きな体に成長でき，飛行のような激しい肉体的活動ができる．彼らがそうできるのは，酸素を分配する媒体として，血液でなく空気を使うように呼吸器が設計されているからだ．

　昆虫はわき腹に規則的な間隔で開いた気門という小さな呼吸孔を通してガス交換をする．気門は空気で満たされた大きな管，気管に通じていて，これが分岐して，肺の気管支や細気管支を思わせる網目状の管となっている．気管は分枝して体中に入り込み，空気で満たされた気管小枝という，盲管となって終わる．気門，気管，気管小枝が集まって陸生節足動物のガス交換器官，すなわち気管系をつくる．

　クモのガス交換器官の構造は，昆虫のものと細かいところには違いがあるが，基本的には似ている．クモやそれ以外のクモ類〔サソリやダニ〕は，書肺という大きなガス交換器官をもつ．ここにはラメラという一連のキチン質の葉状物があり，片側が空気に接し，反対側がクモの体液，血リンパに接している．ほとんどのクモでは，書肺は昆虫の気管系に非常によく似た構造と働きをもつ気管系に仕上がっている．

　気管系でのガス交換は，気管小枝とこれに沿った細胞の間での空気の拡散と，その後に起きる気管小枝の空気と外の空気の間での拡散によってのみおこなわれる．フィックの法則を検討すれば，酸素を分配する媒体として空気を使う重要性が理解できる．

$$J = -DA(C_I - C_{II})/x \qquad [8A.1]$$

（フィックの法則の復習には式5.4参照．）一般に，空気中を拡散する酸素の拡散係数は，水中を拡散するときの定数のおよそ1万倍も大きい．体内に気体を分配する媒体として空気を使うことによって，昆虫やクモはこの非常に大きい拡散係数を脊椎動物にはない方法で活用できる．もちろん脊椎動物はガスの分配に血液を使っているが，ガスの拡散速度が血液中では非常に遅いため，循環によるガス交換系を用いざるを得ないのだ．

　ここで，循環系は拡散だけに基づく系よりも相当の利点があることを思い起こしておこう．まずは，この仕組みをもつ動物は体がはるかに大きくなれる．脊椎動物は複雑な

循環交換系をもつおかげで，現存するものも絶滅したものも含めて，私たちの知るかぎりのどんな昆虫よりもはるかに大きい体格を獲得した．また循環系はガス交換に対して，より踏み込んだ制御ができる．拡散に基づくガス交換の場合，交換速度を変えるには気体を流動させる分圧勾配を変えるしかない．昆虫のガス交換の相手は，非常に体積の大きな大気なので，この分圧勾配は昆虫内の気体の分圧勾配の変化によってしか変えられない．たとえば昆虫が酸素の消費速度を上げようとすると，体内を低酸素にするしかないが，これは代謝にとって好ましくない影響を与える．循環交換系ならば，分圧勾配ではなく循環速度を変えればガス交換速度が変わる．たとえば私たちが運動するときの，酸素と二酸化炭素の交換速度の上昇は，主として肺での呼吸量の増加と，心拍数の増加によってまかなわれる．昆虫とは異なり，血中の酸素と二酸化炭素の濃度は比較的一定に保たれる．実は，非常に活動的な多くの昆虫は，循環交換系が与える恩恵を利用するために，換気の方法を発達させてきた．

■水中での空気の呼吸

　昆虫とクモにとっては，拡散に頼る気体の分配は厳しい制約となった．どうしても空気を呼吸しなければならないからだ．万一気管小枝が水であふれでもしたら，空気中のような非常に速い拡散速度を享受できなくなる．したがって水中に棲むことにした昆虫やクモは，空気を呼吸し続けられる装置や構造を曲がりなりにも仕上げなければならなかった．

　昆虫たちは空気を呼吸するように運命づけられているにもかかわらず，水中に棲むための多くのうまい方法を進化させてきた．たとえばボウフラは表面張力を利用して水面からぶら下がり，結腸をシュノーケルとして使う．ボウフラはそこで空気に向かって肛門を開き，いわばお尻で呼吸をする．植物をシュノーケルとして使う手も上手な解決策だ．多くの「水生」植物も実は生理的には陸生で，主に根に酸素を供給するためにやはり空気を「呼吸する」必要がある．これらの植物は，本来は根と葉の間で液体を運ぶための維管束組織の一部を変化させて，空気で満たしている．そのおかげで根は大気の酸素を楽に取り入れられる．昆虫の幼虫には，これらの空気で満たされた管をシュノーケルとして利用して，うまい汁ならぬうまい空気を吸うものがある．さらに，気門鰓とでもいうものを発達させて，いわば「郷に従った」昆虫もある．気門は開くことはなく，空気の入った気管系は薄膜によって水と隔てられ，この膜を通して気体は拡散によってすばやく動く．気門の覆いが，空気に満たされた気管からなるガス交換器官をうまく作り上げている場合もある．さらに「高等な技術」による解決策の1つが，釣鐘型潜水器を使うクモや，水生昆虫による方法だ．これらの生物は，単に水中へわずかな空気をもち込むだけだ．

るので，最も単純な説明が実は間違っていることが多いと考えてよい．実際に生物の世界では，かなり単純な問題に場当たり的な解決法がとられていることが非常に多いので，私はオッカムのかみそりを生物学には役立たないと退けるだけではなく，さらに進めて，「説明が複雑であればあるほど，それは真実らしい」という新たな哲学的な法則を提出したい．他によい名前も見当たらないので，簡単なことをさせるための舌を巻くほど複雑な機械を描いた漫画家ルーブ・ゴールドバーグからとって，これをゴールドバーグのてこと呼ぼう[2]．

泡を身につけた昆虫の場合

　昆虫による泡のさまざまな利用方法にオッカムのかみそりを適用してみよう．定期的に水面に浮上するものと，しないものの2種類の水生昆虫に対して，2つの説明が必要だろうか？　19世紀の終わりごろ，オッカムのかみそりはこの疑問にうまい答えを出した．昆虫は泡を浮力として使っているというのだ．話の筋はこうだ．規則的に水面に浮上する昆虫にとっては，確かに泡は呼吸にある程度役立っているかもしれないが，そうだとすると絶対に浮上しない昆虫が泡をもち運ばなければならない理由がわからない．しかしすべての昆虫が泡を浮きとして使うとするならば，2つの説明は不要で1つでよいことになる．もし一部の昆虫が泡を浮きとして使っているのならば，すべての昆虫もそうしているに違いない．

　私は時おり大学院生たちに，何が科学を進歩させていると思うかと尋ねる．彼らの大部分が研究費を得るために非常な努力をしているので，ほとんどが「お金」と答えるのも無理はない．理想的にはそうあってほしくないと思いつつも，彼らに同意しなければならないと思うことがよくある．それでも私は，この出世第一主義の時代においても，科学は金と名声の愚かな奪い合いから切り離された，本来知的な仕事であると信じたい．よいアイディアと，程よい量の懐疑的態度をもった個人が，資金は乏しくとも科学の進路を変えられるという例に出会うと，私はいつも救われる．

　平凡かもしれないが私のお気に入りの例の1つは，泡をもち運ぶ昆虫の問題に関

---

[2] オッカムのかみそりは，「説明は単純であればあるほどよい」など，いろいろな警句にもなっている．ゴールドバーグのてこが受け入れられることを期待して，同僚のジム・ネイカスがラテン語に翻訳してくれた次の警句を書いておく．ゴールドバーグのてこの本質は，Quanto implicatius, tanto verius est（「複雑であればあるほど真実に近い」）である．さらに簡潔な警句は Mirationem mean nihil moveat（「私を驚かすことなど何もない」）だろう．

わっている．この話の主人公は第一次世界大戦の直前にこの問題を取り上げたドイツの生物学者リヒャルト・エーゲだ．彼の研究は2つの点で注目に値する．第1は，よい答えをもたらすはずの簡単な実験をオッカムのかみそりがどのようにして阻んだかを明らかにしている点だ．答えが明らかなのになぜ実験する必要があるのかと言って邪魔されるのだ（私の研究費申請書が，何度そういう批判を受けただろう？）．第2は，単純さを厳しく排除することが，どのようにして生物学の素晴らしい新天地を開くことにつながるかを示した点だ．

　リヒャルト・エーゲは，主たる研究対象としたマツモムシを含めて，数種の水生昆虫を用いた．通常これらの昆虫は水中に5，6時間はいられるが，その後は水面に浮上しないと溺れてしまう．彼は泡が呼吸に関連のある機能をもつかどうかを調べるのに，簡単だが独創的なアイディアをもっていた．泡の気体の組成を変えたうえで，昆虫を水中に閉じ込めて，どれだけ長く生きられるかを調べた．もし泡が完全に浮力のためだけにもち運ばれているのなら，気体の組成は何の影響ももたないはずだ．窒素の泡でも空気の泡と同様に昆虫に浮力を与える．しかしもし，泡が呼吸に関連のある何らかの機能をもつならば，空気を窒素で置き換えると昆虫の生存時間を縮めることになる．案の定，観察結果はそうなった．空気の入った泡をもった昆虫を水中に閉じ込めると，平均して約6時間生きていたが，窒素しか入っていない泡をもった昆虫は，たった5分で窒息した．

　したがってマツモムシが運んでいる泡は，明らかに酸素の供給源として働いている．おおかたの人にとってはこれで一件落着となり，これではエーゲの研究はおもしろくも何ともなかっただろう．少なくとも私にとってはそうだし，おそらく他の人にとっても同様だろう．しかし，偉大な実験生物学者の特徴の1つは，答えに対してなかなか「これでよし」と言わないことだ．エーゲはたまたま偉大な実験生物学者だったから，次の実験に取り掛かったのだが，そこから非常に奇妙な結果が得られた．エーゲが2番目の実験をしようと思った理論の筋道をたどってみよう．

- おそらく昆虫は泡を酸素の貯蔵庫として使っているのだろう．すなわち泡の中に，ある一定量の酸素を入れ（泡の総体積の約21%），それを使い切ると，新たな補給をしに水面に戻る．
- 窒素の泡をもった昆虫が水中に閉じ込められると，空気の泡をもったものほど長く生きられないのは，泡の中の酸素の貯蔵量が最初から少ないからだ．

これが正しいことは実験で示唆された.
- その逆も正しいはずだ.酸素の豊富な泡を使う昆虫は,空気の泡をもつ昆虫よりも長く生存するはずだ.

さてここからが注目すべき部分だ.エーゲは純粋酸素の泡をもった昆虫を水に閉じ込めた.最初に多くの酸素をもっているのだから,空気の泡をもつ昆虫より当然長く生きるはずだった.しかし純粋酸素の泡をもった昆虫はわずか35分しか生存しなかった.窒素の泡をもつ昆虫の5,6分よりは長いが,空気の泡をもつものの生存時間の10分の1だ.

エーゲ効果

明らかにマツモムシが運ぶ泡で何か不思議なことが起きている.エーゲはこの奇妙な現象を調べるため,別の数種の水生昆虫でも実験をおこなった.非常に詳細におこなったため,エーゲ効果として知られるようになった.エーゲ効果を理解すれば,昆虫やクモがどのようにして泡を補助ガス交換器として使っているかがよく理解できる.また,ガス交換器として働いている可能性のある変わった構造物を見出すのにも役立つ.

気体が泡とその周囲の水との間をどのように移動するかを理解することが第一歩だ.そうすれば以下の現象を説明できるに違いない.空気から作られた通常の泡はだんだんと小さくなって最後には消える.小さくなるということは,泡の中にある気体が,泡から出て水に溶けることを示している.この動きは,泡の中の気体の分圧が溶液中の気体の分圧より高い時だけ起きる.すなわち,

$$pO_{2(b)} > pO_{2(s)} \qquad [8.1a]$$
$$pN_{2(b)} > pN_{2(s)} \qquad [8.1b]$$

下ツキのbとsはそれぞれ泡の中と溶液中の気体を示す.

泡が小さくなる理由を理解するには,この分圧の違いがどこからくるのかを説明しなければならない(図8.2).溶液中の気体の分圧はわかりやすい.平衡状態では,溶液中の気体はその上の大気中の気体と等しい分圧をもつ.大気が79%の窒素と21%の酸素の混合物だとしよう[3].海水面の乾いた空気(気圧= 101 kPa)の場合,

$pO_{2(s)}$ は約 21.2 kPa, $pN_{2(s)}$ は約 79.8 kPa である．重要なことは，これらの分圧は深さによらないことだ．深さが 10 cm でも 10 m でも，表面と同じだ．[4)]

泡の中の圧力は，泡が存在する深さや泡自体の大きさによって影響されるため，また別の問題になる．深いところにある泡は，静水圧（1 センチごとに約 100 Pa の割合で増加する）によって圧迫される．プールの底へ飛び込んだときに耳に感じる圧力がこれだ．昆虫が水面から空気の泡を連れて潜ると，泡は圧迫されて小さくなるので，泡の中のすべての気体の分圧は上がる．たとえば 101 kPa の気圧の空気からつくられた泡が 5 cm の深さに潜ると，全体の圧力は 101.5 kPa となり，およそ 0.5 ％の増加となる．すべての構成気体の分圧も比例して増加する．したがって $pO_{2(b)}$ は約 21.3 kPa（21.2 kPa の 100.5 ％），$pN_{2(b)}$ は約 80.2 kPa（79.8 kPa の 100.5 ％）になる．両方ともそれぞれの気体の水中の分圧より高いので，どちらの気体も泡から出て水に溶け込む．泡の中と水の中の分圧が平衡に達するまで，気体が逃げて泡は縮んでいく（図 8.3）．この時点で泡から気体を追い出す分圧の差はなくなるので，泡の大きさは安定するはずだ．しかし，先ほど述べたように泡は安定せず，つぶれてなくなるまで縮み続ける．したがって何か他の力が泡を圧迫し，内部の分圧を高く維持してい

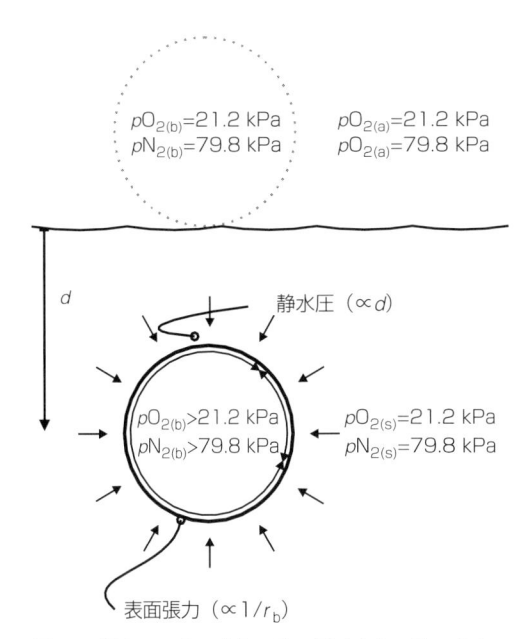

図8.2 深さ d にある空気の泡に働く力と，泡に含まれるさまざまな気体の分圧に与える影響．下ツキの (a), (b), (s) はそれぞれ空気中，泡の中，水に溶解した気体の分圧を示す．

---

3) 合計で 1 ％ほどになる微量の気体や，含まれている水蒸気は無視してある．
4) 厳密に言えば，これは水中に酸素の発生源やたまり場がないときに限られる．また，もし水中に酸素を消費する微生物がいれば，酸素分圧は深さと共に減少する．

a.

$pN_{2(s)} \times Pl \rightarrow pN_{2(s)}$: $\Delta pO_2 = pO_2(Pl-1)$
$pO_{2(s)} \times Pl \rightarrow pO_{2(s)}$: $\Delta pN_2 = pN_2(Pl-1)$

b.

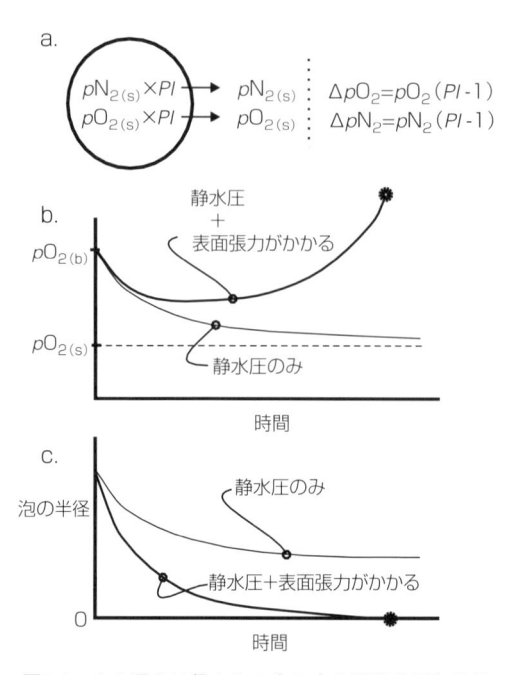

$pO_{2(b)}$
静水圧＋表面張力がかかる
$pO_{2(s)}$
静水圧のみ
時間

c.

泡の半径
静水圧のみ
静水圧＋表面張力がかかる
時間

図8.3 ある深さに保たれた泡の中の酸素分圧と半径の変化．a：泡の内側の分圧は，泡に働く静水圧と表面張力によって決定される圧力の増加の割合，Pl に比例して溶液中の分圧よりも高いことになる．b：泡の中の酸素分圧 pO_2 (b) と，水中の酸素分圧 pO_2 (s) の時間の経過に伴う変化．細い線は，仮想的に静水圧のみがかかるとした場合．太い線は，静水圧と表面張力の両者がかかるとした場合．c：泡の半径の時間の経過に伴う変化．細い線は，仮想的に静水圧のみがかかるとした場合．太い線は，静水圧と表面張力の両者がかかるとした場合．

るのに違いない．この余分の力は表面張力が原因だ．

前章の表面張力を覚えているだろう．空気と水の境界面ならばどこであっても，表面張力は境界面に沿う方向に境界面を引っ張る（図8.2）．泡の空気と水の球状の境界面に表面張力が働くと，ゴム風船の引き伸ばされた壁が内部の空気を圧縮するように，泡を圧縮する．泡が安定化しないのは，表面張力が泡の大きさに依存しているからだ．この関係はラプラスの法則で表わされる．つまり，

$$\Delta p = 2\gamma/r \quad [8.2]$$

Δp は増加した圧力，γ は水の表面張力（約 $73\,\mathrm{mN\cdot m^{-1}}$），$r$ は泡の半径（m）である．したがって直径が $1\,\mathrm{cm}$（$r = 0.5\,\mathrm{cm} = 0.005\,\mathrm{m}$）の泡の内圧は，表面張力のみによって約 $29\,\mathrm{Pa}$ 増加している．泡がつぶれるのは，泡が縮むに従ってこの圧力増加分が大きくなるからだ．たとえば泡が元の直径の 10 分の 1 まで縮むと（$r = 0.0005\,\mathrm{m}$），泡の内圧の増加は 10 倍になる．したがって，泡の中の気体の分圧は水中の分圧よりも常に高く維持される（図8.3）．その結果，泡は決して平衡に達せず，つぶれて消滅しなければならないのだ．

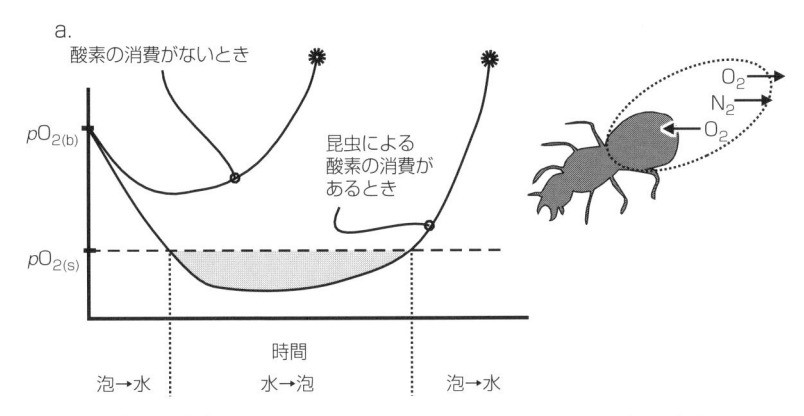

図8.4　泡から鰓への変身．右上：酸素を消費する昆虫に付着した泡の中の酸素と窒素の流れ．a：昆虫に付着した泡の中の酸素の場合，$pO_{2(b)}$ のたどる典型的なカーブは図8.3 に描かれているようにはならない．初めのうちは $pO_{2(b)} > pO_{2(s)}$ なので酸素は水の中へ拡散していく．しかししばらくの間は，灰色の領域で示すように $pO_{2(b)} < pO_{2(s)}$ となる（酸素は水中から泡の中へ拡散してくる）．やがて $pO_{2(s)}$ は再び上昇し，酸素は水中へ拡散していき，泡はつぶれる．

エーゲ効果と泡のアクアラング

　これでエーゲ効果を検討する用意ができた．これまでは，気体の移動が可能なのは泡と水の間だけとして考えてきた．この状況では，泡に働く物理力は，窒素も酸素も常に泡から溶液中へ向かう一方向にのみ動かす．しかし昆虫が泡から呼吸をしていれば，状況は一変する（図8.4）．気体が移動する別の通り道，すなわち泡から昆虫へ酸素が移動する道があることになる．昆虫が泡の酸素を消費すると，ただ水中に向かって酸素を流失させていたときよりも泡の pO_2 は急速に下がる．昆虫が十分速く酸素を消費すると，泡の pO_2 はやがて水中の pO_2 よりも低くなる．すると酸素分圧の差は反転し，酸素は水中から泡の中へ拡散してきて，そこで昆虫に消費される．手短に言うと，水生昆虫が運んでいる泡は，単なる酸素の貯蔵庫ではなく，酸素を溶液中から取り込んで泡を経由して昆虫に渡す鰓としても働いているのだ．このように使われる泡は泡鰓（bubble gill）といわれる．

　酸素で満たされた泡でエーゲが一見奇妙な結果を得たわけがこれでわかる．泡が空気で満たされているときは，昆虫はそれほど多量の酸素を取り込まなくても ΔpO_2 は反転し，水中から泡の中へと酸素を取り入れ始める．しかし純粋な酸素の泡の場合は，泡の内部の pO_2 は決して溶液中の pO_2 よりも低くならない．酸素の流れは常に外向きで，泡は急速に縮むので，昆虫が水面へ浮かび上がれなければ死ん

でしまう．

オッカムのかみそりと泡鰓への補充

　泡鰓は役立つとは言え，深刻な限界がある．昆虫は泡に最初から含まれていたよりたくさんの酸素を泡から引き出せるかもしれないが，泡はどうしても縮むので，水面に戻って再び補充しなければならなくなる．しかし空気は酸素と窒素の混合物なので，泡が補充されるとき厳密には何が補充されているのだろう？　補充されているのは明らかに酸素だ，というのが最も単純な答えだ．消費されるのは酸素なのだから，補充されなければならないのも酸素だ，というわけだ．しかしこの場合，最も単純な答えは完全には正しい答えではない．オッカムのかみそりに頼りすぎる危うさがここでも露呈している．

　鰓としての泡の効果は，収縮速度を落とすことで強められる．泡が長持ちすれば，甲虫は長時間にわたって酸素を水から引き出すことができ，より多量の酸素を引き出すことになる．実は，鰓係数 G という数値を使って泡鰓の効率をかなり簡単に予想できる．鰓係数は単に，水から引き出される酸素量と泡に最初から含まれている酸素量を比べるものだ．たとえば5という鰓係数は，最初に 1 ml の酸素を含んでいる泡鰓が，水から 5 ml の酸素を引き出すことを示す．

　鰓係数は，泡と水の境界を窒素と酸素が通過する際の相対的な容易さによって決まる．これは侵入係数 i によって定められ，これ自身は個々の気体の水中での拡散係数 D と，気体のブンゼン吸収係数 α の積である．酸素，窒素，二酸化炭素の侵入係数を以下に示す．

$$i_{O_2} = \alpha_{O_2} D_{O_2} = 7.05 \times 10^{-9}\,\mathrm{cm^2 \cdot s^{-1} \cdot kPa^{-1}} \quad [8.3a]$$

$$i_{N_2} = \alpha_{N_2} D_{N_2} = 3.22 \times 10^{-9}\,\mathrm{cm^2 \cdot s^{-1} \cdot kPa^{-1}} \quad [8.3b]$$

$$i_{CO_2} = \alpha_{CO_2} D_{CO_2} = 1.56 \times 10^{-7}\,\mathrm{cm^2 \cdot s^{-1} \cdot kPa^{-1}} \quad [8.3c]$$

二酸化炭素の侵入係数が最大で，酸素や窒素の係数より2桁近くも大きいことに注目しよう．したがって二酸化炭素は，これらの3つの中で最も迅速に泡と水の境界を通過する．逆に思えるかもしれないが，CO_2 は泡の鰓としての機能にはほとんど役割をもたないことになる．CO_2 は昆虫の体から放出されると非常に速く泡から外に出るので，泡の総圧力をほとんど上げることにはならない．しかし酸素と窒素の侵入係数の値は近く，窒素の係数は酸素の係数のおよそ半分である．この値の近さ

が泡鰓の性能に重要な意味をもつ．酸素の侵入係数の方が大きいので，窒素よりも速く境界を横切る．その結果，独立した泡中の空気は，泡が縮むに従って窒素の割合が多くなる．泡鰓はこの不均衡をうまく利用する．昆虫が水中よりも泡の中の酸素分圧を低く抑えている限り，酸素のより大きい侵入係数のおかげで，窒素が泡から出るよりも速く酸素が泡に流れ込むことになる．こうして泡の体積は主に窒素によって維持され，酸素は泡の中に流れ込むというより泡を通過して流れる．したがって，窒素が存在するからこそ泡の収縮速度が遅くなり，より長時間鰓として存在していられるのだ．泡鰓の鰓係数を計算すれば，どれだけの長さかがはっきりする．鰓係数は，

$$G = (i_{O_2}/f_{O_2}) \times (f_{N_2}/i_{N_2}) \qquad [8.4]$$

f_{O_2} と f_{N_2} は酸素と窒素の各ガス濃度であり，それぞれ約 0.21（21 %）と 0.79（79 %）である．これらの数値を代入すると，空気からできた泡鰓の鰓係数はおよそ 8.24 となる．したがって泡鰓は最初に泡に含まれていた酸素の 824 % を甲虫に供給する．しかしもし泡の中の窒素量（f_{N_2}）がたとえば 60 % に下がり（$f_{N_2} = 0.6$），酸素量が 40 % に上がる（$f_{O_2} = 0.4$）とどうなるだろうか？ 鰓係数は 3.28 に下がり，泡が水から酸素を引き出す量が減る．

　昆虫が水面に浮上して補充するものは，明らかに酸素ではなく窒素なのだ．最初から泡に含まれていた酸素はじきに使い尽くされる．水中からの酸素がこれに取って代わるときのみ昆虫は利益を得る．この利益は泡が存続している間だけしか生じず，泡の存続は窒素が継続して存在することによって保証される．泡鰓の秘密は，酸素を引き出すことではなく，泡の中の窒素の量を維持することなのだ．

　泡が「浮き」だとか「酸素の貯蔵庫」だという単純な説明は，2 つの点で誤っている．第 1 に，泡はさまざまな水生昆虫がさまざまな使い方をしていても，浮力のための装置ではなく，呼吸のための構造物だ．第 2 に，呼吸のための構造物としての機能を果たしているのは，含まれている酸素ではなく窒素だ．このように，ミズグモや一部の昆虫が空気を呼吸する水生生物としての問題を解決している方法は，生理的には水生のミミズが土壌中に居住する問題を解決している方法と似ている．水生昆虫やミズグモは体を改造して鰓をつくるのではなく，筋肉を使って動き回り，空気中の窒素を水中の構造物に大量に呼び込んで鰓の働きをさせる方法でガス交換の問題を解決したのだ．

プラストロン鰓

　泡を身につけているが水面に浮上する必要のない昆虫の，納得のいく説明はまだしていない．しかし泡鰓についての上記の説明が複雑ではあるが正しいことがわかったので，今回も答えを見つけるためにゴールドバーグのてこを使ってもよいだろう．

　泡がつぶれてしまうのは，泡にかかる力，つまり静水圧・表面張力・気体の分圧が決して釣り合わないからだ．泡鰓が機能するのは，それを使っている昆虫がこれらの力のうち2つ，すなわち酸素と窒素の分圧を間に入って操作し，泡の消滅を遅らせるからだ．しかしもし昆虫が何らかの方法で泡の自滅への行進を止められたらどうなるだろう？　この疑問を思考実験によって検討してみよう．

　前と同様に，空気でできた泡がある深さに潜ったところから始める．泡が潜ると静水圧の上昇によって圧縮され，その中のすべての気体の分圧が上がる．したがって酸素と窒素は外に拡散し始める．ここまでは通常の泡の挙動を述べたにすぎない．しかし思考実験の一部として，新しいことをしてみよう．現実の泡は伸縮自在で，かかってくる力のバランスによって大きさが変わる．たとえば泡を圧迫している静水圧を高めれば収縮する．ここで，想像上の泡は固くて，もはや大きさを変えられないと仮定しよう（図8.5）．伸縮する泡の中の気体では無理だが，固い泡の中の気体は水中の気体と平衡に達することができる．具体的にいうと，窒素と酸素は一時的に上昇した分圧に押されて泡から外に拡散していき，ついには溶液中の気体の分圧と平衡に達する．

　この思考実験を少し複雑にしよう．昆虫に呼吸をさせると，その中の気体はどうなるだろうか？（図8.5）　2種類の気体，窒素と二酸化炭素に対しては，昆虫はほとんどあるいはまったく影響を与えない．昆虫は窒素を消費も生産もしないし，泡の中の窒素はすでに水中の窒素と平衡に達しているので（$\Delta p N_2 = 0$），泡の pN_2 は変化しない．昆虫が泡の中へ二酸化炭素を放出しても，侵入係数が非常に高いためすばやく水に溶けるので，泡の pCO_2 はほぼゼロに保たれる．しかし酸素については状況が異なる．昆虫が酸素を消費するので，泡の中の pO_2 は明らかに低下し，酸素が外から流れ込む．この流れの大きさは，もうおわかりのように ΔpO_2 に比例するので，昆虫が酸素を消費するのと同じ速度で水から酸素が取り込めるだけの大

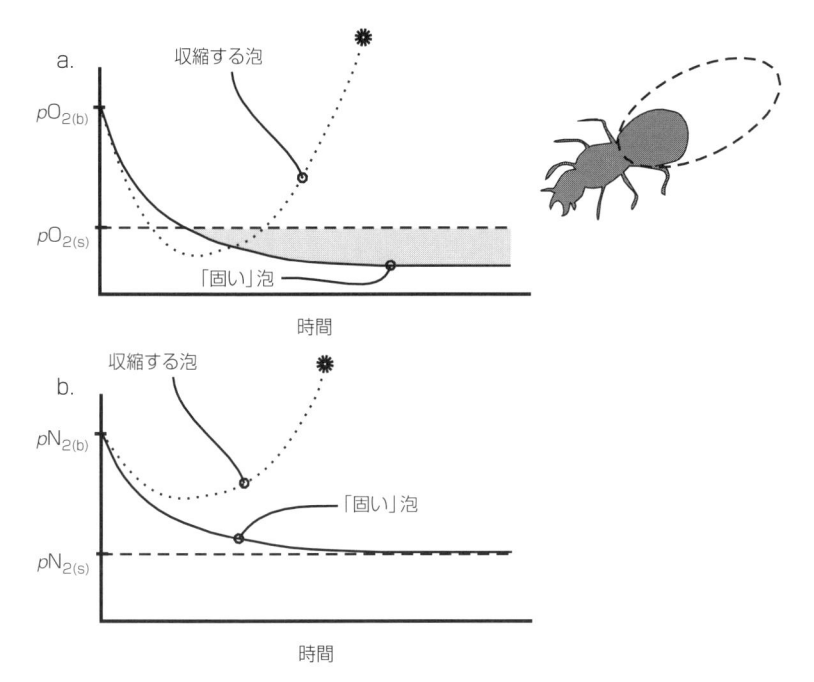

図8.5 プラストロン鰓の発達. 右上:仮想的な「固い泡」が酸素を消費する昆虫に付着している. a:「固い」泡と収縮する泡の $pO_{2(b)}$ の時間変化の比較. 固い泡の $pO_{2(b)}$ は増加しないので, 酸素は水中から泡へ流入し続ける. b:「固い」泡と収縮する泡の $pN_{2(b)}$ の時間変化の比較. 固い泡の $pN_{2(b)}$ はやがて $pN_{2(s)}$ と平衡に達する.

きさにまで増加し, そこで平衡に達する. 昆虫は何もしなくても酸素を水から無限に引き出すことができる. 固い泡をもった昆虫が水面に浮上しなければならない理由があるとすれば, 水中の酸素の欠乏か (同じ棲みかにほかに酸素を消費するものが多ければ, ときどき起きる), 呼吸とは無関係の必要性 (水の外に産卵しなければならないなど) からだろう.

泡を身につけた昆虫が水中にずっといられる仕組みをいまから見ていく. もし泡鰓の収縮が何らかの方法で抑えられれば, 水から酸素を無制限に引き出せることになり, この泡を身につけている昆虫は酸素を補充する必要がなくなる. 実はいま述べたたぐいの鰓は, 多くの水生昆虫が利用しており, プラストロン鰓と呼ばれる[5]. 思考実験によって, プラストロン鰓の働く仕組みがわかった. むしろ通常の泡鰓よりも単純だ. しかし思考実験が教えてくれたプラストロン鰓の最も重要な設計原理

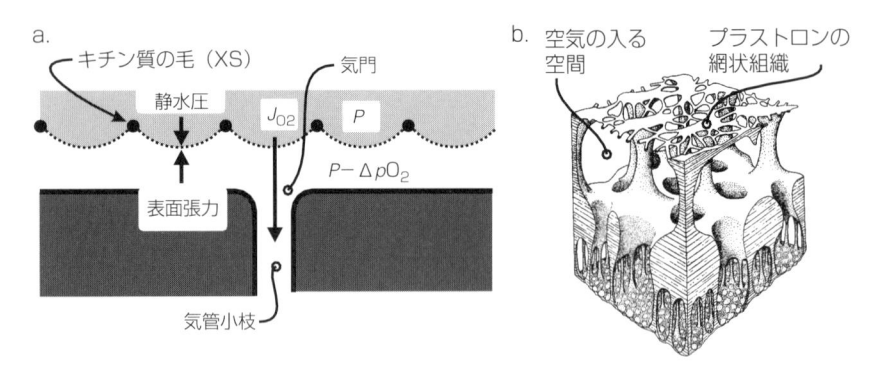

図8.6 昆虫のプラストロン鰓. a：撥水性の毛（断面が黒い丸として描かれている）のマットによって空気の薄い層が，昆虫の体（黒い部分）と水（灰色の部分）の間の空間にきちんと保持される．b：ホホアカクロバエ（肉や傷口に卵を産むハエ）の卵のプラストロン鰓の詳細図．[Hinton (1963) より]

は，泡を「固くする」ことだ．変わったタイプのプラストロン鰓を探すには，泡を固くする，すなわち崩壊を防ぐ仕組みを探すべきだろう．

昆虫の体の表面に付いた耐久性の泡でできた通常のプラストロン鰓にこの原理を当てはめてみよう．固い泡の内圧は，泡にかかる静水圧より ΔpO_2 だけ低くなったとき定常状態になる．式で表わすと，

$$P_b = P_h - \Delta pO_2 \qquad [8.5]$$

P_b と P_h は，それぞれ泡の内部の合計圧と泡にかかる静水圧である（図8.6）．したがって泡はアンバランスな力のもとにあることになる．泡の中の気体が外向きに押す力よりも強い力で水が泡を圧迫している．想像上の固い泡とは違って，現実の泡はこのアンバランスな状況下ではつぶれてしまう．プラストロン鰓の泡がつぶれないという事実は，式8.5には書かれていない何らかの力があって，ΔpO_2 に等しい逆向きの力で泡を外向きに押しているとしか考えられない．この力の大きさはどれくらいかというと，一般的なプラストロン鰓の場合 ΔpO_2 はおよそ 5 kPa だ．

昆虫が泡を固くする最も普通のやり方は，撥水性のものを利用して表面張力を操作することだ．これは非常に密に生えた毛からなる．個々の毛は隣の毛から 1 マイクロメートル以下しか離れていない．キチンは濡れない（すなわち水を吸収しない）

5）プラストロン（胸当て）は，ギリシャ語のよろいの胸当てから取られた言葉で，泡が昆虫の腹側の面（いわば「胸」のあたり）に付着していることが多いことからこう呼ばれる．

ので，この毛のマットは中に水が入り込むのを，一種の「逆マトリックポテンシャル」によって防ぐ．毛の間に入り込もうとする水は小さなメニスカス——第7章で論じたような三日月形をした水の表面——をつくる．それぞれのメニスカスの表面張力は水を外側へ押し，普通なら泡をつぶしてしまう余分の静水圧に抵抗する．この外向きの力は非常に強く，胸当ては500から600 kPaの静水圧に抗して泡を保持できる．大気圧のほぼ5，6倍にあたり，5 kPaほどの通常のΔpO_2よりおよそ100倍も強い．こうして，この場合は，撥水性の毛から水を押しやる表面張力によって，泡は「固くなる」．

この設計原理がわかれば，いままで考えたこともなかったところにひょっこり現れるプラストロン鰓に気づくようになる．たとえば家庭のごみ出しをサボったことがある人なら（私はときどきやってしまう），腐って液状になった肉の中でのたくっているウジに困った経験があるだろう．もちろんウジはどこかから来たはずで，ということは，その液体の中に産み付けられた卵があったはずだ．嫌悪感をちょっとの間抑えておくとして，その卵はどうやって息をするのかと疑問に思うだろう．実は多くの昆虫の卵には，特に流れや湖や腐った汚い液体などに産み付けられる卵には，複雑に配置された支柱が表面にあり，その上を繊維の絡み合ったマットが覆っていることがわかっている（図8.6）．繊維の絡み合ったマットは，撥水性の毛と同じように外に向かう「逆マトリック力」を及ぼし，支柱は過剰の静水圧による圧迫に抵抗する．明らかに卵はプラストロン鰓になるように組み立てられている．

水生甲虫ヒメドロムシ *Potamodytes* の動的な泡鰓

風変わりなプラストロン鰓のとりわけ興味深い例が，西アフリカのどこにでもいる水生甲虫ヒメドロムシに見られる．ヒメドロムシは流れの急な川に棲み，流れに顔を向け，岩にしがみついたり，岩のすぐ後に隠れたりしている．この甲虫はしばしば大きく目立つ泡を抱えている．泡は脚を包み込み，さらに流れに引きずられて後方にはみ出している（図8.7）．静水中ではヒメドロムシの抱える泡は通常の泡鰓なので，だんだん縮んで消えると，水面に浮上して新しい泡をつくり直さなければならない．しかし流水中では，泡がプラストロン鰓として働いているかのように，この甲虫は泡を維持でき，見たところ際限なく水中に留まれる．ある条件下では，甲虫は水中で泡を大きくすることさえできる．しかもヒメドロムシは，プラストロン鰓で呼吸する他の甲虫が泡を維持するために用いる撥水性の毛のような特殊な構

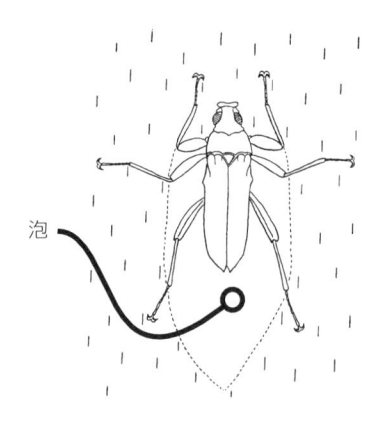

図8.7 動的な泡鰓をもったヒメドロムシ．泡の輪郭を破線で示す．[Stride (1955) より]

泡

造をもっているわけではない．この甲虫は周囲の運動エネルギー（スタートレックのミスター・スポックなら「純粋なエネルギーから」と言うかもしれない）を使ってプラストロン鰓を維持しているのだ．

この甲虫は，18世紀の物理学者ダニエル・ベルヌーイの名を取ったベルヌーイの定理として知られる流体の性質を利用して泡を維持している．ベルヌーイの定理は，流体中の異なる種類のエネルギーの相互関係を表わしている．たとえば流水は質量と速度をもち，これが水に運動エネルギーを与える．これは数式で表わせる．

$$KE = \frac{1}{2}\rho v^2 \qquad [8.6]$$

KE は運動エネルギー（J），ρ は水の密度で約 $1{,}000\,\mathrm{kg\cdot m^{-3}}$，$v$ は速度（$\mathrm{m\cdot s^{-1}}$）である．この流体が固い壁にぶつかったりして止められると，運動エネルギーは消滅せず，ポテンシャルエネルギーに変わり，これは流体中では圧力として表わされる．ベルヌーイの定理は，単に，流体の運動エネルギーとポテンシャルエネルギーの関係は第1法則に従うと述べている．

$$P + \frac{1}{2}\rho v^2 = k \qquad [8.7]^{6)}$$

P は流体の静圧，k は総圧（総エネルギー）である．したがって，一かたまりの水

---

6) ここではベルヌーイの定理を最も単純にした式を示した．省略せずに書くと，$P + \rho g h + \frac{1}{2}\rho v^2 = k$ となる．それぞれの項は，静圧 P，位置エネルギー $\rho g h$，動圧 $\frac{1}{2}\rho v^2$ と呼ばれる．もちろん省略したのは，位置エネルギーである．

の総エネルギーはポテンシャルエネルギーあるいは運動エネルギーとして存在することができ，これらは互いに変換可能であるが合計は常に一定である．

具体的に説明すると，たとえば一かたまりの水の動きを突然止めたとしよう．$v = 0$ になるのだから，運動エネルギーはゼロに落ちる．しかし第 1 法則が示すように，エネルギーは消え失せることにはならず，ポテンシャルエネルギー，すなわち圧力に変換される．実際にこの圧力は，一かたまりの水が元の速さで流れていたときの運動エネルギー $\frac{1}{2}\rho v^2$ と等しくなる．このような圧力は動圧といわれ，普段よく経験する．風に向かって走るのは追い風で走るよりきついし，非常に強い風を体に受けると足をすくわれることさえある．

ヒメドロムシが普通の泡をプラストロン鰓に仕立てる助けとして重要なのが動圧だ．ここでは動圧は甲虫とその泡の周囲で加速される水から生じる．速度が増加すると水の運動エネルギーが増加することが式 8.6 からわかる．第 1 法則のうるさい要求に従えば，エネルギーがどこかから来なければならず，来られるところといったら圧力しかない．すなわち圧力が P 以下に落ちなければならない．言い換えると，流れを邪魔するものを外向きに引っ張る動的吸引力が生じなければならない．泡を身につけたヒメドロムシが流れに向き合っていれば，水はその周りで必然的に加速される．ベルヌーイの定理に従って，泡に吸引力がかかることになり，この吸引力は水の速度の 2 乗に比例して増加する．これが実際に起っている（図 8.8）．

速い流れが泡をプラストロン鰓のように振舞わせる仕組みがこれで明らかになった．動的吸引力の外向きの力が，普通なら泡をつぶしてしまう力に対抗するのだ．吸引力はそれほど強い必要はなく，数百から数千パスカルほどでよい．通常のプラストロン鰓をもつ昆虫が構造物を使って成し遂げていること，すなわち表面張力を利用する撥水性の毛で泡の崩壊を防いでいることを，ヒメドロムシは物理的なエネルギーの流れの中の運動エネルギーをうまく利用して成し遂げている．

流れの中にいるだけでベルヌーイの定理による泡の膨張には十分なのだが，ヒメドロムシは定理をさらにうまく利用している．たとえばヒメドロムシには形態上の奇妙な特徴があり，脚の基部に近い，つまり体に近い肢節が平らになっている（図 8.9）．甲虫はこれらの脚を側面から張り出し，平らな面の前方が下がるように傾けている．したがって平らな肢節は水中翼として働き，水流を上方へ向け，かつ甲虫の体の中心方向に内側へ向けて加速することになる．水流は脚がない場合よりも泡のところで速くなる．加速が大きくなったことで吸引力も強まり，泡の膨張が維持

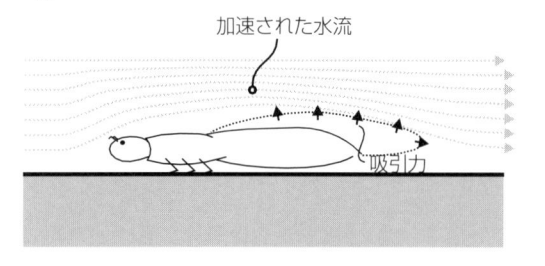

図8.8 ヒメドロムシの泡鰓を維持する力. a：後に引き伸ばされた泡をもつ甲虫の側面図．灰色の点線は流れの流線を示す．b：速度が約 $0.5\ \mathrm{m\cdot s^{-1}}$ 以上増加すると，ヒメドロムシの泡の圧力の低下が測定された．[Stride（1955）より]

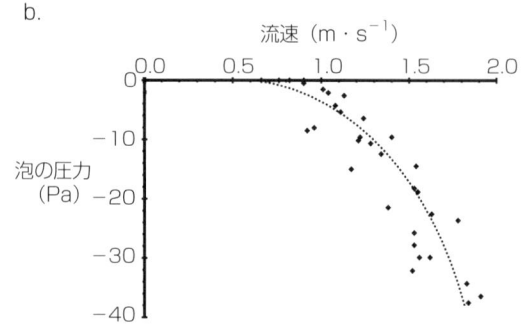

される．

　ヒメドロムシはプラストロン鰓の呼吸機能を増すために，周囲の構造の特徴も利用する．たいていの川床はなめらかではない．特に流れの速い川では，小石や岩の間にたまるはずの泥が洗い流されてしまっていて，川底はかなり荒れていることがある．ヒメドロムシは小石などの流れの障害物のすぐ下流にいることが多い．あたかもこれらの陰に静かな隠れ家を探しているようにみえるが，実は流れは小石の周囲でも加速されるので，速くなった流れによって甲虫の泡が大きくなるのだ．

ミズグモの冬の巣

　この章はミズグモと，編んだ構造物の鰓としての利用から話を始めた．ここでこの問題に戻り，まず，巣を通常の泡鰓として使うミズグモについて見ていこう．実はこのクモが巣をこのように使うのは，縄張りの中を動き回って餌を漁らなければならない活動的な時期だけだ．しかし冬にはミズグモは非常に異なった巣を作る．薄くてレースのような夏の巣に対して，冬の巣は糸でマット状に分厚く編まれてい

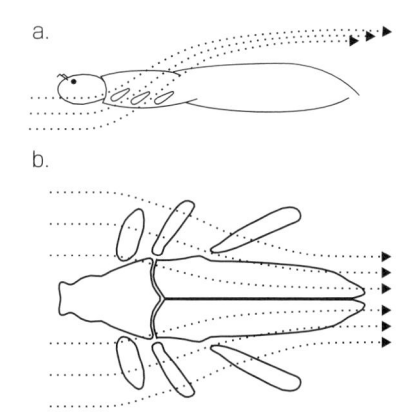

図8.9 ヒメドロムシは，水流を上方，かつ泡の中心へ向けて加速するための水中翼として脚を利用する．a：側面から見ると，甲虫の脛節は水の流れに上向きの加速度を与えるのに適した位置にある．b：上面から見ると，脛節は体に対して鋭角をなしている．この配置によって，水の流れに求心加速度を与える．

て，葉や小枝やカタツムリの殻などの固い補強材を編みこんでいるときもある．クモは自分の家の中に閉じこもって，冬の過ぎるのを待つ．もう，はっきりおわかりだろう．ミズグモの冬の巣はプラストロン鰓と言えそうな構造物なのだ．補強材を組み込んで分厚く編まれた巣は，か弱げな夏の巣より構造的につぶれにくい．冬の巣がプラストロン鰓として働くのに必要な圧力差に耐えるのなら，設計原理どおりに，クモはその小さな家の中で冬を過ごすことができる．水中なのに乾燥して気持ちよく，壁を通して浸み込んでくる酸素を呼吸できるのだ．

ミズバチの繭

トビケラの幼虫に寄生するハチが編んだプラストロン鰓は，もっと変わっている．トビケラはトビケラ目に属し，幼虫はもっぱら水中で過ごす．トビケラの幼虫自体もそれなりの建築家で，小さな管状の巣を作り，近くへやって来た獲物を手当たりしだい捕まえる．彼らは両端の開いた管を糸で編み，葉のかけらや小さな小石や，獲物のかけらまで使ってそれを飾る．これらの飾り付けがトビケラの巣を丈夫にすることもある[7]（図8.10）．

ローンの付いた家の持ち主ならばわかるだろうが，トビケラの幼虫は巣をもっているためにそこから離れにくくなる．彼らは「出不精」なため，捕食動物の餌食に

---

[7] トビケラの巣にはさまざまな種類があり，それらは彼らの行動とその進化の有用な指標となるので，動物行動学者と進化生物学者によって広範な研究がされている．彼らの建造物は，本書の初めの方で言及した「(形となって) 凍結された行動」，すなわち本能行動プログラムの耐久性の記録である．von Frisch and von Frisch (1974), Dawkins (1982) 参照．

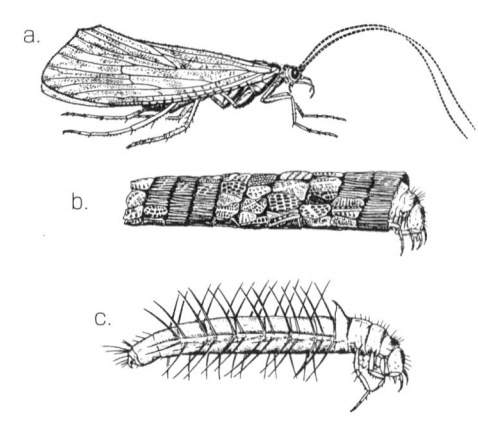

図8.10 a：トビケラの成虫．体長は約2 cm．b：トビケラの巣．絹のような糸で編んだ鞘に植物性の薄片が貼り付けてある．c：トビケラの幼虫．巣がずれないようにするために使うとげと，感覚剛毛が胸部と頭部の周りに見られる．[von Frisch and von Frisch（1974）より]

なりやすい．自宅所有者がたびたび電話による売り込みに悩まされるのと同じだ．トビケラの幼虫が出会う危険な捕食動物の中には，ミズバチという陰険な小さなハチがいる．映画「エイリアン」に出てくる寄生動物は，ミズバチの幼虫に何となく似ている．ミズバチはトビケラの幼虫に卵を産みつける．孵化した幼虫は宿主を生きたまま食べていき，最後には空っぽの皮だけにする．

ミズバチ属 *Agriotypus* のヒメバチが寄生するクロトビケラ属 *Silo* のトビケラの蛹を例に取ろう．*Silo* は小さな砂利をまぶしたかなり固い巣を作る．ミズバチの幼虫は寄生生活の最初の段階では気門鰓で呼吸するので，宿主の水に満たされた巣の中でも不自由なく暮らす．しかし蛹化のすぐ前の最終齢の間に気門が開いて，空気を呼吸するようになる．水中に留まればおぼれてしまうので，水生昆虫に寄生する習慣は，ここに来て少々負担になってくる．残念ながら空気を求めて水を離れられる立場にもない．空気を呼吸するようになったハチの幼虫は，自分用の厚手の巣を編み，それでトビケラの巣の出入り口をふさぐ．方法はまだよくわかっていないが，ハチの幼虫は閉じられた繭から水を抜き，内部に空気のスペースを作る．

プラストロン鰓として完璧な条件がそろい，この単純な閉じた構造物はミズグモの冬の巣と同様にプラストロン鰓として働くことになるのだろう．しかしミズバチの繭には珍しい特徴がある．ハチが絹のような糸で編んだ長いリボンが，繭の端から4，5センチも伸び出している（図8.11）．意外なことにこのリボンはプラストロン鰓であるようなのだ．リボンの糸は撥水性で，リボンの内部には繭とつながった空気のスペースがある．さらにリボンはハチの幼虫の命に関わっている．つまみ取ると幼虫は窒息してしまう．

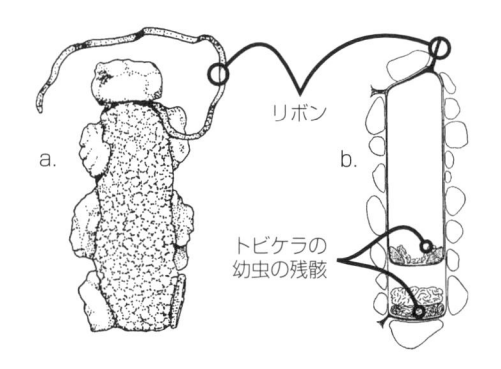

図8.11 ミズバチによるトビケラの幼虫への寄生．a：ミズバチの幼虫が寄生したトビケラの巣の外観．特徴的なリボンが見える．[Thorpe（1950年）より] b：寄生されたトビケラの巣の断面図．ミズバチの幼虫は描いてない．リボンは一部しか見えない．[Clausen（1931）より]

　ミズバチのリボンはプラストロン鰓としての基準に合致するとしても，もう１つの基準を満たしていない．撥水性の毛のマットによってつくられる「従来の」プラストロン鰓を考えよう．これらの泡はフィックの法則から見て，うまく設計されたガス交換機のようだ．厚みは薄く（x が小さく，数 μm）昆虫の体のかなり広い領域を覆っている（A が大きく，数 mm^2）．したがってこれらの比 A/x は非常に大きく，酸素の流れは速いことがフィックの法則からわかる．まことに結構だ．次にミズバチの幼虫の空気の入ったリボンが，フィックの法則が示すよい設計原理に当てはまるかどうか考えよう．２つの点が満たされていない．酸素は幼虫に達するまでにリボンに沿って約5cmもの長距離を移動しなければならない（x が大きい）．リボンの断面も狭い（A が小さい）．もしミズバチがフィックの法則をプラストロン鰓づくりの参考書として使っているのなら，できの悪い生徒のようだ．

　こういう場合オッカムのかみそりは，ミズバチのリボンはプラストロン鰓であるという仮説を退けるように教えるだろう．しかしゴールドバーグのてこなら何というか見てみよう．まず，何が正しいのかをはっきりさせよう．よい設計のプラストロン鰓は，フィックの法則がどんな制限をかけているかを教えてくれるに違いない．実際，ほとんどのプラストロン鰓は薄くて面積が大きいことがわかる．しかしプラストロン鰓で呼吸する昆虫は，この原則を空気呼吸者としての進化の名残——中でも重要なのは気門なのだが——にうまく合わせなければならない．したがって祖先のせいでプラストロン鰓呼吸者は，体の広い領域を覆う泡の表面から酸素を取り入れては，非常に局所的な気門の位置まで運ばなければならない（図8.12）．このように複雑になってくると，本書でいままで使ってきたフィックの法則の単純版で扱え

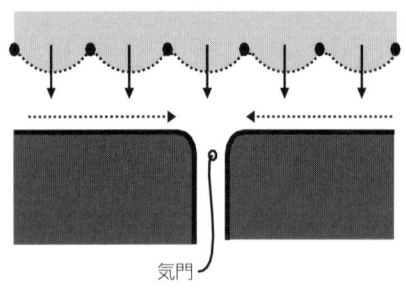

プラストロンの厚みに依存する流れ ·······▶
プラストロンの面積に依存する流れ ────▶

気門

図8.12 平たいプラストロン鰓を通る酸素の二次元の流れ．[Clausen（1931）より]

る範囲を超えている．昆虫の泡に覆われている表面全体が酸素を吸収できるのならば，つまり専門的にいうと，泡を横切る酸素の流れが一次元なら，これで申し分なかったのだが．しかし実際のプラストロン鰓を通る酸素の流れは，二次元なのだ．酸素が水から気門に達するには，まず泡を横切って昆虫の表面に垂直に流れ（1つ目の次元），次に気門まで表面に沿って平行に流れなければならない（2つ目の次元）．

混乱をいとわずに複雑なことに向き合えば，プラストロン鰓の「よい設計」の新たな原理が浮かび上がる．はっきりさせるために「よい設計」と「悪い設計」のプラストロン鰓を比べてみよう．ナベブタムシ *Aphelocherius* のような水生昆虫のプラストロン鰓を例に取ろう．ナベブタムシのプラストロンの酸素分圧を測って，泡と水との間の $\Delta p O_2$ を調べると，泡の端で測っても気門のところで測っても大した違いはない（図 8.13, 実線）．気門の開口部ではわずかな落ち込みがあるが，全体的に見ると，気門から非常に離れた部分でさえ $\Delta p O_2$ はほとんど変わらない．この鰓が「よい設計」だというのは，泡の表面全体で酸素分圧が均一だからだ．水から泡への酸素の流れは $\Delta p O_2$ に比例するので，この差を泡の外表面全体でできるだけ大きくしておくのが賢明だ．そうすれば酸素が泡の表面全体から流れ込んでくる．$\Delta p O_2$ のグラフが平坦なのは，差が一定のレベルであることを示している．

さてここで，フィックの法則に基づいて泡を理に適うように改良しよう．泡をもっと薄くするのだ（x を小さくする）．もし泡を通る酸素の移動が一次元ならば（泡の表面から昆虫の表皮まで），泡が薄くなれば酸素の流れが増し，鰓の性能も上がる．しかし実際には泡が薄くなると性能が落ちる．理由を調べるために，厚みが通常のナベブタムシのプラストロンの10分の1しかない泡の $\Delta p O_2$ のグラフを見よう（図 8.13, 破線）．気門の近くでは $\Delta p O_2$ は非常に急だが，泡の縁ではずっと平坦になる．泡を薄くすると，2つ目の次元つまり泡の縁から気門までの酸素の流れが妨げられるからだ（図 8.12）．その結果，泡に流れ込む酸素は縁に蓄積し，そこの

ΔpO_2 は減少する．そうなるとそこで流れを駆り立てるはずの濃度勾配が小さいので，酸素は縁から泡にほとんど入らなくなる．要するに，泡の縁は 1950 年代の自動車の走行安定板のように「役に立たない装置」になる．取ってしまっても性能はほとんど変わらない．

実はこれらの設計原理は次の式にまとめられる．

$$\Delta pO_2 \propto \sqrt{i_{O_2} s^2 / Dh}$$

h は泡の厚み，i_{O_2} は酸素の侵入係数，s は気門までの距離，D は空気中での酸素の拡散係数である．気門からの距離に比べて泡の厚みが大きいことが「よい設計」の証だ．この式の右辺の比が小さいほどプラストロン鰓の性能はよくなる理屈だが，実際には，この比は 1 未満にしなければならない．

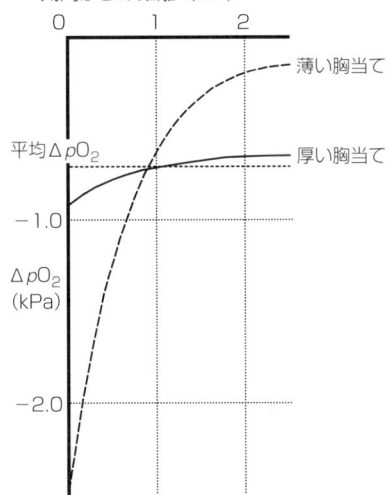

図8.13 よい設計と悪い設計のプラストロン鰓の内部と，水との間の酸素分圧の差．
[Crisp and Thorpe（1948）より]

ここでミズハチのリボンの問題に戻ろう．この構造物は，単純な一次元の流れをもとにして考えればプラストロン鰓の候補としてはお粗末なものだったが，この構造のもつ複雑さを正当に評価して分析すれば，予想に反してよい設計の典型になる．リボンは長いが（5 cm），かなり太くもあり（2 〜 3 mm），これを通る酸素の拡散は大して妨げられない．実際に，リボンに沿った Δi_{O_2} の変化を計算すると，先端から繭までてわずか 1 パスカルほどしか低下しない．したがってリボンはその長さの全体が同じように楽々と水から酸素を引き出せる．

これがそんなによい設計なら，なぜもっと頻繁に利用されないのだろう？ 実は思っているよりも頻繁に使われているようだ．たとえば多くの昆虫の卵は卵殻から長い突起を出している．これらは卵を何かの表面に付着させるのに使われることが多いが，そればかりではない．卵によっては突起の柄には空気が入っていて，発生中の幼虫の気門に向かって直接伸びている．血液に寄生する虫の卵が，宿主の血液

から酸素を直接引き出すために柄を使っているのは，さらに興味深い例だ．自分のガス交換を維持するために，実質的に宿主の呼吸装置を借用している．

アワフキムシの泡の巣の「逆鰓」作用

最後に，水生昆虫を空気中で生活させる興味深い泡鰓の例を見よう．アワフキムシの泡の巣だ．アワフキムシはアワフキムシ科 Cercopidae の仲間の若虫で，同翅目に属す．もっと馴染み深い仲間には，ヨコバイやアブラムシやセミがいる．アワフキムシはイネ科の植物やアルファルファなどの牧草地の草に非常によくいるので，春にそのような草地を歩き回ったことのある人なら，たいてい彼らの巣を目にしているだろう．白いぶくぶくした「泡」の塊が茎や葉柄に付着しているのだ（図8.14）．

泡自体にはおもしろい民間伝承がいくつかある．多分一番奇妙なのは，6世紀のイシドール（訳注1）が言い出したもので最も古い．泡はカッコウの唾なのだそうだ．事実，ヨーロッパではアワフキムシの巣には，「カッコウの唾」あるいはそれに似たような名前がついている．北アメリカに連れて来られた奴隷たちのあいだでは，アワフキムシの巣はアブが作ると考えられていた．おそらく巣の起源についてのアフリカの伝承から来ているのだろう（巣にまつわる話はヨーロッパ人のものより真実に近い）．しかし18世紀の偉大な博物学者ジョン・レイは，アワフキムシを泡の主として突き止めた．驚いたことに，この虫がどのようにして泡をつくるのか，あるいは泡は虫の口から出るのか肛門から出るのかということさえ，20世紀の初めまで決着がついていなかった（結局，肛門からだった）．

多くの同翅類は植物の維管束組織への寄生動物で，茎や葉に取り付いて中の液体を吸収して生きている．維管束植物には篩部と木部の2種類の維管束組織があり，それぞれが異なる種類の液体を植物の中で輸送している．篩部は通常，光合成で作られた糖と水の薄い混合物を運ぶ．一方，木部は塩とアミノ酸だけで糖は含まれていないごく薄い溶液を運ぶ．植物の維管束組織へ寄生する同翅類もやはり2つの大きなグループに分かれる．一方は「賢い」篩部吸引者で，ほとんどがアブラムシだが，糖とアミノ酸の豊富な樹液を得る．他方は「間抜けな」木部吸引者で，栄養的には貧弱な樹液を得る．アワフキムシは「間抜けな」木部寄生者だ．

アワフキムシの巣は，肛門の腺からの分泌物や，昆虫に共通して見られる腸の腺

訳注1）イシドール：スペインの聖職者・学者．

マルピーギ管からの分泌物が，木部の樹液と混ざったものからできている．泡の始まりは肛門から出される液滴で，それを後ろ脚でこねて泡立たせる．次に泡は前へ送られ，腹に沿った体壁の腹管という管状のひだに達する．この昆虫の気門は腹管の中に開いている．泡の原料は絶えず分泌され，泡が繰返しつくられて泡のかたまりができ，やがて腹管の前端を通り越してゆく．

図8.14 アワフキムシの巣．

あふれ出た泡は虫の外側を包み，虫の止まっている茎を包み，アワフキムシの巣ができる．

　アワフキムシの巣は普通の泡の塊に見えるが，実は空気の泡を溜めるミズグモの巣のように，編んでつくった構造物なのだ．泡の壁になる原料の液体には，絹糸のような短い繊維など，多量の繊維タンパクが含まれている．泡にはこれらの絹糸のような繊維が混ざっているので，非常に寿命が長い．アワフキムシの巣は乾かさなければ何週間ももつ．タンパク質に富んだ大量の液体（1時間に虫の体重の30倍）でつくられる巣は，エネルギー的に非常に高くつく構造物だ．巣をつくるためのエネルギー投資は，若虫の総エネルギー量の90％に達するとする見積もりもある．したがって，この巣は虫にとって何か重要な働きをしていると考えるのが妥当だろう．しかし何をしているのか？

　アワフキムシの巣の働きについては，巣の素性について云々されたと同じくらい多くの理論が出されてきた．簡単に却下されるものもある．昆虫を捕える罠（アワフキムシは植物の汁しか吸わない），抗菌・抗カビの防御物（泡は実際にはとてもよい培養基である），捕食者を嫌がらせる物（個人的な経験から言えば，味は悪くない）．しかし現在では，巣はアワフキムシが干からびないため，と平凡に考えられている．この主張には妥当性がある．アワフキムシの若虫の外皮は薄く，巣から取り出すとじきに乾いて死ぬ．アワフキムシはおそらく水生昆虫が再び空気中に戻

ったものなので，羊水が哺乳類の胎児に「子宮内の池」を提供しているのと同じように，巣が虫のために小さな水生環境を作り出しているのだろうという考えは理屈に合いそうだ．

しかしオッカムのかみそりに気をつけよう．アワフキムシの巣の役割は実際にはそんな単純なものではない．最初に，アワフキムシが水分の欠乏で困る可能性があるのかという疑問が湧く．答えはおそらくノーだ．木部の樹液という非常に水分の多い液を吸っているのだから．ナイアガラ川の真ん中にいて乾くなどということが有りうるだろうか？ 実際，泡の並外れた生産速度（1時間に虫の体重の30倍）は，植物宿主の木部組織からの豊富な水の供給があるからこそ可能なのだ．すると別の疑問が湧いてくる．そもそもこんなに豊富な水の供給がありながら，水分の蒸発を防ぐための巣作りに，なぜ莫大なエネルギーを使わなければならないのか？

話はもっと訳がわからなくなる．泡は濡れているので明らかに蒸発によって水分を失う．表面からの蒸発量は，ただの水の表面よりも平方センチあたり約30％少ない．これは泡の役目が乾燥からの保護だという考えに合致する現象だ．おそらく泡の壁をなす網目のような繊維が蒸発を遅らせるのだろう．池の表面の薄い油膜が蒸発量を減らすように．しかしここでまた別の疑問に行き当たる．なぜ若虫はわざわざ肛門からの分泌物を泡立てるのだろうか？ もし水分の喪失を減らすのが目的なら，肛門からの分泌物を体の周りになめらかに広げる方が賢明だ．泡立てれば水が蒸発する表面積を増やすことになる．事実，高価なタンパク質を添加せずに単に水を体の表面に広げたときより，泡状にした巣は合計で10％も速く水分を失う．だからたとえ水分の蒸発を防ぐことが必要だったとしても，巣は大して役立っていない．

だとしたら何が起こっているのだろう？ この巣は，アワフキムシが水中から陸上へ戻ったときに，空気中にもち込まれたプラストロン鰓の一部なのかもしれない．たとえばアワフキムシの腹管は，非常に微細な網目状につくり上げられた蝋のようなクチクラで覆われていて，見た目も機能も他の水生昆虫のプラストロンの毛に似ている．しかし酸素の豊富な空気中でプラストロン鰓が維持されているのはちょっと不思議に思われる．だが酸素以外の何らかの気体の交換を意図しているならわかる．おそらくその気体とはアンモニアだろう．

どんな動物でもタンパク質をエネルギー源として使うと，必然的に副産物の1つとしてアンモニアができる．アンモニアは毒性が強いので，体液中の濃度をかなり

低く抑えておかなければならない．淡水中に棲む動物ならばことは簡単だ．アンモニアは体壁や鰓を通って拡散し，周囲の水で薄められる．実際に，第7章で見たように，淡水に棲む動物の体を通って流れる大量の水はアンモニアの濃度を低く抑えるのに役立つ．しかし海や陸の環境では，動物はアンモニアが有害なほど高濃度に蓄積する危険性と常に向き合っている（Box 7A）．これは陸上生物にとっては特に深刻な問題だ．アンモニアを尿素のような毒性の低いものに変えるのでない限り，体から離すには揮発（溶液から気層へ移ること）しか道はない[8]．しかしアンモニアは水と反応して水酸化アンモニウムという弱い塩基を作るため，容易に揮発しない．

$$NH_3(g) + H_2O \leftrightarrow NH_4OH \leftrightarrow NH_4^+ + OH^-$$

アンモニアを溶液中から気体として抜け出させるには，何らかの方法で反応を左に偏らせなければならない．

　アワフキムシはこの点で恐ろしく深刻な難題に取り組むことになる．彼らの常食とする木部の樹液は，ほぼすべてがアミノ酸だ．ということはエネルギー源として消費するほとんどすべてのものが老廃物としてアンモニアをつくり出す．その上，アワフキムシは私の知る限りでは，他の陸上動物が一般にやるようにアンモニアを尿素や尿酸にして解毒することができない．したがって彼らの主要な生理的な課題の1つは，彼らにとって生きるための避けられない代価である多量のアンモニアをどう扱うかなのだ．

　泡状の巣がその解決策なのかもしれない．大きな表面積をつくり出して揮発させれば，アンモニアの排出は促進される．巣を泡立てると蒸発による水分の喪失量が増えるのと同様に，アンモニアの揮発も増加する．これがアワフキムシのやり方なのだろう．さらに巣の液体部分を空気の泡でいっぱいにすることによって，体からアンモニアを拡散させる速度を速めている．昆虫の空気に満たされた気管小枝中での拡散が非常に効果的なのと理由は同じだ．実際にアンモニアは，泡を含まない水の中を移動するときのおよそ2倍の速度で泡の層を移動する．だからアワフキムシの泡状の巣は，酸素ではなくアンモニアの交換を促進する，補助的なガス交換器官として働いているのだろう．

---

[8] 多くの陸上動物が尿素や尿酸のような窒素を含む別の化合物を利用して，アンモニア老廃物を体から排出していることを，Box 7Aで読んで覚えているだろう．アワフキムシはこの戦略を用いないらしい．泡状の巣には，尿素も尿酸も検出されない．彼らはアンモニアをアンモニアガスとして取り除いているようだ．

9 小さな昆虫とダニの巧みな操作

> ……そして台座にはこう書かれている.
> 「我が名はオジマンディアス,王の中の王.
> 我がなしたる業を見よ,全能の神よ,そして絶望せよ!」
> 傍らには何も残されていない.
> 朽ちた巨大な廃虚のまわりは,茫漠として遮る物もなく,
> 寂しい平らな砂漠が果てしなく広がっているのみ.
> ——パーシー・ビッシュ・シェリー『オジマンディアス』より

　章頭の詩がとらえた情景——王の傲慢さをあざけるかのような瓦礫の山と化した廃墟——は,君主制や君主に対する詩人の(当時としては)過激な反発を表わしている.しかしそれでもオジマンディアス(ラムセス2世)を,ある程度は評価しなければならない.崩壊して砂に埋もれかけているのは彼の像であり,彼の言葉であって,四千年前の他の人物のものではないのだから.オジマンディアスにはそれなりの力があったからこそ,このようなものすごい建造物を遺すことができたのだ.

　ファラオの遺産が今日まで伝わることになったのは,彼自身の肉体的能力が優れていたからではない.それらの石を切り出し,きちんと積み上げたのはオジマンディアスではない.この建造物が建てられたのは,彼のために建造してくれる人々を集める能力を彼がもっていたからだ.この能力が何によるものなのか,恐れか説得か感動か,それはわからないが,彼の遺産の壮大さは否定できない.

　自分のための構造物を他人のエネルギーを利用して作る能力は,人間社会に限られたことではない.実は多くのアブラムシ,ダニ,ハエ,ハチが,代理人にこの手の建設作業をさせている.これらの昆虫は自分よりずっと大きな生物の生理作用を乗っ取って,自分の食う寝るところに棲むところを作らせている.これらの構造物は虫こぶもしくはゴール(gall)と総称される.本章ではこれらを扱うことにする.

　ある種のゴール,特に葉にできるゴールは,寄生昆虫が樹を騙して作らせる構造物だというのが私の主張だ.このゴールは,寄生した葉の熱の収支を変える「目的」で作られる.ゴールの建造をそそのかす寄生者は,通常は葉が異常な気温に耐えようと自分自身のために用いる適応の仕組みを活性化させる.この考えを展開するために,まず一般的にゴールとは何なのかを,特に葉のゴールとそのでき方に注目し

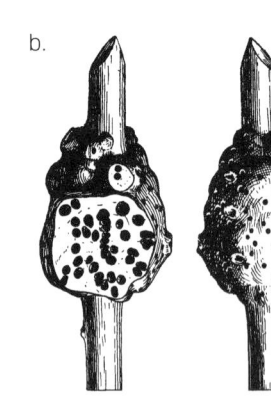

図9.1 ナラの樹の枝にできる「植物のガン」といわれるゴールの2例. a：ナラエダイガタマバチ *Neuroterus noxiosus* のゴール. b：ナラメイガタマバチ *Andricus punctatus* のゴール. [Felt（1940）より]

ながら述べよう．次に，葉の温度が葉のエネルギー収支に影響する通常の仕組みと，葉がその形を利用して温度を制御・調節する仕組みについて説明する．そうすれば，葉の熱の収支や温度にゴールが与える影響と，これらのゴールが葉と寄生者の間のエネルギーのやり取りに作用する仕組みについて検討する準備ができる．

ゴールの生長と発達

　ゴールはさまざまな植物に見られる発生異常で，その部位も茎，葉身，葉脈，そして幹や根や芽の維管束や木質部など，植物のほとんどあらゆる組織に及んでいる．通常は節足動物の寄生によって引き起こされるが，カビや細菌やウイルスの感染によっても生じることがある．ゴールは寄生動物を包み込むように生長することが多い．ゴールには寄生動物の生活環の一段階，たとえば幼虫だけを棲まわせるものもあるが，アブラムシによって生じるゴールなどは，寄生動物の永久の棲みかとなる．アブラムシの集団や社会集団を丸ごと棲まわせていることさえある．ゴールの中には人間にとって有用なものもある．たとえば中世には，ブナ科の樹にできるある種のゴールはインク色素の重要な原料だった．しかし植物にとって有害なことの方が多く，それはゴールがよく「植物のガン」と呼ばれることからわかる．実際に木の幹や枝にできる多くのゴールは，動物のガンに典型的な，抑制のない増殖型を示す（図9.1）．これらの腫瘍に苦しめられる植物は，ガンに侵された動物と同じような問題に直面する．増殖する塊にエネルギーを流用されて奪われ，宿主は弱り，やがて死んでしまう．

しかしある種のゴール，特に葉や芽に作用するゴールは，非常に組織化された構造をしていて，とうてい「植物のガン」とはみなせない．いくつかの例を図9.2に示す．これらの注目すべきゴールの1つ，トウヒの松かさ状ゴールについて見ていこう．松かさ状ゴールはエゾマツ（トウヒ属, *Picea*）とその類縁のツガ（ツガ属, *Tsuga*），モミ（モミ属, *Abies*）の葉芽や葉の基部に生じる．これらはカサアブラムシという体長約1ミリの小さな虫が芽や葉の基部に産卵することによって引き起こされる．幼虫が孵化すると芽は異常な成長を始め，松かさに非常によく似た形の木質の異常な構造になる（図9.2a）．もちろんこれらのゴールの特徴は，まったくガンらしくない，よく統制の取

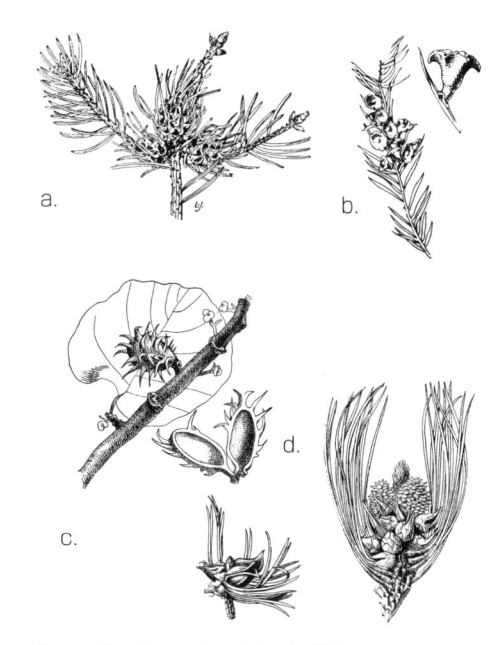

図9.2 葉や芽にできる高度に組織化されたゴール．a：カサアブラムシ *Adelges abietis* がトウヒに作る松かさ状ゴール．b：タマバエ *Itonida anthici* がイトスギに作る花状ゴール．花状ゴールの集まりと，拡大した1個の花状ゴールを示す．c：アブラムシ *Hamamelistes spinosus* がマンサクに作るイガ状ゴール．d：タマバエ *Contarinia coloradoensis* がマツの芽に作るゴール．ゴールの集まりと，拡大した1個のゴールを示す．[Felt (1940) より]

れた増殖と発生だ．あたかもカサアブラムシは葉芽の基部に産卵して，（ファラオが奴隷に対するごとく）「ここに松かさを作れ！」と樹に命じているようだ．

明らかにこれは驚くべき偉業だ．松かさのような複雑な構造を作るには，植物でも動物と同じように，増殖と分化の速度とタイミングを制御する複雑な発生プログラムが必要だと思われる（第5章）．カサアブラムシはどのようにして樹にそのような構造を作らせるのだろう？ 2つの可能性が考えられる．第1は，カサアブラムシが植物の細胞を刺激して増殖を開始させ，成長に従って細胞の増殖と分化の速度を指図するというものだ．正常な松かさを作るための特有な増殖の速度とパターンをまねるように，カサアブラムシが植物の組織に強いることができれば，ゴール

は松かさに似るだろう．一方，植物が松かさを作るときにいつも用いている発生プログラムをカサアブラムシが乗っ取るという手もある．つまりハッカーが会社のコンピューターシステムに入り込んで小切手を切らせるように，カサアブラムシが植物自身の発生プログラムを勝手に活性化させるのだ．この場合にはハッカーは，小切手を切る指令を会社のプリンターに出すのではなく，小切手を切るための会社の既存のプログラムを立ち上げるだけだ．

植物のホメオーシスと芽や葉のゴール

　松かさ状ゴールをはじめとする植物の正常な構造をまねたゴールは，おそらく遺伝情報のハッカーとして働く寄生者によって引き起こされるのだろう．やり方は驚くほど簡単だ．葉芽から生じる構造をまねるゴールを例に取ろう．葉芽はさまざまな特殊化した構造を作るためのいわば基本的な構造だ．葉芽は（もちろん）葉にもなるが，花や棘や毛にもなる．葉芽の運命は最初から決められているわけではなく，いろいろな要素が次々と作用して発生経路が選ばれていく．葉になるにしても花になるにしても，初期の発生段階は同じなのだが，ある時点で発生経路は分岐して別々の構造物になる．ある経路をたどると芽は葉になり，途中の時点で経路を切り替えると花が生じる．

　動物でも植物でも，発生プログラムの分岐点はいわゆるホメオティック遺伝子によって制御されている．この遺伝子は遺伝的なスイッチとして働いている．たとえばホメオティック遺伝子には，葉から派生した棘などの構造への発生経路を開始させるものがある．この遺伝子のスイッチを切っておくと葉や花の方向へ発生が進み，スイッチが入ると棘の方向へ進む．少し後で働く別の遺伝子に，葉と花の分岐点を制御するものがある．スイッチが切れていると葉の方へ，スイッチが入ると花の方へ発生が進む．

　通常の発生でならば，ホメオティック遺伝子は複雑な発生パターンを簡単に制御できるので便利だ．複雑なプログラム全体を調節しなくても，プログラムを活性化するスイッチだけを制御すればよいのだから．しかし植物はこれらの発生スイッチをもったために，遺伝子のスイッチを勝手に入れる方法を会得した生物に攻撃されやすくなった．カサアブラムシが使っているのはおそらくこの方法だろう．松かさの発生を制御するホメオティック遺伝子のスイッチを入れて，おかしなところに松

かさを作らせ始める．プログラムはいったん立ち上げられると，それが植物の要求に合っても合わなくても実行し続け，松かさ状ゴールができあがる．

正常な葉とゴールのできた葉での増殖と分化

ゴールの誘導には，ホメオティックスイッチではなく細胞の増殖と分化に干渉し，制御するという，難しい方法を使うこともできる．この種のゴールは，生育中あるいはすでにできあがった葉でよく見られる．葉のゴールはたいてい発生の比較的遅い段階，すなわち葉芽が花などの別のものではなく葉の形成に方向付けられた後でできる．ゴールの誘導物質は，葉の生長にともなう正常な増殖パターンを制御して，葉を著しく変形させる．その方法を理解するには，先に正常な葉の生長の仕方について知る必要がある．

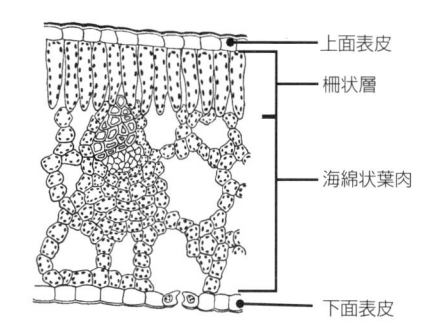

図9.3　葉身の断面図．4種類の主要な細胞層が見える．[Bridgewater（1950）より]

成熟した葉は主として2つの部分からなる．葉の主脈とそれに付随する維管束組織，および維管束組織の間を埋める平らな膜状の光合成組織である葉身だ．普通の葉では，葉身自体は4種類の細胞層からなる（図9.3）．葉の上と下の表面にある上面表皮と下面表皮はたいてい扁平で固い細胞で構成されている．上面表皮の下には，円柱形の柵状細胞の層があり，全体で膜のような柵状層を形成している．柵状層と下面表皮に挟まれて，すかすかに並んだスポンジのような細胞が海綿状葉肉を形成している．酸素や二酸化炭素が層を通して行き渡るように，海綿状葉肉には隙間が多くなっている．

葉は葉原基という茎からの小さな隆起として始まる（図9.4）．隆起の内部では2種類の始原組織がはっきりわかる．隆起の中肋〔中央脈を含む隆起部〕に沿って始原維管束組織の細胞があり，これらが葉の中肋と維管束組織になる．それを挟んで2つの周縁分裂組織すなわち側部分裂組織があり，それらは増殖・分化して葉身となる．

葉形はこれらの始原組織の基本的な増殖パターンによって決まる．始原維管束組織は葉原基の長軸に沿って伸びるように増殖し，周縁分裂組織は軸から外側へ向か

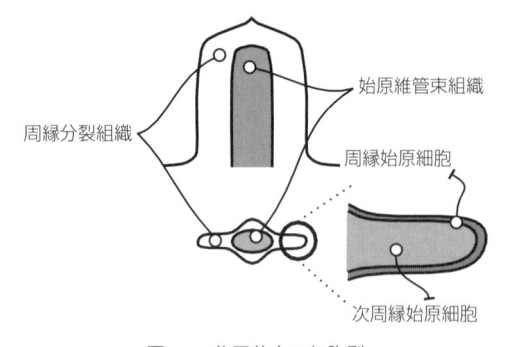

図9.4 葉原基中の細胞型.

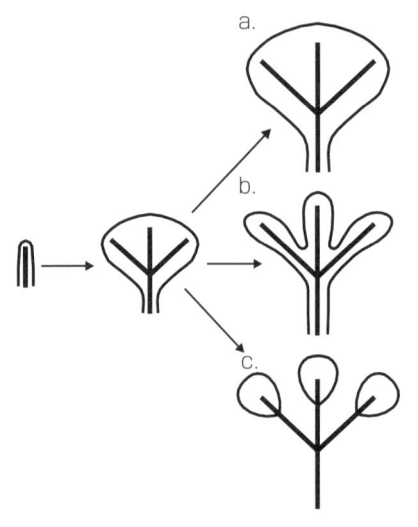

ラベル: 周縁分裂組織, 始原維管束組織, 周縁始原細胞, 次周縁始原細胞

図9.5 葉形の形成および始原維管束組織と周縁分裂組織の相対的な増殖速度.
単純な単葉 (a), 切れ込みのある単葉 (b), 複葉 (c) の形成.

って増殖する．もし変更されなければ，これらの増殖パターンの組み合わせにより，1本の中肋が葉身に挟まれた，タバコの葉の形に似た細長い葉ができる．

葉形はこれらの基本的な増殖パターンの変更によってさまざまに変えられる．共通した変更方法の1つは，始原維管束組織の枝分かれだ．たとえば始原維管束組織がしばらく伸長してから両側に枝を出し，また伸長し続けると，葉形はモミジの葉のようになる．維管束組織と周縁分裂組織の相対的な増殖速度を変更しても葉形は変えられる．たとえば維管束組織と周縁分裂組織が同様に速く増殖すれば，葉の輪郭は単純になる．つまり葉の縁は，波型やぎざぎざやその他の複雑な形の切れ込みが入らない（図9.5a）．しかし維管束組織が葉身より速く増殖すると，葉はモミジやカシワの葉のように切れ込みが入るだろう（図9.5b）．もし周縁分裂組織の増殖開始が維管束組織より遅れれば，トネリコやニセアカシアの葉のように維管束組織の「軸」に沿ってたくさんの葉が並んだ複葉となるだろう（図9.5c）．

葉の内部構造も周縁分裂組織の固有の増殖と分化のパターンに依存する．周縁分裂組織は初期に2種類の細胞型に分化する．周縁始原細胞は周縁分裂組織の上下の表面に沿って並び，やがて葉の上面と下面の表皮になる．2層の周縁始原細胞に挟まれた次周縁始原細胞は，柵状層と海綿状葉肉層を形成する．通常は周縁始原細胞

は数回の細胞分裂を繰返した後，分裂をやめて横方向の伸長を続ける．この生長パターンにより，細胞が扁平になると同時に2つの表皮層の間の空間が広がる．この空間は柵状細胞と海綿状葉肉が分裂と生長を続けるに従って埋まっていく（図9.6, 上から3段目）．普通は海綿状葉肉細胞が最初に分裂をやめるが，葉の横方向への伸長は続くので，これらの細胞は互いに引き離されて間に空気の入る空間ができる（図9.6, 最下段）．柵状細胞は表皮細胞が伸長し続ける間は分裂を続け，その結果きっちり詰まった柵状層となる．

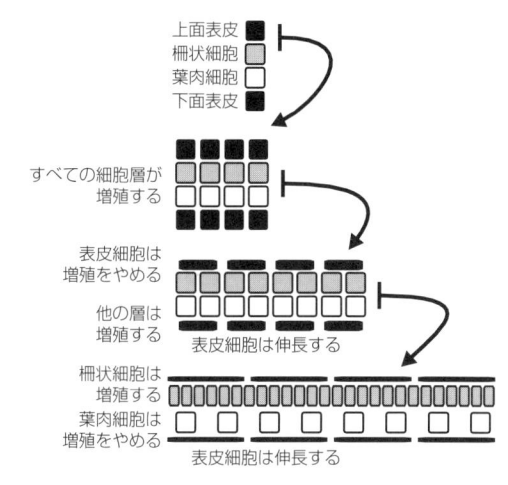

図9.6 葉身の生長と細胞増殖のパターン．

多くの葉にできるゴールは，これらの基本的増殖パターンを変更させることによって生じる．たとえば巻き葉はよくあるゴールの症状だ（図9.7a）．名前が示すように，葉は通常の平らな葉身にならず，筒状に巻き上がる．寄生者が上下の表皮の増殖速度のバランスを崩させる結果が巻き葉となる．たとえば上面表皮の増殖が普通よりも遅れると，葉身は上へ巻き上がる．増殖速度のアンバランスは多くの方法によって引き起こされるが，どれも周縁始原細胞の同期した増殖が乱される結果だ．

縮れ葉ゴールもよく見られる例だが，こちらは始原維管束組織と周縁分裂組織の間の増殖速度のアンバランスが原因だ（図9.7b）．始原維管束組織が通常より早く増殖をやめたり，葉身が正常な停止時期を過ぎても増殖を続けたりすると，葉身の表面は曲がって皺が寄る．巻き葉も縮れ葉も，葉の形成の初期段階で起きることがあり，そうなると葉の全体が巻いたり縮んだりする．ゴールによっては，異常な増殖は葉の形成の後期から始まるものもあり，その場合は奇形部分は葉の縁や葉身の一部に限られる．

昆虫が葉の組織に脱分化を起こさせると，できあがった葉でもゴールを生じることがある．実際に昆虫は葉の一部の細胞を始原の未分化の状態に戻す．脱分化した細胞は増殖しやすく，ゴール誘導物質はその増殖を取り仕切ってそれ以後の生長を

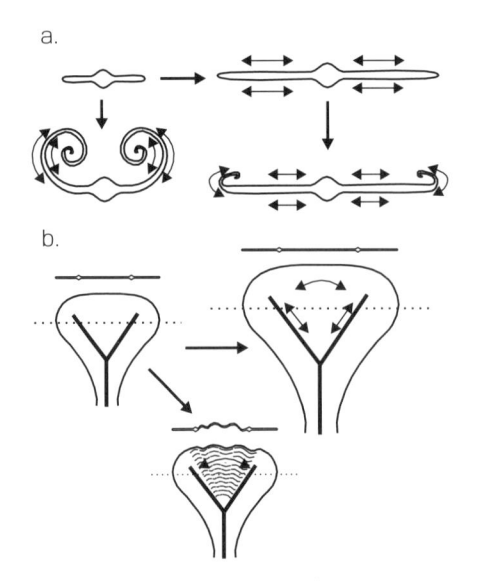

図 9.7 生長異常によって引き起こされる巻き葉と縮れ葉．a：巻き葉の断面図．b：縮れ葉の断面図と平面図．点線は断面図の切り口の位置を示す．

方向付ける．この種のゴールの単純な例がハックベリー（エノキ）の葉によく見られるいわゆる袋状ゴールで，キジラミによって誘導される（図9.8）．袋状ゴールはキジラミが一部の柵状細胞に穴をあけることから始まる．傷つけられた細胞とその周りの細胞が脱分化して分裂を始めるように仕向けるのだ．葉の表面は局部的な急増殖によって曲がり，小さな窪みができる．幼虫が成熟するに従って，柵状細胞層と表皮の脱分化と増殖が誘導され，幼虫を囲んで上へ延びるカップができ，ついには完全に幼虫を包み込む．このようなカップはどう見ても葉の正常な部分ではなく，これを誘導するキジラミの特性だ．

　サトウカエデの葉を悩ませる針状のゴールも同様な方法でできるが，キジラミではなくダニによる．ダニが葉の表皮組織を脱分化させると，表皮組織はダニの周りで上向きに増殖して細い円柱ができ，ダニを包み込む．このゴールの名前は細い針のような円柱の形に由来する．

葉の温度と光合成

　ここで話の方向を少し変えよう．葉はもちろん植物にとってエネルギー獲得のための主要なエンジンだ．この仕事をいかに効率よくこなすかが，植物の生態の他のすべての面に影響する．とすると，自然選択は葉の効率を可能なかぎり高めるはずだと期待されそうだが，実はそれほどでもないのだ．葉は変わりやすい物理環境のもとで働く．気温のように非常に単純そうに見えるものがどんなに予想困難な激しい変動をするかを考えてみればよい．完璧さを追求する自然選択の力で葉の機能を

どんなに効率化しても，物理環境のめちゃめちゃな変化によって葉はもてあそばれ，裏切られる．どうにもならないこの葛藤は，効率のよい光合成と気まぐれな葉の温度とが，どこかしらで妥協して解決されることが多い．

この妥協は，樹を企業として，蓄財に熱心な実利主義的なたとえを引き合いに出せばよくわかる．企業はお金を手に入れ，それを使って何らかの価値を高める仕事をする．投入されるお金は投資，すなわち資本で，付加価値を生み出すための基本設備を開発し操作するために使われる．企業は付加価値の生産を維持しているときがベストだ．これは必ずしも利潤を最大にすることではない．付加価値のいくぶんかを利潤から割いて再投資に回すこともある．健全な企業とは，操業に対するすべての経費と利益を冷静に見つめ，その差を持続可能な最大の値に保つ企業だ．一般的にそのような企業は，単純に最大限の利益を追求する企業よりもはるかに業績がよい．

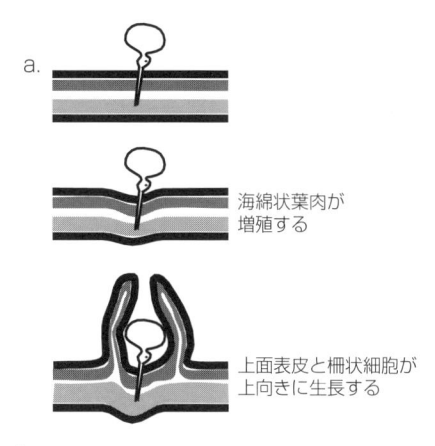

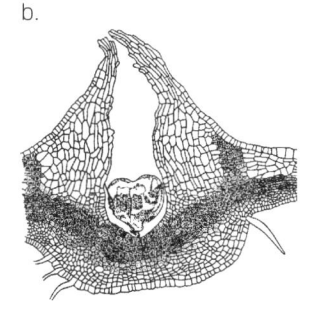

図9.8 キジラミの成長に伴うエノキの葉の袋状ゴールの発達．
a：袋状ゴールの発達の模式図．b：エノキの葉上のキジラミ *Pachypsylla* ゴールの断面図．

植物も同じようなことをするが，通貨はお金ではなくエネルギーだ．植物は化学エネルギー（糖）を手に入れ，それを使って基本設備（葉）を作る．光のエネルギーを捕えて化学エネルギーにするためだ（光合成）．植物は投資に対する最大の利益を維持しているときがベストだ．ここで温度は植物の利益を決定する非常に重要な役割を果たす．

植物の細胞も他のすべての細胞と同様に，自分自身の維持と増殖のためにエネルギーを消費する．葉をもつ樹はこの代謝経費を支払わなければならない．これは葉

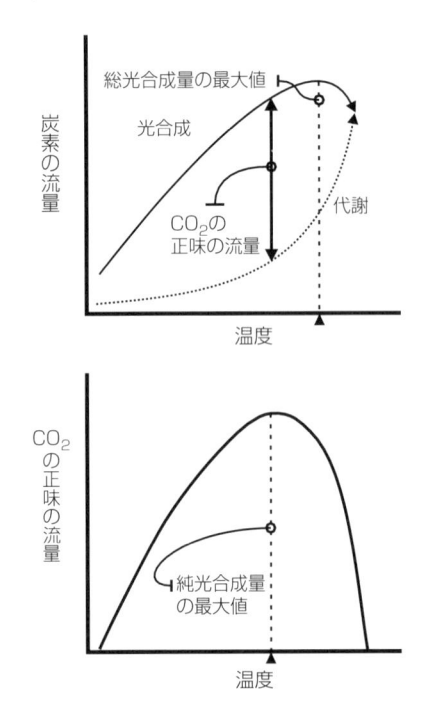

図9.9 葉の光合成量の最適化．

が二酸化炭素を放出する量から測定できる．同様に利益も葉が二酸化炭素を消費する量——つまり，二酸化炭素中の炭素が糖の中へ組み込まれる量で総光合成量ともいわれる（図9.9，上のグラフ）——から測定できる．葉はその一生の間にCO_2の消費量が生産量を上回れば，投資に対して付加価値をもたらす．いいかえると，葉は消費した量よりも多くの糖を作り出し，純光合成量（総光合成量－代謝経費）が最大になれば成功したといえる（図9.9，下のグラフ）．

ここで重要なのは，総光合成量を最大にすれば純光合成量が最大になるとは限らないことだ．たとえばCO_2の（光合成による）消費量と（代謝による）生産量を葉の温度に対してグラフにすると，これらの量の温度にともなう特徴的な変動に気づく（図9.9，上のグラフ）．いずれも温度の上昇にともなって増加し，ある臨界温度で横ばいになり頂点に達する．臨界温度より上では，かなり急に下降する．このパターンの説明はわかりやすい．ほとんどの化学反応の速度は，細胞内であろうとビーカーの中であろうと，温度が10℃上がるごとにほぼ2倍になる．葉の温度が比較的低い領域で，CO_2の消費と生産が温度と共に増加するのはこのせいだ．しかし細胞内のほとんどの化学反応は，酵素というタンパク質の触媒が司っている．酵素はかなりデリケートなものなので，高温ではその働きや，他の酵素との相互作用が妨げられる．その結果，機能が落ちる．

多くの葉では，CO_2の消費量と生産量は温度に対して異なった応答をする．一般にCO_2の生産量は総光合成量よりも高い温度でピークを示す．このずれがあるために，葉が最大の純光合成量を示す温度は最大の総光合成量を示す温度より低いという興味深い結果となる．この温度を光合成の最適温度，$\hat{T}$と呼ぶことにする．

企業の経費や収入の配分の決定は，市場の試練にさらされる．企業が賢明な決定をしなければ，競争力は落ち，ほとんど利益が出なかったり破産したりする危険性がある．自然選択の与える環境も同様に厳しい．樹が葉に関してお粗末な配分の「決定」をおこなうと，適応度の低下や，絶滅さえも招きかねない．したがって誰でも，葉が通常さらされる温度と光合成の最適温度は一致すると期待するだろう．すなわち自然選択は植物に次の規則を押しつけるはずだと．

$$\hat{T} \doteqdot T_{\text{leaf}} \qquad [9.1]$$

T_{leaf} はある環境での葉の平均温度を表わす．するとこれら2つの温度を何とかして一致させることが，植物にとっての進化の基本的な問題となる．植物が取れる道は2つだ．

　1つはムハンマドが山へ行く方法だ．葉の $\hat{T}$ を T_{leaf} に近づけるのだ．これには葉の代謝と光合成を制御する全酵素の変更が関わってくる．葉がさらされる可能性の最も高い温度で最高の機能が出せるようにするのだ．実際に多くの植物がそうしている．たとえば砂漠の植物は，北極地方の植物よりも光合成の最適温度が高い傾向がある．砂漠は一般的に暑い場所なので，当然だろう．植物は温度の急激な変化にも対処しなければならない．砂漠でさえ季節によっては寒くなることもある．時おりこのような極端な状態に直面するので，植物は光合成と代謝のための温度に応じた酵素のセットを複数もっていることがある（イソ酵素，あるいはアイソザイムとよぶ）．そうすれば砂漠で温度が非常に低くなったときには「高温用」の全アイソザイム（高い $\hat{T}$ になる）を止めて，「低温用」アイソザイム（低い $\hat{T}$ になる）を活性化することができる．

　このような代謝の適応には費用がかかる．植物の $\hat{T}$ が厳密に決められていると，気まぐれな変わりやすい環境にもてあそばれる．アイソザイムによって $\hat{T}$ を広げても，アイソザイムのセットごとに遺伝的な「諸経費」が増えるので，生じる利益は限られる．細胞は同一の反応に対して複数の遺伝子セットを維持しなければならず，余分なエネルギーの投資が必要になる．それでも多くの植物が自らの生化学反応を周囲の温度に調和させている事実は，それが彼らにとってよい戦略だったことを示している．

　しかし逆のことをする植物も多い．T_{leaf} を $\hat{T}$ に近づける，すなわち山をムハンマドに向かって動かしているのだ．葉が環境によって強いられる温度以外の温度に

なるとは考えづらいので，これは不思議なことのように思われる．それでも物理的環境にはさまざまな種類のエネルギーが存在するため，葉は実際に異なるエネルギーを互いに対抗させて，温度をある程度制御できる．葉の形を変化させて制御するのが最も一般的だ．だから，寒すぎて葉が効率よく働けないときには，樹は単に葉の形を変えることによってある程度温度を上げる．

葉の温度の物理学

　植物が温度を制御する仕組みと，葉のゴールがそれを邪魔する仕組みを理解するには，まず葉と環境の間の熱の流れ方を理解しなければならない．葉を含めて物体の温度とは，その物体に含まれる熱エネルギーの量，すなわち熱含量を表わしたものだ．そして熱含量とは，流入する熱（q_{in}，平方メートル当たりのワット数で表わす）と流出する熱（q_{out}，この単位も $W \cdot m^{-2}$）の釣り合いによって決まる．通常はこれらの熱の流れが釣り合う温度，すなわち平衡に達する温度がどこかにあり，正味の熱の流れがゼロになる．

$$q_{in} + q_{out} = 0 \qquad [9.2]$$

葉に出入りするすべての熱の流れと，それらが葉の温度にどう依存するかがわかれば，平衡状態での葉の温度が見積もれる．ほとんどの葉では，これらの流れは3種類に分類される．第1に，太陽光の放射がそれを吸収する葉を暖める．第2に，蒸散が葉から熱を奪う．第3に，葉に当たる風が暖かければ葉を暖め，冷たければ葉を冷やす．

　これらすべての熱の流れが組み合わさって葉の熱平衡の式になる．温度が定常状態に達した葉では，すべての熱の流入と流出は相殺して合計はゼロとなる（式9.2）．したがって，放射（q_r），蒸散（q_e），熱伝導（q_c）によって環境と熱をやり取りしている葉では，熱平衡の式は，

$$q_r + q_e + q_c = 0 \qquad [9.3]$$

となる．ただし各 q の大きさは，熱の流量を表わす．

　これらの流量はどれも葉の温度に依存する．たとえば熱伝導による熱交換は，葉と空気の温度差の単純な関数になる．したがって，それぞれの熱の流れを葉の温度

の関数として書き直すことが原則的には可能だ．そのように書き直すと，これも原則的にではあるが，すべての熱の流れが合計でゼロになる温度を割り出すことが可能になるはずだ．これはある日差しと湿度と気温の条件の下での葉の温度になる．

問題は，いつもそうなのだが「原則的には」という，一見簡単そうな言葉にある．実はそれぞれの熱の流れの式はひどく複雑なことが多い．たとえば放射による熱の流れの式には葉の温度が確かに含まれているが，絶対温度（ケルビン）を4乗した形なのだ．この式はまた，太陽に対する葉の向き，太陽の大空での位置，大気および塵の微粒子による日光の散乱，近くの葉や地面からの反射といった他の熱交換の放射源の近さや温度の項も含んでいる．蒸散による熱の流れの式はこれよりは単純だとは言え，さほど変わらない．というのも葉の水分の蒸気圧（これ自体，葉の温度に依存する）や，湿度や水の気化熱（これらも温度の複雑な関数だ）によって影響されるからだ．したがって熱平衡の式は確かに書けるのだが，1ページの大半を占める長い式になるだろう．

だから私の娘が10歳のときだったらきっとこう聞いただろう．熱平衡の式から葉の温度が計算できるには「ほんとにお利口さんみたい」じゃなきゃだめなの？ もし正確な温度が知りたければ，残念ながら答えは「そうだよ」なのだ．幸い，式をずっと簡単にしても，葉の温度のかなりよい近似値が得られる．第1歩は，解法の一部は難しく（放射と蒸散），一部は単純だ（熱伝導）ということを認識することだ．次に単純な部分をできるだけ正確に計算してから，難しい部分は概算に頼ることにする．

まず，比較的単純な熱伝達の過程を見ると，q_c は簡単に葉の温度と気温（T_{air}）の関数として書き直せる．

$$q_c = h_c \left(T_{air} - T_{leaf} \right) \qquad [9.4]$$

h_c は熱伝導係数（W・℃$^{-1}$・m^{-2}）という量である．式 [9.4] は，熱伝導による熱の損失を葉の温度と気温の差の単純な一次関数として表わしているので，簡単に解ける．熱平衡の式の q_c に $h_c \left(T_{air} - T_{leaf} \right)$ を代入すると次のようになる．

$$q_r + q_e + h_c \left(T_{air} - T_{leaf} \right) = 0 \qquad [9.5]$$

次に放射と蒸散の項を1つの項 q_{net} にまとめて単純にする．q_{net} は単に放射と蒸散による熱の流れの合計である．このように表わすと，式を直接解く代わりに適当な

数値を正味の熱の流れとして入れることができる．たとえばもし $q_{\text{net}} = 0$ ならば，放射による葉の加熱は蒸散による冷却によって相殺されるということになる．同様にもし $q_{\text{net}} > 0$ ならば，放射による加熱は蒸散による冷却を上回り，正味の葉の加熱が起きる．一般的には正味の流れは $+300$ から $-300\,\text{W}\cdot\text{m}^{-2}$ まで変化する．単純な代数を少し使えば，この式を解くことができる．

$$q_{\text{net}} + h_{\text{c}}\,(T_{\text{air}} - T_{\text{leaf}}) = 0 \qquad [9.6]$$

$$T_{\text{leaf}} = T_{\text{air}} + q_{\text{net}}/h_{\text{c}} \qquad [9.7]$$

気温，葉の熱伝導係数，正味の熱の流れという3つの単純な量がわかれば，式9.7から葉の温度が見積もれる．さらに都合のよいことにこの式は，葉の温度の変化の仕組みや，また植物がそれを制御する仕組みの大まかな原則を，いくつか示している．原則は4つある．

1. 葉の温度は気温の単純な一次関数に，温度のいくらかの追加分を加えたものであり，この追加分は葉の正味の熱の流れと葉の熱伝導係数の比に等しい．
2. 温度の追加分は，葉のいずれかの熱の流れの絶対的な大きさで決まるのではなく，これらの流れの比がどのように変化するかによって決まる．たとえば $q_{\text{net}} = 600\,\text{W}\cdot\text{m}^{-2}$ で $h_{\text{c}} = 60\,\text{W}\cdot\text{℃}^{-1}\cdot\text{m}^{-2}$ ならば，温度の追加分は $10\,\text{℃}$ になる．この追加分は，$q_{\text{net}} = 200\,\text{W}\cdot\text{m}^{-2}$ で $h_{\text{c}} = 20\,\text{W}\cdot\text{℃}^{-1}\cdot\text{m}^{-2}$ だとしても同じになる．
3. 温度の追加分は，葉の熱伝導係数に対して正味の熱の流れを増やせば大きくなる．同様に，葉の正味の熱の流れに対してこの係数を大きくすれば減少する．
4. 温度の追加分は正にも負にもなるが，正の場合は葉の温度が気温より高いことを示し，負の場合は気温より低いことを示す．温度の追加分が正になるか負になるかは，正味の熱の流れのうちどちらの項が優勢かによる．蒸散による冷却が放射による加熱より激しければ，葉は冷やされる．放射による加熱の方が激しければ，葉は暖められる．

葉形の変化による葉の温度の最適化

すると葉の温度を制御する鍵は温度の追加分を操作することだ．たとえば植物が気温の高い，日当たりのよい暑い環境に生えているとしよう．もし葉の温度の追加

分を低く抑えられれば，植物は葉が熱くなりすぎるのを防ぐことができる．温度の追加分の項 q_net/h_c は，植物が実行しそうないくつかの戦略を示唆している．たとえば q_net をできるだけ小さくするために放射熱の吸収を調節することができる．多くの砂漠植物は実際にそうしている．葉は光をはね返す銀色の毛や白い蝋のような被覆物で覆われている．切羽詰ると葉からの蒸散を増加させて q_net を負にすることさえある（ただし水の少ない砂漠ではこれは問題だが）．

温度の追加分は熱伝導係数 h_c を増大させても低く抑えられる．この係数は，主として熱伝導による熱の交換を制限する境界層の関数になる．一般的に境界層が薄ければ，葉の表面と気温の間の温度勾配は急になる．勾配が急になると，温度差に無関係に熱の流れは促進される．言い換えると，葉の境界層を薄くすると，この係数が大きくなり，温度の追加分は小さくなる．

境界層は葉の温度と形を関係付ける．風が葉のような平らな表面に出会うと何が起きるか考えよう．葉の縁では境界層は非常に薄く，葉の表面に沿って中ほどへ進むにつれて境界層の厚みも増す．境界層は細い葉の方が広い葉より薄いことになる．細い葉は真ん中までの距離が短いので境界層が厚くなれないからだ．したがって暑い日向の環境中の植物は，涼しい日陰の植物よりも小さく細い葉をもつはずだ．実際に通常はそのとおりだ．メスキートやアカシアのような乾燥地の樹は，もっと温暖な地方に生える類縁の種に比べて通常は小さい葉をもつ．巨大な葉をもつダイオウが日陰にしか見られないこともこの点を裏づけている．

しかし1本の樹に茂る葉でも，位置によって環境条件はさまざまだ．たとえばカエデやナラの樹冠では，外側にある葉は影になる内部の葉よりも日当たりのよい暑い条件にさらされる．だからもしカエデの葉の大きさや形が規格品だったら，樹冠の内側にある葉は日の当たる外側にある葉よりも温度が低くなる．カエデの葉にとって光合成に最適の決まった温度があるとしたら，1日のどの時間帯でもかなり多くの葉が最適温度で働いてはいないという危険を冒すことになる．葉の形や大きさを単純に変えるだけでこの問題を改善できる．たとえば樹冠の内部の影になる葉は大きく，輪郭もなめらかなのに対し，日の当たる外側の葉は小さく，縁に沿って切れ込みが入って「尖っている」．その結果「日陰の葉」は境界層が厚く，熱伝導による熱の損失を減らし，温度の追加分を増やしている．「日向の葉」は境界層が薄く，「尖っている」ことでさらに境界層が厚くなるのが妨げられている．これらの特徴が熱伝導による熱の損失を大きくし，熱の追加分を小さくする．その結果，そ

れぞれの葉に届く実際の放射熱に違いがあっても，樹冠全体で葉の温度は比較的均一になる．

葉のゴールと葉からの熱伝導による熱の損失

さて（やっと！）葉のゴールの問題に戻る準備ができた．これまでに学んだ3つのことを振り返ろう．第1に，葉にゴールができると葉形が劇的に変わる．第2に，葉の温度は葉の機能の効率にとって重要な要因となる．最後に，葉形は樹が葉の温度を操作する手段の重要な要素をなす．これらを考え合わせると，ゴールを作る昆虫は葉の温度を変えるために葉形を何らかの方法で操作し，おそらく自分のために葉の代謝をゆがめているのだと結論できないだろうか？

明らかにこれはかなり難しい注文だが，ともかく私はこれを検討しようと思う．私の主張は推論の域を出ないものだということを前もって断っておく．読者は最後には，「わずかな事実を使って壮大な推測をでっちあげる」と科学者をこき下ろしたマーク・トウェインにうなずいているかもしれない．それでもゴールドバーグのてこは，私の努力は報われるだろうとささやく．というわけで始めるとしよう．

ゴールが葉の温度に影響するとすれば，それは葉の熱伝導に影響を与えることによってだろう．たとえばエノキの袋状ゴールやカエデの針状ゴールのように葉の表面から上に突き出る虫こぶは，葉の表面の境界層を変えることができる．これ自体はさほど珍しいことではない．多くの植物が葉の熱伝導状況を変えるために，棘や毛のような突起を利用している．ただ，植物のこれらの棘の利用のしかたは常に一貫してはいない．多くの砂漠植物は，葉の境界層を乱すために棘や茂った毛を使う．境界層は乱されて薄くなり，熱伝導による熱の流れが促進される．一方，これらの突起物を利用して境界層を厚くし，空気を滞留させて断熱層を作り出し，熱伝導を減らす植物もある．したがって，ゴールが寄生した葉の温度にどんな影響を与えるかを予想することはできない．ゴールは葉の温度の追加分を増やすことも減らすこともできる．もちろん葉の温度にまったく影響を与えない可能性だってある．

幸いこの問題は実験によってかなり容易に決着がつけられる．アルミ箔で葉のモデルを作り，電熱コイルで熱すればよい．コイルから放射される熱はコイルを流れる電流から計算でき，この熱の損失をモデル葉の表面積で割れば q_{net} が得られる．葉の温度 T_{leaf} も気温 T_{air} も簡単に測れる．式 9.6 を変形し，これらを代入すれば熱伝導係数が計算できる．

表9.1 モデル葉を熱して測定した熱伝導係数（h_c）の平均値. 各平均値は互いに有意の差がある. 百分率で表わした差は, ゴールのないモデル葉を基準として計算した.

葉の状態	ゴールなし	針状ゴール20個	球状ゴール20個
h_c (W·℃$^{-1}$·m^{-2})	13.29	12.00	11.62
差 (%)	-	−9.71	−12.57

$$h_c = -q_{\text{net}} / (T_{\text{air}} - T_{\text{leaf}}) \qquad [9.8]$$

私は研究室で, モデル葉と2種類のゴールで測定をしてみた.「針状ゴール」は, 実物と同じくらいの長さと太さの1本の繊維を葉の表面にまっすぐに接着してつくった. エノキのゴールの方は丸っこいので, 発泡ポリスチレンの小さな玉をモデル葉に接着した. この装置全体を風洞に入れ, 風速をいろいろ変えて葉の熱伝導係数を測定した. 結果は明瞭だった. ゴールが針状でも球状でも, モデル葉上の「ゴール」は, 葉の平均熱伝導係数を減少させる（表9.1）. この点では, 球状のゴールの方が針状のものよりもわずかだが大きい影響をもつ. ゴールのある葉はしたがって通常の葉よりも暖かくなりやすいはずだ. もし本物のゴールが本物の葉に対して同様の効果をもつなら, ゴールが存在すると葉の温度の追加分を増大させることになる.

葉のゴールと寄生された葉のエネルギー平衡

これでいったい何がわかったのだろう？ 葉のゴールが熱伝導係数を変化させられることを示しただけでは, その変化に環境適応を助ける価値があるということはできない. そういうには, さらに2つの別の問題に答えなければならない. 第1に, ゴールのある葉の実際の温度はどれだけ変わるのか. 第2に, この温度の変化はゴールのある葉の純光合成量にどれだけ影響するのか, である. 残念ながらこれらの問いの答えはまったくわかっていないのだが, 知らないという些細なことに邪魔されてはならない. 細い道をたどってどこにたどり着くか見るとしよう.

最初の問いについてだが, ゴールのある葉の熱伝導係数が10～15％減少すると, どれだけ温度が変化すると考えたらよいのだろう？ T_{leaf}を求める式9.7は, 葉の熱伝導係数の変化による影響が, 正味の熱交換の大きさによって変わることを示している. 実際の葉がこうむると思われる範囲のq_{net}の値について, どれだけの

表9.2 さまざまな q_{net} のもとにあるモデル葉に対して見積もった温度の追加分 [ΔT(℃)]. 左の3列はそれぞれ, ゴールのないモデル葉, 模擬針状ゴールのあるモデル葉, 模擬球状ゴールのあるモデル葉に対する温度追加分を示す. 右の2列は, ゴールのある葉とない葉の温度追加分の差 (δT) を示す. これらの数値は, ゴールが葉の温度を正常な葉よりどれだけ上昇させるかを表わす.

	q_{net} を 0〜500 w·m^{-2} まで変化させたときの葉の温度上昇				
q_{net}	ΔT (ゴールなし)	ΔT (針状ゴール)	ΔT (球状ゴール)	δT (針状ゴール − ゴールなし)	δT (球状ゴール − ゴールなし)
0	0.0	0.0	0.0	0.0	0.0
100	7.5	8.3	8.6	0.8	1.1
200	15.0	16.7	17.2	1.7	2.2
300	22.6	25.0	25.8	2.4	3.2
400	30.1	33.3	34.4	3.2	4.3
500	37.6	41.7	43.0	4.1	5.4

温度の追加分が生じるかを, いくつか計算してみた (表9.2). これらの計算から, 状況によってはゴールの影響は小さいものの, かなり大きく影響することもあるとわかる. q_{net} の値が低いとき, つまり太陽からの放射が少ない, あるいは放射は多いが蒸散量も多いときは, ゴールのある葉の温度は正常な葉より1度ほど上昇するだけだ. しかし強い日差しと高い湿度の条件下のような, q_{net} の値が高いときは, ゴールは葉の温度を数度上げることになる. しかしどんな状況下でも, ゴールのある葉と正常な葉の温度差は大体5℃を超えることはない. だからゴールが, 寄生した葉の温度に多大な影響を与えるかどうかという問いの答えとしては,「そういうときもあり, そうでないときもある」としかいえない.

次に考えなければならないのは, ゴールのある葉に生じる温度の上昇は, 葉の光合成に影響するだろうかということだ. これに答えるには, 本物の植物では純光合成量に温度がどれだけ影響するかという実際の数値がいくつか必要だ. 幸いこのようなデータは重要な農作物については豊富に得られるので, 文献からトウモロコシについての純光合成量曲線を選び出した (図9.10). この曲線は $\hat{T}$ がおよそ38℃で, 純光合成量は12℃と51℃でゼロに落ちることを示している.

ゴールがもつと思われる影響を評価するには, 上記の実験のように葉の温度を見積もり, 純光合成量曲線の上にプロットし, 曲線のどこにそれらの点が来るかを比べればよい. しかし, どんな温度をもとにして見積もってもよい訳ではない. 見積もりは体系立ててやらなければならない. 賢明な方法は, 葉の最適温度の観点から

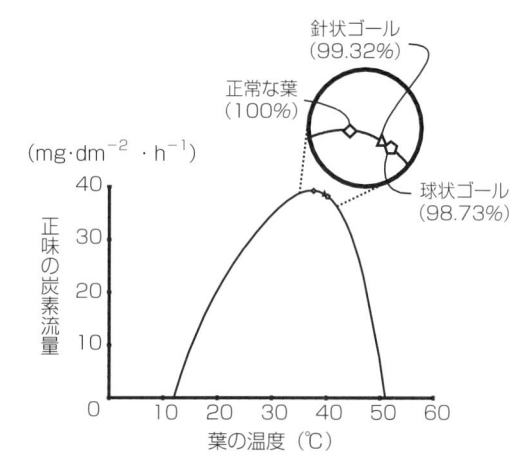

見積もりに基準を設けることだろう．一番単純な場合から始めよう．ゴールのない葉の温度が最適温度に等しくなるように条件を設定するのだ（図 9.10）．この条件下ではゴールのある葉の温度は 2 〜 3 ℃高い．光合成曲線は $\hat{T}$ 付近ではいくぶん平らになるので，これくらいの小さな温度変化は純光合成量にほとんど影響しない．したがって，ゴールのある葉がこうむる小さな温度上昇はほとんど何

図 9.10　正常な葉と模擬ゴールのある葉で見積もった正味の炭素流量．正常な葉の光合成にとって最適な温度を基準として，ゴールのある葉の温度をプロットした．ゴールのある葉の働きはいくぶん悪い．

の影響も与えない．たとえば針状ゴールのある葉の純光合成量は最適値のおよそ 99.3 %，球状ゴールのある葉の場合は 98.7 %になる．

　しかし，葉はいつも最適温度で働いているわけではない．葉の温度は時間によっても，日によっても，植物の体のどこにあるかによっても異なる．完全に比較するには，葉の温度が最適値からずれているときにどうなるかも考えなければならない．最適温度を参考基準に用いて，ゴールのない葉が純光合成量の最大値の 90 %の合成をするように条件を設定しよう．すると，葉の温度が最適値より低い場合（図 9.11）と，高い場合（図 9.12）の 2 つを調べなければならない．

　これらの温度では，ゴールは光合成に最適温度のときより強く影響を与えることがわかる．ゴールのあるなしによる実際の温度の差は小さくとも，最適値からのずれが大きくなるにつれて光合成への影響も大きくなる．葉の温度が最適値より低いところでは，ゴールのある葉の温度が少し高いだけで，純光合成量を数％押し上げることになる．針状ゴールのある葉は約 93 %の効率で，球状ゴールのある葉は約 94 %の効率で働くはずだ（図 9.11）．温度が $\hat{T}$ より高いところでは，ゴールの影響はもっと大きい（図 9.12）．ゴールがある場合の温度上昇が大きく，また純光合成量曲線が最適温度より上では急激に下がるからだ．ゴールのない葉が最適値の 90 %

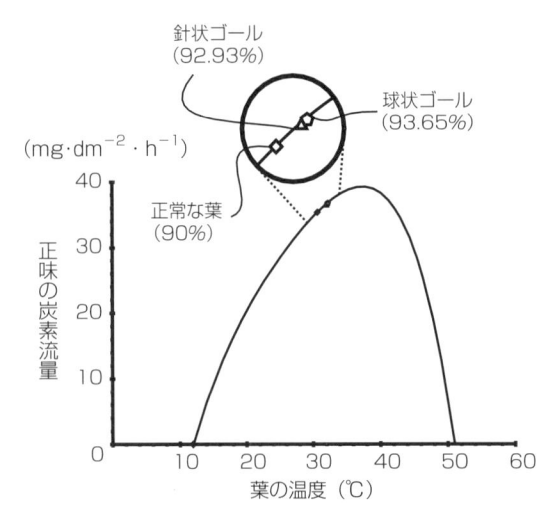

図 9.11　正常な葉と模擬ゴールのある葉で見積もった，低い温度（< 38℃）での正味の炭素流量．この条件下では正常な葉は最適値の90%で働き，ゴールのある温度の高い葉はわずかに高い効率で働く．

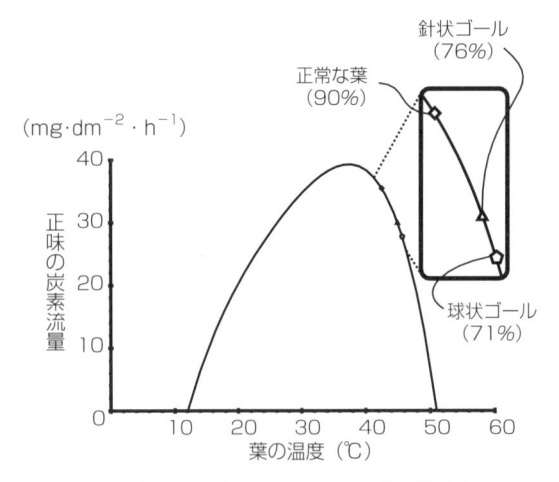

図 9.12　正常な葉と模擬ゴールのある葉で見積もった，高い温度（> 38℃）での正味の炭素流量．この状況では正常な葉は最適値の90%で働き，ゴールのある温度の高い葉は少し低い効率で働く．

で光合成しているとき，針状ゴールのある葉は 76 %，球状ゴールのある葉は 71 %の効率でしか働かない．

寄生生物のジレンマ

　一般的な考え方では，寄生生物は悪いものだ．犠牲者をしゃぶり尽くして捨ててしまう居候だ．まさにそういう寄生生物がいることも確かだが（第 8 章で述べたヒメバチのように），一般にこれは非常に賢明な戦略ではない．なにしろ宿主はエネルギーや物質を寄生生物に運んでくれるのだから，できるだけ長く宿主を生かして可能なかぎり健康に保つ方が，寄生生物にとってずっと得になる[1]．とすると寄生生物のジレンマは，どうすれば宿主の健康を損なわずに宿主からできるだけたくさん盗み続けられるかということだ．

　寄生生物のジレンマを説明するために，アメリカで 1990 年代に生じた奇妙な政治の状況を考えよう．この時期に政府や地方自治体は，たばこ会社から課徴金を取ることを独

断で決めた．表向きの理由は，たばこ会社にその製品の社会的費用を負担させることだが，おそらく真の目的は，大手たばこ会社を罰するためだ．最も顕著な罪は，消費者のことなど——責任を負える大人であろうとゆりかごの中の赤子であろうと——知ったことではないというメーカーの強硬な態度だ．

　ここで私は，政府を寄生生物，たばこ産業を宿主と考えている．この配役は政治的には正しくないことはわかっているが，逆にするとたとえがうまく行かないのだ．さて政府は，たばこ会社から莫大な金額を取り立てて倒産させることだってできる．しかしこの方針がどんなに正しいとしても，政府は困った事態に陥る．たばこ会社から取り立てている合計金額はすでに相当な量に達しているので，多くの政府計画はこの金なしにはやってゆけない．もしたばこ産業が破綻してしまうと，税収はひどく減少し，おそらく目も当てられないことになる．したがって政府は，悪の元凶であるたばこ産業を生かして繁栄させ続けなければならないという，かなりおかしな立場に立っているのだ．これがまさに寄生生物のジレンマだ．

　寄生生物のジレンマを克服する通常のやり方は，ノミ屋，暴力団員，株式仲買人，政治屋がやっているように，利ざやを取って生計を立てることだ．お金の流れの中に身を置いて，そこからほんの少し掠め取るのだが，決して多すぎてはいけない．流れからもっとたくさんお金を取るには，利ざやを増やせばよいのだが，お金の流れが干上がってしまう危険が増す．もっとうまいやり方は，人々が進んでお金をもっと貢いでくれるようにすることだ．宝くじはこのよい例だ．大半の政府は市民が我慢できる最大限の税金をすでに取っている．さらに歳入を増やしたい政府は，億万長者になるはかない夢にお金を回すように人々に広告するだけで簡単にそれができる．これが実にうまくいくのだ！

　似たようなことが葉のゴールでも起きているのだろう．植物は通常は葉を食べよ

1）状況によっては，宿主を食い尽くして捨ててしまう戦略の方が賢明なこともある．寄生生物の生活史の進化は，単に，どうすれば彼らの遺伝子を最もたやすく子孫に伝えられるかということによって決められてきたのであって，宿主の利益は少しも顧みられてはいない．寄生生物が宿主と共存関係を築くか，敵となって宿主を殺すかは，宿主から宿主への移動がどれだけ容易にできるかによる．もし宿主間の移動が難しければ，寄生生物の最良の戦略は共存関係だ．逆に移動が楽ならば，宿主を保護しても何の得にもならないので，殺すことになるだろう．公衆衛生局の役人が，病原体の人から人への伝染を容易にする社会政策や行動に懸念を示すのも，これが1つの理由だ．たとえば薬物乱用者のための皮下注射針交換政策を進めても，乱用者間での回し打ちを同時に防ぐことにはならないので，病院や診療所の監督下で注射針を使うように強制する政策よりも，毒性の強い菌をより容易に伝染させることになる．監督の行き届かない注射針交換政策の行き着く結果は，本来コントロールできたはずの病原菌の毒性を強めることになる．

うとする動物に対する防御に力を割いている．植食者の食い意地が張りすぎていると，結局，エネルギーの流れを涸れさせることになる．植物はいわゆる傷害応答によって自分を守る．植物は食べられると，傷口で増生という細胞の初期増殖を起こす．次にリグニン化が続き，傷口と他の部分を隔離する傷跡ができる．傷跡は残されたおいしい食べ物を植食者から引き離すことにもなる．一般に，攻撃が激しいほど傷害反応も強まる．

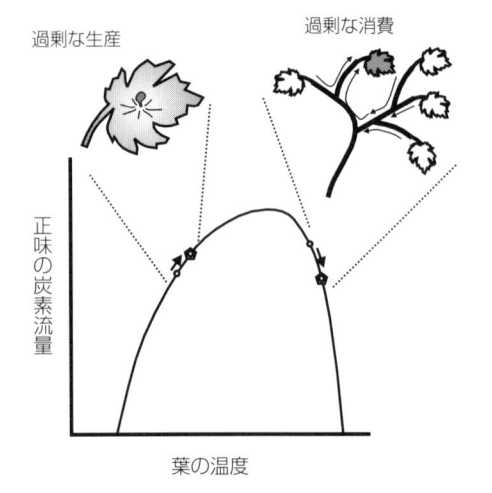

図9.13 葉の光合成の利ざやの利用．

この傷害応答への介入の仕方を編み出したことが，ゴールの主の進化の出発点となったのだろう．最も単純な介入方法は，増生期を延長させることだ．増生を盛んにすると，いろいろなことが起るが中でも都合のよいのは，汁気たっぷりのおいしい細胞が常に食糧としてゴールの主に提供されることだ．しかしこの大もうけはただでは手に入らない．細胞分裂や細胞の生長にはエネルギーが要る．普通の葉では，この余分のエネルギーの動員は傷害応答に不可欠だ．余分のエネルギーは，その葉の傷害を受けていない部分からか，傷害を受けていない他の葉からやって来なければならない．

ゴールの中の昆虫は葉の温度をわずかに変えることによって，植物が葉のエネルギー経済の管理に用いる信号を操作しているのかもしれない．信号を変える方法はたくさんある（図9.13）．たとえば最適値より低い温度で働いているゴールのない葉を考えよう．その葉にゴールが加わると温度がわずかに上がり，純光合成量が増加する．この場合，温度上昇は葉の代謝速度を促進する以上に光合成を大きく促進するので，純光合成量が増加する．その結果，糖が余分にでき——エネルギーの利ざや——これをゴールの虫が依存する増生の燃料補給にまわすことができる．最適値より高い温度では状況は逆になる．代謝速度の上昇が総光合成速度の上昇を上回り始めるので，純光合成量は減少する．すると糖は他の葉から「輸入」されるが，ゴールのある葉の方が温かいので，振り向けられるエネルギーは他の葉より多い．ど

んな場合でも，このエネルギーの流れの真ん中にいるのがゴールの虫で，分け前を掠め取っている．

10　コオロギの歌う巣穴

> 初めに，男を誘惑する魅惑的なセイレンの住むところに着くだろう．彼らに近づく無分別な男は決して戻ってこない．花の咲き乱れる野原に横たわるセイレンは甘い歌声で男を誘い込むが，辺りには犠牲者の死体が山をなしている．
>
> ——キルケのオデュッセウスへの忠告
> ホメロス『オデュッセイア』巻 XI

　私たちは社会的存在なので，当然ながら相互の意思の伝達を図ろうとする．よい意思伝達とは双方向に行き交うもので，二人以上の間でおこなわれる考え・希望・感情の明瞭なやりとりだ．私たちは，署名は契約書を確実に理解してからにしたいし，取引は競争相手の意図を確かめてからにしたいし，彼女と関係をもつのは誰かのひそかなたくらみに引っかかるのではないことを確かめてからにしたい．意義や動機を確かめるために人間が用いるやりとりは，言葉として発せられるものも発せられないものも，長ったらしくて複雑で微妙なニュアンスをもつ．人間の意思の伝達は，それにかける努力にもかかわらず（あるいはおそらく努力のせいで），腹立たしいほどうまく行かない．
　他の動物たちの意思伝達はもっと率直だ．たいてい，メッセージの内容は真実や意見や儀礼を伝達しようとするものではない．相手の動物の神経系を操作して特定の応答を引き出し，最終的には発信者の遺伝子を子孫に伝える可能性を増やすためのものだ．意思の伝達はこの目的がどれだけ確実に達成されるかだけによって判断される．この理論によれば，ホメロスのセイレンは優れた発信者だった．船乗りたちにぴたりと狙いを定めて歌声を聞かせ，彼らの結婚願望に火をつけた（訳注 1）．求愛といわれる手間ひまのかかる，細心の注意を要する交渉に無駄な時間を費やさずに，望みどおりの応答を得ていたのだから．
　生理学者にとっては，意思の伝達は発信者と受信者の間でのエネルギーのやりと

訳注 1）セイレンは近づく船乗りを美しい声で魔法にかけ虜にした（サイレンの語源ともなっている）．オデュッセウスはキルケの忠告に従い，部下に耳栓をさせ，自分の体を帆柱にしばりつけ，セイレンの歌を聞きながらも難を逃れた．

りだ．通常はこのエネルギーは発信者の代謝エネルギー予算から引き出される．したがって効率的に意思伝達する動物は得をする．つまりエネルギーの消費は最小限でありながら，発信者のメッセージを広範囲にはっきりと伝えることができる．たとえばホタルは，ATPのエネルギーを光に変えて雄と雌が交信する．光の信号は伴侶候補の注意を引き付けるだけ明るくないといけないが，信号を受けるようにプログラムされた伴侶候補以外の者の行動を活性化させてもいけない．したがって雄雌間の信号はたいてい色や点滅速度が何らかの調整を受けている．

　意思伝達をしあう2匹の動物の内部で起きていることと，彼らの間を隔てる媒体を通したエネルギーの物理的な伝達を区別するのは非常に難しいので，意思伝達は生理学者に興味深い問題を投げかける．信号伝達の連鎖のどの点で，生理学的なものから物理的なものへ移るのだろう？　ホタルを例にして，問題をもっと具体的に述べよう．ホタルの眼は感覚と光学の2つの要素をもつ．感覚を司る部分は，光子を吸収してそれを脳への伝達に適した電気信号に変える細胞からなる．しかし光子はこれらの細胞に達する前に，光学的な眼，すなわち光を屈折させるレンズや誘導する細胞の列を通り抜ける．光学的な眼の働きは，無機物の光学系と同様に光と物質の物理的相互作用によってコントロールされる．光学的な眼が光を扱うとき，これは物理学なのか生理学なのか？　私は，区別すること自体が間違っているのだと思う．メッセージ中のエネルギーを調節，変更，あるいは伝達することが，意思伝達の生理学的な過程の一部ではないと主張することは私にはできそうにない．これを敷衍すると，興味深い問題に行き着く．角膜，レンズ，虹彩といった体に組み込まれた感覚系の部品が，立派に意思伝達の器官であるなら，動物の体外に作られた同じことをする構造を同様に考えてはいけないのだろうか？

　この章では，雌を呼び寄せるための音の信号の伝達を助ける，コオロギが作る構造物に目を向ける．先ず，そもそもコオロギがそのような構造物をなぜ必要とするかという問題を考察する．答えの一部として，コオロギの声を作り出す音響学的な原理と，彼らの作る構造物がそれをもっと効率的な音の発生器に仕立てる仕組みについて学ばねばならない．つぎに，自分の作り出す音を調節・増幅・方向づける外部構造を作る，2種類のすばらしいコオロギの例を述べる．私には伝えたい主張と共に，密かなもくろみもある．（人間どうしの）意思伝達がうまくいくことを願って，それを明かそう．すなわち，生理作用を体内だけに限ろうとする人工的な境界を崩すのには，意思伝達の生理作用が，私の知っているどんな生理作用よりも適し

ている．

意思伝達とコオロギの歌

　コオロギもセイレンと同様に，音による意思伝達を得意とする．雄は自分の存在と居場所を，相手を探して跳び回っている雌に届くような音を出して知らせる．この音を聞いた雌は，私たちが台所から漂ってくるおいしそうな匂いに引きつけられるように，音源に導かれる．メッセージは直接的で単純かつ明快だ．

　夏の夕方，戸外で涼んだことがある人なら，コオロギの声がどれだけ遠くまで響くか知っているだろう．ラブコールとしてはうってつけだ．遠くまで届く音は，すぐに弱まって消えるものよりも相手に聴いてもらえる可能性が高い．通常は，遠くまで届かせるには大きい音を出すことになる．不思議なのは，音響物理学のほとんどの原理から見て，コオロギは比較的弱い音しか出せないし，それさえも満足にはできないことだ．そのわけは後で詳しく述べるとして，先にコオロギの歌とその構成について学ぼう．

　コオロギの歌は「リーという音」の連続であり（図10.1），リーという音は独立した音（トーン）の連続からなり，またそのトーン自体は2，3ミリ秒間隔で短い沈黙に遮られている．「リー」の中のトーンの回数は，コオロギの種によって異なり，およそ10から多くて数十回ほどだ．「リー」の持続時間は通常，半秒以下で，その中のトーンはいわゆる純粋な音だ[1]．この音の周波数も種によって異なり，毎秒1000から6000サイクル，すなわち1〜6キロヘルツ（kHz）にわたる．音感のある人にとっては，これらの周波数は6番目のド（真ん中のドの2オクターブ上）あたりから8番目のド（真ん中のドの4オクターブ上）あたりに聞こえる〔8番目のドは4,200 Hzくらい．6,000 Hzだとその上のファとソの間くらいになる〕．

　コオロギの歌は，翅を互いにこすり合わせて生み出される．しかしそれだけでは

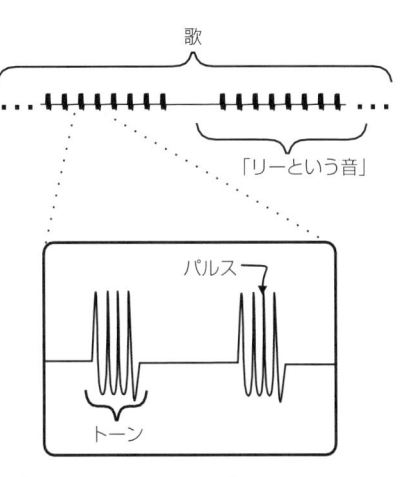

図10.1　コオロギの歌は「リーという音」の反復からなり，「リーという音」は多くのトーンからなり，トーンは一団の音響パルスからなる．

---
1) Box 10Aに音響学の専門用語を解説した．

Box 10A　音響学の専門用語

　音響学では独特の用語を使う．ここでは本章で役立ついくつかの専門用語を簡単に解説する．

　音とは，ある平均値を中心とした圧力の周期的な振動が，移動する波の形で媒体中を伝わっていくものだ．媒体は空気や水のような流動体でも，固体でもよい．最も単純な種類の音は，圧力 p（Pa）が時間 t（s）に対して正弦曲線を描き（図 10A.1），次式で表わされる．

$$p = A \sin(2\pi ft) \qquad [10.\text{A}1]$$

この式は周期的な関数で，2 つの数が重要である．振幅 A は，圧力が平均圧力よりどれだけ上まで上がるか（あるいはどれだけ下まで下がるか）を示す．私たちは振幅の違いを，音の大きさすなわち強さの違いとして感じる．周波数 f は，圧力の振動が 1 秒間に何回繰り返すかを示す．単位はサイクル/秒で，略して s^{-1}（「毎秒」），あるいはドイツの物理学者ハインリッヒ・ヘルツの名を取ってヘルツ（Hz）と書かれることもある．周波数の違いは音の高さの違いとして感じる．高周波数の音は高音に対応する．人間に聞こえる周波数域はおよそ 20 Hz から 20,000 Hz だ．他に 2 種類の数が音波の記述に使われることがある．1 つは周期 P で，これは単に周波数の逆数で，音波の 1 回の振動に要する時間を表わしている．波長 λ は，音波の 2 つの同等の点が互いに空間的にどれだけ離れているかを示す（図 10A.1 の横軸が時間でなく距離だったら，P と書かれた長さは波長 λ にあたる）．この距離は振動の速さ，および音波の媒体中を伝わる速さ，すなわち音速 c（m・s^{-1}）によって決まる．音速は媒体によって異なる．空気中ではおよそ 330 m・s^{-1} だが，水中でははるかに速く，1,500 m・s^{-1} である．媒体が固体の場合が最も速く，たとえば鋼鉄中では 6,000 m・s^{-1} にもなる．人間に聞こえる周波数域の波長は，低い限界（$f = 20$ Hz）が約 16.5 m，高い限界（$f = 20,000$ Hz）が約 1.65 cm となる．音を生み出し送り出す能力のいろいろな面が，出す音の波長に関わっているので，これらの数値を覚えておくことは重要である．

　音の強さ I は，音によって運ばれているエネルギーを表わす．前記の音の圧力 p は，音波中のポテンシャルエネルギーの大きさを示す．音が空気中を進むと，圧力の波が通過し，そのときにこのポテンシャルエネルギーが空気の分子を前後に動かす働きをする．これらの動きは非常に小さく，水素原子の直径くらいだが，それでもやはり仕事であって，動く距離と動かす力との積で表わされる．音の場合，仕事率は，音の圧力とそれが動かす空気粒子の速度の積になる．音の強さはワット/平方メートル（W・m^{-2}）の単位をもつ．音の強さは次の式によって圧力と関係づけられる．

$$I = p^2/2\rho c \qquad [10.\text{A}2]$$

ρ は媒体の密度である（空気の場合およそ $1\,\text{kg}\cdot\text{m}^{-3}$).

音の強さは直接測れる．音の圧力の大きさがゼロならば，音がしないことにあたる．音の強さはある標準と比較して，あるいは何か他の音と比較して測られることが多い．この場合の比較のための標準はデシベルで略して dB と書く．音のデシベル量は 2 つの音の強度の比から計算する．

$$\text{dB} = 10\log_{10}(I_1/I_2) \qquad [10.\text{A}3]$$

等しい強度の 2 つの音は，たがいに 0 dB 異なる（$I_1/I_2 = 1$ であり，1 の対数は 0 だから）．他方より 10 倍大きい音（$I_1/I_2 = 10$）は 10 dB 大きく（$\log_{10}10 = 1$），音が 100 倍大きければ（$I_1/I_2 = 100$）20 dB 大きくなる（$\log_{10}100 = 2$），という具合だ．逆に他方の 100 分の 1 の音（$I_1/I_2 = 0.01$）は，他方とは -20 dB 異なることになる（$\log_{10}0.01 = -2$）．

デシベルの比較はさまざまな方法で使える．通常は定められた標準音に対して比較をする．残念ながら標準は標準でしかない．工学者とオーディオマニアはそれぞれもっともな理由があって，標準音として異なった決まりを採用している．物理学では標準は 200 µPa の圧力の変動で，約 $6 \times 10^{-11}\,\text{W}\cdot\text{m}^{-2}$ の強度に当たる．オーディオマニアは人間が聴くものを設計するため，周波数によって変化する耳の音響学的な挙動をもとにして標準を決めている．しかしデシベルの比較は 2 つの非標準音の間，たとえば振動数スペクトルのピーク間などでおこなわれることの方が多い．たとえば，もし音が 1 つの優勢な周波数（基音）といくつかの倍音で構成されているとすると，倍音は基音に対して○○デシベルであると記述される．また，ある音は付随している雑音よりも△△デシベル大きいなどといわれる．

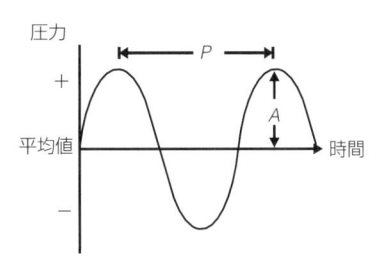

図10A.1　圧力の正弦曲線．振幅（A）と周期（P）を示す．

ない．結局コオロギの翅は，音を生み出す「エンジン」つまり翅の筋肉と，音の発生装置つまりハープといわれる翅のしなやかな膜の部分とを組み合わせた伝達の手段だ．ハープ膜を振動させると音が出る．ちょうどティンパニーの皮をばちで打つと振動して音が出るように．ハープを振動させるエネルギーは，コオロギの翅の2つの特殊な構造が関わる複雑な仕組みによって膜に与えられる．一方の翅にはやすりがあり，歯といわれる隆起がずらりと並んでいる．他方の翅には固いばちがある．翅が動かされて互いにずれると，ばちがやすりを横切ってすべり，やすりの歯にひっかかっては離れることを繰り返す．ばちが歯に捕まっているときは，ハープ膜は翅の筋肉の一定の圧力によってわずかに引き伸ばされる．ばちと歯が離れると引っ張られていた膜が急に緩み，解放されたエネルギーがハープ膜を振動させる．振動は徐々に弱まり，20〜30回ほどで止まる．この振動で出る音が「トーン」を構成し，「リーという音」はやすりのたくさんの歯を横切ってばちが引きずられるときに出る．「リー」の中のトーンの数は歯の数と一致する．

エネルギー論と音の発生

大きな音を出せばコオロギにとって利益が見込まれるのだが，そうするには物理的に重大な障害がある．もっとも深刻な問題は，翅の筋肉がする仕事をどれだけ効率的に音のエネルギーに変換できるかだ．音響物理学からみると，コオロギのハープはこれにかけては非常に非効率的だ．

コオロギはエネルギーをある形（筋肉による機械的な仕事）から別の形（ハープの共鳴振動）に変換して音を作り出す．次にハープの振動によって空気を振動させて，音を八方に響かせなければならない．これらのエネルギー変換はどれも熱力学の第1，第2法則によって縛られている．どの段階もエネルギーを保存しなければならず，また変換はある効率以上ではできない．音による意思伝達を完全に理解するには，これらの束縛を理解する必要がある．

まず，単純な音の発生装置，前後に振動させられる円盤について考えよう．円盤は音を伝える媒体（空気としよう）に取り巻かれているとする．いまのところはエンジンが何であるかを気にする必要はない．ただ円盤に対して Q_m の量の機械的仕事をしていると考えればよい．第1法則から，エンジンがする仕事は保存されなければならないことがわかる．エンジンから円盤へ伝えられるエネルギーは，円盤か

ら周囲の媒体へ伝えられるエネルギーに等しくなければならない．このエネルギーが音となるかどうかは，円盤が媒体に対してどんな種類の仕事をするかによる．そしてこの仕事の種類というのは，媒体自身の密度・粘度・剛性などの性質によって影響される．核心は2つの問いだ．第1に，振動する円盤はまわりの空気に対してどんな種類の仕事をするのか，第2に，これらの種類の違う仕事がどのように音に変換されるのか？

最初の問いに関しては，答えは振動の速さに大いに依存する．まず，円盤が非常にゆっくり前後に振動していると考えよう．前後に動く円盤は，まわりの空気にも同調した動きをさせる．円盤の前面——前方へ動いている面——では空気は前へ押され，後面では空気は円盤に引き寄せられる．それと同時に円盤の端の周囲にある空気は反対方向へ動く．つまり円盤の前面から，端を回りこんで後面に向かって流れる．空気には質量があるので，それを動かすということは加速することだ．したがって空気の慣性に打ち勝つためには仕事がされなければならない．この仕事を慣性の仕事と呼ぶことにし，なされる慣性の仕事の量を I とする．

さて円盤の振動速度を上げていこう．振動速度が遅いと，円盤がする仕事のほとんどすべてが慣性の仕事になる．しかし振動速度が上がると，円盤のまわりにかなりの圧力が発生する．高速道路をスピードを上げて走っている車が圧力を受けるのとちょうど同じだ．具体的には，空気が圧縮される円盤の前面では圧力が上がり，空気が一時的に希薄になる後面では下がる．振動が速ければ速いほど，これらの圧力の上がり下がりも大きくなる．前に述べたように，圧力を上げるにはポテンシャルエネルギーを高めなければならず，空気にポテンシャルエネルギーを与えるには仕事をしなければならない．したがってエンジンが円盤に対してする仕事は，慣性の仕事に全部回すわけにはいかない．一部は空気にポテンシャルエネルギーを与えるために割かれる．

音を作り出す秘密は，このポテンシャルエネルギーがどうなるかということに隠されている．円盤が一番前や一番後に来たとき，円盤の前面と後面には圧力差ができる．この圧力の一部は円盤の戻る動きを助ける．つまり空気の圧力として蓄えられたポテンシャルエネルギーの一部は，回収されて円盤が振動するのを助ける．この仕事を備蓄性の仕事と呼ぶことにし，なされる備蓄性の仕事の量を C で表わす．

振動速度が十分速いと，すべてのポテンシャルエネルギーが備蓄性の仕事をするわけではない．円盤の前面で圧縮された空気の一部は，その先の空気を圧縮するの

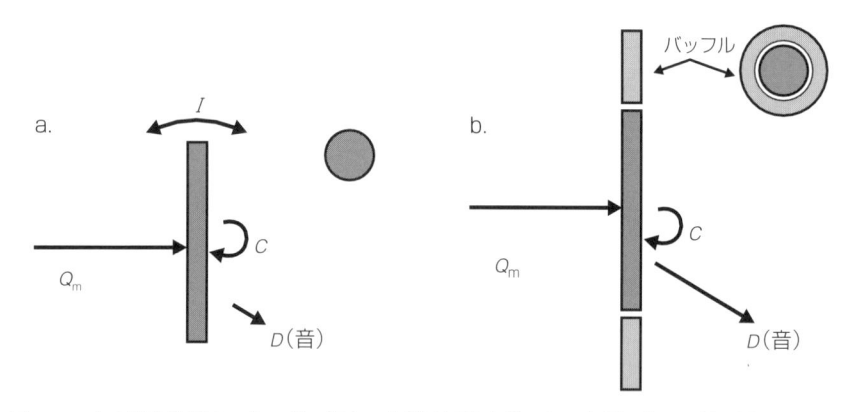

図10.2 音の発生装置のエネルギー収支．左側は円盤を横から，右側は上から見た図．a：エンジンが発生装置に対してする仕事 Q_m は，発生装置から慣性の仕事 I，備蓄性の仕事 C，あるいは散逸性の仕事 D となって出てこなければならない．b：発生装置の周囲にバッフル（調節板）をつけると，音として出てくるエネルギーの割合が大きくなる．

に使われ，弾性収縮の波を発生させ，それが高圧力の山として伝わっていく．円盤が後へ戻るときには空気を一緒に引き戻し，弾性収縮の波をふたたび送り出すが，今度は低圧力の谷として伝わる．この伝播していく上下動する圧力の波がもちろん音波だ．この弾性収縮を作り出すエネルギー部分を散逸性の仕事と呼ぶことにし，仕事の量を D で表わす．

これで物理的であれ，生理的であれ，音響学の重要なことがらの１つ，つまりエネルギー収支の問題を理解できるようになった（図10.2）．円盤の動きに関わるエネルギー収支には，慣性の仕事 I，備蓄性の仕事 C，散逸性の仕事 D の３種類の仕事が含まれる．円盤の動きを通して流れるエネルギーは，単純なエネルギー収支の式として表わされる．すなわち円盤が空気に対してする仕事は，エンジンによって円盤になされる仕事 Q_m と等しくなければならない．

$$I + C + D = -Q_m \qquad [10.1]$$

（Q_m の前にマイナス記号が必要なのは，円盤に対してなされる仕事と円盤がする仕事を区別するため．）

静かなコオロギ

　コオロギの歌う声は小さいはずだという根拠は式 10.1 にある．音は散逸性の仕事というたった 1 種類の仕事によってのみ生み出される．音を効率的に出すためには，エンジンから円盤に供給されるエネルギーが主に散逸性の仕事に向けられるように円盤のエネルギー収支を操作することが必要だ．備蓄性の仕事や慣性の仕事は音を生み出さないからだ[2]．あいにく鳴く虫のほとんどは小さく，音の発生装置が小さいと性能もよくない．供給されるエネルギーの非常に多くが備蓄性の仕事や慣性の仕事になってしまうのだ．この問題は少し計算をすればはっきりする．

　音の発生装置は作り出す音の波長に比べて大きくなければならないというのが音響学の経験則だ．波長は隣り合う音の波の圧力の高い点と高い点の間の距離だ（時間ではない）．具体的にいうと，発生装置の直径 d は，音の波長 λ を π で割った値より大きくなければならない．

$$d > \lambda/\pi \qquad [10.2]$$

これはコオロギ類にとって望ましくない．よく知られたカンタンのハープを例として考えよう．カンタンはおよそ 2 kHz の周波数で鳴く．音波の波長 λ（単位は m）は，音速 c（空気中ではおよそ 330 m・s^{-1}）を周波数 f（Hz）で割ったものになる．

$$\lambda = c/f \qquad [10.3]$$

したがって $f = 2{,}000$ Hz の音波なら，空気中の波長は約 165 mm になる．しかしカンタンのハープの直径はわずか 3.2 mm ほどで，50 分の 1 しかない．経験則からこのハープは（3.2mm ×π）≃ 10 mm の波長の音ならかなりよく出せる．これは空気中ではおよそ 33 kHz あるいはそれ以上の周波数にあたる．しかしカンタンはそんな音ではなく，2 kHz の音を出す．したがってカンタンのハープは非常に性能の悪い音の発生器だ．しかしこれは必ずしも悪いことではないと，急いで言い添えておきたい．非常に効率の悪い発生器でさえ，音のさまざまな性質を巧みに操作しさえすれば，意思伝達の役に立つのだ（Box 10B に例をいくつか挙げた）．

---

[2] 音の波長に満たないほどの非常に近いところへ音を伝える昆虫の場合は，これは厳密には正しくない．

Box 10B　音と戯れる

　コオロギのハープの性能の悪さは大した問題ではないようだ．そうでなければ，自然選択を受けながら性能の悪いシステムが発達してくるだろうか？　エネルギーを備蓄性の仕事や慣性の仕事に使っても雌を惹きつけるのに役立たないばかりでなく，子孫を残すのに使えるはずのエネルギーを消耗する．この腑に落ちないことが，現実には存在している．しかしこの点に関しては，音響効果の制約の観点から見ると，コストと利益には微妙な相互関係があることが明らかになる．コオロギ類の棲む自然選択の場を形づくっているのは，この微妙な相互関係なのだ．

　カンタンのハープは効率を優先して考えれば 33 kHz 以上の音を出すべきだ．これだけ高い周波数は，ほとんどの動物の可聴域をはるかに超えているが，昆虫が意思伝達に使えないという理由にはならない．実は使っている昆虫もいて，翅で音を出す昆虫にも 55 kHz もの高周波数を出す種類がいる．しかし高周波数の音の問題の1つは，環境中を伝播しにくいことだ．たとえば 33 kHz の音は，1 m 伝播するごとに強度が約 1 dB 弱まる．昆虫から 10 m 離れたところまで伝わったときには音の強度は 90 % が失われている．しかし 2 kHz では，損失ははるかに少なく，1 m ごとに 0.01 から 0.1 dB に

カンタン *Oecanthus burmeisteri* のバッフル葉

　しかし性能の悪いハープをもったコオロギでも，雌の注意を引くために他のコオロギと競争しなければならない．他の面がすべて同じだとしたら，音を出す性能をほんの少しでも改善できたコオロギは利益を得るはずだ．単純な1つの解決策は音の発生器をバッフル——振動する円盤を納めるための穴を開けた壁のようなもの——にはめ込むことだ．バッフルは円盤の端の周囲の空気の動きを物理的に邪魔するものとして働く（図 10.2）．空気を動かすはずだったエネルギーは，円盤の前面の圧力の増加に振り向けられる．その一部は音を作り出すことになる．スピーカーや高音質の再生に関わったことのある人なら，バッフルのこの性質をよく知っているだろう．スピーカーにとにかくバッフルをつけて音波の干渉を防がないと，音の質がひどいことになるのだ．

　昆虫にはこの秘訣を学んだものがいる．南アフリカのコオロギの仲間のカンタンはその際立った例だ．このカンタンのハープは約 2 kHz の周波数で振動するので，これまででおわかりのように，音の発生器としては非常に効率が悪い．ハープにどうしてもバッフルをつけざるを得ない．コオロギ類はすべてある程度のバッフルを

すぎない．この割合だと，90％減衰するまでに 100 から 1000 m も音を伝えられる．

　この問題は，自然選択が好むのは音作りの効率のよさしかないはずだという根拠をかなりぐらつかせる．実際に音響効果の物理的制約があるために，非効率な音作りでもかなりうまく役目を果たすことがある．たとえばコオロギが音作りにかけられるエネルギーが X ジュールあるとしよう．コオロギはこのエネルギーを使って，製作効率はよいが遠くまで届かない（高周波数の）音あるいは，遠くまで届くが製作効率の非常に悪い（低周波数の）音を出すことができる．実際には，後者の戦略を取る可能性が高い．エネルギーをある効率で 33 kHz の音に変えたときと，その効率の 0.1％の効率で 2 kHz の音にしたときで，ほぼ同じ音量になる．

　この議論を展開したのは，コオロギの歌の進化に影響を与えてきた自然選択の場で，エネルギーの音への変換効率が重要でないと主張するためではない．むしろ私は次の2つの結論を述べたいのだ．第1は非常に明らかだが，エネルギーを音に変換する際の絶対的な効率は，それ自体では音を出す器官の良し悪しの十分な判断基準にはならないこと．第2は少し間接的だが，性能の悪い音の発生器では，効率がほんのわずか上昇するだけで大きな成果につながることだ．たとえば X ジュールのエネルギーを使って 2 kHz の音を出すのに，33 kHz の音の 0.2％の効率にできれば音の広がりは 8 倍になり，コオロギの歌の効果は急上昇する．

ハープにつけている．ハープ膜が翅の中央にあり，周囲の翅がバッフルとして働くようになっているのだ．しかし翅自体が小さいので，その効果は限られている．バッフルはその直径が音の波長の 3 分の 1 以上のときに最も効率がよい．2 kHz の音の波長は 165 mm なので，バッフルの直径は少なくとも 55 mm はほしい．これより小さいバッフルでも多少は役に立つが，55 mm のバッフルには及ばない．コオロギ自身の翅は 10 mm × 5 mm くらいなので，非常によいバッフルとは言いかねる．

　このカンタンは自分でもっと大きなバッフルをこしらえてこの問題を克服している（図 10.3）．彼らは葉を常食とし，葉に小さい穴をあけたり，縁から一部をかじりとったりする．しかし雄は雌に呼びかける前には，葉の真ん中におよそ 8 mm × 14 mm の洋梨形の穴をあける．彼らの使う葉は，小さくても 70 × 80 mm くらい，大きいと 170 × 300 mm もある．カンタンが鳴くときには，洋梨形の穴の真ん中に翅がはまり込むように，自分の位置を定める．葉や穴の寸法とカンタンの位置から，葉はバッフルとして働いていると考えられる．これは音の発生が向上するかどうかで証明され，実際によくなっている．葉のバッフルを使っているカンタンの声は，使っていないものよりも 2.5 から 3.5 倍も大きい．音は 3 次元に広がるので，

葉のバッフルの中で歌っているカンタンは，そうでないカンタンよりも15から47倍も広く歌を響かせることができる．

小さな音波発生器の性能を上げる

音の発生器の周囲のバッフルは確かに役立つが，効率を上げる最良の方法ではない．1つには，バッフルは仕事の慣性成分を完全には除かないからだ．不完全なバッフルのせいで，ある程度は慣性エネルギーが使われる．たとえばカンタンの葉のバッフルは翅の周りにぴったりとは合わず，翅の外側の縁と葉に開いた穴の内側の縁の間の空気が多少は前後に動くので，慣性の仕事へ回るエネルギーを減らしはするが除きはしない．たとえ葉のバッフルが翅にしっかりと固定されたとしても，慣性の仕事を排除できない．ハープ膜が内と外へ交互にふくれたりへこんだりするたびに，膜からバッフル面に平行に空気が動く．これも音を発生させるエネルギーを奪う．

図10.3　葉のバッフルを使って歌っている雄のカンタン．
[Prozesky-Schulze et al.（1975）より]

楽器製作者など音響関係の仕事をする人たちは，小さな装置の音響性能を相当に上げるうまい方法を何世紀も前から知っている．確かにこの方法のもとになっている物理的特性を理解すれば，備蓄性や慣性の仕事に回るエネルギーを完全にゼロにする完璧な音響装置製作の可能性を示してくれる．この方法は装置を無限に長い拡声器の中に収めるというものだ．

拡声器は音の増幅装置や楽器のおなじみの構成要素だ．一般に拡声器は音波を内側の壁に反射させて音を方向付けるものと考えられている．ちょうど懐中電灯内の曲がった鏡が電球からの光を反射させるように．この考えでは，拡声器が音を集中させるので音が大きく感じられるということになる．しかしたいていの場合，音響用の拡声器はまったくそのようには働かない．ほとんどの可聴音は波長が長いので，

可能な内部反射の度合いは限られる．内部反射は非常に高周波数（非常に短波長）のところでのみ重要らしいのだ．

無限に長い拡声器は，音の発生器が慣性の仕事も備蓄生の仕事もできないようにする[3]．たとえば拡声器を無限に長くすると，その中の空気の質量も無限に大きくなる．無限に大きな質量をどんなに強く押しても，それを加速することはできない．したがって音の発生器は拡声器の軸に沿った慣性の仕事はまったくできなくなる．音の発生器の側面をぴったり閉じてしまうと，その表面に平行に作用する慣性の仕事の成分も除くことになる．その結果，発生器はまったく慣性の仕事をしなくなる．最後に，無限に長い拡声器の中に空気を包み込むと無限の容量となり，無限の容量は備蓄性の仕事ができるエネルギーを蓄えられない．すると発生器からエネルギーが逃げ出す道はたった1つしか残らない．散逸性の仕事からなる弾性の波，つまり音になって逃げ出すしかなくなる．

もちろん無限に長い拡声器のようなものはない．有限の長さの拡声器は，ある有限の質量と容積の空気しか含んでいないわけで，結局音の発生器はこの空気に対して少なくともある程度の慣性と備蓄性の仕事をすることになる．しかし有限の拡声器を完璧な発生器に近づける方法がある．1つの単純なやり方は，拡声器を特別な形にすることだ．拡声器の形にはさまざまあるが，よく見られるのは3種類だ．円錐形の拡声器は，名前からわかるようにまっすぐな母線をもつ単純な円錐で，かつてチアリーダーが使っていたメガホンのようなものだ．放物線型の拡声器は，発生器のある喉元で大きく広がり，音の出口に近づくにしたがって広がり方は緩やかになる．指数関数型の拡声器は，優美なトランペットの形のように，喉元よりも出口の方の広がり方が大きい．3つのうちで無限に長い拡声器の性能に最もよく似ているのは，指数関数型の拡声器である．

拡声器が周波数を変える仕組み

有限の長さの拡声器は，興味深い方法で音響的な短所を長所に変えてくれもする．有限の拡声器に包まれた空気は，質量や弾性をもち，圧縮された後に反発して元に戻るので，慣性力をもつ．したがって拡声器の中の空気は共鳴できる．指数関数型

---

[3] 音響科学の専門用語では，無限に長い拡声器は発生器に対して完全に抵抗性の負荷をかけるという．そういわれるのは，電流が抵抗によって制限されるように，音のエネルギーの散逸量が空気の弾力的な性質によって制限されるからである．

の拡声器の共鳴周波数は長さに依存する．一般的には短い拡声器は長いものより高周波数で共鳴する．しかし拡声器中の空気に共鳴運動をさせると，何が音の発生器で何が送り出されるのかという形勢が少し逆転する．ここまでのところでは発生器が空気の振動を送り出すと考えていたが，拡声器中の空気が共鳴運動をすると空気が発生器の振動を送り出すことができるようになるのだ．これは音を大きくもするが，音の純化にも役立つ．つまり音がより純粋な音色となって出てくる．例として，多くの楽器に共通する音の発生器，リードの振動を考えよう．

息がリードの端を通り過ぎると，リードがそれ自体の質量と固さによって決まる共鳴周波数で前後に振動する．するとリードの振動が周囲の空気を振動させて音を生み出す．リードから生じる音の主要な周波数はリードの振動数に等しいが，他の周波数の音も多数生じる．これらはさまざまな原因から生じる．リードが不完全に振動したり，空気の流れがリードの周囲で乱れたり，いろいろだ．これらの副次的な周波数が混じるとリードの音が「汚く」聞こえる．「雑音」は音のエネルギーを縦軸に，周波数を横軸にしたグラフ，周波数スペクトルを描けばわかりやすい（図10.4c）．音のエネルギーの大部分はリードの共鳴周波数に集中するが，「雑音」は共鳴周波数の両側にエネルギーの「裾の広がったスカートのような形」となって現れる．リードから生じる音のエネルギーは，これらの周波数全体に分布する．したがって共鳴周波数の音の大きさは，これらの付随する周波数に費やされるエネルギーによって制限される．

拡声器中のかなり大量の空気の塊が共鳴運動をすると，その空気はリードを振動させることになる（図10.5）．するとリードの邪魔な副次的な振動は，拡声器中の空

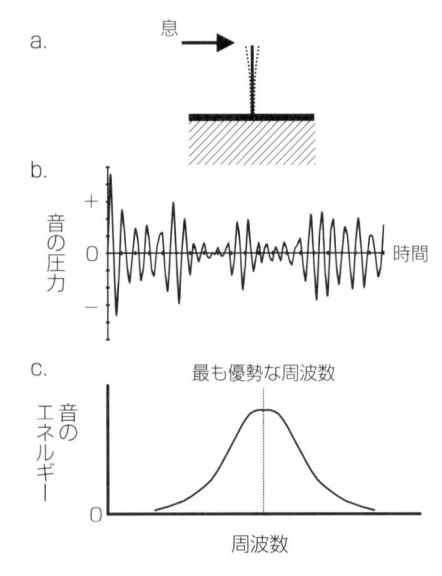

図10.4 独立したリードの振動と出される音．
a：息がリードの端を通り過ぎると，乱れた渦が生じ，リードを振動させる．b：リードの振動の副次的な成分から生じる音の圧力の無秩序な変化．c：リードの振動エネルギーの周波数スペクトル．

気の共鳴振動に同調してくる．これには2つの利点がある．1つ目は，リードから生じる音がより純粋になること，つまり共鳴周波数が圧倒的になる．2つ目は，共鳴周波数をもつ音が断然強くなることだ．副次的な周波数中のエネルギーは消滅したのではなく，ただ共鳴周波数に振り向けられたのだ．

クリプシュホーン

楽器製作者は，有限の拡声器の音響的な短所を長所に変える別の方法も知っている．管楽器は，音の発生器と拡声器だけからできているのではない．奏者の口腔も楽器の一部だ．音響学的には，楽器全体は拡声器の空間と，振動する音の発生器（奏者の唇かリード）と，奏者の口腔に当たる広い空洞の球（バルブ）が直列に並んだものだ（図10.6）．この配列はクリプシュホーンといわれる．

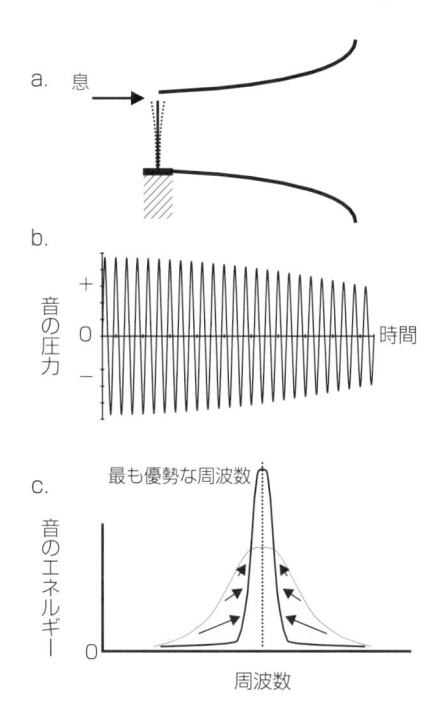

図10.5 指数関数型の拡声器に収められたリードの振動と出される音．a：拡声器に収められたリード．b：拡声器内のリードはより均一な振動をする．c：エネルギーの周波数スペクトルは，最も優勢な周波数にエネルギーが集中することを示している．

　クリプシュホーンの中の音の発生器は，周囲の空気に対して備蓄性の仕事も慣性の仕事もおこなう．しかし拡声器の一方の端が開いているので，発生器はその中の空気に対して主に慣性の仕事をおこない，バルブの中に閉じ込められている空気に対しては，主に備蓄性の仕事をおこなう．クリプシュホーンは音響学的には，直列に並んだ抵抗とコンデンサーのようなものだ．この配列は拡声器の中の空気をより強く共鳴させ，慣性と備蓄性の仕事を非常に効率よく音に変えさせる．弾性と質量の共鳴系の周波数が，質量と固さの調節によって「調整」できるように，クリプシュホーンの共鳴周波数もバルブの容量と拡声器の長さを調節すれば調整できる．
　クリプシュホーンは送り出す周波数の領域を広げることもできる．これらのホー

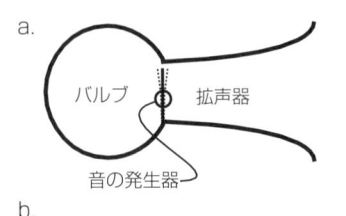

図10.6　クリプシュホーン．a：音の発生器，拡声器，バルブの相対的な位置．b：クリプシュホーン内の音のエネルギーに対する等価回路．バルブはコンデンサーとして働き，抵抗として働く発生器や拡声器と直列につながっている．

ンはいろいろと素晴らしいことができるのだが，それには制約がある．音の周波数がカットオフ周波数 f^* といわれる臨界値より下がると，性能は一般的に悪くなる．カットオフ周波数は拡声器の広がり方に依存し，次の式で記述される．

$$A_x = A_0 e^{\mu x} \qquad [10.4]$$

A_0 と A_x はそれぞれ喉元および喉元から x の距離の拡声器の断面積，μ は広がり定数という定数である．カットオフ周波数，f^* は次の式によって理論的に見積もられる．

$$f^* = \mu c / 4\pi \qquad [10.5]$$

したがって低周波数をうまく送り出すには，拡声器の広がり定数を小さくしなければならない．よい設計の拡声器の広がり方は，送り出される最低の周波数の約 1 オクターブ下がカットオフ周波数になるようにしてある．カットオフをできるだけ鋭くすると，性能も向上する．通常のホーンはこの鋭さの点でも劣り，カットオフよりずっと高い周波数でも音響性能はかなり低下する．音響技術の専門用語でいうと，周波数応答曲線の「裾」が広い．しかしこのようなホーンをクリプシュホーンとして設計すると，カットオフ周波数を「より鋭く」できる．すなわちクリプシュホーンは f^* に非常に近い周波数でも高性能を維持する．

ケラ類の歌う巣穴

楽器製作者たちはこれらのホーン設計の原則のほとんどを昔から知っていた．音響技術者たちがその正当性を認めるに至る何世紀も前だ．別に音響物理学を軽んじるつもりはない．音響物理学は楽器の設計原理に理論的な基礎を与えた．これは紛

れもなくよいことだ．しかし楽器の最初の設計者は，この種の知識を仕事にもち込まなかった．彼らの設計の知識は，絶え間なく修正・改良されながら師から弟子へ伝えられる，文化的な基準の集大成を基盤としていた．

上の記述が自然選択と似ているように聞こえたら，私の思惑が図に当たったのだ．楽器の設計や製作に新たな試みを導入して成功した者には莫大な報酬がもたらされた．だからアントニオ・ストラディバリは大金を遺した．同様に，音の発信能力にしろ受信能力にしろ，意思伝達する能力を高めた動物には，高い報酬（もちろん金銭的にではなく，繁殖の面で）が与えられただろう．実際に，昆虫の使う音響装置は自然選択によって驚くほど改良されてきた．たとえば昆虫の耳は，設計や機能にかけては脊椎動物の眼に劣らない優れた器官だ．だがここでは，ある昆虫が体外に作る音響構造の性能を高めていく際立った例を取り上げよう．

この音響装置は，ケラ科に属する比較的大型のコオロギ類，いわゆるケラの仲間によって作られる．彼らは地中に網目のように広がったトンネルを掘る習性がある．牧草地や畑に非常に密にトンネルを掘るので，ケラは農業の重大な害虫だ．しかしここで問題とするのは彼らの歌であって，経済的な影響ではない．

ケラの体はかなり大きいが（体長 6 cm にもなる），特に大きいハープはもっていない．ケラの歌の調べは大体 1.5 kHz から 3.6 kHz までだから，彼らのハープは比較的長波長の音を発していることになる．つまりケラの音の出し方はうまくはなく，多くのコオロギ類と同様に，弱い音しか出せないはずだ．それでもケラは実際には動物の中でも最大の音を出すものの 1 つだ．ケラの歌は 600 m 離れたところでも聞こえる．ヨーロッパ産のケラ *Gryllotalpa vinae* は，自分の周りの半径 20 cm くらいの地面を目に見えるほど振動させる．

ケラは歌う巣穴を作ってこのすばらしい芸当をやってのける．この穴には期せずして，ホーンを優秀な音響装置にする特性の多くが組み込まれている．アメリカ産のケラ *Scapteriscus acletus* が作る歌う巣穴を見れば，これらの設計特性がよくわかる（図 10.7）．ケラのトンネルの 1 つは拡張されて丸い部屋（バルブ）になっている．歌う巣穴はそのバルブから初めは水平に伸びた後，上へ向かい，次第に断面積が大きくなる．地表に開いた口はかなり大きい．バルブから伸びるトンネルは拡声器と呼ばれ，実際に指数関数型の拡声器のように広がっている．バルブと拡声器の間は狭くくびれている．雄のケラが鳴くときは，このくびれのところで穴の奥を向き，翅とくびれの位置が一致するようにする．この配置はよく御存じだろう．そう，

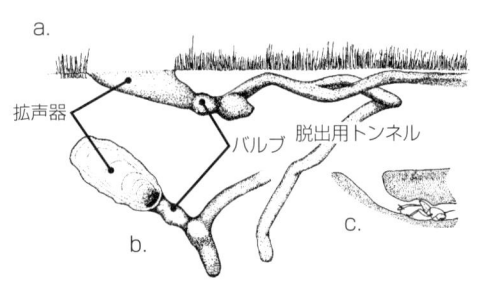

図10.7　ケラ Scapteriscus acletus の歌う巣穴．a：側面図．拡声器とバルブはクリプシュホーンと同様の配置で並んでいる．b：平面図．拡声器の内側の薄い線は，イラストレーターが付け加えた等高線．c：歌っているケラの位置と向きを示す断面図．[Nickerson, Snyder, and Oliver（1979）より]

クリプシュホーンだ．これらの昆虫は，楽器製作者が性能を上げるために思いついたのと同じ解決策を思いついたようだ．

　しかし類似性に夢中になる前に，重要な疑問を呈しておかなければならない．穴の形は非常に興味深いが，クリプシュホーンに似ているのは形だけかもしれない．本当にクリプシュホーンのように働くのだろうか？　音響学の技術者が築いてくれた物理の基礎がここでこそ役に立つ．これを使えば，穴の形からその性能が予測できる．予測される性能が，ケラの歌のいろいろなデータと適合すれば，穴は実際にクリプシュホーンとして働いているのだろう．すぐに3つの疑問が浮かぶ．最初に，穴のカットオフ周波数は，増幅しなければならない音の周波数より十分小さいだろうか？　2つ目に，穴が囲んでいる空気は，ケラのハープの共鳴周波数に一致する周波数で共鳴するのだろうか？　3つ目に，トンネル内のバルブはクリプシュホーンのバルブのように働けるのだろうか？

　指数関数型拡声器のカットオフ周波数は，広がり方によって決まることをすでに述べた（式10.5）．Scapteriscus の穴を計測すると広がり定数はおよそ $49.5\,\mathrm{m}^{-1}$ なので，式10.5からカットオフ周波数は約 $1.3\,\mathrm{kHz}$ となるはずだ．このケラの翅のハープ膜は $2.3\,\mathrm{kHz}$ から $3.0\,\mathrm{kHz}$ の範囲の周波数で共鳴する．したがってハープの共鳴周波数は，穴のカットオフ周波数よりおよそ1オクターブ高い．これは楽器製作者が拡声器を作るときに用いる「経験則」だということを思い出しただろうか．ここまでは，大変よろしい．

　拡声器はまた，ハープの共鳴周波数に近い共鳴周波数をもたなければならないが，それはどうだろうか．この疑問に答えるのにも音響理論が役立つ．残念ながら公式

はかなり複雑なうえ，大まかで，勝手な数値を入れられそうな項が含まれている．この式のたった一つのよい所は，けっこう正しい答えが出るところだ．ホーンの共鳴周波数 f_0 は，以下の式で表わされる．

$$f_0 \fallingdotseq c/2L \times \sqrt{[1+(L/\pi h)^2]} \qquad [10.6]$$

L はホーンの有効な長さ（実際の長さ + ホーンの開口部の半径の 0.6 倍），h はホーンの直径がおよそ 2.72 倍（実際は自然対数の底である e 倍）に増加するのに必要なホーンの長さである．これらの量はすべて穴の石膏模型から簡単に見積もれる．*Scapteriscus* の穴では，h の値は約 40 mm，長さは 65 mm から 85 mm，開口部の半径の平均値は 20 mm から 25 mm である．これらの値を式 10.6 に代入すると，穴の共鳴周波数は 2.6 から 2.8 kHz と見積もられる（訳注 1）．これはハープの共鳴周波数 2.5 から 3.0 kHz とみごとに重なる．ここでも穴の特徴は，これが指数関数型のホーンとして働いているという考えと一致する．

バルブのサイズもクリプシュホーンとして期待されるくらいの大きさだ．音響技術者が示す公式はさらに大まかなものだが，最もよい式（クリプシュ自身のもの）によれば，クリプシュホーンのバルブの容量 V は，

$$V = 2.9 \, AR \qquad [10.7]$$

となるはずだ．A はバルブと拡声器の間の狭窄部の断面積，R は拡声器の断面積が 2 倍になるのに要する長さである（R は広がり定数 μ に関連する [式 10.4]）．*Scapteriscus* の穴では，A は 110 から 150 mm^2，R は 13 から 15 mm である．式からはバルブの容量はおよそ 4,150 mm^3 から，大きいもので 6,530 mm^3 になると計算される．実際の部屋の容量は約 7,000 mm^3 あり，容量の測定自体がそれほど正確でないことを考慮すれば，かなりよく一致している．その上，他の種類のケラが作る歌う巣穴についても，この一致が見られる（表 10.1）．

したがってケラの穴がクリプシュホーンとして作用していることに，形状的には矛盾はない．しかし実際にこの穴は，ケラのハープから出る音をクリプシュホーン

訳注 1） 著者が用いたと思われる音速（330 m・s^{-1}，227 ページ）を代入して計算すると共鳴周波数は 2.1 から 2.5 kHz となりハープの共鳴周波数とは食い違うが，この音速は気温が 0 ℃のときのものであり，25 ℃での音速（約 346 m・s^{-1}）を用いると共鳴周波数はもう少し上がる．さらに穴の長さなどの測定値が少し変わるだけで計算結果が左右されるので，結局ハープの共鳴周波数と一致するのだろう．

表10.1　3種のケラの歌う巣穴のバルブ容量

種	歌の最も優勢な周波数 (kHz)	バルブの期待される容量 (mm^3)	バルブの実際の容量 (mm^3)
Scapteriscus acletus	2.75	4,100〜6,500	7,000
Gryllotalpa vinae	3.40	12,700〜19,700	10,250〜15,500
Gryllotalpa gryllotalpa	1.60	15,600〜21,000	12,500〜16,000

がやるように増幅しているのだろうか？ これに関しても，強く裏づける証拠がそろっている．ケラのハープを模した発音器を穴の中において，そこから出る音の強度を測定すれば，穴による増幅が見積もれる．この音を外に独立に置いた発音器の音と比べれば，増幅が直接見積もれる．確かに Scapteriscus の穴は音を増幅する．それもハープの共鳴周波数だけでなく，2.5 kHz から 3.0 kHz の周波数領域にわたって増幅する．増幅率は非常に大きく，このケラのハープの共鳴周波数（2.7 kHz）では最も大きく，250倍にもなる．このことから穴はハープ本来の周波数で共鳴するようになっていることが強く示唆される．穴の構造に変更を加えることによって，さらに別の証拠が得られる．たとえばバルブの中を掘って手を加えると，備蓄性の仕事をバルブに振り向けるというクリプシュホーンの特徴が台なしになるので，増幅が減少する．実際にバルブの中を掘ると，穴からの音の発生が 6 から 12 dB 落ちる．

したがってこれらの証拠から，歌う巣穴，少なくとも Scapteriscus のものは，ハープから出る音を増幅していることが確認されるようだ．ケラがここから得る利益はいろいろあるが，何といっても明白なのは筋肉の仕事から音への効率的な変換だ．これが拡声器のまず第1の存在価値だ．筋肉の仕事から音への変換は，やはり歌う巣穴を作るヨーロッパ産の2種類のケラ，Gryllotalpa vinae と Gryllotalpa gryllotalpa について見積もられている（これらについては後に詳しく検討する）．比較のために，歌う巣穴を作らないヨーロッパクロコオロギ，Gryllus campestris についてもこの見積もりをおこなった．結果は表10.2にまとめてある．

結果はいろいろで考えさせられる．まず，穴の中にいる Gryllotalpa vinae は明らかに大スターだ．筋力の何と34％が音に変換される．これは人間には達成できない素晴らしい効率だ．市販のスピーカーの変換効率はたいてい2％ほどだ．Sca-

表10.2 ヨーロッパ産の3種のケラ・コオロギ類の,音の発生に使われる筋力と生じる音の強度の比較

種	筋力 (mW)	音の平均出力 (mW)	効率 (%)	歌の周波数 (kHz)
Gryllotalpa vinae	3.5	1.2	34	3.6
Gryllotalpa gryllotalpa	1.0	0.025	1.5	1.6
Gryllus campestris	1.2	0.06	5	4.4

pteriscus の穴もおそらく Gryllotalpa vinae のものと似たような変換効率だろう.しかしすべての「歌う巣穴」が優れた音響増幅器というわけではない.Gryllotalpa gryllotalpa のものは変換効率がおよそ 1.5% にすぎない.どこにでもいるコオロギ Gryllus campestris の効率よりも悪い.このコオロギは体外の音響装置を使わないが,それでもおよそ5％もの変換効率を達成している.

このような性能の違いは,巣穴建設の欠陥を反映しているのかもしれないし,あるいは単に雌の惹きつけ方の違いを反映していて,それなりのやり方でうまくいっているのかもしれない.たとえば Gryllotalpa gryllotalpa の歌う巣穴は,Scapteriscus の穴の特徴である1つの広がったホーンではなく,たくさんの小さな開口部が地表に向かって開いている.このような穴は,スピーカーの上にクッションを置いたときのように音の放出を弱めるのかもしれない（図10.8）.しかし比較的低周波数の歌（1.6 kHz）なので出てくる音は弱くても,低周波数の音の常として遠くまで届くはずだ.Gryllus campestris は,より高い周波数で共鳴するようにハープを「調律」しているので,それが翅によるバッフリングを改善して音の発生効率を向上させることになり,比較的高い変換効率を得ているのかも知れない.ケラの低周波数の歌よりもコオロギの高周波数の歌は,彼らのいる地表でよく反響するのかもしれない.説明がどうであれ,例外があるということは,生物学者がつい忘れがちな2つの格言を思い起こさせる.（1）完璧ならいいというものではない,（2）解決法はいろいろある.

放送標識と案内標識

ケラの歌う巣穴は機能的に2種類あり,その形も図10.9に示すように2種類に分かれる.1つ目は Scapteriscus の穴に代表されるように,1つの広がった拡声器

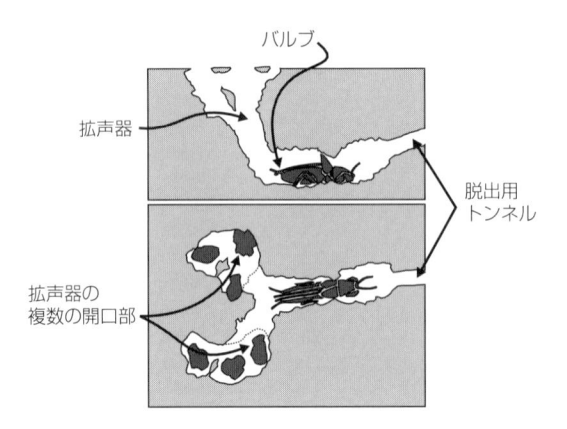

図10.8 *Gryllotalpa gryllotalpa* の歌う巣穴の断面図（上）と平面図（下）．二またに分かれた拡声器には地表への小さな開口部が数個ある．[Bennet-Clark（1970）より]

が地表に開口していて，開口部の長軸は巣穴の軸に平行である．2つ目の種類は，*Gryllotalpa* が作るさまざまな穴に共通で，開口部はもっと横長で，長軸は巣穴の軸に対して垂直方向を向いている．*Gryllotalpa major* などの種の拡声器は1つの横長の開口部をもつが，*Gryllotalpa vinae* などの拡声器は2つの開口部をもち，これらの中心は巣穴の軸に垂直に並んでいる．さらに *Gryllotalpa gryllotalpa* などでは，開口部には土がかぶせられている．

2つのタイプの穴は別の方法で音を発する．*Scapteriscus* の穴はその単一の開口部が点音源として音を発信し，音波は開口部からかなり均一な半球状に広がる．一方，*Gryllotalpa* の穴は，いわゆる線音源として音を発信し，音は線に垂直に立ち上がる半円形の盤として広がる．[4)]

これらの2種類の「信号音波」は，それぞれ別の方法で難題を解決して雄のメッセージを配偶者候補に届ける．どちらの場合も，雌が音波に出会ったときに聞こえるように十分なエネルギーの音を出さなければならない．雌のコオロギは驚くほど耳が遠い．雄コオロギの歌が雌の注意を引くには，60 dB 以上の大きさでなければならない．カクテルパーティでの声高なおしゃべりほどの強さだ．雄コオロギはこれより大きな声で歌う．穴から 1 m のところでは歌は約 90 dB ある．耳から 1 m のところで車のクラクションが鳴るくらいの強さだ．

Scapteriscus の穴から出て半球状に広がる音は，およそ 30 m 進むと雌の注意を惹きつけられないほど弱くなる．もし同じエネルギーで *Gryllotalpa* の穴のような

---

4) *Gryllotalpa vinae* の穴には2つの開口部があるが，音響的には問題ではない．2つの点音源は，十分近い位置にあれば，線音源と同じように音を発信するからだ．

線音源から音を出したらどうなるだろう？　音の半球を両側から平たくつぶして円盤状にすると，音はその面の方向に遠くまで届く．ちょうど球状のパイの生地の塊を押しつぶすと，厚みは減るが大きく広がるように（正確にいうと半球の半径の $\sqrt{2}$ 倍，つまり 42 m になる）．これは雄コオロギにとって3つの面で利益をもたらすようだ．

　まず，音の半球をつぶして平たくすると範囲を広げることにもなり，気ままに跳ね回っている雌が音の 60 dB の縁に出くわす確率が増える．簡単な計算をすると，円盤状の「音の網」の「守備範囲」は，同じ強さで発信される音の半球よりもおよそ 50 ％ 大きいことがわかる．音を円盤状にすると，他の雄との区別をはっきりつけることもできるようになるらしい．*Gryllotalpa* の雄は，レックで鳴く——雄の大集団が狭い場所に集中して，雌の注意を引こうといっせいに競い合う——ことが多い．レックという言葉は，ソウゲンライチョウなどのキジ目の鳥の共同のディスプレイに由来する．数十羽の雄がずらりと並んで1羽の雌の関心を引こうとする．レックにやってきた雌はゆったりとショウを楽しみ，最後につがいになりたい雄を選ぶ．[5] ソウゲンライチョウのレックでの視覚的にみごとなディスプレイならば，1羽ごとの区別は簡単につく．しかしケラのレックのような音響的なレックでは，雄を1匹ずつ区別するのは難しい．まず雄は自分の音の範囲が他の雄のものと重ならないようにしなければならない．音が半球状だと，熱烈な呼びかけは重なり合って巨大な音の半球となりがちなので，問題を引き起こす．雌をレックへ惹きつけるにはよいかもしれないが，音が重なり合っているためにどこか特定の雄の穴へ導くにはあまり役に立たない．音を円盤状にすれば，ある雄のものが別の雄のものと混ざってわからなくなる可能性は減る．円盤状の音は雌を案内する標識としても，より効果的に働く．

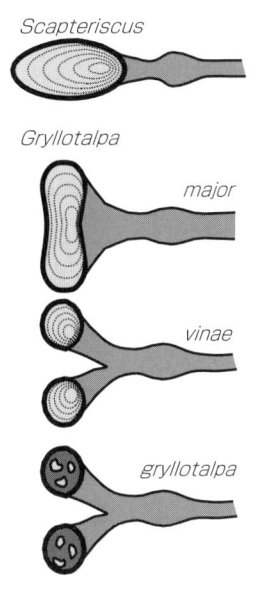

図10.9　4種のケラのさまざまな形の歌う巣穴．

5）**レック**という言葉はスウェーデン語の「遊び場」や「運動場」に由来するようだ．

歌う巣穴は「極限まで完成した器官」である

　ケラの歌う巣穴は確かに素晴らしい構造物だ．さて，驚きは好奇心の源であるから，科学のよい乳母ではあるが，よい相棒ではない．科学は重要な疑問を解明するときには非常に役立つが，人間の常として私たちは泥沼にはまるような難しい問いはあえて発しようとしない．したがってケラの穴のように真に素晴らしい構造物に出会ったときは，頭に冷たい水をかけて問うことが重要だ．「歌う巣穴はどのような経緯でこれほどうまく設計された音響構造となったのか？」と．

　この疑問に対して安易に答えるのなら，自然選択には完成させる力が備わっているからと言えば済む．自然選択は「よい」適応には報い，「悪い」適応は罰する，というお話だ．雄のケラが大きな澄んだ声で歌うことが繁殖のために重要ならば，自然選択によって歌う巣穴が徐々に完成に近づき，現在のような素晴らしい構造になることが期待できる．確かにそうかもしれないが，これは完全に満足のいく説明ではない．この説明がしたことは，不思議の対象を，歌う巣穴自体から自然選択がもつと思われる力にシフトしたにすぎない．このような論法は，生物学者や一部の人々に，自然選択およびそれが影響する遺伝子には魔法の力のようなものがあると考えさせるようになった．多くの人々が指摘するように，これはダーウィン以来，進化生物学を悩ませてきた問題なのだ．

　ダーウィン自身は，彼が「極限まで完成した器官」とよんだもの（脊椎動物の眼がその典型とされた）が自然選択説に与える影響について悩んでいた．簡単にいえば，極限まで完成した器官に関わる問題というのは，「眼のように複雑で完璧な構造が自然にできると確証をもって主張できるのか」ということだ．そう主張するには，その構造がきちんと働くために必要なさまざまな発生の過程が，そろって起きることを前提としなければならない．網膜が正しく配置され，角膜は光を正しく屈折させるように形づくられ，眼球の直径は角膜とレンズの焦点距離に正しく対応し，などなど．これらの多くの必要条件のうちどの一つが欠けても，きちんと機能する構造は得られない．これらすべてのことがらが一斉かつ適切に，混沌とした自然選択の場で起きたということを提唱するには，よほど気楽なたちでなければできない．

　進化生物学者たちはその後，極限まで完成した器官の問題と真剣に取り組んで，理解するようになった（ただし，この問題は創造説など，生物学の周辺ではまだ生き残っているが）．いまやほとんどの生物学者は，たとえ性能の悪い眼でも，もっと悪い眼あるいはまったく眼をもたないところから改良されたのだということを問

題なく信じている．だから機能が徐々に進歩して完璧に近づくという，自然選択が示す考えは，ダーウィンやその同時代の人々が感じたほどには障害とは感じられなくなった．それに眼の発達は以前に考えられていたほど複雑なことではないことがわかっている．節足動物のホメオティック遺伝子 *eyeless* と近縁の遺伝子は動物界全体に広がっている．これらの遺伝子は非常によく似ているにもかかわらず，昆虫の複眼と脊椎動物や一部の軟体動物のカメラ眼のようにかけ離れたものも含めて，さまざまな種類の眼の発達を促してきた．

　極限まで完成した器官の問題に対してこの「解答」が出されてもなお，生物学には不思議が満ちている．進化の運命の不思議な決定者としての遺伝子の概念には，いまだに畏敬の念が湧き起こる．器官の発達の一連の工程によって生じたに違いない眼のような構造を考えるとき，この気持ちは自然なことだと思う．しかしケラの歌う巣穴のような極限まで完成した体外の器官について考えるときも同様の説明が信じられるだろうか？　自然選択でこのような「増幅器」の建設が説明できるなら，遺伝子はどのようにしてその不思議な働きをするのか？　ケラは音響的に完全な穴の青写真，つまり設計図を DNA 内にもち運んでいて，実際の穴を作るときに使うのだろうか？　ゴールドバークのてこの原理は，どんな可能性も捨ててはいけないというのだが，それでもこれは信じがたい．

歌う巣穴のフィードバックによる調律

　Scapteriscus が穴を掘る様子を観察すれば，この問題の隠された答えが得られるだろう．ケラは先ずバルブを掘って，トンネルを掘るときの方向転換の場所とする．次に頭を先にして土を押し分けて進み，地表に穴を開通させる．その後，以下の3つの行動を繰り返す．

- 口器と前足を広げる運動によって土を開口部から押し出す．この動きがトンネルの開口部を広げることになる．
- トンネル内に戻り，バルブで向きを変え，短い鳴き声を出す．
- 鳴いた後でもっと深くまで潜り，土を後へ押しやり穴の外へかき出す．主にトンネルの底部を掘って手直しするが，天井や側面の土も削る．この段階の間にバルブも拡声器も作り込まれる．

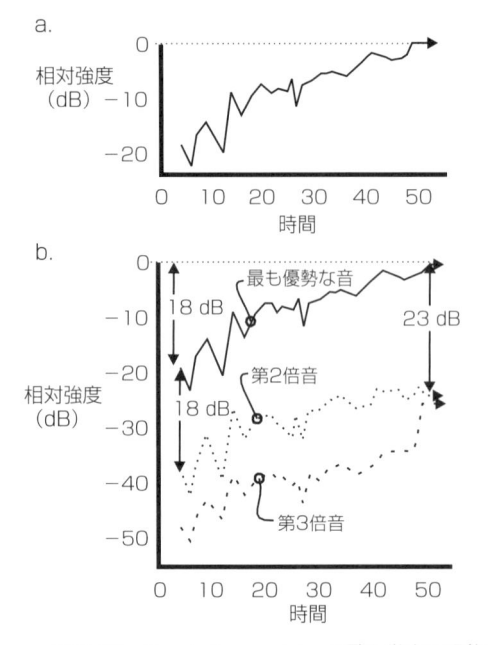

a: 穴の修正に伴う音の相対強度の推移（完成時の強度を基準とする）．b: 建設中の穴での共鳴周波数，第2倍音，第3倍音の強度の推移．[Bennet-Clark（1970）より]

図10.10 *Scapteriscus acletus* の歌う巣穴の調律．

ケラは1時間ほどかけてこれらの工程を数回繰返し，それから落ち着いて数時間歌い始める．

穴の建設中に歌の特性は劇的に変わる（図10.10）．工事の初めには，ハープは約 2.7 kHz で共鳴するが，第2倍音や第3倍音（それぞれ 5.5 kHz と 8.2 kHz）の音のエネルギーもかなり含まれている．高周波数の音は遠くまで届かないし，雌は高周波数の音が聞こえるようにはできていないので，これらの二次的な周波数のエネルギーはケラにとって無駄になる．その上これらは，メスに聞こえる共鳴周波数の音を強めることのできない筋肉でエネルギーが費されることを意味する．

穴が掘り進められるにしたがって，歌として出てくるエネルギーは徐々に2つの変化を受ける．第1に，歌う巣穴がますます拡声器に似た，つまり増幅機能をもつようになるのですべての倍音のエネルギーレベルが上がる．第2に，エネルギーが第2倍音や第3倍音から共鳴周波数に移る．この現象については，リードの振動を変える拡声器の話のところですでに学んだ．ケラのハープの倍音の相対的な減衰と共鳴周波数の増強も同様にして起こり，音はだんだんと強まりますます純粋になってくる．

この穴掘りは，「調律」過程と表現されるが，まさにそうなのだ．たとえばギターの調弦には，弦の張り具合を締めたり緩めたり，交互に繰り返す．そのたびに弦から出る音を標準の音——たとえば調律笛からの音——と比べて，2つの音が一致するまで続ける．この過程は負のフィードバックループだとおわかりだろう．ケラは穴を修正し，（自分に聞こえる）鳴き声を出し，さらに修正を加え，これを繰り

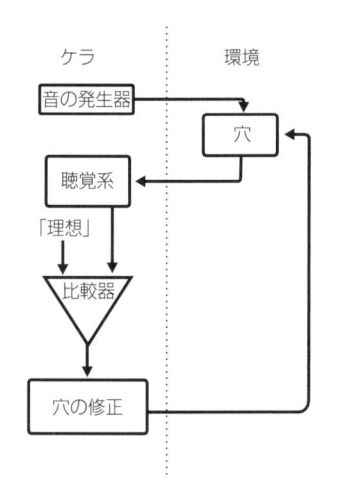

図10.11 ケラが歌う巣穴を調律しながら建設する単純なモデル．ケラは試しに鳴いてみてその聞こえ方によって穴の性能をチェックする．聞こえ方が理想の基準に合わなければ，穴の修正を開始し，それによって音の発生器と穴のエネルギー的な相互作用が変化する．フィードバックループがケラの体外にまで広がっていることに注意．

返す（図 10.11）．フィードバックループの効果は，だんだんと機能がよくなっていくことから明らかだ．穴を修正するたびに音響的な性能はときにはよくなり，ときには悪くなるというブレはあるが．しかし性能が悪くなった後である修正をし，性能がよくなった後でもまた別の修正を加えて，ケラは最後には高性能の音響システムを作り上げる．ケラが遺伝子内にもち運んでいなければならないのは，穴の建設のためと，穴の音響的な性質を評価して必要に応じて構造を修正する感覚系のための，かなり単純な行動プログラムだけだ．

　生理作用としては，この過程に特に何か変わったことがあるわけではない．このようなフィードバックループは生物体内のあらゆる組織レベルで，形や機能を制御するために働いている．歌う巣穴の建設で変わっているのは，フィードバックループがケラの体外にまで広がっていて，物理環境に秩序を与えるためのケラによるエネルギーの利用と，ケラが作った構造物とを含んでいることだ．要するに，歌う穴はケラの筋肉や神経系や体のように，意思伝達のための生理作用を果たす器官なのだ．

11 超生物の魂

> このような政治組織をもちながらシロアリ国家が何世紀にもわたって存続してきたのは本当に不思議だ．人間の歴史では，真に民主的な共和国はほんの数年のうちに暴政に負けて制圧されるか，埋没させられるかだ．というのも政治に関しては，大衆は悪臭を好む犬の習慣をもち，滅多にあやまたない嗅覚で，最も不快なものを選び出すからだ．
> ——モーリス・メーテルリンク『白蟻の生活』(1930)

　社会性昆虫には，ミツバチ，スズメバチ，アリ，シロアリなどがあるが，彼らは比喩によく使われる[1]．その時々で社会性昆虫の比喩はいろいろに利用されてきた．秩序のある社会の模範，君主の必要性の論拠，自由意志と責任の葛藤の教訓として，また言語を解する者，奴隷制度や戦争の実行者として，はたまたメーテルリンクが示唆するように民主主義の失敗の比喩として．世界中で比喩に利用される傾向があるので，無限に例を挙げることができる．私が哲学者を槍玉に挙げていると思われそうだが，科学者とて同じ傾向がある．

　本章と次章では，社会性昆虫に対して作り上げられてきた最も影響力のある科学的比喩の1つ，超生物（superorganism）という概念について検証する．私は生物の従来の定義による境界を超えて延長する生理作用を述べるために，この言葉を形容詞形で，つまり超生物的生理作用（superorganismal physiology）という形ですでに使った．名詞ははるかに広い意味をもつ．超生物とは，メンバーの協調した働きによりあたかも1個の生物のように振舞う生物の集団だ．この言葉はこのように定義されて，社会性昆虫のコロニーの他に，生態系，共生，人間社会（特に群集のような一過性の手に負えない集団）など，さまざまなものを述べるのに使われてきた．

　超生物の考えを採用すると，物議をかもす領域に踏み込むことになる．生物界は個別に独立した生物からなるという確固たる概念に挑むことになるからだ．超生物の考えはさまざまな理由で，幾多の浮き沈みを繰り返してきた．単に社会性につい

---

[1] ミツバチ，アリ，スズメバチは，昆虫の膜翅類に属す近縁の仲間だが，シロアリだけは膜翅類とは遠縁で，ゴキブリから進化した等翅類の仲間である．シロアリの起源は7,500万年から1億5,000万年前と見積もられているが，スズメバチの祖先はこれより少なくとも1億年は前に現れたと考えられている．

て考えるもっと興味深く有力な方法があったときもあれば (Box 11A)，モデルとしての超生物が思想，特に人間とその社会についての思想と関連付けて考えられ，不純あるいは政治的に不快だと考えられたときもあった．それでも，ミコーバ氏風に言えば（訳注 1），学者たちがどんなに根気よく叩いても，超生物はもぐら叩きのように出現し続けるようだ．実際に 1990 年代にはこの考えのルネッサンスが起きた．最もよく知られているのは地球科学の分野でガイア仮説として再び現れたものだ．地球は 1 つの生物，すなわち超生物だという，ジェームズ・ラヴロックとリン・マーギュリスの注目すべき概念だ．

　この章では，超生物の考えを社会性昆虫という比較的平凡な観点から考察する．特に社会的ホメオスタシスという現象について考察したい．巣の物理的環境が調節されていることに注目すると[2]，社会的ホメオスタシスは超生物に出現するホメオスタシス（以後，通常のホメオスタシスを生物のホメオスタシスと呼ぶことにする）のようなものといえる．生物の調節された体内環境のように，多くの社会性昆虫の巣内の環境も非常に安定している．この安定性はコロニーの個々のメンバーを調べてもわからず，多くの個体がコロニーに組織化されたときにはじめて出現する．このコロニーという状況において出現するホメオスタシスこそ，私たちが社会的ホメオスタシスと呼ぼうとしているものなのだ．

　この章での私の目的は，社会性昆虫のコロニーの「呼吸」を取り上げて社会的ホメオスタシスを示すことだ．すなわち昆虫のコロニーと環境の間のガス交換だ．特に，社会性昆虫の作る構造物が巣の環境の調節を助ける仕組みに焦点を当てる．

ホメオスタシスとは何か

　社会的ホメオスタシスを論じるには，最初にホメオスタシスの結果と過程の区別をしておくことが大切だ．動物の体温とか血液中の物質の濃度などのように，何らかの性質の安定性は，ホメオスタシスの明らかな 1 つの結果だ．実際にこれは，

---

2) 社会性昆虫のそれぞれに専門用語があるので，ここで用語の説明をきちんとしておく．私は**コロニー**を家族単位を作る個々の生物の集団を表すのに用いる．たとえばシロアリのコロニーは 1 匹の女王とその子孫だけでなく彼らの共生者も含めた集団を表わす．**巣**はコロニーを収容する構造物である．ミツバチの場合は，巣は**巣箱**といわれることもある．シロアリの場合は，巣はしばしば付随する構造物を伴い，最も壮観なのは塚である．

訳注 1）ディケンズの『デイヴィッド・コパーフィールド』に登場する人物．

Box 11A　社会性昆虫はなぜ社会性なのか

　社会性昆虫は生物学者に長い間謎を投げかけてきた．自らを犠牲にして仲間の利益のために尽くすという，彼らの利他的な行動がその中心だった．極端な場合には，利他行動がコロニーのメンバーの実質的な自殺となることさえある．たとえばミツバチの場合，働き蜂はコロニーを襲う攻撃者を刺した後で死ぬ．通常は利他行動はもっと日常的だ．社会性昆虫のコロニーのほとんどの働き蜂や働き蟻は生殖能力がなく，子を産む選択をあきらめることで自己犠牲を示す．一種の「繁殖能力の自殺」だ．

　この挙動は初期のダーウィニストにとって難題だった．自然選択によってそのような筋書きが進化してきた理由が説明できなかったのだ．「利他的遺伝子」があったとして，それをもつ個体は自分自身の繁殖の努力をあきらめて，他の個体の繁殖を助けるのだとしよう．利他的遺伝子をもつ個体は繁殖しないのだからその遺伝子を子孫に伝えることができない．すなわちこの遺伝子は淘汰される．利他的な遺伝子は現れてもすぐに集団から追い出されてしまうと考えられる．これは非常な難問だったため，チャールズ・ダーウィンは社会性昆虫は自分の自然選択説の喉元に突きつけられた短剣だと考えた．何らかの納得できる説明が見つけられなければ，彼の説全体を捨てなければならなかった．

　ダーウィンの探していた説明は，進化の総合説の出現と共にようやく現れた．総合説が見抜いた重要なことがらの1つは，集団中の生物を遺伝子の単なる容器としてみなすことだった．この見方をとれば，ある個体がある遺伝子を子孫に伝えることと，まったく別の個体がそれと同一のコピーを伝えることの間には，重要な違いはないとすぐにわかる．したがって，ある個体の進化上の適応度（繁殖して自分の遺伝子を伝える見込み）は，その個体自身の繁殖の見込みの問題に留まらず，その個体のもつ遺伝子と同一のコピーをもつすべての個体が繁殖する見込みをも含むことになる．

　この包括適応度の概念によって，ダーウィンが渇望していた社会性の説明がつく．他人が自分の遺伝子と同じものをもつ可能性は，きちんとした遺伝の法則に従う．たとえばきょうだいは，平均すると約50％の確率で，ある遺伝子の同一のコピーをもつ．血縁が遠くなればなるほどこの確率は下がる．遺伝子を共有する確率は，異父あるいは異母きょうだいでは4分の1になり，いとこではたった8分の1になる．だからあなたが自分で子供をもっても，そうせずにあなたのきょうだいが子供をもつ機会を2倍に増やすという利他的決断をしたとしても，あなたの進化上の適応度は同じになる．あるいは異父（異母）きょうだいの機会を4倍にしても，いとこの機会を8倍にしても同じことだ．こういうわけで，利他的行動は家族単位ではかなりよく起こるのだが，血縁関係のもっと薄い個人間では稀になる．

　膜翅類（ミツバチ，アリ，スズメバチ）では，遺伝の様式は少し独特で，この変わっ

た様式がこれらの昆虫の利他的な社会性の原因となっているようだ．遺伝の様式は単数倍数性という．コロニーの女王（生殖能力をもつ唯一のメンバー）は単数体の卵，すなわち自分の二倍体ゲノム（2組のゲノム）の半分のコピー（1組のゲノム）をもつ卵を作る．この点では女王は有性生殖をする他の動物と変わりはない．通常の過程では，単数体の卵は雄のゲノム1組をもつ単数体の精子と合体し，受精によって2組のゲノムは，父と母の両方の遺伝子をもつ通常の二倍体の個体を作る．膜翅類でもこの過程が起き，その場合は子供は必ず二倍体の雌となる．しかし女王はこのほかに精子による受精をしていない卵も産み，これらはそのまま発生して半数体の雄となる．この異常な生殖方法は，包括適応度を決定する遺伝のパターンをゆがめる．ここでごちゃごちゃと細かい計算をするつもりはなく手短にいうが，単数倍数性の生殖がおこなわれると，雌の蜂は自分自身が産んだ場合の子供よりも姉妹の方に近縁になるのだ〔遺伝子共有の確率は，子供とは50％だが，姉妹とは75％になる〕．働き蜂は自ら生殖するか，母親に姉妹を産ませるかという「選択」を迫られると，自分の包括適応度を最も増加させるものに同意することになる．つまり母親に姉妹を産ませることになる．この生殖の実態から，生殖能をもたない働き蜂の大群，生殖能力をもつ唯一の個体，徹底した利他的行動など，社会性昆虫の独特の状況が生じる．

　たいていの素晴らしい説明と同様に，社会性についての単数倍数性理論が通用するのもここまでだ．単数倍数性の繁殖をおこなわない動物の間にも利他的行動や社会性は見られ，明らかにそれらはこの理論では説明できない．人間はその典型だが，関心の対象を昆虫に絞ると，最も印象的な例外は間違いなくシロアリだ．彼らは膜翅類とはほとんど類縁関係はなく，シロアリが比較的新しくゴキブリから進化してきたのに対し，膜翅

ホメオ（恒常の）-スタシス（状態）という言葉の文字通りの意味だ．しかし安定性というそのこと自体がホメオスタシスなのではない．深海に棲む魚は安定した体温と，安定した血液中の塩濃度をもつが，それは生息する環境が非常に安定していることが大きな理由だ．また，不安定な環境中に棲む動物の体内環境が安定だからといって，必ずしもホメオスタシスとは限らない．たとえば体の大きなオオトカゲ（体重は数十キログラム）は，そこらにいる小さなトカゲと違って，気温の日較差が大きくても体温は一日中安定している．しかしオオトカゲの体温の安定性は，ホメオスタシスというより温度の惰性を反映している．これがホメオスタシスといえるなら，この理屈によって大きな岩も「ホメオスタシス」を示すと考えられることになる．したがって内部環境の単なる安定性，すなわち結果は，ホメオスタシスの十分な証拠にはならない．

類はまだ突き止められていない「原始のハチ」から進化してきた．シロアリは通常の方法で繁殖する．つまり雄と雌は単数体の精子と卵を作り，それらが受精して雄か雌の二倍体の子孫となる．それでもこの昆虫もハチやアリの組織に非常によく似た大きな社会性コロニーを作り，1匹あるいは数匹の生殖能をもつ雌が，莫大な数の生殖不能な働き蟻にかしずかれている．シロアリの場合は，働き蟻には雄も雌もいる．

シロアリの社会性の理由は，おそらく彼らの変わった消化の生理作用にあるのだろう．誰でも知っているように，シロアリは木材（実際にはセルロース）を食べる．動物は通常，セルロース分子から糖を切り出すのに必要な酵素，セルラーゼを作らないので，これは動物の行動としては奇妙なことだ．もし動物がセルロースを消化しようとするなら，セルラーゼをもつ生物――多くの細菌，鞭毛や繊毛をもついくつかの原生動物，菌類――と手を結ばなくてはならない．たいていの場合，これらの生物がシロアリの消化管の中に棲みついていて，豊かな腸内細菌叢を形成している．本文で記述したオオキノコシロアリ類をはじめとする他の種類には，菌類を消化管外で培養してセルロースの消化をこれらに「外注」するものもある．シロアリは豊富なセルロース源を共生者に食物として提供し，見返りにセルロースから切り出されたグルコースや，共生者が作るタンパク質，ビタミン，必須アミノ酸を得ている．

シロアリにとって問題なのは，卵から孵化したときにはこの必須の腸内細菌叢をもっていないことだ．腸内細菌は接種しなければ得られないので，コロニーの住人は新たに孵化したシロアリにこれらを含む排泄物や嘔吐物のしずくを与えて接種する．このように，シロアリは消化の生理作用のために，最初から社会的相互作用をもたざるを得ない．消化の生理作用は彼らの非常に強力に発達した社会的生活の基礎となっているのだ．

ホメオスタシスはむしろ調節作用から生じる．ホメオスタシスであるというには，系は稼働中のその作用の特徴を見せなければならない．できれば，その系がおかれている状況からは独立した特徴を示さなければならない．このような条件をつけて，ホメオスタシスを個々の生物内でおきる現象に限定しようとしているわけではない．むしろこれで客観的に社会的ホメオスタシスを生物の集団中に探すことができる．

これらの特徴はどのようなものだろうか？　温度調節の観点からそれらを探してみよう．一定の体温をもつ生物が温度の変動する環境中にいると仮定しよう．この変動のため，体温と環境の温度はしばしば相違することになる．体温（T_b）と環境の温度（T_e）に差があると，ポテンシャルエネルギーの差が生じ，熱力学的に有利な熱の流れ（第3章で述べた専門用語では TFF）が動物と環境を隔てる境界を横切って起きる．

$$Q_{TFF} \propto (T_e - T_b) \qquad [11.1]$$

Q_{TFF} は熱の TFF である.温度は熱含量の大きさなので,この流れに影響を受ける.TFF が熱を体内あるいは体外へ流すと,体温は変化する.つまりホメオスタシスと正反対のことが起きる.ホメオスタシスが生じるのは,生物が体を積極的に加熱あるいは冷却する何らかの方法をもっているときだけだ[3].つまり,第 3 章で生理学的な流れ PF と呼んだ,熱の反対向きの流れを引き起こすときだ.PF は TFF と大きさが等しく,符号が逆でなければならない.

$$M_{PF} = -Q_{TFF} \qquad [11.2a]$$
$$M_{PF} + Q_{TFF} = 0 \qquad [11.2b]$$

M_{PF} は PF を起こすためになされる代謝の仕事である.ここまででこれが簡単なエネルギーバランスであることがわかるだろう.

式 11.2 をもとにすれば,ホメオスタシスに必要な最小限の物理的条件を述べることができる.ホメオスタシスには,熱力学的に有利な流れが等量の逆向きの生理的流れと常にぴったりつり合うことが必要である.したがって,なされる生理的仕事の量,すなわちホメオスタシスに必要な力は,動物と環境の間の熱力学ポテンシャルの差の大きさに比例する(図 3.3).だからたとえば体温のホメオスタシスは,熱産生の量に反映されることになり,これは環境の温度変化にともなって直線的に変化する.この関係は,温度のホメオスタシスに必要な力を明確に表わす式,フーリエの法則で表わすことができる.

$$-Q_{TFF} = M_{PF} = K_h (T_b - T_e) \qquad [11.3]$$

K_h は熱伝導度($W \cdot K^{-1}$)である.

環境の温度を横軸,代謝による熱の産生を縦軸として式 11.3 をグラフにすると,熱のホメオスタシスの外見的な特徴がはっきりわかる(図 11.1).単純なパターンが現れるのだ.環境の温度の上昇にともなって,熱の産生が $-K_h$ の傾きで直線的に減少し,環境の温度と体温が等しくなるところで熱の産生はゼロになる(これは

---

[3] 動物の積極的な体の加熱には,ATP の加水分解による直接的な熱の産生,いわゆる代謝による熱の産生,あるいは熱発生がある.体の積極的な冷却は,蒸発作用による以外にはない.Box 11B 参照.

超生物の魂 253

脊椎動物の熱調節の場合には単純化しすぎなので，詳しくは Box 11B 参照）．このグラフはホメオスタシスを他と区別する特徴を示している．このしるしをもつ生きた系は，それが細胞であれ，生物であれ，超生物であれ，ホメオスタシスを示すと正当性をもっていえる．しかし，動物，特に哺乳類の体温調節の観点から生物のホメオスタシスの過程をもっと深く掘り下げて調べることにしたいので，その間このことをお預けにしておいてほしい．

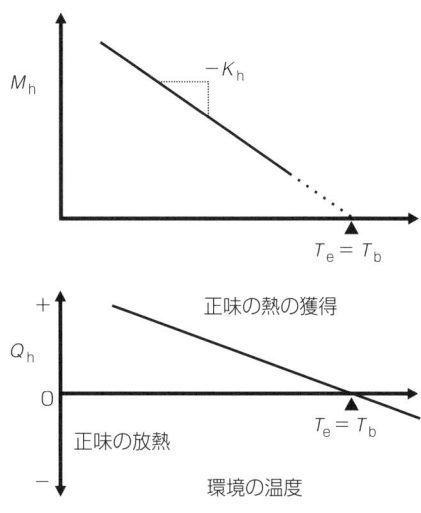

図11.1 ホメオスタシスによる体温調節のエネルギー論．代謝による熱の産生量 (M_h) は環境の温度変化に伴って直線的に変化する．

生物のホメオスタシスの機能的要素

ホメオスタシスの作用は，これを働かせる構造基盤があることを窺わせる．哺乳類では，温度のホメオスタシスのための「装置」には体全体が関与しているが，本質的な部分は脳の視床下部前部にある（人間では眼球の後ろ側のすぐ上にある）．視床下部前部は体中の温度感受性細胞から情報を受け取る．これらの細胞は全身の温度分布の情報を発信・伝達する．それ以外に視床下部前部自体にも温度感受性細胞の集団があり，これらは脳の温度の情報を発信する．これらの細胞には視床下部の温度上昇に応答するものと，下降に応答するものがある．さらに視床下部には活動が温度に左右されず，自発的に活動する細胞の集団もある．

体温を負のフィードバック（図5.18）によって調節するために働く構成要素を見てみよう．体や脳のさまざまな温度感受性細胞から感覚信号が生じる．視床下部前部の温度非感受性細胞からは設定温度の信号が生じる．するとこれらの信号は比較器として働く神経回路内で処理・比較される．この回路から，体内での熱産生を変化させるさまざまな効果器を活性化したり，体と環境の間の熱の流れを調節したりする出力（エラー信号）が出てくる．これらの部位はまとまって体温の負のフィー

Box 11B　脊椎動物の体温調節に関わる熱エネルギーバランス

　本文で述べた低温に対する代謝応答は，哺乳類や鳥類が実際におこなう熱の流れの操作の一部にすぎない．代謝による熱産生の変化，体の熱伝導度の調節，蒸発による熱の発散が複雑に絡み合って完全な一式の応答となる．

　これらの応答の基礎になっているのは，熱力学的な熱の流れと環境の温度の関係を表わしたフーリエの法則だ．環境の温度（T_e）が体温（T_b）よりも低いと，熱の熱力学的に有利な流れ TFF は外向きになるので，生理学的な流れ PF は内向きでなければならない．$T_e > T_b$ のときは PF は外向きでなければならない．問題は，ほとんどの哺乳類や鳥類は，代謝による熱の産生を基礎代謝率（BMR）と呼ばれる最小値より小さくできないことだ．したがって代謝による熱の産生と環境の温度の関係を表わすフーリエの法則は，代謝による熱の産生（M_h）が BMR を上回るときだけあてはまる．フーリエの法則の当てはまる環境温度の上限は，下限臨界温度（LCT）といわれる．

　LCT より高い環境温度では，代謝による熱の産生は BMR の値のところで一定になる（図 11B.1）．しかしそれでも動物はフーリエの法則の束縛からは逃れられない．熱産生が一定で，熱伝導度が一定であれば，体と環境の温度差もやはり一定となるはずだ．しかし体温を調節しなければならないのだから，この温度差が続いては困る．だから環境の温度がだいたい LCT から T_b の間のときは，抹消血管の流れを変化させたり，姿勢を調節したり，毛を平らにしたりして，体の熱伝導度を調節する．

　しかし体の熱伝導度はそれほど上げられないので，この戦略にも限界がある．最大の熱伝導度 K_{max} より上では，何らかの能動的な体の冷却によって最少の BMR を相殺しなければならない．これには一般的には体表からの水の蒸発が関わる（図 11B.1）．す

ドバック調節装置として働く．

　このフィードバックループは，イヌ，ヒツジ，ハトの視床下部の「サーモスタット」を書き換えたあざやかな実験によって示された．これらの実験の原理的説明を少々する必要があるが，私の個人的な経験を話せば理解の助けになるだろう．1970年代に産油国がアメリカへの石油販売をボイコットしたとき，私は大学院生だった．対応策としてジミー・カーター大統領は，一連の厳しいエネルギー節約法を出した．その中に官庁のすべてのサーモスタットを冬場は華氏 65 度（18.3 ℃）まで下げるようにという命令があった．私は州立大学の学生だったため，この法令は私が友人たちと共同で使っていた小さな部屋にも及んだ．不運にも部屋のサーモスタットは欠陥品で，法令の許す温度よりも部屋をかなり低温にしてしまい，私たちはがたが

なわち，体の正味の熱産生 M_n は，BMR と蒸発による放熱 Q_e の和からなり，フーリエの法則により，熱の TFF に等しくなければならない．

$M_n = \text{BMR} + Q_e = K_{max}(T_e - T_b)$

$T_e = T_b$ から 2，3 度以内ならば，体の熱バランスを保つには蒸発の穏やかな増加で十分だが，環境の温度が上限臨界温度（UCT）というある温度より上では，蒸発量を増加させるには代謝の出費が増加する．発汗やあえぎ呼吸などのメカニズムを働かせるにはエネルギーがかかるからだ．したがって M_n は再び上昇し始めるので，正味の熱の流れがフーリエの法則の要求を満たすためには，蒸発量の大きな増加が必要になる．耐えられる環境温度の下限は最大の代謝量によって決められ，上限は最大の蒸発量によって決められる．

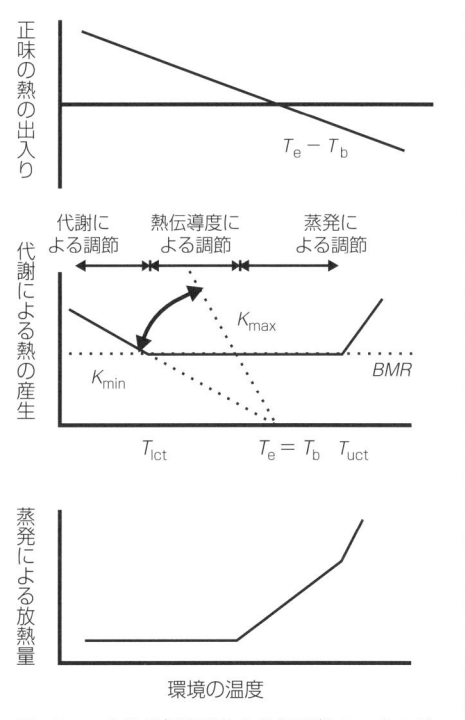

図11B.1 内温性恒温動物の体温調節のエネルギーバランス．

た震えながら仕事をする悲惨な目にあった．設定温度を上げようにも，サーモスタットは鍵がかけられていたし，設定を変えたら恐ろしい結果を招くぞと警告されていたので，できなかった．私たちは（ずる）賢かったので，サーモスタットを濡れた紙タオルで覆った．紙タオルからの水の蒸発によってサーモスタットを実際の部屋の温度より冷やし，部屋が実際よりも寒いとサーモスタットに勘違いさせたのだ．これに反応してサーモスタットは律儀にスイッチをオンにし続け，その結果，実際の室温はそこそこ快適な華氏 65 度くらいまで上がったのだ．

視床下部前部の「サーモスタット」も同様な手口で騙すことができる．もちろん濡れた紙タオルの代わりに，サーモードという小さな探針を動物の脳に外科的に挿入する．サーモードは脳の小部分の温度を周囲の組織とは無関係に上げたり下げた

りできる．視床下部温度の局部的な変更の結果は，私の部屋のサーモスタットの変更で生じた結果と非常によく似ている．たとえばイヌの視床下部前部を1℃か2℃上げると，イヌはあえぎ呼吸を始め，体の周辺領域への血流は増加し，冷たい床に腹ばうなどの姿勢をとる．すべて体からの放熱を増やす方法だ．これらはすべて，体温自体（すなわち視床下部前部を除いた体の温度）は正常であるにもかかわらず起きる．逆にイヌの視床下部前部を冷やすと，震え，手足への血流の減少，体を丸めるなどの姿勢の調節が引き起こされる．これらは熱産生を増加させ，体からの放熱を減らす．このあざやかな実験は，イヌの温度調節には負のフィードバックが働いていること，その要素は局在していて独立に操作できること，これらの要素の応答は負のフィードバック系の作用と合致していることを示している．

ミツバチのコロニーの社会的温度調節

　ミツバチのコロニーも巣の温度を調節しているようだ．この調節の外見的な特徴は哺乳類の温度調節と非常によく似ている（図 11.2）．たとえばミツバチコロニーの代謝による総熱産生量（すべての個々のハチの熱の寄与の合計となる）は，外の温度に対して直線的に変化し，その結果も同じである．すなわち巣の温度は4～5℃の幅で安定化されている．

　ここで問題にしているのは，ハチの体温ではなく巣の温度の安定性であることを頭に入れておいてほしい．つまりハチの観点からすればこれは外部環境に当たるのだ．また，巣の温度の安定性は，多数のハチがすべて個々に体温を調節している単なる結果ではないことも覚えておいてほしい．たとえば巣の中のすべてのハチがそれぞれ温度の恒常性をもち，各々が自分の体温を調節していると考えよう．外部の温度が下がるに連れてどのハチも，図 11.1 の上のグラフに似たような熱産生の直線的な増加を示すだろう．コロニーの熱産生もこのような反応を示すということは，そろって同じ振舞いをする何千匹もの個々のハチの寄与の総計を単に反映しているのかもしれない．しかし生物のホメオスタシスをひとまとめにして巣の温度のホメオスタシスを説明することはできない．コロニーの温度調節の効果器は，個々のハチにはない社会的な側面をもっている．たとえば寒い朝にはハチ達は寄り集まって密集した塊を作る傾向がある．寒ければ寒いほど密に集まる（図 11.3）．寄り集まると熱が集団内に保たれ，密に集まるほど放熱が制限される．さらに，巣の中のハチ

がすべて同じことをしているわけではない．塊を外層・中間層・中心部の3つに分けて考えたとき，一部のハチは中間層に当たる環状部分を占め，彼らは飛翔筋を震わせて，集団が作る熱の大部分を生み出す．同時に，塊の外層にいるハチ達は，キチン質の毛が隣同士で重なり合うような姿勢をとり，一種のダウンコートを作って塊の断熱を助ける．羽を震わせるハチとコートを作るハチへのこのような社会的分化は，個々の生物のホメオスタシスをひとまとめにしたものとしては説明できない．とするならば社会的なホメオスタシスが存在する．これは客観的かつ理に適った基準で確認することができ，少なくともミツバチでは，組織の社会的レベルで確かに作用していると思われる．

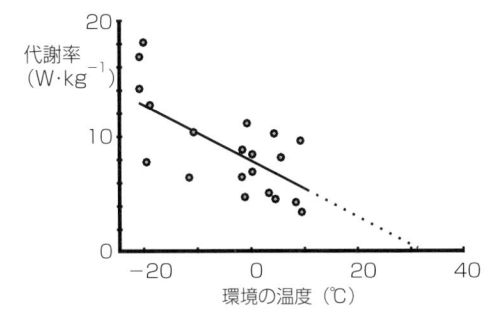

図11.2 2,000匹のミツバチ（*Apis mellifera*）のコロニーの代謝による熱産生量は環境の温度に依存する．[Southwick（1983）より]

すると社会的ホメオスタシスの問題の謎はさらに深まる．ホメオスタシスが表面的に似ているならば，機能も類似していることになるのだろうか？ 明らかに個々のハチは，自分の体温を負のフィードバックで制御する神経装置を体内にもっている．どのハチにも，体温のセンサーと，その情報を処理する何らかの神経装置と，ハチの熱の収支を改める効果器があるに違いない．しかし社会的ホメオスタシスは，個々のハチの境界を超えて広がるフィードバックループがあることを示唆している．コロニー内の個体を制御・調整する，メタループとでもいうようなものだ．それぞれのハチの中で作動する，神経を基盤とした負のフィードバックによる制御装置という従来の考えを受け入れるのは易しいが，社会的ホメオスタシスを支配するメタループの考えを理解するのは非常に難しい．

実は社会的ホメオスタシスは新たなフィードバック制御の仕組みによって作動することが多く，まったく負のフィードバックが関与していないものもある．興味深いことにこれらの仕組みにはコロニーの住人たちによって作られた構造物が関与していることが多い．代謝エネルギーと環境の物理的エネルギーの両方を利用・変換して，社会的ホメオスタシスが必要とする体外生理作用を駆動させる構造物だ．

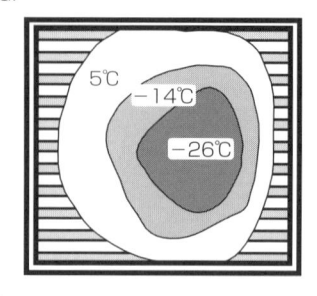

以下に述べる社会的ホメオスタシスの考察は，巣の状況の調節に焦点を定める．ほとんどの社会性昆虫の巣の内部の空気は，外部の空気よりも多湿で二酸化炭素が多く酸素が少ない．これらの濃度の違いにより，酸素の流れは巣の内部へ，二酸化炭素と水蒸気の流れは外部へ向かう．巣の状況は，これらの気体の流量の実質的な変化にもかかわらず，組成が一定していることが多いので，コロニーが適応的に制御しているように見える．

小さなビッグバン：正のフィードバックのメタループ

まず，生物内で働くような負のフィードバックが関わらない社会的ホメオスタシスの例を取り上げよう．実は私が述べようとしている仕組みは，社会性昆虫の間ではありふれたものだ．これにはコロニーの撹乱に反応した働き蜂の爆発的な（もちろん言葉のあやだが）動員が関わる．私はこれを「小さなビッグバン」と呼んでいる．

無謀にも，あるいは不運にも，ハチの巣にぶつかったり壊したりしてしまった人なら誰でも，この小さなビッグバンを非常に激しい形で経験しただろう．平安をかき乱された巣から，防衛の大群が怒り狂って飛び出してくる．ハチの巣では，1匹か数匹のハチが警報反射を引き起こすような状況に出会って警報信号を出すと，狂乱状態が勃発する．たいてい警報信号は，働き蜂の体の特殊な腺から出される警報フェロモンという揮発性の化学物質だ．[4] 他のハチが警報フェロモンを感知すると，これがそのハチの警報反射の引き金を引き，またそれがさらに他のハチの反射を引き起こし，周囲に波及する．このようにして，1匹の狼狽した働き蜂からの警報信号がコロニーの全員に急速に広がり，逆上した攻撃的な行動を引き起こし，すぐさま防衛の大群

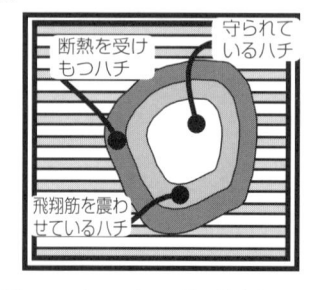

図11.3 ミツバチの巣の社会的ホメオスタシスのための社会的効果器の作用．a：環境温度が異なるときの巣内のハチの分布．図中に示したのは環境の温度．[Wilson (1971) より] b：代表的な密集塊の中のハチの機能分布．塊内部の異なる場所では，それぞれ図に示した行動を取っている．

と化す．これは，カイメンやサンゴの拡散に律速される付加成長（DLA）のところですでに出会った，正のフィードバックだとお気づきだろう．

　正のフィードバックは生理系によく見られる．というのは生物はしばしば生理機能を別のものへ切り替える必要があって，これが非常に便利なスイッチ切り替え機構となるからだ．負のフィードバックに支配される生理作用は変化に抵抗するので，安定だがそれに安住して自分からは変化を起こさない．たとえば生物は生活史のある時点で，エネルギーの利用を個体の維持から生殖へと切り替えなければならない．もし維持のためのエネルギー利用が負のフィードバックに支配されていたら，エネルギーをよそへ流すためには，何かがこの系を無効にするか妨害するかスイッチを切るかしなければならない．この何かが，正のフィードバックループの活性化であることが多い．

　社会的応答である小さなビッグバンには，正のフィードバックメタループが関わる．小さなビッグバンの奇妙なところは，これが社会的ホメオスタシスによく利用されることで，シロアリが自分たちのコロニーの棲む構造物の裂け目に対して防御反応を示すのもその例だ．アフリカやアジアでは，シロアリはコロニーを収容し守るためにしばしば地上に塚のような構造物を作る．ツチブタやツチオオカミなどの捕食者や，夏の激しい雷雨などの荒天が頻繁に塚に穴をあけるので，シロアリたちはそれに対処しなければならない．シロアリたちにとって塚の壁の裂け目は，空調をしたビルに壊れた窓があるようなものだ．壊れた窓のそばの部屋では外気によって空気の状況が攪乱され，一番近くに座っている人たちは最も大きな変化を感じる．廊下にいる人や別の階にいる人は，ビルのどこかで窓が壊れたことにさえ気づかないかもしれない．シロアリのコロニーの空気も塚の壁の穴によって同様な影響を受ける．裂け目のすぐ近くでは，酸素や二酸化炭素や水蒸気の分圧の勾配が局部的に急になって，空気はかき乱される．

　空調ビルの壊れた窓に対処する方法の1つは，たとえばその窓のある部屋のドアを閉めるなど，破損箇所を隔離することだ．壊れた窓のそばに座っている人が最も強く変化を感じるので，ドアを閉めるのはおそらくその人だろう．立ち上がって壊れた窓のある部屋のドアを閉める人の姿を見て，他の人たちが近くにある他のドア

4）警報フェロモンは単一の化学物質のことも，複雑な混合物のこともある．たとえばミツバチでは警報フェロモンは働き蜂の刺針室腺から分泌される酢酸イソアミルである．アリでは頭部の周囲の大顎腺から，テルペン，炭化水素，ケトンの混合物が分泌され，これらの一部あるいは全部が警報フェロモンとして作用する．

や，廊下や吹き抜けのドアを閉め始めるなどの，会社員間の相互作用をこの筋書きに付け加えると，シロアリ塚の壁の裂け目に対する働き蟻の反応に似たものになる．1匹のシロアリが裂け目の周囲の空気の局部的な乱れ——異常に高い pO_2，低い pCO_2，低湿度，風が当たる状況など——に出会うと，警報反射で応答する．まず手近な砂粒を掴み，口から出すねばねばした液体で粒をその箇所に接着する．次に巣全体に漂っていく化学的な警報フェロモンを放出する．最後に，狼狽した働き蟻たちは塚の壁に向かって急速に頭を打ちつけて，音の振動を電報のように塚全体に伝える．

穴があけられてから最初の10分ほどは，その近くの活動はかなり行き当たりばったりだ．シロアリは裂け目の周りの環境変化にほとんど偶然に出くわし，そこで彼らの警報反射の引き金が引かれる．この時点では，活動はほとんど調整が取れていない．接着剤は裂け目の周りに見たところでたらめに塗りつけられる．2，3分後には裂け目に集まる働き蟻の数はゆっくり増え始め，およそ10分後には最初の警報信号で召集された第1陣のシロアリたちが到着し始める．彼らも砂粒を積み上げ，自ら警報信号を出す．すると裂け目の働き蟻の数は急速に増える．ついには非常に多くの救援隊が現れるので，最初はでたらめだった建築活動は，素晴らしい建設事業となり，シロアリの群れが柱を立て，壁を築き，回廊を作る．1，2時間で裂け目は完全に塞がれる．

私がいま述べてきたのは，社会的ホメオスタシスだ．コロニーの環境が撹乱されると，コロニーの環境を撹乱前の状態に戻す応答が引き起こされる．これはお馴染みの負のフィードバックのように聞こえるが，そうではない．それどころか2つの正のフィードバックメタループが関与しているのだ．個々の働き蟻の間のすばやい応答を司る「速い」ループと，コロニー全体を巻き込む「遅い」ループだ．

速いメタループは塗りつけ反射が関わる．前の働き蟻の塗りつけ反射の残留物を，そこへやってきた別のシロアリが見つけると，塗りつけ反射が引き起こされる．これはスティグマージー（ラテン語の stigma「しるし」+ ergon「仕事」で，「しるしによって駆り立てられる」の意）と呼ばれている．これは正のフィードバックの一形態で，時間が経つと繰返しの結果，柱や壁が建設されることになる（図11.4）．しかしスティグマージーだけでは小さなビッグバンには不十分だ．これを引き起こすには，速い応答であるスティグマージーは，裂け目の現場へ新たな働き蟻を召集する遅い正のフィードバックメタループと結びつかなければならない．召集応答のス

ピードは，最初に裂け目に出会ったシロアリから巣の他の場所にいる別のシロアリまで警報信号がどれだけ迅速に伝えられるか，それらのシロアリがどれだけ急いで現場に来られるかによって制限される．シロアリのコロニーでは化学信号が巣全体に広がるのに何分もかかるので，この過程は比較的遅い．シロアリの動きはそれほど速くないので裂け目に着くまでに時間がかかる．しかしいったん行動を開始すると，裂け目に召集されたどのシロアリも警報信号を出し，集まってくる数は小さなビッグバンに典型的な急速な増え方をする．その結果（働き蟻がする仕事の形で）エネルギーの大きな動員が起き，最初の撹乱の影響が文字通り圧倒されるまで増加し続ける．そのときになって初めて「遅い」ループの激しさが弱まり始め，召集が下り坂になる．

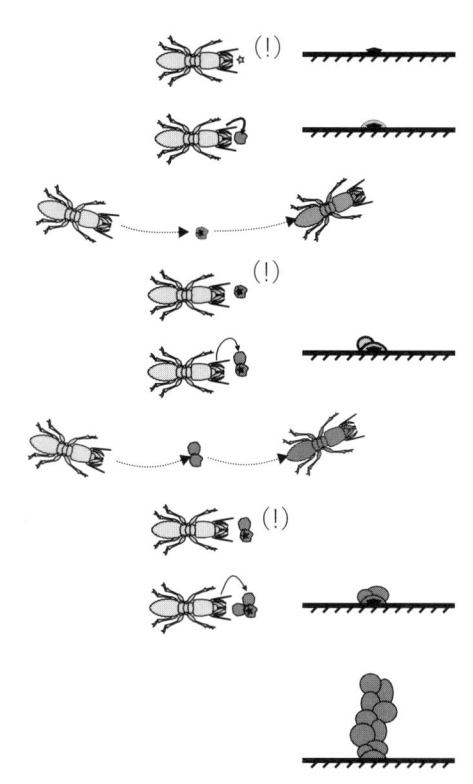

図11.4 スティグマージーと正のフィードバック．シロアリは穴あるいは新しい塗り付けに出会うと，警報シグナル（！）を出し，砂粒を塗りつけて穴の修繕に貢献する．右側は新たに塗りつけられたものを側面から見た図．積み上がって新しい柱や壁となる．

「オシツオサレツ」の換気：コロニー規模のエネルギー勾配の操作

ミツバチはコロニーのガス交換が必要になると，積極的に巣を換気して目的を果たすことがある．巣の入り口に陣取った働き蜂が翅を動かして送風効果を生み出す．見たところ単純なこの仕組みは，実は巣内の複数のポテンシャルエネルギー勾配間の（代謝的なものも物理的なものもある）複雑な相互作用なのだ．この相互作用の中で，巣の構造は重要な役割をもつ．

社会的ホメオスタシスのこの仕組みは，ドリトル先生のかの有名なオシツオサレ

ツにあやかって名づけられている．オシツオサレツがどんなものかというと，ラクダに似たへんてこな動物で，2つの前半身が反対方向を向いてくっつき，後半身がない．いつもは2つの前半身は非常にうまく役割分担している．一方が見張りをしているとき他方は眠り，一方が話すときは他方は食べるという具合だ．しかしオシツオサレツはどちらが前なのかわからなくなることがある．両方の頭がそれぞれ前だと思う方向へ行こうと同じ強さで決心すると，どこにも行けなくなる．一方の頭の決心が他方よりも固いときだけ動けるのだ．

　ミツバチの巣の空気の社会的ホメオスタシスには，私が「オシツオサレツ」換気と呼んでいる過程が関与している．手短に言うと，オシツオサレツ換気は巣内のガス交換のオン・オフスイッチのように働く．暖房機のオン・オフを代わる代わる切り替えて部屋の温度を調節できるように，オシツオサレツ換気も巣の空気を調節できる．この現象自体には少し説明が必要だが，その前にミツバチとその巣についての予備知識を少し仕入れておこう．

　養蜂家が現れる前は，通常，ミツバチのコロニーは樹にできた洞に棲んでいた．これらの洞はそのままでも外の世界とはある程度隔離されているが，洞にハチのコロニーが居を定めると，働き蜂は「蜂ヤニ」すなわちプロポリス（非常に固い樹脂のような蝋）で洞の出入り口を1つを残してすべて塞いで，さらに隔離する．たった1つ残った開口部は，たいていコロニーの下側にあり，巣と食物源の間を行ったり来たりする働き蜂の出入り口となる．また巣の呼吸に関連した気体，酸素・二酸化炭素・水蒸気の交換口にもなる．

　酸素と二酸化炭素は，巣の入り口を通ってコロニーの必要に応じた速度で移動しなければならない．それぞれの気体の移動速度と消費速度は，式 11.2 に従ってつり合わなければならない．生物の生理状態がつり合っているのと同様である．たとえば巣の中の酸素の流れには2つの過程がある．ハチによる酸素の消費（M_{O_2}，$g \cdot s^{-1}$ あるいは $ml \cdot min^{-1}$ のような単位で表わす）と巣の入り口を横切る酸素の交換（Q_{O_2}，同様な単位で表わす）である．ここで，巣の環境を生物の体内環境と機能的に同等なものとして扱っていることに注意しよう．式 11.2 で使った専門用語で表わすと，M_{O_2} は生理的な流れ（*PF*），Q_{O_2} は熱力学的に有利な流れ（*TFF*）となる．ホメオスタシスではこれら2つがつり合わなければならない．

$$Q_{O_2} + M_{O_2} = 0 \qquad [11.4]$$

酸素はある程度までは単にコロニーの酸素消費の結果として受動的に巣の中へ流れ込む．コロニーが酸素を消費すると巣内の空気の pO_2 は下がり，そうして生じた分圧の差が，巣の入り口を通して酸素を受動的に流す．だから酸素の TFF はフィックの法則に似た式で表わせる[5]．

$$Q_{O_2,TFF} = K_p(pO_{2o} - pO_{2h}) = -M_{O_2} \qquad [11.5]$$

pO_{2o} と pO_{2h} はそれぞれ巣の外側と内側の酸素分圧，K_p は酸素の受動的な流れやすさである．受動的な流れやすさは巣の入り口の穴の大きさと形によって決まるとみなすことにしよう．これは直観的に理解しやすい．酸素は大きい穴を通る方が小さい穴を通るよりも速く動く．

気体の受動的な動きだけに頼るハチのコロニーは社会的ホメオスタシスを発達させられない．たとえば，外の温度が下がったりしてコロニーの酸素要求性が高まったときどうなるかを考えよう．式 11.5 から，要求を満たすには 2 つの方法があることがわかる．第 1 に，巣の入り口を通して酸素を動かす分圧の差 $(pO_{2o} - pO_{2h})$ を大きくすれば，酸素消費の増加をまかなうことができる．大気中の酸素分圧は事実上一定しているので，分圧の差を大きくするには巣の pO_2 を下げるほかない．しかしこの結果はホメオスタシスとは正反対のものになる．もう 1 つの方法としては，巣の受動的な流れやすさ（K_p）を高めれば分圧の差を変えることなく流れを増やせる．これにも問題がある．流れやすさを変えるには，入り口の構造的な修正が必要になる．広げるか，短くするか，2 つの組み合わせかだ．ハチは確かにそうするが，これは大変な仕事であって，長期のあるいは慢性的な代謝の変化には向いているが，社会的ホメオスタシスが要求するような分刻みの流れの調節には向かない．

したがって巣の空気の社会的ホメオスタシスは，式 11.5 の束縛を避けて通らなければならない．ハチのコロニーは社会的行動によってこれを達成している．巣の入り口に陣取って翅を動かして風を送る働き蜂たちがいるのだ．送風によって酸素の流れに強制的な対流の成分が付け加えられ，受動的な交換速度を能動的な換気成

---

[5] この式がフィックの法則に似ているのは，専門的にいうとフィックの法則は拡散作用によって動かされる流れを扱っているからだ．この例では，交換の仕組みをわざとあいまいにしてある．その理由は，交換は何らかの受動的な仕組みによって起き，それには部分的には拡散が関与するだろうが，穴を吹き過ぎる風によってできる対流などの他の作用によっても補強されると思われるからだ．もしそのような作用が拡散と同様に働くならば，流れはフィックの定理に従うことになる．

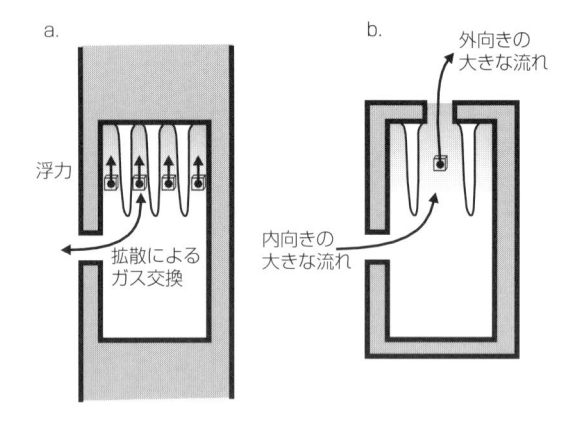

図11.5 ミツバチのコロニーの呼吸ガスの交換に及ぼす巣の構造の影響. a：閉じた巣では，代謝によって生じた浮力（上向きのベクトルで示す）が，使用済みの空気を巣の上部へ運ぶので，上から下へ向かって pCO_2, pO_2, pH_2O の勾配ができる（色の濃さで示す）. b：てっぺんに開口部のある巣では，代謝によって生じた浮力は，巣を通り抜ける大量の空気の流れを作る.

分 Q_v が補うことになる．換気の流れは扇ぐハチの数（n_b）と個々のハチがどれだけ精力的に扇ぐか（q_v）に依存するので，扇ぐハチの数と精力を変化させるだけで酸素の流れは分刻みで調節できる．

$$Q_{O_2} = Q_{O_2 \text{TFF}} + Q_v = K_p (pO_{2o} - pO_{2h}) + n_b q_v (pO_{2o} - pO_{2h})$$
$$= (K_p + n_b q_v)(pO_{2o} - pO_{2h}) \quad [11.6]$$

酸素の要求性と結びつけられたメタループによって送風を調節できれば，巣内の空気の組成を乱すことなく酸素消費の変化を支えることができる．つまり社会的なホメオスタシスが達成される．

　少なくともミツバチのコロニーにはこのようなメタループが存在することが知られている．ハチにとって送風のための召集信号は，巣の pCO_2 だ．これは巣の空気を変動させたときのコロニーの応答によって示すことができる．ガスボンベから CO_2 を巣に注入すれば，コロニーの酸素消費量や代謝量の変化とは無関係に，巣内の pCO_2 を人為的に増加させられる．これは前述の濡れた紙タオルの手口に似ている．局所的な状況を，それを制御する効果器とは独立して変化させるのだ．巣に CO_2 を加えると，CO_2 の「生産量」を人為的に上昇させたのであっても，働き蜂が巣の入り口に現れ始め，巣の pCO_2 が下がるまで風を送る．巣の pCO_2 の変動が大きいほど多くの働き蜂が送風に動員される．すると CO_2 の流れが増加していても，巣の pCO_2 は変動前の値に戻る．

代謝のメタループ

送風行動と巣の pCO_2 を結びつけるメタループはオシツオサレツホメオスタシスの構成要素の１つではあるが，仕組みの全体を占めているわけではない．コロニーの代謝は巣内の空気に与える影響に加えて，巣の中に他のポテンシャルエネルギー勾配を生み出す．これらの勾配は巣の構造と相互作用して，さらに他のフィードバックメタループを活性化させる．これらこそがオシツオサレツ換気の中心をなすものなので，はたしてどんなもので，どのようにして生ずるのかを調べよう．

グルコースの代謝は大量の熱を放出し，これが巣の空気を暖める．これに加えて，酸素が消費されて二酸化炭素と水蒸気で置き換えられると，巣内の空気の平均分子量が小さくなる[6]．どちらも巣内の空気の密度を下げるので，空気は重力によって浮力を得る．したがってコロニーで代謝が起きると，使用済みの空気は巣のてっぺんまで上昇する（図 11.5a）．

次に何が起きるかは，巣に開いている穴の形状や数に依存する．まず多くの商業的なハチの巣に共通した穴の開き方を見よう．穴は２つある．１つは底にあり，通常の出入り口の役目を果たす．もう１つはてっぺんにあり，養蜂家が開けたり閉めたりできる．このような形の巣では，空気に与えられた浮力エネルギーは仕事をする．巣の中に空気の自然な対流を起こし，巣の空気を上昇させててっぺんの穴から出し，巣の入り口から新鮮な空気を一定の流れとして取り込む（図 11.5b）．この仕組みは熱サイフォン換気という．

このような構造の巣は，生理的な流れ（酸素消費量）が巣の中への酸素の流入量と物理的に結び付られているので，ある程度自己調節的だ．もちろんこの結びつきは，コロニーの代謝と巣の空気の密度の間につながりがあるために生じる．酸素の消費量が増えると，より多くの熱がハチの体から巣内の空気に発散され，代謝によって引き起こされた空気密度の変化を増大させ，それが換気の速度を速め，結局巣への酸素の流れを増加させる．実は，商業的な巣が２つの穴をもつのはこういうわけだ．２つ穴の巣には自己調節の傾向があるので，養蜂家が上の穴を管理することも手伝って，ハチ自身が調節的な換気をする必要がない．そしてハチは風を送る仕事から解放されれば，エネルギーを花粉集めや，蜂蜜づくりや，巣の維持に回すこ

---

[6] 酸素の分子量は約 32 で，これが等量の二酸化炭素と水蒸気で置き換えられる．二酸化炭素の分子量は 44 なので置き換える酸素より少し重いが，これが巣の空気に加わっても，はるかに軽い水蒸気（分子量は 18）が加わることによって，相殺されて余りがある．全体としての変化は，巣内の空気の平均「分子量」の減少となる．

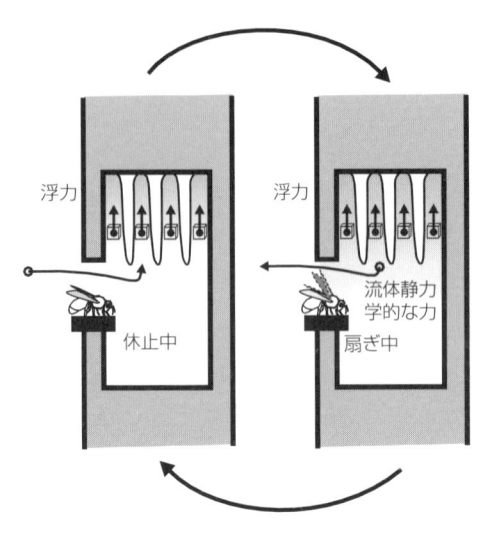

図11.6 ミツバチの巣のオシツオサレツ換気．

とができる．いいかえると，コロニーの生産性を高めることができる．

野生の巣では，底の方に1つの入り口しかない自然のままの構造が一般的で，この場合には状況は非常に異なる．巣のてっぺんに穴がないので，使用済みの空気に浮力が生じても換気の仕事をすることができず，浮力のエネルギーはてっぺんに集まる．巣を換気するには，風を送るハチ達は巣内の空気の上昇しようとする傾向に逆らって仕事をしなければならない．そのために彼らは頭を内側に向けた姿勢をとって羽ばたき，巣内の空気を入り口から外に出そうと努める．この力のつり合いから生じるのが，空気のダイナミックな流れで，これがオシツオサレツ換気の中心をなす．

オシツオサレツ換気が生じるのは，送風の任務のために動員されたハチ達が絶え間なく送風をするわけではないからだ．というより，彼らの活動はなぜか同期していて，しばらくは一斉に扇いだと思うと，しばらくは一斉にやめる．活発に扇ぐ時期には，空気の外向きの大きな流れができる．彼らはそうすることによって，使用済みの空気の層を浮力エネルギーだけが働くときよりも低いところまで引き下ろす（図11.6）．これは強いエネルギーをばねに蓄えるのと似ている．使用済みの空気が下方へ動くのは，それを上昇させようとする浮力に逆らってハチ達が仕事をするからだ．ところが扇ぐのが止まると，蓄えられたこのエネルギーは，空気の大きな流れを上へ向かわせるために使えるようになる．これが新鮮な空気の塊を巣の入り口から内側へ引き込むことになる．同期した扇ぎ（オシツ）と休み（オサレツ）が交互に繰り返されることによって，私たちの呼吸の特徴である呼気と吸気の交互の周期に似た，潮の満ち干のような空気の流れが巣の入り口を横切ってできる（図11.7）．扇ぎと休みの間の周期と，動員されるハチの数の組み合わせによって，巣の空気の非常に微妙な制御がなされる．

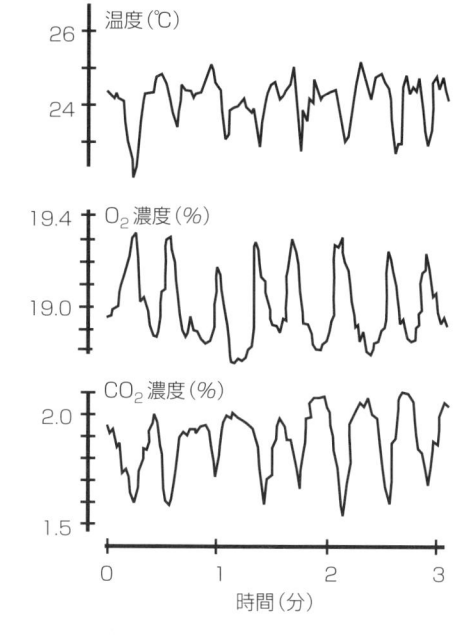

図11.7　オシツオサレツ換気中のミツバチの巣の入り口での空気の状態．高酸素濃度，低二酸化炭素濃度，低温の時期は，扇ぎが止まって新鮮な空気が巣の中へ入る時期と一致する．低酸素濃度，高二酸化炭素濃度，高温の時期は，扇ぎによって使用済みの空気が巣の外へ移動する時期と一致する．
[Southwick and Moritz（1987）より]

　この社会的ホメオスタシスが生じるのは，コロニー内のハチの行動を支配する2つのメタループがあるからだ．1つはすでに論じた．送風の仕事に働き蜂を動員するメタループだ．もう1つのメタループは，実際に送風の仕事についているハチたちの間だけに作用する，送風活動を同期させるように調節する相互作用だ．巣の入り口にいるハチは，空気を外に流し続けるにはどれくらいしっかり扇ぐ必要があるかを判断することによって，巣の空気の浮力の大きさを判定できる．すなわち巣の中の代謝速度が速くなると，巣の空気は大きな浮力をもつようになるので，それに対抗するために送風係は常にも増して仕事に励まなければならなくなる．この判定をする能力は，巣の入り口にある穴の数と配置にきわめて大きく依存する．したがってこの社会的ホメオスタシスは，メタループの存在だけでなく，コロニーが棲んでいる建物の構造様式にも関係がある．

適応性のある構造物：オオキノコシロアリ類の塚のガス交換

　ハチの巣はその住人の社会的ホメオスタシスにとっては比較的受動的な要素だ．ハチがあちこちの穴を塞いだりすることはあっても，巣にかかる代謝の要求に適応するために巣の構造自体が劇的に変わることはなく，たいていは特定の任務につく働き蜂の動員によって適応する．しかし社会性昆虫のなかには，巣の建築が流動的で，コロニーの要求するホメオスタシスを満たすために巣が変化するものもある．

　そのような「適応性のある構造物」は，従来のホメオスタシスの概念に特に鋭い疑問を投げかける．構造物に適応性があるということは，構造物の性能を評価して，必要に応じて構造を修正する効果器にその情報を伝える何らかの方法があることを示唆する．前章では，動物が単独で作る構造物にこのシステムが作用する仕組みを見てきた．ケラの歌う巣穴は，建築中の穴の音響性能をケラが評価できるフィードバックループによって調整される．建築物がいったん「正しい」構造を達成すると，操業開始となる．社会性昆虫が作る適応性のある構造物は，それほど単純ではない．たとえば社会性昆虫の巣の構造が，社会的ホメオスタシス達成のためのコロニーの能力の重要な要素であるとしよう．すると，巣はこの任務を果たすために，「正しい」構造をもっていなければならないことになる．しかし何千，あるいは何百万にも及ぶ働き手たちは，自分たちが「正しい」構造を作りあげたとどうして「知る」のだろうか？　構造が正しくないとき，これらの多くの個体たちは自分より桁違いに大きい実際の構造物が「正しい」姿からどのように外れているかを，どうやって集団で評価するのだろうか？　またこの構造を「あるべき」姿と一致させるための，大規模な改修をコロニーはどうやっておこなうのだろう？　コロニーに「集団意識」，つまり社会性昆虫を研究する学生の中で哲学者っぽい者たちが，コロニーの魂と呼んできたようなものがあるのだろうか？　それともこれらの構造物の働く仕組みはもっと普通の説明が可能なのだろうか？

　適応性のある構造物の非常に興味深い例の1つは，オオキノコシロアリ類（数属からなる比較的高等なシロアリのグループで，最もよく見られるのはオオキノコシロアリ属 *Macrotermes*）が作るものだ．彼らは，塚と呼ばれる大きな構造物を地上に作る（図 11.8）．彼らが生息する土地ではこれらの塚が特異な風景を作り出している．彼らの塚は地球上で動物の作る最も壮観な構造物だと私は思う．

　実はオオキノコシロアリ類の塚は，「超生物の概念」の発展のなかで興味深い役

図11.8 北部ナミビアのミカエルセンオオキノコシロアリ *Macrotermes michaelseni* の塚.

割を果たした．これらの塚の働く仕組みは，スイスの昆虫学者マルティン・リュッシャーのおかげでわかってきた．彼は1961年に発表した注目すべき論文で，南アフリカ産のナタールオオキノコシロアリ *Macrotermes natalensis* の塚はコロニーのための巨大な心肺装置として機能していると主張した．さらにこれらの塚は，生理的なフィードバックをほとんど必要とせずに，自動的に巣の環境を調節するために作られるのだとも主張した．シロアリたちのたった1つの役割は，（この構造を最初に建設することを除けば）塚の中の空気を循環させる熱エネルギー源となることだけだ．

　リュッシャーの社会的ホメオスタシスの考えには塚の構造が非常に重要なので，少し詳しく眺めていこう（図11.9）．ナタールオオキノコシロアリの巣は，直径がおよそ1.5から2mのがっちりとした球状の構造で，その約3分の2が地表面より下になるようにできている．巣の上には地上2，3mに達する大きな円錐状の塚がある．塚には空隙が巣を取り巻くように全体に行き渡っている．巣の下の大きな空隙はまるで地下室で，非常に広々としているので，巣は柱の上に支えられているように見える．巣の側面には一連の放射状のトンネルがあり，下は地下室に，上は地表にまで延びている．巣の真上には，径の大きな垂直な煙突が塚を貫いててっぺんまで延びている．しかしこの煙突は外には開かず，土に囲まれた大きな集積室に通じている．塚の表面のすぐ内側には，また別の一連の垂直な表面ルートがあり，上は集積室に，下は放射状トンネルにまで延びている．塚の他の部分には，煙突と表面

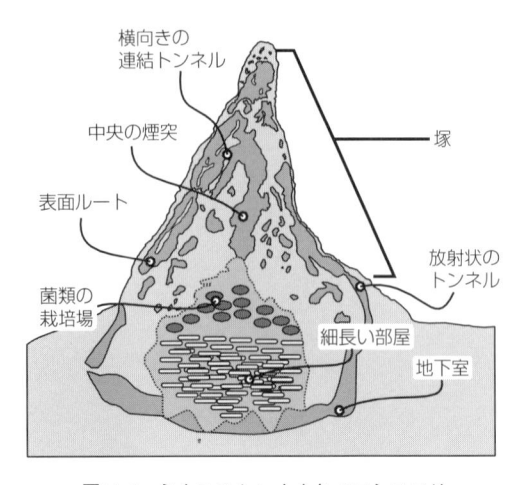

図11.9 ミカエルセンオオキノコシロアリ *Macrotermes michaelseni* の塚の断面図.

（図中ラベル：横向きの連結トンネル、中央の煙突、表面ルート、菌類の栽培場、塚、放射状のトンネル、細長い部屋、地下室）

ルートをつなぐ横向きの連結トンネルの網目が行き渡っている．

このシロアリの成熟したコロニーの代謝量は非常に大きいので，酸素と二酸化炭素の大量の流れを必要とし，また多量の熱を発散する．このシロアリの典型的なコロニーには100万から200万匹のシロアリが棲み，毎時およそ1.5リットルの酸素を消費する．その上，このシロアリが大きな畑で栽培している菌類が，シロアリ自体の約5.5倍もの量の酸素を消費する．コロニーの酸素の流れの合計量はこれによって毎時約9.5リットルにまで引き上げられる．熱の発散量はこの酸素消費量に比例する．シロアリ自体の産熱量は約8Wだが，菌類の代謝を加えると約55Wにまではね上がる．これはヤギぐらいの大きさの42kgの哺乳類の代謝率と大体等しい．

コロニーはこのような高流量を維持しながら，巣の温度・湿度・pO_2・pCO_2を驚くほど一定に保っている．マルティン・リュッシャーは，コロニー内の呼吸気体の高流量と安定性が，商業用のミツバチの巣について述べたのと同様な熱サイフォンから来ると考えた（図11.10）．巣の空気を加熱・加湿すると浮力が生じ，巣から出て上昇する．このシロアリの塚はてっぺんが閉じているので，浮力エネルギーは空気を循環させる．血液が肺へ循環するような感じだ．コロニーの使用済みの空気が表面ルートを通って下へ流されるときに，表面ルートの薄い多孔質の壁を通して熱・水蒸気・呼吸気体の交換がおこなわれ，新鮮なものに変わる．新鮮になった表面ルート中の空気は，前より冷たく，乾いた，密度の高いものになる．するとこの密度の高い空気は重力によって地下室へ引き下ろされ，煙突内の空気の上方への動きをサイフォン効果によって助ける．新鮮になった空気は，再びエネルギーを与えられて塚の中の回路を回る準備ができる．代謝は直接換気と結びついているので，巣の上に穴の開いたミツバチのコロニーの換気と同様に，ガス交換は自動的に調節

される.

　リュッシャーのオオキノコシロアリの塚のモデルは非常にみごとではあったけれども，批判を免れるわけには行かなかった．たとえば彼のモデルは，表面ルートの壁は塚の内部よりも必ず冷たいことを前提にしている．しかし塚の壁に日が当たると，表面ルートが暖められてコロニー内部よりも数度も高くなるので，これは当てはまらない．そうなると，表面ルートの空気も煙突の空気も上昇しようとするので，熱サイフォンはもはや働かない．しかし彼のモデルのさらに興味深い欠点の１つは，「社会性昆虫の巣の目的はコロニーを外部の厳しい環境から隔離・保護することである」と述べている部分にあると私は思う．こう決めてかかると，コロニーと外部環境との間のどんなエネルギー相互作用も必然的に排除されてしまう．そもそも空気の循環量とコロニーの代謝の間のつながりを弱める力はどんなものであれ，コロニーのホメオスタシスを守る仕組みを必然的に壊すのだ．コロニーを塚の中の申し分のない孤立環境に置くと，塚が適応性のある構造物であるために必要なフィードバックメタループの生じる可能性を制限することにもなる．塚が外の環境とエネルギー的に相互作用できないなら，塚の性能はどのようにして評価し調節することができるのだろうか．

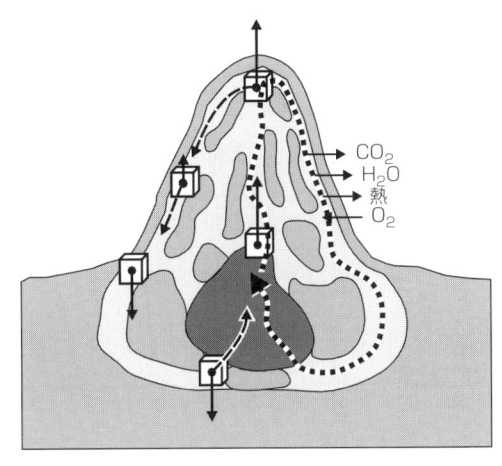

図11.10　ナタールオオキノコシロアリ *Macrotermes natalensis* の塚の熱サイフォンによる換気．マルティン・リュッシャーによるモデル．

巣と環境の相互作用

　塚がコロニーを外界から隔離しているという前提はどれくらい道理に適っているのだろうか．一方では，この前提は非常に妥当だと思われる．シロアリは手厚い保護が必要そうな，かなり弱い生きものだ．また，ほとんどすべてのシロアリのコロニーは何らかの形の巣の中にあって，これらは外界の温度や湿度の激しい変動を弱めている．しかし一方，シロアリの多くの種は比較的開放的な，環境にさらされる

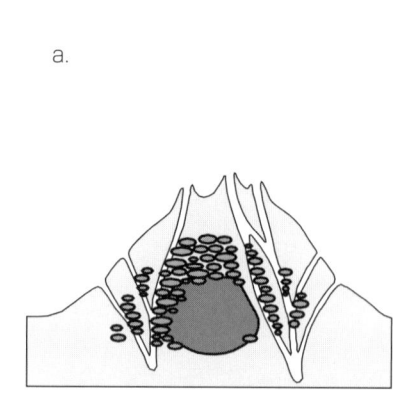

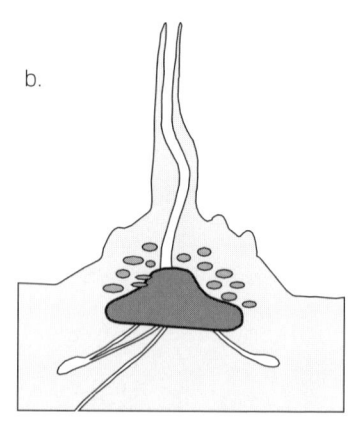

図11.11　サブヒアリヌスオオキノコシロアリ Macrotermes subhyalinus によって作られた「開放的な」塚の例．a：「Bissel」型の塚の断面図．この塚はおよそ1.5から2ｍと丈が低く，多数の換気口が行き渡っている．b：「Marigat」型の塚の断面図．この塚の上には数ｍに及ぶ高い煙突がついている．濃い灰色の小さい楕円は菌類の栽培場を，中央の濃い灰色の大きな塊はコロニーを示す．[Darlington (1984) より]

巣を作る．たとえば樹上の小さな巣では，内部の温度や湿度はかなり変化する．もちろんこれらの「例外」を，オオキノコシロアリを頂点とする壮大な進化の道のりの比較的低い段階とみることもできよう．しかしそれにしても，これらの劣っているとみなされる種は，環境から上手に隔離されていないにもかかわらず，非常にうまく生きているように思われる．また高等だとみなされるオオキノコシロアリ類の間でも，コロニーの隔離の度合いは種間でも種内でも差がある．多くのオオキノコシロアリ類は，いろいろな方法で風のエネルギーを捕えようと工夫したらしい大きな開口部をもつ塚を作る（図11.11）．たとえばケニア産のサブヒアリヌスオオキノコシロアリ Macrotermes subhyalinus の塚には大きな穴が行き渡り，風の取り入れ口か換気口として働くように工夫されているようだ．このシロアリの系統には，塚の頂に高い煙突を付けるものさえある．この種の繁栄は，コロニーを外界から隔離したことによるのではなさそうだ．それどころか，彼らは外界から風の形で運動エネルギーを取り入れる構造物を作るという逆のことをしているのだ．

　それでもこれらの比較的開放的なシロアリの巣は，ナタールオオキノコシロアリの閉じた塚に至る進化の道筋の，まだ不完全な段階だと考えることができる．この閉じた塚では，換気とホメオスタシスはほとんど機械仕掛けのような仕組みでおこ

なわれる．問題解決の鍵は，ナタールオオキノコシロアリの塚のような閉じた塚は外界のエネルギーとはっきりした相互作用するかどうかということだ．もし相互作用するなら，この相互作用がフィードバックメタループの基礎であり，これまでの考えを覆すことになる．塚は，最初から決まった正しい構造の設計図をもっているシロアリの「空調技師たち」によって作られる構造物ではなく，適応性のあるありふれた構造物ということになる．つまりケラの調節された歌う巣穴のようなものになるのだ．

　私はこの問題を，ナタールオオキノコシロアリに近縁で，生態的にも非常によく似たミカエルセンオオキノコシロアリのコロニーで調べてきた．ナタールオオキノコシロアリと同様にミカエルセンオオキノコシロアリも，完全に閉鎖的な巨大な塚を作る．主な違いは，ミカエルセンオオキノコシロアリの円錐状の塚の頂に高い筒状の尖塔がついていることだ．この尖塔（明らかに北側に傾斜している）があるために，塚の実質的な高さは9mにもなる．この塚の中の空気の動きは，ナタールオオキノコシロアリの塚とは異なり，風に強く影響されることがわかった．したがって完全に閉鎖的な塚であるにもかかわらず，このコロニーは申し分のない孤立環境にあるわけではない．

　ミカエルセンオオキノコシロアリの塚と風の相互作用は単純だ．空気を含めてどんな流体も質量をもち，質量をもつものが動かされると運動エネルギーをもつことを覚えているだろう（第8章）．風が通り道にある物体と相互作用して加速あるいは減速されると，空気の運動エネルギーは圧力の形のポテンシャルエネルギーに変えられる．この変換がどのように起きるかは，ベルヌーイの定理によって決定される．もし空気が減速されれば，運動エネルギーは正の圧力に変換され，物体を押す．空気が物体の周囲で加速されれば，負の圧力つまり吸引力が生じる．

　ミカエルセンオオキノコシロアリの塚は風の境界層〔第5章訳注1参照〕を通って上へ延びているので，その周りには複雑な圧力の場ができる．塚の風上側つまり前面では正の圧力が生じ，後面と側面では負の圧力が生じる．圧力は境界層中の風の速度の違いを反映するので，地面に近いところでは小さいが，塚の上方に行くにしたがって大きくなる．この圧力は相当な大きさになり，数百パスカルにも達する．表面ルートと外部を隔てている多孔質の壁は，この圧力によって空気を表面ルートに出入りさせることができる．表面ルートが塚の風上にあれば，新鮮な空気が吹き入れられ，側面や後面にあれば，空気は吸い出される．

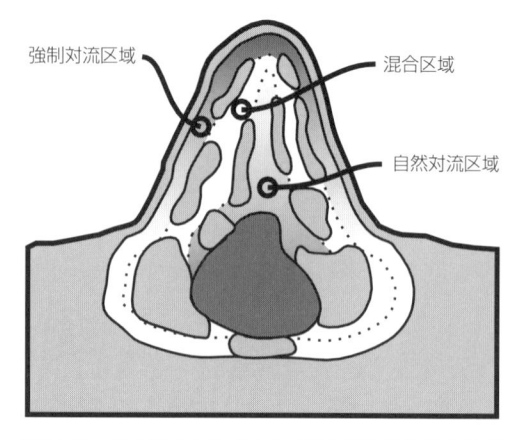

図11.12　ミカエルセンオオキノコシロアリの塚内のガス交換の区域.

この複雑な圧力の分布がミカエルセンオオキノコシロアリの塚の中の空気の流れを作るが，これはリュッシャーがナタールオオキノコシロアリの塚で前提とした空気の循環の動きとはまったく異なる[7]．ミカエルセンオオキノコシロアリの塚の中の空気は，塚内の3つの区域で異なった動きをする（図11.12）．網目状のトンネルを作っている表面ルートが強制対流区域にあたり，ここでは外の風の力によって空気がよくかき混ぜられる．風は気まぐれなので，強制対流区域の空気の流れは非常に変わりやすく，風が強まると速く動き，弱まると遅くなる．風向きが変わると，空気は表面ルートの中を塚の片側から反対側へと動く．2番目の区域は自然対流区域で，巣自体と煙突の下部を含む．ここの空気の動きは，ナタールオオキノコシロアリの塚の中と同様に，主としてコロニーの代謝が空気に与える浮力によって支配される．表面ルート中とは対照的に，ここの空気の動きは遅く，安定している．最後はこれら2つに挟まれた混合区域で，横向きの連結トンネルがこれにあたり，ここで煙突内の空気と表面ルートの空気が混ざり合う．

　コロニーのガス交換速度は，表面ルートの空気と煙突の空気の混合の程度に依存する．またこの混合の程度は2つのエネルギー源の相互作用に依存する．すなわちコロニーが生み出す代謝エネルギーと，表面ルートを横切って塚に入る風のエネルギーだ．したがってミカエルセンオオキノコシロアリの塚のガス交換は，哺乳類の肺の肺胞中の呼吸ガスの交換を思い起こさせる．風の速さと方向が変化するので，表面ルート中の換気にも波ができる．入ってきたエネルギーは横向きの連結トンネルで弱められ，そこで煙突の空気と表面ルートの空気の混合を促進する．ガス交換

---

7) ミカエルセンオオキノコシロアリの塚のような構造内の空気の動きは，トレーサーガスとそれを検出するセンサーを使って追跡できる．ここでは少量のプロパンを空気に混ぜたものをトレーサーガスとし，塚のさまざまな場所に注入した．注入したガスの動きは各所に配置した可燃性ガスのセンサーで検出した．

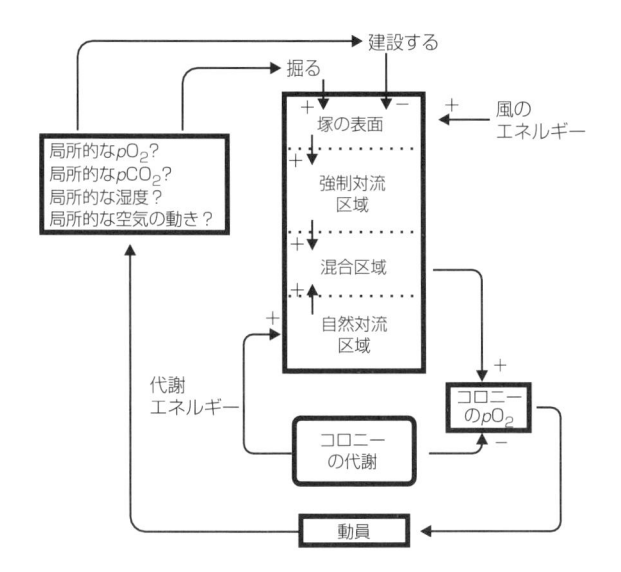

図11.13 ミカエルセンオオキノコシロアリの塚の適応性のある構造を建設・維持する模式図.

速度の変化は，一部は風の速さの変化によって，一部はコロニーの代謝量の変化によってもたらされる．

　これら2つのエネルギー源は一緒にフィードバックメタループの基礎を作り，このメタループが塚のガス交換器としての性能の情報をコロニーに伝える（図11.13）．この情報が前記のスティグマージー反射と結びつくと，おそらくフィードバックが完成し，このようにして塚は真に適応性のある構造物として振舞えるのだろう．多分以下のように働くのだ．巣内の空気の組成は，コロニーの二酸化炭素の生産速度と酸素の消費速度，およびこれらの気体が巣の空気と外気との間で交換される速度のつりあいによって決定される．もうおわかりだろうが，巣の空気のホメオスタシスが成り立つには，これらの流れは等しくなければならない（式11.5）.

　シロアリの好む空気環境と巣の空気のずれは，コロニーの PF と塚を通り抜ける TFF のアンバランスを示す．たとえばコロニーの pO_2 が低いのは，TFF が PF に比較して低い，すなわちコロニーの空気と表面ルートの空気を混合させるための風のエネルギーが十分得られていないことを示す．逆にコロニーの pO_2 が高すぎる（あるいは pCO_2 が低すぎる）のは，TFF が高い，すなわち混合を進める風のエネルギーが多すぎることを示す．実際に塚の内部のガス交換速度は，風に強く影響される（図11.14）．風の速度が速いと流量が増加し，流量が増えるとコロニー内の気

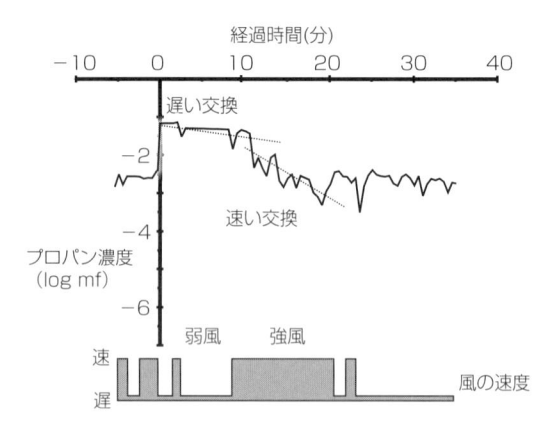

図11.14 ミカエルセンオオキノコシロアリのコロニーのガス交換速度の変化．ガス交換は，コロニーに注入したトレーサーガス，プロパンの減少によって測定した．トレーサーのモル分率の対数（log mf）の時間に対するグラフの傾きが小さいと，気体の交換が遅く，傾きが大きいと交換が速いことを示す．風が弱いときにはコロニーからのトレーサーの減少が遅く，風が強いときにはトレーサーの減少速度はおよそ2倍になる．

体組成が変わる．コロニーの空気組成のこのような変化が，働き蟻の動員および前記のスティグマージー反射の活性化と結びつくなら，塚は適応性のある構造物であると考えてよい．

　たとえばコロニーが大きくなるに従ってどんなことが起こるのかを考えよう．コロニーの始まり（女王と最初の子供たちである数百匹の働き蟻）から成熟までに，コロニー全体の代謝率はおよそ6桁も大きくなる．酸素の要求量のこの莫大な増加にもかかわらず，巣の空気の組成はかなり一定していて，コロニーの成長の全過程で CO_2 の濃度は2〜5％の間でほぼ安定している．呼吸に関わる流量のこのような莫大な増加はほとんどが，風のエネルギーが強くて十分な換気ができる高みへ塚を積み上げていくことによって達成される．ミカエルセンオオキノコシロアリは塚を利用して，風の破壊的な影響からコロニーを保護するどころか，風のエネルギーを探し出して捕まえ，換気を促進するためにうまく利用している．手短に言うと，ミカエルセンオオキノコシロアリの塚はかなり単純な適応性のある構造物であって，ケラの調節する歌う巣穴が適応性のある構造物であることと原理的には何の違いもないのだ．

12 母なる地球を愛せ

> 同じように，地球は和声と静かな音楽に感応する．したがって地球の中には無言の非理性的な湿気だけではなく，アスペクトが音楽を奏でると踊り始める理性的な霊魂が存在するのだ（訳注1）．
>
> ——ヨハネス・ケプラー

　この最終章では，超生物の概念をさらに深く掘り下げ，次の根本的な疑問に迫ろうと思う．地球は社会性昆虫のコロニーのような，調和の取れた地球規模の生理作用，さらには地球規模のホメオスタシスさえも示す超生物なのだろうか？　20世紀後期の生物学から生じた注目すべき概念の1つは，そう主張している．この考え方では，地球はガイア，すなわち1個の自律的な生きた存在として描かれている．ジェームズ・ラヴロックのこの独創的な考えは「ガイア仮説」として知られるようになった．彼は名目的には大気化学者なのだが，奇抜な思想家が皆そうであるように，彼も単純な枠にはめられない．彼の考えは，もともとNASAから出された「惑星に生命が存在するかどうかはどうしたらわかるか」という現実的な問いがきっかけだった．この問いに対する彼の答えは，「惑星の化学的性質が持続的に熱力学的平衡から外れている証拠を探せばよい」という単純明快なものだった．

　この返答は，地球上からでも可能な観測によって疑問の決着がつくので，NASAからは歓迎されなかった．これではNASAが高価な宇宙船を火星に送ることを正当化できないので，その点が官僚的な考え方に凝り固まった者たちのお気に召さなかったのだ．しかしラヴロックの考えは死なず，ガイアはその支持者に言わせれば地球生物学の包括的な新しい理論，すなわち，以前には別々の科学の研究分野だった地質学や生態学や生命科学などを統合したものへと発展した．さらに，20世紀後半を通じて幾多の成功を背景にして科学を支配してきた還元主義〔複雑なことを単純なことに分解して解釈しようとするやり方〕にほとんど覆い隠されていた，自然を全体的に捉える見方を復活させることにもなった．

訳注1）アスペクトは占星術で使われた概念．天体どうしの特定の角度関係．

本質的にはガイアは，超生物を大規模にしたもので，もっともな理由にしろ，不当な理由にしろ，物議をかもす概念だった．私はこの章を，賛否双方の立場のさまざまな主張を公開する舞台として使うつもりはない．むしろガイアを本書に沿った観点から考えたい．動物の作る構造物に倣ったような，環境の構造的な変更によってもたらされる地球規模の生理作用は存在するのだろうか？　本書をいままで読まれて，生物を超えて広がる生理作用が実際に存在するのだと納得されたならば，この体外生理作用は大規模な系，たとえば社会集団，生態系，果ては生物圏そのものにまでも広がるという考えを好意的に受け入れてくださるのではなかろうか．もちろんシロアリの塚からガイアまでは一足飛びには行かないが，私はそのギャップを埋めるつもりだ．

地球の気候の「生理作用」

初めに，「地球の生物相が地球の気候の調節に大きく寄与している」というガイアの主張の１つについて検討しよう．生物相（植物相と動物層をすべて合わせたもの）は気候を作るほかの力に比べてかなり弱いという反論がすぐにも出るだろう．第２章の議論を思い出そう．すべての生命が依存する ATP エネルギー経済を支えているのは，地球の大気の中へ流れ込むエネルギーのごく一部を緑色植物が捕まえたものにすぎない．気候を作り出すのには，物理的エネルギーの流れの中のはるかに多くのエネルギーが使われる．それに比べて地球の生物相の非常に小さいエンジンがどうしてそんなに強力な力を調節できるのか？

しかし大きな力の必要はないかもしれない．実は気候はかなり微妙なつりあいの上にあって，わずかな力にも影響を受けるのかもしれない．精密にバランスを取った鋭敏な天秤が，蚤が動いただけで傾くように．この 100 万年くらいの間に，気候は氷期と呼ばれる寒冷な時期と，間氷期と呼ばれる温暖な時期の間をおよそ 10 万年周期で行ったり来たりした．あたかも２つの比較的安定な状態の間のスイッチが切り替えられるかのように．過去３万５千年くらいの気候のデータを見ると，この期間は最後の氷期の後半と現在私たちが享受している間氷期への上昇の時期を含んでいる（図 12.1）．グラフはかなり「凸凹」しているが，特に過去２万年〜３万 5000 年前の時期を見よう．この時期には気候が，温暖な相とそれより７〜８℃くらい低い寒冷な相との間を周期的に切り替わっているようだ．この切り替わりは，およそ

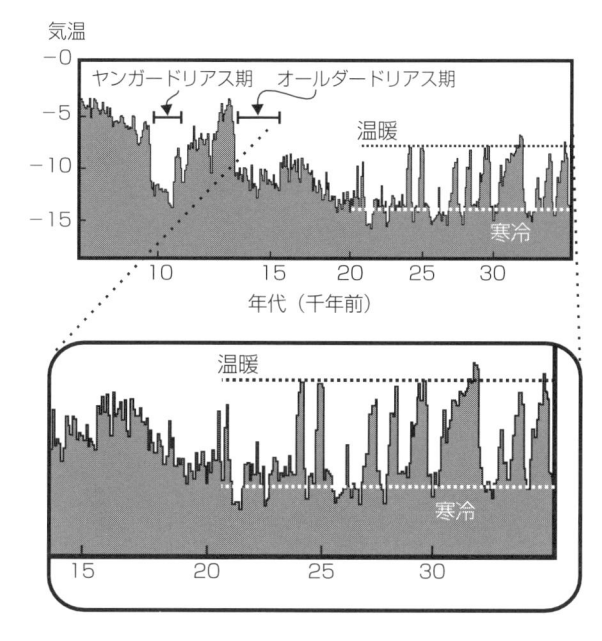

図12.1　過去3万5000年間のグリーンランドの大氷原上の気温．[Kerr（1993）より]

1万7000年前から始まる氷期からの上昇の時期にも起きている．温暖化の傾向ははっきりしているが，オールダードリアス期とヤンガードリアス期の2回，地球は長い寒冷期に逆戻りした．気候がついに比較的安定した穏やかな間氷期の範囲まで上昇したのは，図12.1のグリーンランドの大氷原上の気温によってわかるように，やっと8000年ほど前になってからだ．

この動きはオン・オフ調節という種類の制御を思い出させる．実はサーモスタットの最も一般的な制御方法だ．オン・オフ調節は，哺乳類の体温調節（第11章）に代表される比例制御と比べると一番わかりやすい．比例制御では，生物による産熱量は温度の食い違いの大きさ，すなわち系の設定温度と実際の温度の差に比例して変わる．オン・オフ調節は，ヒーターを完全にオンか完全にオフに切り替えることによっておこなう．産熱量はオンとオフの相対的な持続時間，いわゆる運転サイクルによって調節される．

もし気候の振動が「気候のスイッチ」の働きを反映しているのなら，何がスイッチを操作するのだろう？　実はスイッチ切り替えの仕組みには強力な物理的な要素が関わっている．しかしスイッチを動かすのに必要な実際のエネルギーは小さいだ

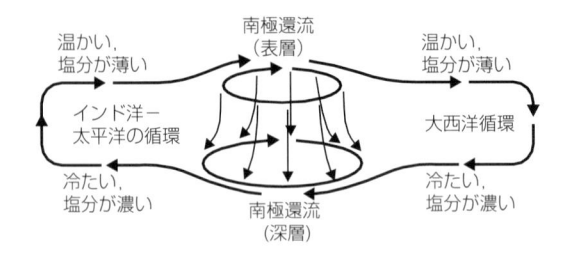

図12.2 世界の海の主な循環パターン.［Broecker（1997）より］

ろう．おそらく生物相がスイッチの切り替えに十分加担でき，ある程度は気候を調節できるくらいに．

海洋の熱循環

　気候を制御するスイッチが何であるかは，現在はっきりしていないが，海洋循環のパターン変化が重要だとは結論してもよいだろう．海水は太陽から吸収した熱の主たる輸送装置だ．天候を支配するものは熱の分布と動きだから，海洋循環のパターンはおそらく地球の気候を決定する主な要因だろう．海洋循環が2種類の非常に異なるパターンの間で切り替わることによって，気候のスイッチが操作されているというのが，いわば現在の考えだ．

　現在，海水は世界の海を3つの主な経路で循環している（図12.2）．1つは南極大陸を取り巻く南極海にある．ここは東から西への水の流れが大陸によってさえぎられないただ1つの海だ．地球の回転がこの水に東から西への強い動きを与え，南極還流という海流を作り出す．大西洋循環は，水を南極海と北大西洋の間を循環させ，北ははるかグリーンランドに至る．最後は南極海とインド洋‐太平洋の循環（インド洋‐太平洋逆コンベアーベルト）で，太平洋ではベーリング海峡まで水を運ぶ．

　水の密度に違いがあると重力が作用するので，3つの流れにはすべて強い垂直の成分がある．南極還流では氷棚に沿った水は凍り，濃い冷たい塩水が生じ，それが南極大陸を取り巻くスカートのような垂直な流れとなって深海の深みへ沈む．大西洋循環は南極海の比較的暖かく軽い表層の水が供給され，表面流として北へ運ばれる．この水が熱帯地方を通り赤道を越えて北へ動くうちに，蒸発で水を失い，密度が増える．同時に水は温められもするので，軽くなり，蒸発による影響を部分的に相殺する．しかし流れが熱帯地方を過ぎると，冷涼な大気に向かって熱を吐き出す．

そのために北ヨーロッパは比較的温和な気候を享受している．表面の水が冷えると，蒸発と低温の両方の影響で重くなって沈む．大西洋循環の帰路の行程は，深層の塩分の濃い冷たい流れとなる．

インド洋－太平洋逆コンベアーベルトも水を北へ運ぶが，北向きの流れは南極還流の深層の水から供給される塩分の濃い冷たい流れだ．ベーリング海峡近くの北のはずれで，この水は北極海の水と混ざる．ここの水はシベリアや北アメリカからのかなりの量の淡水が流れ込むため比較的塩分が薄い．逆循環の水は軽くなって上昇し，帰路の比較的暖かく薄い水の表面流となる．この水が南極還流に加わると，熱はインド洋－太平洋と大西洋の間で移動する．

おそらく間氷期の循環パターンはいつもこうなのだろう．このような関係があることは容易にわかる．すなわち，低緯度から高緯度まで熱が分散すればするほど温暖な気候が地球に広がるからだ．熱帯地方や赤道地方では熱が両極へ運び去られるので，そうでないよりも涼しくなる．同様に，温帯や極地方の気候は熱帯から熱の補助を受けるので，そうでないよりも暖かくなる．

一方，氷期はおそらく別の循環パターンと相関していたのだろう．たぶん南北への大循環系が止まると氷期になるのだろう．この循環系が止まると，熱帯地方の水が吸収した熱は，いまのように高緯度の地方へ分配されずに，そこに留まりがちになる．熱帯地方の水はさらに暖められ，よけいに水が蒸発し，ひとりでに沈むほど重くなるかもしれない．その結果，海水の混合は局所的に範囲が限られた対流セルによって支配され，熱は垂直には盛んに輸送されるが，緯度の方向にはわずかしか輸送されないことになる（図12.3）．温帯地方はもはや熱の補助を受けないので，寒冷化し，降雪は激しくなり，雪塊が長く留まる．一面が氷河で覆われ，氷期が到来する．

いったい何がこれらの著しく異なる循環パターンの切り替えをおこなわせるのだろう？　強力な物理的な力が働いているのは明らかで，もしかすると生物相があろうがなかろうが海洋は周期的に切り替えをおこなうのかもしれない．たとえば南北への大循環系を止めて気候を氷期にする次のようなシナリオを考えよう．北大西洋の著しく密度の増加した水に作用する重力は，大西洋循環を順調におこなわせる重要な力だ．北大西洋の水は現在では，地球で最も塩分が濃く冷たい水のうちに入る．しかし北半球がもっと温暖化し，降雨量も増加する時代を迎えるとしよう．降雨によって十分大量の淡水が供給されると，北大西洋の水はいまほど塩分濃度や密度が

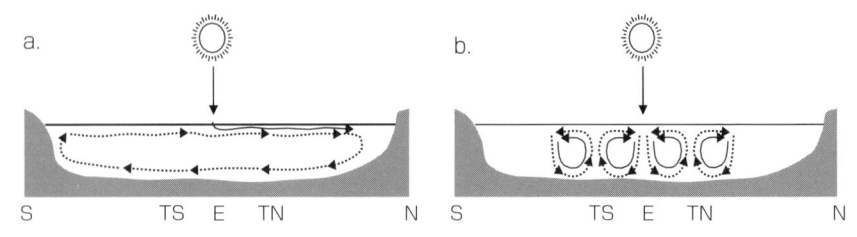

図12.3　海洋循環と熱の輸送の仮想パターン．a：間氷期．b：氷期．この模式図は，南極（S）から南半球の温帯（TS），赤道（E），北半球の温帯（TN）を通って北極（N）に至る断面を示す．

高くなくなり，もはや重力はこの水を沈めるほど強くは働かなくなる．その結果，大西洋循環が消滅する．

　温暖と寒冷の気候の間の切り替えは，それぞれの気候パターンが自己制御方式をとっている場合に起きるのだろう（図12.4）．上記のように間氷期が暖かくなりすぎると，結果として起きる変化が南北への大循環系を停止させ，気候を氷期に戻す．逆に氷河が非常に広範囲に広がると，長期の低温の結果，北大西洋の水の冷たさと塩分濃度が回復し，大循環系を後押しする．後押しの力が十分強ければ，大循環の動きが再開し，間氷期へと導く．

　地球の気候を支配する力をほとんど制御せずに，生物相がどのようにして気候に重要な変化をもたらせるのかが，これではっきりしてきただろう．生物相が何らかの方法で，海洋の循環を起こすエネルギーや水の動きにひずみをかけられれば，気候のオン・オフ制御装置の運転サイクルを変更して，調節的な影響を与えられる．このような偏向力がどのように作用するのか，実はいまのところ私は手がかりさえももち合わせていないのだが，要点を説明するために，1つの可能なシナリオを披露させてほしい．

　氷核細菌（INB）は大部分がシュードモナス属の微生物の仲間で，植物の表面によく見られる．彼らは水蒸気から氷ができる温度を変える興味深い能力をもち，作物を霜害から守るという経済的に重要な役割を果たす．植物が死んで分解すると，表面のINBの一部が大気中に舞い上がり，雲の小滴が形成されるための核として働くことがある．するとINBはそれらの小滴が液体でいるか凍るかの傾向を偏向させる．INBの周りにできる雨粒は液体として留まりやすいが，通常の塵の粒子の周りにできる雨粒は凍りやすい．このようにしてこれらの細菌は，寒冷な気候での降水が雨となるか雪となるかを決める役割を果たすようだ．

私たちが間氷期の始まりにいるとしよう．気候が暖かくなるに従って地球上の緑色植物は極地方まで広がる．それに連れて葉の表面の総計も増え，そこに棲むINBの数も増える．その結果，空気中に漂うINB量も増加するなら，北部地方の降雨量は増加すると考えられる．降雨量が増えると，今度は海洋の大循環を停止させるかもしれない．このシナリオでは，ある生物（INB）がスイッチを狂わせ，そのために通常よりもじきに切り替わったり，物理的エネルギーの流れの小さな変動で切り替わったりするようになる．質量とエネルギーの流れに生物的な操作が加わるという点で，この偏向力は生理的である．また正のフィードバックも関与している．気候の温暖化が植物の生育地を広げ，それがさらに気候の温暖化を促進するという具合に．

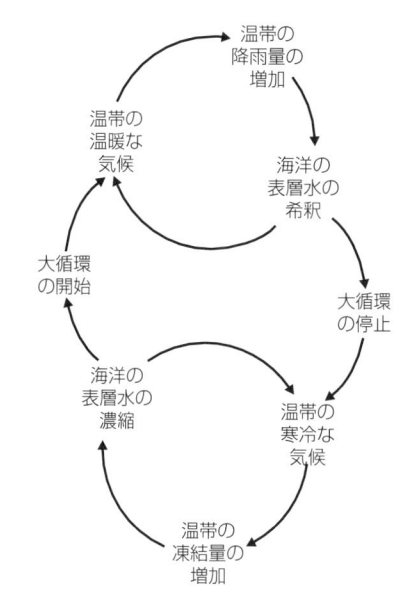

図12.4　気候パターンの自己制御と，間氷期（上の輪）と氷期（下の輪）の間の切り替えのしくみの仮説．

ホメオスタシスと共生

　生物相が気候に対して広範囲にわたって微妙な影響を与えるということは，ガイアの中核をなす主張，すなわち生物相が地球の気候の調節に大きく寄与しているという主張からはまだ遠く離れている．そこにたどり着くには，2つの条件を満たさなければならない．第1に，生物相自体が自己制御する強い傾向（ホメオスタシス）をもち，この傾向は普遍的あるいはそれに近くなければならない．この条件は，ホメオスタシス自体に実質的な利益が伴うことを意味する．第2に，この傾向をもつためには生物の外側の物質とエネルギーの流れの関わりが必要だ．物理的な環境を生理的な共謀関係とでもいうものに引き込んで，ホメオスタシスを環境中の生物に与えるだけでなく，環境自体にも与えるのだ．

フィードバックとホメオスタシス

ホメオスタシスの利益はなんだろう？　ここまでは単にホメオスタシスはよいものだとみなすだけで満足してきた．しかしそれはなぜだろう？　生物がホメオスタシスのために大変な労力を費やして引き出すのは，いったいどんな利益なのか？　この疑問の答えは，負のフィードバック制御をいままでの章で見てきたよりもさらに深く理解すれば得られると私は信じている．現時点までは，ホメオスタシスは負のフィードバックと結びついているとだけ言って来た．これは大抵の場合正しいが，常に正しいとは限らない．ここから先は，ホメオスタシスと負のフィードバックがどのように相関しているのかを正確に論じる．それはこの点がわかって初めて，ホメオスタシスがどうして有益なのか，どうしてこれがガイアに帰着するのかがはっきりするからだ．

　負のフィードバック過程の単純な例から始めよう．車を走らせている運転者は，車のボンネットの一点が道路の中央に描かれている線からずれないようにしている．線のどちら側かへそれると，運転者は修正をおこない，車を正しい軌道に戻す．制御がうまいと，線が示す「想定」軌道からほとんどそれない軌跡を描くので，はっきりわかる．

　技術者は長い間，システム制御の解析と設計に関わってきて，それに役立つシステム制御理論という一式の手段を開発した．最初の段階は，システムを一連の「ブラックボックス」，つまり入力を受け取って出力を作り出す抽象的な装置に分けることだ．入力と出力は，ブラックボックスの転換機能によって関係づけられる．この転換機能は通常Φの記号で表され，少なくとも2つの値が関係する．最初の値，**ゲイン**（増幅器の出力率）は単に入力の大きさと応答の大きさの間の関係だ．ゲインが高いと，小さな入力の変化に応答して大きな出力の変化をもたらす．ゲインが低いとその逆になる．2番目の値は**位相**で，システムへの入力変化に対する応答開始の時間的遅れを表す．遅れがゼロのとき（すなわち入力変化に即座に応答するとき），ブラックボックスは「位相が一致」しているという．入力と応答の間の遅れが増すほど，伝達機能は大きな位相の遅れをもつことになる．一方のブラックボックスの出力が他方のブラックボックスの入力になっているものは，すべてフィードバックループになる．

　この手法を車の運転の分析に利用できる．2つのブラックボックス間のフィード

バックループをもつシステムを組み立てる（図12.5）．一方は線からの車のずれをハンドルの一定の角度に変える転換機能をもつ．他方はハンドルの角度を車の向きの修正に変える（その結果として軌道からのずれδがまだ残る）．ゲインは，線からの車のずれとハンドルが回される角度との間の関係になる．ゲインが低いとは，車が予定の軌道から大きくずれても，それに応答してハンドルがわずかしか回転しないことに当たる．ゲインが高いとは，車の位置の小さなずれに応答してハンドルが大きく回転することに当たる．

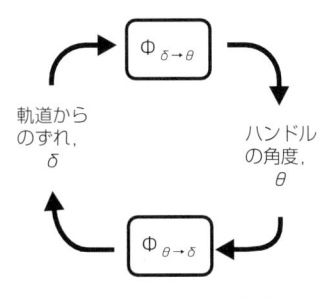

図12.5　車のハンドル操作をおこなう転換機能．

　ハンドル操作のこの単純な負のフィードバックの作用は簡単にシミュレーションできる．このシミュレーションのいくつかの結果を図12.6に示した．ここから明らかに学べるのは，車の「上手な」操作（すなわち線からの車のずれを小さく抑える）は，ゲインと位相の特定の組み合わせによってはじめてもたらされるということだ．モデルのゲインと位相を微調整して，不安定で手に負えない動きをさせるのは実に簡単だ．現実の例を想像するのは難しくない．たとえば新米の未熟な運転者は，予定の軌道からのわずかなずれに反応して，しばしばハンドルを過剰に修正してしまう．図12.6に示したように，システムのゲインを大きくすればこれをシミュレーションできる．制御の失敗は明らかだ．別の例としては，運転者の応答時間をさまざまな合法あるいは非合法の薬によって損なうことができる．その結果，位相の遅れがひどくなり，運転者はずれがわかってからかなり経たないと修正の行動を起こさない．明らかに車は気まぐれな動きをする．

フィードバックと共生

　今度はこの新しい抽象的な手段を用いて，共生という生物の協力的な集合体を検討しよう．格好の例が地衣類で，これは菌類と藻類が共生した集合体だ．菌類の側は藻類が生育する場を作り，住まいとして葉状体という精巧な構造を形成するものもある．光合成藻類の方は，菌類を養うエネルギーを提供する．共生者間の物質の交換は，システム図，すなわちフィードバックループでつながったブラックボックスの集まりとして表すことができる．そうすればこの集合体をシステム制御理論を

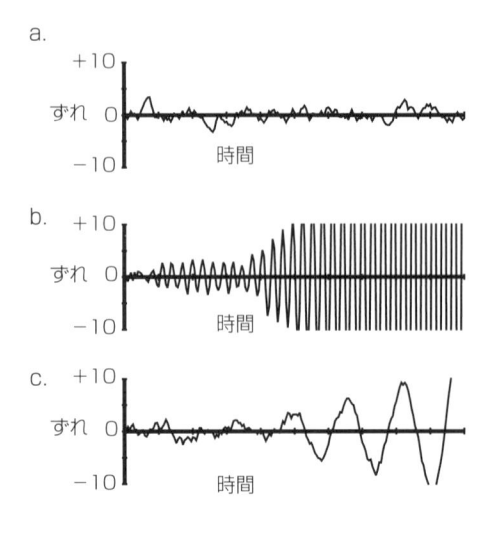

図12.6 負のフィードバック，安定性と不安定性．a：転換機能のゲインと位相がきちんと調和している．「望ましい」値からのずれは小さい．b：転換機能のゲインが高すぎる（運転者はずれを過剰修正する）．系は不安定な振動を始める．c：転換機能の位相応答が遅すぎる（運転者の反応が遅れる）．系はやはり不安定になる．

使って分析できる（図12.7）．

　この単純なモデル系は，光合成独立栄養生物 P（藻類），従属栄養生物 H（菌類）からなる．エネルギーは光の形で入り，P によって捕えられ，グルコース中の化学結合の中に蓄えられる．エネルギーを含んだグルコースは H に送られ，H はこれを分解して二酸化炭素と水に戻す．すると二酸化炭素は P に再び与えられて，またグルコースに組み込まれる．この系の炭素には3種類のエネルギー状態がある．最も高いのは光エネルギーの捕獲によって押し上げられるグルコース，つぎは従属栄養生物によって作られる二酸化炭素，最も低いのは炭素の掃き溜めで，炭酸カルシウムのような安定な無機塩類の形をとる．P も H も炭素をこの掃き溜めから取り出せず，炭素がそこに入ったが最後，どちらにとっても永久に失われてしまうとしよう．すると P と H の間の炭素の循環は，フィードバックループを形成し，2つの転換機能によって支配されることになる．$\Phi_{H \to P}$ は従属栄養生物を通って光合成独立栄養生物に戻る炭素の流れの転換機能，$\Phi_{P \to H}$ は光合成独立栄養生物から従属栄養生物への炭素の流れの転換機能である．3番目の転換機能 $\Phi_{H \to S}$ は，従属栄養生物と掃き溜め（sink；S）の間の炭素の流れに関わる．

　この集合体にはホメオスタシスへと向かわせる何かがあるだろうか？　この系を通るエネルギーと物質の流れをたどってみよう．炭素が光合成独立栄養生物と従属栄養生物の間を絶えず循環して初めて共生はうまくいく．もし何らかの理由で P

か H が「失敗して」, 彼らをつなぐループから炭素を逃してしまったら, 炭素は掃き溜めに落ちて, どちらも利用できなくなる. 共生は炭素に「活動」を続けさせてこそ, やっていけるのだ. つまりホメオスタシスがあってこそ, 生き残れる. これをもっと明確に述べると, 共生がうまくいくのは転換機能 $\Phi_{H \to P}$ と $\Phi_{P \to H}$ がつりあっているときだけだ. もしそうでないと, 炭素と, 炭素がもっている仕事の能力は失われる. こういうわけで共生が永続的にうまくいくためには, 共生者が互いの転換機能に配慮して自らの転換機能を制御することが絶対に必要になる. この種の作業は, フィードバック, 協力, 制御を必要とする. しかしここで真に興味深いのは, 生じる利益は集合体から見た利益であって, 個々の共生者から見たものではないことだ. P や H が個々に内部の pH, 温度, 水分平衡, その他もろもろの条件を調節してホメオスタシスを保ったところで, それ自体はどちらにも価値はない. 集合体の仲間の間に生理的な調和があってこそホメオスタシスは価値をもつ.

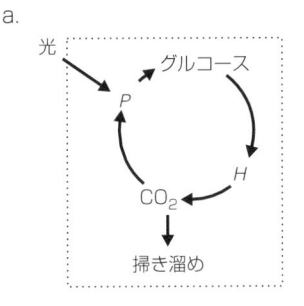

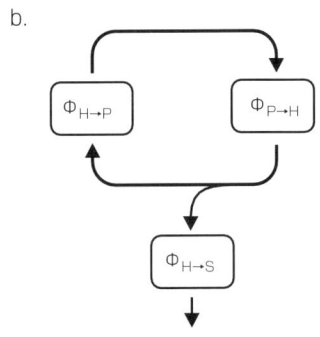

図12.7 従属栄養生物 (H), 光合成独立栄養生物 (P), 炭素の掃き溜め (S) からなる単純な共生. a：従属栄養生物, 光合成独立栄養生物, 炭素の掃き溜めの間の炭素の可能な動き. b：共生を支配する転換機能は, フィードバックループの中で作用する.

ホメオスタシス, 共生, 適応度

ホメオスタシスをこの観点から眺めるとガイアは少し正当性を帯びてくる. しかしまだ完全に正しいとはいえない. 現実の世界は申し分のない協調的な共生によって構成されているわけではないからだ. むしろ既存の集合体に無理に「失敗」させることに無上の喜びを感じる生物に満ちている. つまり現実の世界には競争がある. ガイアが信頼できるものになるには, 生物間のすさまじい競争にもかかわらず, 地球規模のホメオスタシスに必要な生物の協力と調和が生じるわけを説明できなければならない.

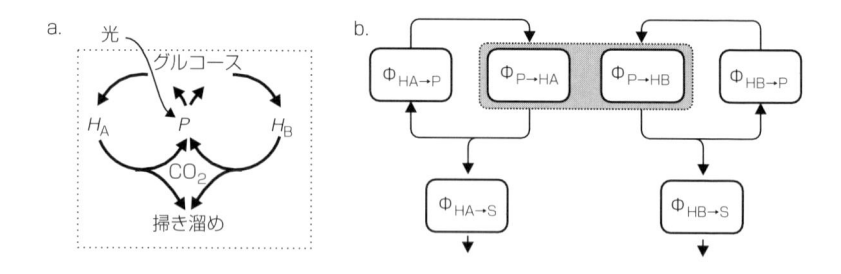

図12.8　光合成独立栄養生物 P を通って循環する炭素の，H_A と H_B の2種類の従属栄養生物間での獲得競争．a：炭素の動きは2つのフィードバックループを形成する．b：競争は実際にはループ間でおこなわれ，従属栄養生物間での競争は副次的なものにすぎない．

　実はこれは見かけほど大きな飛躍ではないかもしれない．前述の共生モデルに競争を加えてみよう．今回は，光合成独立栄養生物 P は1種類だが，従属栄養生物は H_A と H_B の2種類あると仮定する（図12.8）．この系の炭素の循環は，6つの転換機能によって支配される．P とそれぞれの H の間を流れる炭素に対して2つずつ，掃き溜めへ失われる炭素に対してもう2つ．炭素の獲得競争が生じるが，2種類の従属栄養生物間の競争は単に表面的なもので，実際の競争は炭素が流れる2つのループ間でおこなわれる．競争が存在してもループの構成メンバー間の調和の必要性は，消滅したり減少したりはしない．競争には確かにいろいろな結果が考えられる．H_A か H_B の絶滅，あるいは両者の何らかの安定な関係．しかし誰が生き残るとしても，集合体のすべてのメンバーはやはり炭素を動かし続けなければならず，それには彼らはそれぞれの転換機能を調和させる以外にはないのだ．

　この議論の道筋は進化の適応度の生理的な定義にまで拡張できる．これはガイアが信頼できるものになるためには必須である．自然選択の従来の理論は，適応度を遺伝子の伝達の可能性とみなしている．しかし生理学者にとっては，適応度はエネルギー論の問題なのだ．生殖は基本的に自分のコピーを作ることであり，それには生命のない物質に秩序をもたらすことが必要になる．遺伝子は鋳型を提供するかもしれないが，エネルギーがなかったら遺伝子は役に立たない．生殖の速度は，まさにこのエネルギーが動員される速度，いいかえれば生殖能力に依存する．自己複製あるいは自己触媒するものの集団中では，高い能力で働くものの方が低い能力で働くものよりも自分のコピーを多く作り出し，よく適応する．

　これでホメオスタシスの真価がわかるところまで来た．1つの光合成独立栄養生

物と2つの競い合う従属栄養生物の単純な集合体のモデルに戻ろう（図12.8）．前記のように炭素に焦点を合わせるのは，実は少々ごまかしだ．実際に集合体にエネルギーを与えているのは，電子の流れで，原子は電子の運び手としてのみ重要なのだ．仕事がなされるためには，電子はグルコース中の結合から，二酸化炭素や水分子中のより低エネルギーの結合へと，統制のとれた移動をしなければならない．強力な電子の流れは，それほど強力でない流れよりも高度な秩序を生み出す仕事をするが，グルコース中の高エネルギー結合へ押し上げられる電子を何かが供給してくれなくては，電子の流れは決して起きない．それらを供給するのは二酸化炭素と水分子中の低エネルギー結合だ．集合体の中の個々の生物が副次的だというのはこういうわけで，生物は自分の代謝と共生体の他のメンバーの代謝とが調和しているときのみ高レベルの適応度をもつ．

　適応度をこのようなエネルギーの視点から眺めると，生物による際限のない競争に自然な歯止めがかかり，適応度が調和や協力と結びつけられる．たとえば H_A が，P に対する適応度の最大化を狙ったとしよう．これは自分が出す二酸化炭素を掃き溜めへ振り向けて，直接に炭酸カルシウムのような不溶性の鉱物にしてしまえば簡単にできる．この動きは H_A の利己的な考えとしては理に適っているが，電子の流れのループを断ち切ることになり，H_A はじきに自分の生理作用を支えるのに必要な電子の運び手を供給されなくなってしまう．実は生存のためには，P と代謝の上で協力するしかないのだ．

ホメオスタシスと遠隔共生

　おそらくここまでで，うまくいく共生とは，共生者間の物質とエネルギーの流れが一種の調和を保った「よく調整された」共生であることに納得が行っただろう．しかしこのモデルで，ガイアが前提とするたぐいの地球規模の生理作用に近づけるのだろうか？　私の意見ではそうだ．共生の「調整」のための必要条件は，質量とエネルギーの保存の基本的な法則から得られる．互いに遠く離れたところにいる生物でさえも，これらの制限に従わなければならず，彼らは一種の遠隔共生をしていると想像できる．ガイアにとっての課題は，遠隔共生がどのように機能しうるのかを説明することだ．もし遠隔共生が信用できるなら，地球規模の生理作用，すなわち単に生物だけでなく海洋・地殻・大気など地球全体を含む生理作用も，おそらくそれほど手の届かない概念ではないだろう．

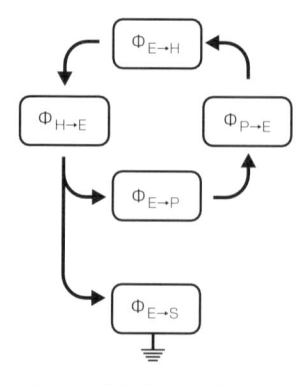

図12.9 光合成独立栄養生物と従属栄養生物間の遠隔共生．互いを隔てている環境を通って物質とエネルギーが流れる．

実際に自然界の多くの生態系は，遠隔共生とみなしてもよいほどの生理的な調和を示している．その可能性は，物質が生物の間をどれだけ容易に循環している（「活動」し続けている）かを，物質がどれだけ容易に掃き溜めに落ちて再び動員されるかと比べれば評価できる．この2つを組み合わせると，タイラー・ヴォルクが循環比（cycling ratio）と呼んだものになる．たとえば炭素の循環比は約200対1で，炭素原子は掃き溜めに落ちて失われるまでに従属栄養生物と光合成独立栄養生物の間を平均して約200回循環することになる．幸い炭素はかなり容易に再動員できる．窒素のような他の原子は，もっと勤勉に活動し続けるようだ．窒素の全体的な循環比は，500対1から1,200対1の間だと見積もられている．この比は補完的な代謝をする生物のギルドによって維持されている．たとえば窒素は，動植物がタンパク質を作るために利用できるようになるには，複雑な細菌集団を通して循環しなければならない．そして今度は，タンパク質中の窒素は別の細菌によって窒素ガスに戻されなければならない．窒素がある「代謝ギルド」から別の「代謝ギルド」へときっちりと受け渡されていくことは，非常によく調和の取れた超生物的な生理作用があることを強く物語っている．

物質とエネルギーが共生者間で直接受け渡しできれば，共生の「調整」はおそらくもっと楽だったろう．通常の共生が非常に親密な関係にあるのはこれが1つの理由かもしれない．遠隔共生の厄介な点は，物質やエネルギーが（想定上の）遠隔共生者を隔てる環境の中を通っていかなければならないことだ．この環境が変わりやすく不安定だったら，遠隔共生の調整は難しいだろう．生物間の流れを環境の転換機能で表した体系的な図でこの関係を表せる（図12.9）．たとえば転換機能 $\Phi_{P \to E}$ は光合成独立栄養生物から環境への流れを司り，$\Phi_{E \to H}$ は環境から従属栄養生物への流れを司る．転換過程は明らかにもっと複雑なのだが，これらを調整するための必要条件は変わらない．通常の共生と同様に，遠隔共生がうまくいくためには，やはり物質を「活動」させ続けなければならない．これもやはりループのすべての転換機能が調和したときのみ達成される．調節がうまくいっている遠隔共生は，あま

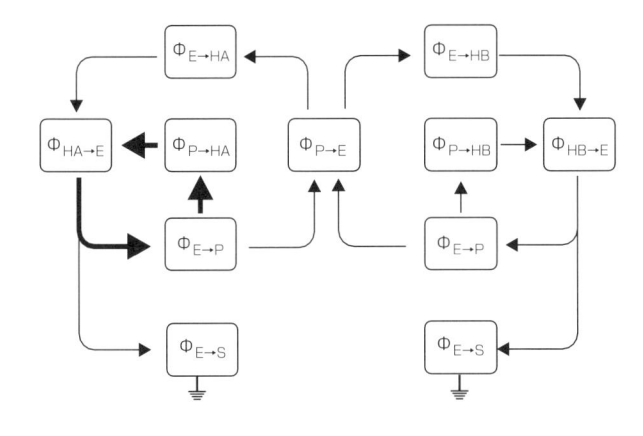

図12.10　2つの遠隔共生の競争．H_B はループが調整されていないので，H_A に対して競争力が弱い．

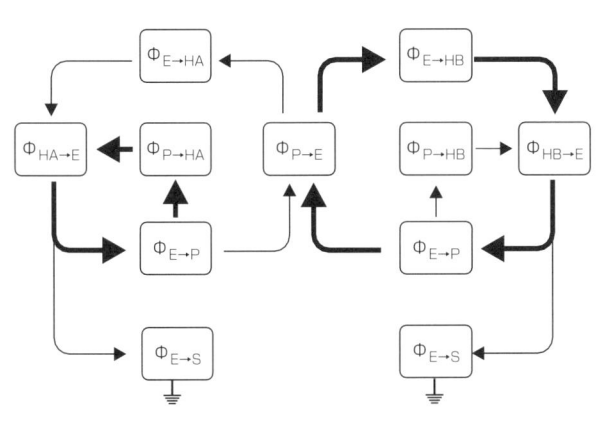

図12.11　遠隔共生に対する環境の適応．H_B は，P との間を隔てている環境を通る物質の流れの転換機能を改良することによって，P と緊密に結びつくようにループを調整できる．こうして H_B は H_A と競争できるようになる．

りうまくいっていないものより大きな能力を発揮し，大きな適応度をもつ．

　遠隔共生では，適応は単に生物の環境に対する応答に留まらない．環境の生物に対する適応も含むのだ．2種類の従属栄養生物 H_A と H_B 及び1種類の光合成独立栄養生物 P からなるモデル系で，この概念を説明しよう（図12.10）．H_A と P は彼らを隔てる環境の転換過程によく適応し，よく調節された遠隔共生を営んでいるが，H_B と P はそうでないと仮定しよう．炭素は H_B と P の間よりも H_A と P の間を優先的に循環し，多くの仕事をするだろう．どうしたら H_B は競争に勝てるだろう？ H_B の取りうる1つの手は，体内の転換機能を修正することだろう．おそらく体内の生理作用を従来の遺伝選択で改良することによって．しかし即効性のありそうな別の手は，自分と P とを隔てている環境の転換機能を変えることだ（図12.11）．も

し H_B が環境を調整して自分への適応性を高めることができれば，光合成独立栄養生物によって活動の場に置かれる炭素をめぐって H_A と競争できる立場に立つことになる．

ガイアと延長された表現型

　延長された表現型から，ガイアが前提とする地球規模の生理作用へ向かうのは自然な道筋だと思われる．しかし進化生物学者たちは概してこの一歩を踏み出したがらない．私が第 1 章で，延長された表現型に対して，進化論と生理学とで見方を異にする時が来るだろうと言ったのは，こういう理由だ．私たちはまさにそこに来た．
　論争の中心は，ガイアの進化には，ほぼすべての進化生物学者が除外した方法で自然選択が働く必要があるという考えのようだ．群淘汰というのは，生物や遺伝子より上のレベルに働くすべての選択過程に与えられる名前だ．一般的には群淘汰はある種の利他主義の説明に使われてきた．その例は，群れの中のあるメンバーに「種のためを思って」肉食動物の犠牲となるように仕向ける遺伝子だろう．もちろんそういう遺伝子は長くは生き残らないはずだ．ほとんどのダーウィン進化の利他主義モデルが，「利他主義者の」遺伝子の利益を実際に増進する血縁淘汰のような，遺伝的な逃げ場を用意しているのはこのためだ．ガイアと群淘汰に関しては，リチャード・ドーキンスが問題の核心を突いている．

> ……もし植物が生物圏のために酸素を作っているのだとしたら，酸素生産のコストを省ける変異植物が現れたらどうなるか考えたらよい．明らかにこの植物は公共精神に富む仲間に勝って繁殖し，公共精神の遺伝子は消滅するだろう．酸素生産にはコストがかからないと強弁しても無駄だ．かりにコストがかからないとしても，最もコストを低く見積もる説明ですら……酸素は植物が自分の利益のためにおこなう反応の副産物だからという，いずれにせよ科学界が受け入れているものでしかない．（Dawkins　1982, p.236）

　私はこの意見に異論はない．ただし不備なのだ．酸素生産がなぜ植物にとってよいのかを問うのを忘れている．なにしろ，酸素は電子を非常に強く保持しているので（酸化還元電位が高いことを思い出そう），水から電子を引き離して無理やりグ

ルコース中に置くのには甚大なエネルギーが要る〔第6章参照〕．なぜ植物は他からもっと楽に得られるのにそれほど苦労して電子を得なければならないのだろう．

　植物にとっての酸素生産の真の利益は，酸素の生産がどれほど困難かを考えてもわからない．酸素がどれほど強力に電子を引き戻すかを考えればよいのだ．酸素の酸化還元電位が高いので，グルコースから電子を引き抜く電位差が大きくなり，「自由になった」これらの電子にさせられる仕事も多くなる．つまり電子供与体としての酸素は，電子受容体にもなれる場合に限り目的に適っている．この場合，電子の供与量と受容量が釣り合っていることが，適応度を高めることになり，供与体や受容体の出どころはさほど重要ではない．酸素を植物内部に保持するような自給自足ループは，従属栄養生物に酸素を循環させるループよりも，生み出す力が実際に少ないこともある．実は植物の適応度は，その捕食者の適応度を高めることによって高めうるのだ．

　さてここに議論の核心がある．進化生物学者はガイアを考察し，群淘汰という克服できそうもない障壁の前で立ち往生する．生理学者はガイアを考察し，それにひきつけられる．生理学を少々広く定義する必要はあるものの，完全に筋の通った生理学だからだ．どちらかが正しいとすれば，どちらだろう？　実のところ私は，「ガイアは進化に関する現代の思想と全く相容れない」といえるほど立派な進化生物学者ではない．生理学者である私にとってガイアは，延長された表現型の生理学的分析が行き着くところだ．

　動物が作る構造物がこの構図に重要な要素として加わるのは，それらこそ，生物が環境中の物質とエネルギーの流れを都合よく変えるために利用するものだからだ．本書ではこの種の適応の例をいくつか挙げた．サンゴ礁による海岸線のフラクタル次元の増大，潜穴を掘る虫による干潟のエネルギーの流れの制御，シロアリの塚による風のエネルギーの変換，などなど．生物は，従来の定義による境界をはるかに超えて広がる生理作用の中へ，そのような構造物を用いて環境を取り込んでいる．そして要約すれば，これこそ本書で述べたかった核心なのだ．

エピローグ

　私は「生物と環境の間の境界はどこに設定するのか」という疑問を最初に投げかけた．ここでまたその疑問に立ち戻ろう．

　生物学者たちは20世紀の初めごろには，生物の本質や，生物とその生息環境である非生物界との関係について，急進的な問いかけの数々を，現在よりもはるかに積極的におこなっていたようだ．事実，私が本書で概説し擁護しようとした類の超生物的生理作用の概念は，当時の主流の生物学だった．生態学者なら本書全体が，フレデリック・クレメンツ，アーサー・タンスレー，アルフレッド・ノース・ホワイトヘッド，レイモンド・リンデマン，G. イヴリン・ハッチンソン，ハワード・オダムらの思想家や，全体論的生物学者の強い影響を受けているのがわかるだろう．当時は生物と環境の間の境界は今ほど画然とは定められておらず，彼らは生命と環境の問題を思慮深く全体論的な視点から眺めた．しかしそのような考え方はもはや主流ではない．現在では，完全に物質主義的あるいは還元主義的でない生物学は，なぜか論理的な厳密さに疑わしい点あるいは欠陥があると一般的にみなされている．残念ながら生態学者の間でさえ，「すぐれた」生態学はクレメンツやホワイトヘッドのような初期の生態学者の全体論的哲学への傾倒からどれだけ距離を置けるかで決まると考えられている．

　私たちは当時もっていたものを失ったのだろうか？　そのとおりだと思うが，失ったものをノスタルジア以外の心情で眺めるとすれば，なぜ生物学が現在の方向に発展してきたのかを問う必要がある．言いかえれば，生物学の全体論的な視点は真に不適切だったから失われたのだろうか，それとも単に流行遅れだったからなのか？

　おそらく両方とも理由の一端をなしているのだろう．20世紀は生物学の最初の黄金時代だった．化学・物理学・生物学が渾然一体となって作り上げた現代の科学，分子生物学によって，生命の本質そのものが深く理解されるようになった．同様に，

ネオダーウィニズムは進化の科学理論に興味を抱く人々に強力な思考手段を与えた．これら 2 つの組み合わせは，科学の素晴らしいタッグチームの 1 つだった．これに比べて初期の全体論的生物学は，論理的な厳密さや成果の点で見劣りがした．超生物の正体を明確に定義することは難しかったし，ましてやそれを目にしたときにどう識別すればよいのか，識別してもどんな研究をすればよいのかはなおさら難しかった．したがって生物学者たちが，よりすばらしい研究成果と昇進の見込める分野に群がったとしても不思議ではない．進化生物学と分子生物学は前もってこれらを約束できたが，「全体論的な」生物学はまったくできなかったのだ．

私は普通は成功をとやかく言う人間ではないのだが，全体論的な生物学は学問的な価値とはまったく別の理由でも苦労をしたと思う．現在の立場から振り返ると，20 世紀が科学のみならず，政治・経済など人間の生活のすべての領域で何と激しい革命的な時期だったかを忘れてしまいそうだ．人々が 20 世紀の混乱に巻き込まれたように，科学もそうだった．生物学や生態学の進路も変えられ，私たちはそれをやっと把握し始めたところだ．たとえば全体論的生態学は，自然思想家たちが肥沃な土壌を用意していたドイツで 1920 年代に花開いた．最も素晴らしい成果は，新生したソ連で V.V. ドクチャーエフやウラジーミル・ベルナツキー（生物圏 biosphere という語は彼のお陰でできた）のような思想家の手でもたらされた．不幸なことに，生物学と生態学の全体論的概念は，ドイツの国家社会主義とファシズムの哲学的な土台の一部と起源を一にしていた．その後の残虐な戦争のせいで，憎むべき部分だけでなく全体が一緒くたに攻撃の的にされたのも仕方がなかったのだろう．全体論的生物学はソ連の生態学者の間では前途有望であったにもかかわらず，スターリンとその手先によってその揺籃期に圧殺された．また西側では，ナチ後のドイツのくすぶり続ける廃墟の中で息も絶え絶えになり，政治的に疑わしいものとして遠ざけられた．イギリスはタンスレー一派が残した仕事を引き継ぐには疲弊しすぎていた．そしてアメリカでは，国際生物学事業計画のような「大規模生態学」に巨額の金が注ぎ込まれる陰で，窒息していった．それらの計画は，組織図やら，5 カ年計画やら，超生物に関する夢想的な憶測などほとんど何の役にも立たないという，やる気だけはある凡人に特有のまさにアメリカ的な通念のもと，「生態系の問題を解決」するべく勢いよく推進された．だからおそらく，生物学の全体論的な視点は流行遅れになった（支持者の一部にとっては文字通り致命的に流行遅れになった）ので消えたのだという主張にも一理あるのだ．

しかしどんな革命も自らを破壊する種を内蔵しており，20世紀の生物学の知的革命も例外ではない．分子生物学は新たな薬の開発や，疾病の治療や，作物生産の増強など，まだまだ前途は非常に有望だが，実質的に工業生物学の一分野へと姿を変えた．それが別に悪いわけではないのだが，しかし，DNAの構造の発見のように，私たちのものの考え方を根本的に変えるような発見はもはやそこからは出てこないだろうと言っておこう．一方ネオダーウィニズムは自分の満足のいくように世界を解説し終えて，少々擦り切れ，古びてきた．支持者たちは，自分らこそが地球上の生命の歴史を理解する鍵をもっているのだと，誰彼かまわず力説している．手短にいうと，進化生物学は素晴らしい洞察力を背景にしてスコラ哲学のようになり，信奉者たちはますますわかりにくい抽象的な事柄について際限のない悪意に満ちた論争に没頭している．

　したがって，革命が保守的になってしまったので，20世紀の終わりに当たって私たちは真剣な考察ができる特権的な立場にいる．これらの生物学の探究方法はどれくらい先まで進めるだろうか？　言いかえると，彼らは生物学の次の黄金時代を築けるのだろうか？　あり得るかもしれないが，私はそうは思わない．ひょっとするとどこかで誰かが偶然に意識の遺伝子を発見するのではないか．するとそれは私たちのものの考え方を変えるのではないか．しかし私はそんなものが存在すること自体に疑いをもっている．同様に，生命の起源そのものを直接見ることをせずに，現代のダーウィニズムの内部完結した居心地のよい世界に風穴が開いて，支持者たち自身が真に重要な問題を問いかけるようになろうとは思えない．私は，生物と環境の間のそもそも恣意的な境界を超えて，生物界と無生物界を統合する生物学をつくることこそが生物学の次の黄金時代への道だと思う．

参考文献

1 生物のあいまいな境界

Benson, K. R. (1989), Biology's "Phoenix": Historical perspectives on the importance of the organism, *American Zoologist* 29: 1067-1074.

Bowler, P. J. (1992), *The Norton History of the Environmental Sciences*, New York: Norton & Company.

Collias, N. E., and E. C. Collias, eds. (1976), *External Construction by Animals*, Benchmark Papers in Animal Behavior, Stroudsburg, PA: Dowden, Hutchinson & Ross.

Donovan, S. K., ed. (1994), *The Paleobiology of Trace Fossils*, Baltimore, MD: Johns Hopkins University Press.

Hansell, M. H. (1984), *Animal Architecture and Building Behaviour*, London: Longman.

Kohn, A. J. (1989), Natural history and the necessity of the organism, *American Zoologist* 29: 1095-1103.

Louw, G. N., and W. J. Hamilton (1972), Physiological and behavioral ecology of the ultrapsammophilus Namib desert tenebrionid, *Lepidochora argentogrisea. Madoqua II* 54-62: 87-98.

Mayr, E. (1982), *The Growth of Biological Thought: Diversity, Evolution, and Inheritance*, Cambridge, MA: Belknap/Harvard University Press.

Reid, R. G. B. (1989), The unwhole organism. *American Zoologist* 29: 1133-1140.

Ruse, M. (1989), Do organisms exist? *American Zoologist* 29: 1061-1066.

Seely, M. K., and W. J. Hamilton (1976), Fog catchment sand trenches constructed by tenebrionid beetles, *Lepidochora*, from the Namib Desert, *Science* 193: 484-486.

Seely, M. K., C. J. Lewis, *et al.* (1983), Fog response of tenebrionid beetles in the Namib Desert, *Journal of Arid Environments* 6: 135-143.

von Frisch, K., and O. von Frisch (1974), *Animal Architecture*, New York: Harcourt Brace Jovanovich.

2 生物の外側の生理作用

Crick, R. E., ed. (1989), *Origin, Evolution and Modern Aspects of Biomineralization in Plants and Animals*, New York: Plenum Press.

Fermi, E. (1936), *Thermodynamics*, New York: Dover Press [『フェルミ熱力学』加藤正昭訳, 三省堂, 1973].

Hoar, W. S., and D. J. Randall (1969), *Fish Physiology: Excretion, Ionic Regulation and Metabolism*, New York, Academic Press.

Keenan, J. H., G. N. Hatsopoulos, et al. (1994), Principles of thermodynamics, *Encyclopædia*

Britannica 28: 619-644. Chicago: The Encyclopœdia Britannica [『ブリタニカ国際大百科事典』ブリタニカ・ジャパン].

Koestler, A. (1967), *The Ghost in the Machine*, New York: Macmillan Company [『機械の中の幽霊』日高敏隆・長野敬訳, 筑摩書房, 1995].

Lowenstam, H. A., and S. Weiner (1989), *On Biomineralization*, Oxford: Oxford University Press.

Maloiy, G. M. O. (1979), *Comparative Physiology of Osmoregulation in Animals*, New York: Academic Press.

Marshall, A. T. (1996), Calcification in hermatypic and ahermatypic corals, *Science* 271 (2 February 1996) : 637-639.

McConnaughey, T. (1989), Biomineralization mechanisms, In *Origin, Evolution and Modern Aspects of Biomineralization in Plants and Animals*, ed. R. E. Crick, 57-73 New York: Plenum.

Pearse, V. B. (1970), Incorporation of metabolic CO_2 into coral skeleton, *Nature* 228: 383.

Pytkowicz, R. M. (1969), Chemical solution of calcium carbonate in sea water, *American Zoologist* 9: 673-679.

Roberts, L. (1990), Warm waters, bleached corals, *Science* 250: 213.

Shoemaker, V. H., and K. A. Nagy (1977), Osmoregulation in amphibians and reptiles, *Annual Review of Physiology* 39: 449-471.

Shreeve, J. (1996), Are algae-not coral-reef's master builders? *Science* 271 (2 February 1996) : 597-598.

Tracy, C. R., and J. S. Turner (1982), What is physiological ecology? *Bulletin of the Ecological Society of America* 63: 340-341.

Veron, J. E. N. (1995), *Corals in Space and Time: The Biogeography and Evolution of the Scleractina*, Ithaca, New York: Comstock/Cornell.

Vogel, K., and W. F. Gutmann (1989), Organismic autonomy in biomineralization processes, In *Origin, Evolution and Modern Aspects of Biomineralization in Plants and Animals*, ed. R. E. Crick, 45-56. New York: Plenum.

3 生きている構造物

Bohinski, R. C. (1979), *Modern Concepts in Biochemistry*, Boston, MA: Allyn and Bacon [『ボヒンスキー 現代生物学』太田次郎監訳, オーム社, 1985].

Calow, P. (1977), Conversion efficiencies in heterotrophic organisms, *Biological Reviews* 52: 385-409.

Handey, J. (1996), *Deep Thoughts*, London: Warner Books.

Ohmart, R. D., and R. C. Lasiewski (1971), Road runners: Energy conservation by hypothermia and absorption of sunlight, *Science* 172: 67-69.

Phillipson, J. (1966), *Ecological Energetics*, London: Edward Arnold Ltd [『生態系とエネルギー』清水誠訳, 朝倉書店, 1980].

Pimm, S. L. (1982), *Food Webs*. London: Chapman and Hall.

Rosenberg, N. J. (1974), *Microclimate: The Biological Environment*, New York: Wiley and Sons.

Trimmer, J. D. (1950), *Response of Physical Systems*, New York: Wiley and Sons.

4 培養液と走性

Frankel, R. B. (1984), Magnetic guidance of organisms, *Annual Review of Biophysics and Bioengineering* 13: 85-104.

Hemmersbach-Krause, R., W. Briegleb, W. Haeder, and H. Plattner (1991), Gravity effects on *Paramecium* cells: An analysis of a possible sensory function of trichocysts and of simulated weightlessness on trichocyst exocytosis, *European Journal of Protistology* 27 (1) : 85-92.

Hennessey, T. M., Y. Sairni, and C. Kung (1983), A heat induced depolarization of Paramecium and its relationship to thermal avoidance behavior, *Journal of Comparative Physiology* 153A: 39-46.

Hill, N. A., T. J. Pedley, and J. O. Kessler (1989), Growth of bioconvection patterns in a suspension of gyrotactic micro-organisms in a layer of finite depth, *Journal of Fluid Mechanics* 208: 509-543.

Hillesdon, A. J., and T. J. Pedley (1996), Bioconvection in suspensions of oxytactic bacteria: Linear theory, *Journal of Fluid Mechanics* 324: 223-259.

Kessler, J. O. (1985a), Co-operative and concentrative phenomena of swimming micro-organisms, *Contemporary Physics* 26 (2) : 147-166.

―――― (1985b), Hydrodynamic focusing of motile algal cells, *Nature* 313 (17 January 1985) : 218-220.

Kils, U. (1993), Formation of micropatches by zooplankton-driven microturbulences, *Bulletin of Marine Science* 53 (1) : 160-169.

Kudo, R. R. (1966), *Protozoology*, 5th ed. Springfield, IL: Charles C Thomas.

Lewin, R. A. (1995), Bioconvection, *Archiv für Hydrobiologie, Supplement* 198 (77) : 67-73.

Mendelson, N. H., and J. Lega (1998), A complex pattern of traveling stripes is produced by swimming cells of *Bacillus subtilis. Journal of Bacteriology* 180 (13) : 3285-3294.

Parkinson, J. S., and D. F. Blair (1993), Does *E. coli* have a nose? *Science* 259: 1701-1702.

Pedley, T. J., N. A. Hill, and J. O. Kessler (1988), The growth of bioconvection patterns in a uniform suspension of gyrotactic micro-organisms, *Journal of Fluid Mechanics* 195: 223-237.

Pedley, T. J., and J. O. Kessler (1990), A new continuum model for suspensions of gyrotactic micro-organisms, *Journal of Fluid Mechanics* 212: 155-182.

Peterson, I. (1996), Shaken bead beds show pimples and dimples, *Science News* 150 (31 August 1996) : 135.

Vincent, R. V., and N. A. Hill (1996), Bioconvection in a suspension of phototactic algae, *Journal of Fluid Mechanics* 327: 343-371.

Vogel, S. (1981), *Life in Moving Fluids*, Boston, MA: Willard Grant Press.

―――― (1993), Life in a whirl, *Discover* 14 (August 1993) : 80-86.

5 そして奇跡が起きて……

Barthel, D. (1991), Influence of different current regimes on the growth form of *Halichondria panicea* Pallas, In *Fossil and Recent Sponges*, ed. J. Reitner and H. Keupp, 387-394. Berlin: Springer Verlag.

Bibby, C. (1978), *The Art of the Limerick*, Hamden, CT: Archon Books.

Bradbury, R. H., and R. E. Reichelt (1983), Fractal dimension of a coral reef at ecological scales,

Marine Ecology-Progress Series 10 (3 January 1983) : 169-171.

Bradbury, R. H., and D. C. Young (1981), The effects of a major forcing function, wave energy, on a coral reef ecosystem, *Marine Ecology-Progress Series* 5: 229-241.

Bulloch, D. K. (1992), Close comfort, *Underwater Naturalist* 20 (4) : 13-16.

Dauget, J. M. (1991), Application of tree architectural models to reef-coral growth, *Marine Biology* 111: 157-165.

Davidson, E. H., K. J. Peterson, and R. A. Cameron (1995), Origin of bilaterian body plans: Evolution of developmental regulatory mechanisms, *Science* 270 (24 November 1995) : 1319-1325.

Erwin, D., J. Valentine, and D. Jablonski (1997), The origin of animal body plans, *American Scientist* 85 (March-April 1997) : 126-137.

Fry, W. G. (1979), Taxonomy, the individual and the sponge, In *Biology and Systematics of Colonial Organisms*, ed. G. Larwood and B. R. Rosen, 11: 49-80, London: Academic Press.

Gleick, J. (1987), *Chaos: Making a New Science*, New York: Penguin [『カオス 新しい科学をつくる』上田亮監修, 新潮社, 1991].

Harris, S. (1977), *What's So Funny about Science?* Los Altos, CA: William Kaufmann.

Hickman, C. P., and F. M. Hickman (1992), *Laboratory Studies in Integrated Zoology*, 8th ed. Dubuque, IA: Wm. C. Brown Publishers.

Jackson, J. B. G. (1979), Morphological strategies of sessile animals, In *Biology and Systematics of Colonial Organisms*, ed. G. Larwood and B. R. Rosen, 11: 499-555, London: Academic Press.

Kaandorp, J. (1994), *Fractal Modelling: Growth and Form in Biology*, Berlin: Springer Verlag.

Kaandorp, J. A. (1991), Modelling growth forms of the sponge *Haliclona oculata* (Porifera, Demospongiae) using fractal techniques, *Marine Biology* 110: 203-215.

Kaandorp, J. A., and M. J. de Kluijver (1992), Verification of fractal growth models of the sponge *Haliclona oculata* (Porifera) with transplantation experiments, *Marine Biology* 113: 133-145.

Kerr, R. A. (1997), Life's winners keep their poise in tough times, *Science* 278: 1403.

Koehl, M. A. R. (1982), The interaction of moving water and sessile organisms, *Scientific American* 247 (December 1982) : 124-134.

Larwood, G., and B. R. Rosen (1979), *Biology and Systematics of Colonial Organisms*, London: Academic Press.

McMenamin, M. A. S., and D. L. Schulte-McMenamin (1990), *The Emergence of Animals: The Cambrian Breakthrough*, New York: Columbia University Press.

Meynell, F., and V. Meynell (1938), *The Weekend Book*, Harmondsworth: Penguin.

Morell, V. (1997), Microbiology's scarred revolutionary, *Science* 276 (2 May 1997) : 699-702.

Palumbi, S. R. (1987), How body plans limit acclimation: Responses of a demisponge to wave force, *Ecology* 67: 208-214.

Pennisi, E., and W. Roush (1997), Developing a new view of evolution, *Science* 277 (4 July 1997) : 34-37.

Rodrigo, A. G., P. R. Bergquist, P. L. Bergquist, and R. A. Reeves (1994), Are sponges animals? An investigation into the vagaries of phylogenetic inference, In *Sponges in Time and Space: Biology, Chemistry, Paleontology*, ed. R. W. M. van Soest, T. M. G. van Kempen, and J. C. Braekman, 47-54, Rotterdam, A. A. Balkema.

Rosen, B. R. (1986), Modular growth and form of corals: A matter of metamers? *Philosophical Transactions of the Royal Society of London, Series B, Biological Sciences* 313: 115-142.
Storer, T. I., R. L. Usinger, R. C. Stebbins, and J. W. Nybakken (1979), *General Zoology*, 6th ed. New York: McGraw-Hill.
Veron, J. E. N. (1995), *Corals in Space and Time: The Biogeography and Evolution of the Scleractina*, Ithaca, New York: Comstock/Cornell.
Vogel, S. (1974), Current-induced flow through the sponge, *Halichondria*, *Biological Bulletin* 147: 443-456.
────── (1978), Evidence for one-way valves in the water-flow system of sponges, *Journal of Experimental Biology* 76: 137-148.
────── (1981), *Life in Moving Fluids*, Boston, MA: Willard Grant Press.
Warburton, F. E. (1960), Influence of currents on the forms of sponges, *Science* 132: 89.
Williams, N. (1997), Fractal geometry gets the measure of life's scales, *Science* 276 (4 April 1997): 34.

6 泥の威力

Aller, R. C. (1983), The importance of the diffusive permeability of animal burrow linings in determining marine sediment chemistry, *Journal of Marine Research* 41: 299-322.
Aller, R. C., and J. Y. Yingst (1978), Biogeochemistry of tube dwellings: A study of the sedentary polychaete Amphitrite ornata (Leidy), *Journal of Marine Research* 36 (2): 201-254.
Andersen, F. O., and E. Kristensen (1991), Effects of burrowing macrofauna on organic matter decomposition in coastal marine sediments, In *The Environmental Impact of Burrowing Animals and Animal Burrows*, ed. P. S. Meadows and A. Meadows, 63: 69-88, Oxford: Clarendon.
Balavoine, G., and A. Adoutte (1998), One or three Cambrian radiations? *Science* 280 (17 April 1998): 397-398.
Bohinski, R. C. (1979), *Modern Concepts in Biochemistry*, Boston, MA: Allyn and Bacon [『ボヒンスキー　現代生物学』太田次郎監訳，オーム社，1985].
Briggs, D. E. G. (1994), Giant predators from the Cambrian of China, *Science* 264 (27 May 1994): 1283-1284.
Bromley, R. G. (1990), *Trace Fossils: Biology and Taphonomy*, London: Unwin Hyman Ltd [『生痕化石―生痕の生物学と化石の成因』大森昌衛監訳，東海大学出版会，1993].
Chapman, G. (1949), The thixotropy and dilatancy of a marine soil, *Journal of the Marine Biological Association of the United Kingdom* 28: 123-140.
Chapman, G. and G. E. Newell (1947), The role of the body fluid in relation to movement in soft-bodied invertebrates I. The burrowing of *Arenicola*, *Proceedings of the Royal Society of London, Series B, Biological Sciences* 134: 432-455.
Clark, R. B., and J. B. Cowey (1958), Factors controlling the change of shape of certain nemertean and turbellarian worms, *Journal of Experimental Biology* 35: 731-748.
Conway Morris, S. (1989), Burgess Shale faunas and the Cambrian explosion, *Science* 246: 339-346.
Conway Morris, S., and H. B. Whittington (1979), The animals of the Burgess Shale, *Scientific American* 241 (July 1979): 122-133.

Crimes, T. P. (1994), The period of early evolutionary failure and the dawn of evolutionary success: The record of biotic changes across the Precambrian-Cambrian boundary, In *The Paleobiology of Trace Fossils*, ed. S. K. Donovan. 105-133, Baltimore, MD: Johns Hopkins University Press.

Donovan, S. K., ed. (1994), *The Paleobiology of Trace Fossils*. Baltimore, MD: Johns Hopkins University Press.

Elder, H. Y. (1980), Peristaltic mechanisms, In *Aspects of Animal Movement*, ed. H. Y. Elder and E. R. Trueman, Cambridge, UK, Cambridge University Press. 5: 71-92.

Elder, H. Y., and E. R. Trueman, eds. (1980), *Aspects of Animal Movement*, Society for Experimental Biology Seminar Series. Cambridge: Cambridge University Press.

Ferry, J. G. (1997), Methane: Small molecule, big impact, *Science* 278: 1413-1414.

Gust, G., and J. T. Harrison (1981), Biological pumps at the sediment-water interface: Mechanistic evaluation of the alpheid shrimp *Alpheus mackayi* and its irrigation pattern, *Marine Biology* 64: 71-78.

Haq, B. U., and F. W.B. van Eysinga (1998), *Geological Time Scale*, 5th ed. Amsterdam: Elsevier Science B.V.

Heffernan, J. M., and S. A. Wainwright (1974), Locomotion of the holothurian *Euapta lappa* and redefinition of peristalsis, *Biological Bulletin* 147: 95-104.

Hickman, C. P., L. S. Roberts, and A. Larson (1993), *Integrated Principles of Zoology*, 9th ed. Dubuque, IA: Wm. C. Brown.

Hylleberg, J. (1975), Selective feeding by *Abarenicola pacifica* with notes on Abarenicola *vagabunda* and a concept of gardening in lugworms, *Ophelia* 14: 113-137.

Kerr, R. A. (1998), Tracks of billion-year-old animals? *Science* 282 (2 October 1998) : 19-21.

McMenamin, M. A. S., and D. L. Schulte-McMenamin (1990), *The Emergence of Animals: The Cambrian Breakthrough*, New York: Columbia University Press.

Meadows, P. S., and A. Meadows, eds. (1991a), *The Environmental Impact of Burrowing Animals and Animal Burrows*, Symposia of the Zoological Society of London, Oxford: Clarendon Press.

——— (1991b), The geotechnical and geochemical implications of bioturbation in marine sedimentary ecosystems, In *The Environmental Impact of Burrowing Animals and Animal Burrows*, ed. P. S. Meadows and A. Meadows, 63: 157-181. Oxford: Clarendon.

Rhoads, D. C., and D. K. Young (1971), Animal-sediment relations in Cape Cod Bay, Massachusetts. II. Reworking by *Molpadia oolitica* (Holothuroidea), *Marine Biology* 11: 255-261.

Savazzi, E. (1994), Functional morphology of boring and burrowing invertebrates, In *The Paleobiology of Trace Fossils*, ed. S. K. Donovan, 43-82. Baltimore, MD: Johns Hopkins University Press.

Schopf, J. W. (1975), Precambrian paleobiology: Problems and perspectives, *Annual Review of Earth and Planetary Sciences* 3: 213-249.

Seilacher, A., P. K. Bose, and F. Pflüger (1998), Triploblastic animals more than 1 billion years ago: Trace fossil evidence from India, *Science* 282 (2 October 1998) : 80-83.

Seymour, M. K. (1970), Skeletons of *Lumbricus terrestris* L. and *Arenicola marina* (L.), *Nature* 228 (24 October 1970) .

——— (1971), Burrowing behaviour in the European lugworm *Arenicola marina* (Polychaeta: Arenicolidae), *Journal of Zoology* (London) 164: 93-132.

―――― (1973), Motion and the skeleton in small nematodes, *Nematologica* 19: 43-48.
Vidal, G. (1984), The oldest eukaryotic cells, *Scientific American* 250: 48-57.
Wells, G. P. (1948), Thixotropy, and the mechanics of burrowing in the lugworm (*Arenicola marina* L.), *Nature* 162: 652-653.
White, D. (1995), *The Physiology and Biochemistry of Prokaryotes*, Oxford and New York: Oxford University Press.
Wyatt, T. (1993), Submarine beetles. *Natural History* 102 (7) : 6, 8-9.
Ziebis, W., S. Forster, M. Huettel, and B. B. Jorgensen (1996), Complex burrows of the mud shrimp *Callianassa truncata* and their geochemical impact in the sea bed, *Nature* 382 (15 August 1996) : 619-622.

7 ミミズが土地を耕すと

Alexander, R. M. (1983), *Animal Mechanics*, Oxford: Blackwell Scientific.
Boroffka, I. (1965), Elektrolyttransport im nephridium von *Lumbricus terrestris, Zeitschrift für Vergleichende Physiologie* 51: 25-48.
Campbell, G. S. (1977), *An Introduction to Environmental Biophysics*, New York: Springer Verlag [『生物環境物理学の基礎』久米篤ほか監訳, 森北出版, 2003].
Childs, E. C., and N. C. George (1948), Soil geometry and soil-water equilibria, *Discussions of the Faraday Society* 3: 78-85.
Edwards, W. M., M. J. Shipitalo, S. J. Traina, C. A. Edwards, and L. B. Owens (1992), Role of *Lumbricus terrestris* (L.) burrows on quality of infiltrating water, *Soil Biology and Biochemistry* 24: 1555-1561.
Ghilarov, M. S. (1983), Darwin's *Formation of Vegetable Mould*, its philosophical basis. in *Earthworm Ecology from Darwin to Vermiculite*, ed. J. E. Satchell, 1-4. London: Chapman and Hall.
Goodrich, E. S. (1945), The study of nephridia and genital ducts since 1895, *Quarterly Journal of Microscopical Science* 86: 113-392.
Graff, O. (1983), Darwin on earthworms-the contemporary background and what the critics thought, In *Earthworm Ecology from Darwin to Vermiculite*, ed. J. E. Satchell, 5-18. London: Chapman and Hall.
Hoogerkamp, M., H. Rogaar, and H. J. P. Eijsackers (1983), Effect of earthworms on grassland on recently reclaimed polder soils in the Netherlands, In *Earthworm Ecology: From Darwin to Vermiculite*, J. E. Satchell, 85-105. London: Chapman and Hall.
Joschko, M., W. Sochtig, and O. Larink (1992), Functional relationship between earthworm burrows and soil water movement in column experiments, *Soil Biology and Biochemistry* 24: 1545-1547.
Kretzschmar, A. (1983), Soil transport as a homeostatic mechanism for stabilizing the earthworm environment, In *Earthworm Ecology: From Darwin to Vermiculite*, ed. J. E. Satchell, 59-83. London: Chapman and Hall.
Kretzschmar, A., and F. Aries (1992), An analysis of the structure of the burrow system of the giant Gippsland earthworm *Megascolides australis* McCoy 1878 using 3-D images, *Exeter* 24: 1583-1586.
Kretzschmar, A., and P. Monestiez (1992), Physical control of soil biological activity due to endoge-

ic earthworm behaviour, *Soil Biology and Biochemistry* 24: 1609-1614.
Lee, K. E. (1983), Earthworms of tropical regions-some aspects of their ecology and relationships with soils, In *Earthworm Ecology: From Darwin to Vermiculite*, ed. J. E. Satchell, 179-194. London: Chapman and Hall.
—— (1985), *Earthworms: Their Ecology and Relationships with Soils and Land Use*, Sydney: Academic Press.
—— (1991), The diversity of soil organisms. In *Biodiversity of Microorganisms and Invertebrates: Its Role in Sustainable Agriculture*, ed. D. L. Hawksworth, 73-87. Wallingford: CAB International.
McKenzie, B. M., and A. R. Dexter (1988a), Axial pressures generated by the earthworm, *Aporrectodea rosea. Biology and Fertility of Soils* 5: 323-327.
—— (1988b), Radial pressures generated by the earthworm, *Aporrectodea rosea, Biology and Fertility of Soils* 5: 328-332.
Meadows, P. S., and A. Meadows, eds. (1991), *The Environmental Impact of Burrowing Animals and Animal Burrows*, Symposia of the Zoological Society of London, Oxford: Clarendon Press.
Monteith, J. L., and M. H. Unsworth (1990), *Principles of Environmental Biophysics*, London: Edward Arnold.
Oglesby, L. C. (1978), Salt and water balance, In *Physiology of Annelids*, ed. P. Mill, 555-658. New York: Academic Press.
Satchell, J. E., ed. (1983), *Earthworm Ecology: From Darwin to Vermiculite*, London: Chapman and Hall.
Seymour, M. K. (1970), Skeletons of *Lumbricus terrestris* L. and *Arenicola marina* (L.), *Nature* 228 (24 October 1970) : 383-385.
—— (1971), Coelomic pressure and electromyogram in earthworm locomotion, *Comparative Biochemistry and Physiology* 40A: 859-864.
—— (1976), Pressure difference in adjacent segments and movement of septa in earthworm locomotion, *Journal of Experimental Biology* 64: 743-750.
Stehouwer, R. C., W. A. Dick, and S. J. Traina (1992), Characteristics of earthworm burrow lining affecting atrazine sorption, *Journal of Environmental Quality* 22: 181-185.
—— (1994), Sorption and retention of herbicides in vertically oriented earthworm and artificial burrows, *Journal of Environmental Quality* 23: 286-292.
Trojan, M. D., and D. R. Linden (1992), Microrelief and rainfall effects on water and solute movement in earthworm burrows, *Journal of the Soil Science Society of America* 56: 727-733.
Withers, P. C. (1992), *Comparative Animal Physiology*, Fort Worth, TX: Saunders College Publishing.

8 クモのアクアラング

Alexander, R. M. (1983), *Animal Mechanics*, Oxford: Blackwell Scientific.
Bristowe, W. S. (1930), Notes on the biology of spiders. II. Aquatic spiders, *The Annals and Magazine of Natural History; Zoology, Botany and Geology* 10 (6) : 343-347.
—— (1931a), A British semi-marine spider, *The Annals and Magazine of Natural History; Zoology, Botany and Geology* 9 (12) : 154-156.

―――― (1931b), Notes on the biology of spiders. IV. Further notes on aquatic spiders, with a description of a new series of pseudoscorpion from Singapore, *The Annals and Magazine of Natural History; Zoology, Botany and Geology* 10 (8) : 457-464.

Clausen, C. P. (1931), Biological observations on *Agriotypus* (Hymenoptera), *Proceedings of the Entomological Society of Washington* 33 (February 1931 (2)) : 29-37.

Crisp, D. J. (1950), The stability of structures at a fluid interface, *Transactions of the Faraday Society* 46: 228-235.

Crisp, D. J., and W. H. Thorpe (1948), The water-protecting properties of insect hairs, *Discussions of the Faraday Society* 3: 210-220.

Dawkins, R. (1982), *The Extended Phenotype*, San Francisco: W. H. Freeman [『延長された表現型――自然淘汰の単位としての遺伝子』日高敏隆・遠藤彰・遠藤知二訳, 紀伊國屋書店, 1987].

Edwards, G. A. (1953), Respiratory mechanisms, In *Insect Physiology*, ed. K. D. Roeder, 55-95. New York: John Wiley and Sons.

Ege, R. (1915), On the respiratory function of the air stores carried by some aquatic insects (Corixidae, Dytiscidae and Notonecta), *Zeitschrift für allgemeine Physiologie* 17: 81-124.

Fabre, J. H. (1913), *The Life of the Spider*. New York: Dodd, Mead and Company.

Fish, D. (1977), An aquatic spittlebug (Homoptera: Cercopidae) from a *Heliconia* flower bract in southern Costa Rica, *Entomological News* 88: 10-12.

Fisher, K. (1932), *Agriotypus ornatus* (Walk) (Hymenoptera) and its relations with its hosts, *Proceedings of the Zoological Society of London*, pp. 451-461.

Foelix, R. F. (1996), *Biology of Spiders*. New York: Oxford University Press.

Foster, W. A. (1989), Zonation, behaviour and morphology of the intertidal coral-treader *Hermatobates* (Hemiptera: Hermatobatidae) in the south-west Pacific, *Zoological Journal of the Linnaean Society* 96 (1) : 87-105.

Guilbeau, B. (1908), The origin and formation of the froth in spittle insects, *American Naturalist* 42: 783-789.

Harvey, E. N. (1928), The oxygen consumption of luminous bacteria, *Journal of General Physiology* 11: 469-475.

Hinton, H. E. (1960), Plastron respiration in the eggs of blowflies, *Journal of Insect Physiology* 4: 176-183.

―――― (1963), The respiratory system of the egg-shell of the blowfly, *Calliphora erythrocephala* Meig., as seen with the electron microscope, *Journal of Insect Physiology* 9: 121-129.

―――― (1968), Spiracular gills, *Advances in Insect Physiology* 5: 65-162.

―――― (1971), Plastron respiration in the mite *Platyseius italicus*, *Journal of Insect Physiology* 17: 1185-1199.

Hoffman, G. D., and P. B. McEvoy (1985), Mechanical limitations on feeding by meadow spittlebugs *Philaenus spumarius* (Homoptera: Cercopidae) on wild and cultivated host plants, *Ecological Entomology* 10: 415-426.

Horsfield, D. (1977), Relationships between feeding of *Philaenus spumarius* (L.) and the amino acid concentration in the xylem sap, *Ecological Entomology* 2: 259-266.

―――― (1978), Evidence for xylem feeding by *Philaenus spumarius* (L.) (Homoptera: Cercopidae), *Entomologia Experimentalis et Applicata* 24: 95-99.

Jackson, R., C. L. Craig, J. Henschel, P. J. Watson, S. Pollard, and N. Platnick (1995),

Arachnomania! *Natural History* 3/95: 28-53.

Jefferys, W. H., and J. O. Berger (1992), Ockham's razor and Bayesian analysis, *American Scientist* 80 (January-February 1992) : 64-72.

Kastin, B. J. (1964), The evolution of spider webs, *American Zoologist* 4 (2) : 191-207.

Keller, C. (1979), *The Best of Rube Goldberg*, Englewood Cliffs, NJ: Prentice-Hall.

Kershaw, J. (1914), The alimentary canal of a cercopid, *Psyche* 21: 65-72.

King, P. E., and M. R. Fordy (1984), Observations on *Aepophilus bonnairei* (Signoret) (Saldidae: Hemiptera), an intertidal insect of rocky shores, *Zoological Journal of the Linnaean Society* 80 (2-3) : 231-238.

Krantz, G. W. (1974), *Phaulodinychus mitis* (Leonardi 1899) (Acari, Uropodidae), An intertidal mite exhibiting plastron respiration, *Acaralogia* 16: 11-20.

Krogh, A. (1941), *The Comparative Physiology of Respiratory Mechanisms*, New York: Dover.

Kuenzi, F., and H. Coppel (1985), The biology of *Clastoptera arborina* (Homoptera: Cercopidae) in Wisconsin [USA], *Transactions of the Wisconsin Academy of Sciences Arts and Letters* 73: 144-153.

Langer, R. M. (1969), Elementary physics and spider webs, *American Zoologist* 9: 81-89.

Lounibos, L. P., D. Duzak, and J. R. Linley (1997), Comparative egg morphology of six species of the *albimanus* section of *Anopheles* (Nyssorhynchus) (Diptera: Culicidae), *Journal of Medical Entomology* 34 (2) : 136-155.

Marshall, A. (1966), Histochemical studies on a mucocomplex in the Malpighian tubules of a cercopoid larvae, *Journal of Insect Physiology* 12: 925-932.

Marshall, A. (1966), Spittle production and tube-building by cercopoid larvae (Homoptera) 4, Mucopolysaccharide associated with spittle production. *Journal of Insect Physiology* 12: 635-644.

Mello, M., E. R. Pimentel, A. T. Yamada, and A. Storopoli-Neto (1987), Composition and structure of the froth of the spittlebug, *Deois sp., Insect Biochemistry* 17: 493-502.

Mello, M. L. S. (1987), Effect of some enzymes, chemicals and insecticides on the macromolecular structure of the froth of the spittlebug, the cercopid *Deois* sp., *Entomologia Experimentalis et Applicata* 44: 139-144.

Messner, B., and J. Adis (1992), Cuticular wax secretions as plastron retaining structures in larvae of spittlebugs and cicada (Auchenorhyncha: Cercopida), *Revue Suisse de Zoologie* 99: 713-720.

Prange, H. D. (1996), *Respiratory Physiology: Understanding Gas Exchange*, New York: Chapman and Hall.

Preston-Mafham, R., and K. Preston-Mafham (1984), *Spiders of the World*, New York: Facts on File Inc.

Rahn, H. (1966), Aquatic gas exchange: Theory, *Respiration Physiology* 1: 1-12.

Rahn, H., and C. V. Paganelli (1968), Gas exchange in gas gills of diving insects, *Respiration Physiology* 5: 145-164.

Ross, H. H. (1964), Evolution of caddisworm cases and nests, *American Zoologist* 4 (2) : 209-220.

Savory, T. H. (1926), *British Spiders: Their Haunts and Habitats*, Oxford: Oxford University Press.

Stride, G. O. (1955), On the respiration of an African beetle *Potamodytes tuberosus* Hinton,

Annals of the Entomological Society of America 48: 345-351.

Thorpe, W. H. (1950), Plastron respiration in aquatic insects, *Biological Reviews* 25: 344-390.

Thorpe, W. H., and D. J. Crisp. (1947a), Studies on plastron respiration I. The biology of *Aphelocheirus* (Hemiptera, Aphelocheiridae (Naucoridae)) and the mechanism of plastron retention, *Journal of Experimental Biology* 24: 227-269.

——— (1947b), Studies on plastron respiration II. The respiratory efficiency of the plastron in *Aphelocheirus*, *Journal of Experimental Biology* 24: 270-303.

——— (1947c), Studies on plastron respiration III. The orientation responses of *Aphelocheirus* (Hemiptera, Aphelocheiridae (Naucoridae)) in relation to plastron respiration, together with an account of specialized pressure receptors in aquatic insects, *Journal of Experimental Biology* 24: 310-328.

——— (1947d), Studies on plastron respiration IV. Plastron respiration in the Coleoptera, *Journal of Experimental Biology* 26: 219-260.

Valerio, J. R., F. M. Wiendl, and O. Nakano (1988), Injection of salivary secretion by the adult spittlebug *Zulia entreriana* (Berg 1879) (Homoptera, Cercopidae), in *Brachiaria decumbens* Stapf, *Revista Brasileira de Entomologia* 32: 487-492.

von Frisch, K., and O. von Frisch (1974), *Animal Architecture*, New York: Harcourt Brace Jovanovich.

Walcott, C. (1969), A spider's vibration receptor: Its anatomy and physiology, *American Zoologist* 9: 133-144.

Weaver, C. R., and D. R. King (1954), *Meadow Spittlebug*. Wooster, OH: Ohio Agricultural Station.

Wiegert, R. G. (1964a), The ingestion of xylem sap by meadow spittlebug, *Philaenus spumarius* (L.), *The American Midland Naturalist* 71: 422-428.

——— (1964b), Population energetics of meadow spittlebugs (*Philaenus spumarius* L.) as affected by migration and habitat, *Ecological Monographs* 34: 217-241.

Wigglesworth, V. B., and J. W. L. Beament (1960), The respiratory structures in the eggs of higher Diptera, *Journal of Insect Physiology* 4: 184-189.

William, S. J., and K. S. Ananthasubramanian (1989), Spittle of *Clovia punctata* Walker (Homoptera: Cercopidae) and its biological significance, *Journal of Ecobiology* 1: 278-282.

——— (1990), The resting behaviour of the adult spittlebug *Clovia quadridens* (Walker) (Homoptera: Cercopidae), *Uttar Pradesh Journal of Zoology* 10: 111-113.

Wilson, A. A., and C. K. Dorsey (1957), Studies on the composition and microbiology of insect spittle, *Annals of the Entomological Society of America* 50: 399-406.

Woolley, T. A. (1972), Scanning electron microscopy of the respiratory apparatus of ticks, *Transactions of the American Microscopical Society* 91: 348-363.

9 小さな昆虫とダニの巧みな操作

Acquaah, G., J. W. Saunders, and L. C. Ewart (1992), Homeotic floral mutations. *Plant Breeding Reviews* 9: 63-99.

Ananthakrishnan, T. N. (1984a), Adaptive strategies in cecidogenous insects, In *The Biology of Gall Insects*, ed. T. N. Ananthakrishnan, 1-9. London: Edward Arnold.

——— ed. (1984b), *The Biology of Gall Insects*, London: Edward Arnold.

Bridgewater, E. J., ed. (1950), *The Columbia Encyclopedia*, Morningside Heights, NY: Columbia

University Press.
Campbell, G. S. (1977), *An Introduction to Environmental Biophysics*, New York: Springer Verlag [『生物環境物理学の基礎』久米篤ほか監訳, 森北出版, 2003].
Channabasava, G. P., and N. Nangia (1984), The biology of gall mites, In *The Biology of Gall Insects*, ed. T. N. Ananthakrishnan, 323-337. London: Edward Arnold.
Dreger-Jannf, F., and J. D. Shorthouse (1992), Diversity of gall-inducing insects and their galls, In *Biology of Insect-Induced Galls*, ed. J. D. Shorthouse and O. Rohrfritsch, 8-33, Oxford: Oxford University Press.
Felt, E. P. (1917), *Key to American Insect Galls*, Albany, NY: State University of New York.
―――― (1940), *Plant Galls and Gall Makers*, Ithaca, NY: Comstock Publishing Co.
Fitter, A. H., and R. K. M. Hay (1987), *Environmental Physiology of Plants*, London: Academic Press [『植物の環境と生理』太田安定ほか訳, 学会出版センター, 1985].
Hodkinson, I. D. (1984), The biology and ecology of the gall-forming Psylloidea (Homoptera), In *The Biology of Gall Insects*, ed. T. N. Ananthakrishnan, 59-77, London: Edward Arnold.
Jacobs, W. P. (1979), *Plant Hormones and Plant Development*, Cambridge: Cambridge University Press.
Leopold, A. C., and P. E. Kriedemann (1975), *Plant Growth and Development*, New York: McGraw-Hill.
Lewis, I. F., and L. Walton (1920), Gall-formation on leaves of *Celtis occidentalis* L. resulting from material injected by Pachypsylla sp., *American Journal of Botany* 7: 62-78.
Llewellyn, M. (1982), The energy economy of fluid-feeding herbivores, In *Proceedings of the 5th International Symposium on Insect-Plant Relationships*, ed. J. H. Visser and A. K. Minks, 243-252, Wageningen, Netherlands: Centre for Agricultural Publishing and Documentation.
Meyer, J. (1987), *Plant Galls and Gall Inducers*, Stuttgart: Gebruder Borntraeger.
Miller, H. C., and R. A. Norton (1980), The maple gall mites, *New York State Tree Pest Leaflet* F11.
Sattler, R. (1988), Homeosis in plants, *American Journal of Botany* 75 (10): 1606-1617.
―――― (1992), Process morphology: Structural dynamics in development and evolution, *Canadian Journal of Botany* 70: 708-714.
Turner, J. S. (1994), Anomalous water loss rates from spittle nests of spittle bugs (Homoptera: Cercopidae), *Comparative Biochemistry and Physiology* 107A: 679-683.
Vogel, S. (1968), "Sun leaves" and "shade leaves": Differences in convective heat dissipation, *Ecology* 49 (6): 1203-1204.
―――― (1970), Convective cooling at low airspeeds and the shapes of broad leaves, *Journal of Experimental Botany* 21 (66): 91-101.
Wareing, P. F., and I. D. J. Phillips (1981), *Growth and Differentiation in Plants*, Oxford: Pergamon Press [『植物の成長と分化』古谷雅樹監訳, 学会出版センター, 1983].
Wells, B. W. (1920), Early stages in the development of certain *Pachypsylla* galls on *Celtis. American Journal of Botany* 7: 275-285.
Williams, M. A. J., ed. (1994), *Plant Galls: Organisms, Interactions, Populations*, Oxford: Clarendon Press.

10 コオロギの歌う巣穴

Alexander, R. M. (1983), *Animal Mechanics*, Oxford: Blackwell Scientific.

Barinaga, M. (1995), Focusing on the *eyeless* gene, *Science* 267 (24 March 1995): 1766-1767.
Bennet-Clark, H. C. (1970), The mechanism and efficiency of sound production in mole crickets, *Journal of Experimental Biology* 52: 619-652.
───── (1971), Acoustics of insect song, *Nature* 234 (3 December 1971): 255-259.
───── (1975), Sound production in insects, *Science Progress*, Oxford 62: 263-283.
───── (1987), The tuned singing burrow of mole crickets, *Journal of Experimental Biology* 128: 383-411.
Fowler, H. G. (1987), Predatory behavior of *Megacephala fulgida* (Coleoptera: Cicindelidae), *The Coleopterists Bulletin* 41 (4): 407-408.
Guido, A. S., and H. G. Fowler (1988), *Megacephala fulgida* (Coleoptera: Cicindelidae): A phonotactically orienting predator of *Scapteriscus* mole crickets (Orthoptera: Gryllotalpidae), *Cicindela* 20 (September-December 1988): 51-52.
Halder, G., P. Callaerts, and W. J. Gehring (1995), Induction of ectopic eyes by targeted expression of the *eyeless* gene in *Drosophila*, *Science* 267 (24 March 1995): 1788-1792.
Homer (1944), *The Odyssey,* New York: Walter J. Black [『オデュッセイア』(上下) 松本千秋訳, 岩波書店, 1994, ほか邦訳書多数].
Michelsen, A., and H. Nocke (1974), Biophysical aspects of sound communication in insects, *Advances in Insect Physiology* 10: 247-296.
Nickerson, J. C., D. E. Snyder, and C. C. Oliver (1979), Acoustical burrows constructed by mole crickets, *Annals of the Entomological Society of America* 72: 438-440.
Prozesky-Schulze, L., O. P. M. Prozesky, F. Anderson, and G. J. J. van der Merwe (1975), Use of a self-made sound baffle by a tree cricket, *Nature* 255 (8 May 1975): 142-143.
Quiring, R., U. Walldorf, U. Kloter, and W. J. Gehring (1994), Homology of the *eyeless* gene of *Drosophila* to the *Small eye* gene in mice and *Aniridia* in humans, *Science* 265 (5 August 1996): 785-789.
Ulagaraj, S. M. (1976), Sound production in mole crickets (Orthoptera, Gryllotalpidae, Scapteriscus), *Annals of the Entomological Society of America* 69: 299-306.
Ulagaraj, S. M., and T. J. Walker (1975), Response of flying mole crickets to three parameters of synthetic songs broadcast outdoors, *Nature* 253 (13 February 1975): 530-532.
Vaughan, C. C., S. M. Glenn, and I. H. Butler (1993), Characterization of prairie mole cricket chorusing sites in Oklahoma, *American Midland Naturalist* 130: 364-371.
Walker, T. J., and D. E. Figg (1990), Song and acoustic burrow of the prairie mole cricket, *Gryllotalpa major* (Orthoptera: Gryllidae), *Journal of the Kansas Entomological Society* 63 (2): 237-242.
Zuker, C. S. (1994), On the evolution of eyes: Would you like it simple or compound? Science 265 (5 August 1994): 742-743.

11 超生物の魂

Chapela, I. H., S. A. Rehner, T. R. Schultz, and U. G. Mueller (1994), Evolutionary history of the symbiosis between fungus-growing ants and their fungi, *Science* 266 (9 December 1994): 1691-1694.
Cherett, J. M., R. J. Powell, and D. J. Stradling (1989), The mutualism between leaf-cutting ants and their fungus, In *Insect-Fungus Interactions*, ed. N. Wilding, N. M. Collins, P. M.

Hammond, and J. F. Webber, 93-120. London: Academic Press.

Dangerfield, J. M., T. S. McCarthy, and W. N. Ellery (1998), The mound-building termite *Macrotermes michaelseni* as an ecosystem engineer, *Journal of Tropical Ecology* 14: 507-520.

Darlington, J. (1987), How termites keep their cool, *The Entomological Society of Queensland News Bulletin* 15: 45-46.

Darlington, J. P. E. C. (1984), Two types of mounds built by the termite *Macrotermes subhyalinus* in Kenya, *Insect Science and Its Application* 5 (6) : 481-492.

Emerson, A. E. (1956), Regenerative behavior and social homeostasis in termites, *Ecology* 37: 248-258.

Harris, W. V. (1956), Termite mound building, *Insectes Sociaux* 3 (2) : 261-268.

Heller, H. C., L. I. Crawshaw, and H. T. Hammel (1978), The thermostat of vertebrate animals, *Scientific American* 239 (August) : 88-96.

Hinkle, G., J. K. Wetterer, T. R. Schultz, and M. L. Sogin (1994), Phylogeny of the attine ant fungi based on analysis of small subunit ribosomal RNA gene sequences, *Science* 266 (9 December 1994) : 1695-1697.

Howse, P. E. (1984), Sociochemicals of termites, In *Chemical Ecology of Insects*, W. J. Bell and R. T. Cardé, 475-519, London: Chapman and Hall.

LaBarbera, M. (1990), Principles of design of fluid transport systems in zoology, *Science* 249: 992-1000.

LaBarbera, M., and S. Vogel. (1982), The design of fluid transport systems in organisms, *American Scientist* 70: 54-60.

Lofting, H. (1920), *The Story of Dr. Dolittle*, Philadelphia: J B Lippincott Co. [『ドリトル先生アフリカへいく』飯島淳秀訳, 講談社, 1981].

Loos, R. (1964), A sensitive anemometer and its use for the measurement of air currents in the nests of *Macrotermes natalensis* (Haviland), In *Etudes sur les Termites Africains*, ed. A. Bouillon, 364-372. Paris: Maisson.

Lüscher, M. (1956), Die Lufterneuerung im nest der termite *Macrotermes natalensis* (Haviland), *Insectes Sociaux* 3: 273-276.

―――― (1961), Air conditioned termite nests, *Scientific American* 238 (1) : 138-145.

Maeterlinck, M. (1930), *The Life of the White Ant*, New York: Dodd, Mead.

Marais, E. N. (1939), *The Soul of the White Ant*, London: Methuen.

Neal, E. G., and T. J. Roper (1991), The environmental impact of badgers (*Meles meles*) and their setts, In *The Environmental Impact of Burrowing Animals and Animal Burrows*, P. S. Meadows and A. Meadows, 63: 89-106. Oxford: Clarendon.

Nicolas, G., and D. Sillans (1989), Immediate and latent effects of carbon dioxide on insects. *Annual Review of Entomology* 34: 97-116.

Peakin, G. J., and G. Josens (1978), Respiration and energy flow, *Production Ecology of Ants and Termites*, 111-163.

Peters, R. H. (1983), *The Ecological Implications of Body Size*, Cambridge: Cambridge University Press.

Pomeroy, D. E. (1976), Studies on a population of large termite mounds in Uganda, *Ecological Entomology* 1: 49-61.

Ruelle, J. E. (1964), L'architecture du nid de *Macrotermes natalensis* et son sens fonctionnel, In *Etudes sur les termites Africains*, ed. A. Bouillon, 327-362. Paris: Maisson.
―――― (1985), Order Isoptera (termites), In *Insects of Southern Africa*, ed. C. H. Scholtz and E. Holm, 502. Durban: Butterworth.
Scherba, G. (1957), Moisture regulation in mound nests of the ant *Formica ulkei* Emery, *American Midland Naturalist* 61 (2) : 499-507.
―――― (1962), Mound temperatures of the ant *Formica ulkei* Emery, *American Midland Naturalist* 67 (2) : 373-385.
Schneirla, T. C. (1946), Problems in the biopsychology of social organization, *Journal of Abnormal and Social Psychology* 41 (4) : 385-402.
Seeley, T. D. (1974), Atmospheric carbon dioxide regulation in honey-bee (*Apis mellifera*) colonies, *Journal of Insect Physiology* 20: 2301-2305.
―――― (1985), The information-center strategy of honeybee foraging, In *Experimental Behavioral Ecology and Sociobiology*, ed. B. Hölldobler and M. Lindauer, 75-90. Sunderland, MA: Sindauer Associates.
Southwick, E. E. (1983), The honey bee cluster as a homeothermic superorganism, *Comparative Biochemistry and Physiology* 75A (4) : 641-645.
Southwick, E. E., and R. F. A. Moritz (1987), Social control of ventilation in colonies of honey bees, *Apis mellifera*, *Journal of Insect Physiology* 33: 623-626.
Stuart, A. M. (1967), Alarms, defense and construction behavior relationships in termites (Isoptera), *Science* 156: 1123-1125.
―――― (1972), Behavioral regulatory mechanisms in the social homeostasis of termites (Isoptera), *American Zoologist* 12: 589-594.
Turner, J. S. (1994), Ventilation and thermal constancy of a colony of a southern African termite (*Odontotermes transvaalensis*: Macrotermitinae), *Journal of Arid Environments* 28: 231-248.
Weir, J. S. (1973), Air flow, evaporation and mineral accumulation in mounds of *Macrotermes subhyalinus*. *Journal of Animal Ecology* 42: 509-520.
Wheeler, W. M. (1911), The ant colony as an organism, *Journal of Morphology* 22: 302-325.
Wilson, E. O. (1971), *The Insect Societies*, Cambridge, MA: Belknap, Harvard University Press.
Wood, T. G., and R. J. Thomas (1989), The mutualistic association between Macrotermitinae and *Termitomyces*, In *Insect-Fungus Interactions*, ed. N. Wilding, N. M. Collins, P. M. Hammond, and J. F. Webber, 69-92. London: Academic Press.

12 母なる地球を愛せ

Alper, J. (1998), Ecosystem "engineers" shape habitats for other species, *Science* 280 (22 May 1998) : 1195-1196.
Andreae, M. O., and P. J. Crutzen (1997), Atmospheric aerosols: Biogeochemical sources and role in atmospheric chemistry, *Science* 276 (16 May 1997) : 1052-1058.
Aoki, I. (1989), Holological study of lakes from an entropy viewpoint-Lake Mendota. *Ecological Modelling* 45: 81-93.
Ayala, F. (1970), Teleological explanation in evolutionary biology, *Philosophy of Science* 27: 1-15.
Barlow, C., and T. Volk (1990), Open systems living in a closed biosphere: A new paradox for the

Gaia debate, *BioSystems* 23: 371-384.

Boston, P. J., and S. L. Thompson (1991), Theoretical microbial and vegetation control of planetary environments, In *Scientists on Gaia*, ed. S. Schneider and P. Boston, 99-117. Cambridge, MA: MIT Press.

Broecker, W. S. (1997), Thermohaline circulation, the Achilles heel of our climate system: Will man-made CO_2 upset the current balance? *Science* 278 (28 November 1997): 1582-1588.

Caldeira, K. (1991), Evolutionary pressures on planktonic dimethylsulfide production, In *Scientists on Gaia*, ed. S. Schneider and P. Boston, 153-158. Cambridge, MA: MIT Press.

Capra, F. (1996), *The Web of Life: A New Scientific Understanding of Living Systems*, New York: Anchor Books.

Chapin, F. S. (1993), The evolutionary basis of biogeochemical soil development, *Geoderma* 57: 223-227.

Dawkins, R. (1982), *The Extended Phenotype*, Oxford: W. H. Freeman [『延長された表現型――自然淘汰の単位としての遺伝子』日高敏隆・遠藤彰・遠藤知二訳, 紀伊國屋書店, 1987].

Doolittle, W. F. (1981), Is nature really motherly? *The CoEvolution Quarterly* (Spring 1981): 58-65.

Dorn, R. I. (1991), Rock varnish, *American Scientist* 79 (November-December 1991): 542-553.

Dubos, R. (1979), Gaia and creative evolution, *Nature* 282 (8 November 1979): 154-155.

Dyer, B. D. (1989), Symbiosis and organismal boundaries, *American Zoologist* 29: 1085-1093.

Fyfe, W. S. (1996), The biosphere is going deep, *Science* 273 (26 July 1996): 448.

Gille, J.-C., M. J. Pelegrin, and P. Decaulne. (1959), *Feedback Control Systems: Analysis, Synthesis and Design*, New York: McGraw-Hill.

Goldsmith, E. (1993), *The Way: An Ecological World-View*, Boston: Shambhala Publications [『エコロジーの道――人間と地球の存続の知恵を求めて』大熊昭信訳, 法政大学出版局, 1998].

Goodwin, B. (1994), *How the Leopard Changed Its Spots*, New York: Charles Scribner's Sons [『DNAだけで生命は解けない――「場」の生命論』中村運訳, シュプリンガー・フェアラーク東京, 1998].

Jones, C. G., J. H. Lawton, and M. Shachak (1997). Positive and negative effects of organisms as physical ecosystem engineers, *Ecology* 78 (7): 1946-1957.

Joseph, L. E. (1990), *Gaia: The Growth of an Idea*, New York: St. Martin's Press [『ガイア――甦る地球生命論』高柳雄一訳, TBSブリタニカ, 1993].

Keeling, R. (1991), Mechanisms for stabilization of a simple biosphere: Catastrophe on Daisyworld, In *Scientists on Gaia*, ed. S. Schneider and P. Boston, 118-120. Cambridge, MA: MIT Press.

Kerr, R. (1993), How ice age climate got the shakes, *Science* 260 (14 May 1993): 890-892.

Kirschner, J. W. (1991), The Gaia hypotheses: Are they testable? Are they useful? In *Scientists on Gaia*, ed. S. Schneider and P. Boston, 38-46. Cambridge, MA: MIT Press.

Kump, L. R., and F. T. Mackenzie (1996), Regulation of atmospheric O2: Feedback in the microbial feedbag, *Science* 271 (26 January 1996): 459-460.

Lewin, R. (1996), All for one, one for all, *New Scientist* 152 (14 December 1996): 28-33.

Lovelock, J. E. (1987), *Gaia: A New Look at Life on Earth*, Oxford: Oxford University Press [『地球生命圏――ガイアの科学』星川淳訳, 工作舎, 1984].

――― (1988), *The Ages of Gaia: A Biography of Our Living Earth*, New York: W. W. Norton [『ガイアの時代――地球生命圏の進化』星川淳訳, 工作舎, 1989].

────── (1991), Geophysiology-the science of Gaia, In *Scientists on Gaia*, ed. S. Schneider and P. Boston, 3-10. Cambridge, MA: MIT Press.

────── (1993), The soil as a model for the Earth, *Geoderma* 57: 213-215.

Machin, K. E. (1964), Feedback theory and its application to biological systems, In *Homeostasis and Feedback Mechanisms*, ed. G. M. Highes, 18: 421-455. London: Academic Press.

Margulis, L. (1997), Big trouble in biology: Physiological autopoiesis versus mechanistic neo-Darwinism, In *Slanted Truths: Essays on Gaia, Symbiosis and Evolution*, ed. L. Margulis and D. Sagan, 265-282. New York: Copernicus.

Margulis, L., and D. Sagan, eds. (1997), *Slanted Truths: Essays on Gaia, Symbiosis and Evolution*, New York: Copernicus.

Markos, A. (1995), The ontogeny of *Gaia*: The role of microorganisms in planetary information network, *Journal of Theoretical Biology* 176: 175-180.

Mellanby, K. (1979), Living with the Earth Mother, *New Scientist* (4 October 1979) : 41.

Morrison, P. (1980), Books, *Scientific American* 242 (March 1980) : 44-46.

Novikoff, A. B. (1945), The concept of integrative levels and biology, *Science* 101 (2 March 1945) : 209-215.

Odum, H. T. (1995), Self organization and maximum empower, In *Maximum Power: The Ideas and Applications of H. T. Odum*, ed. C. A. S. Hall, 311-330. Boulder: University of Colorado Press.

Okubo, T., and J. Matsumoto. (1983), Biological clogging of sand and changes of organic constituents during artificial recharge, *Water Research* 12 (7) : 813-821.

Pierce, J. R. (1980), *An Introduction to Information Theory: Symbols, Signals and Noise*, New York: Dover.

Pimm, S. L. (1989), *The Balance of Nature?* Chicago: University of Chicago Press.

Schneider, S. H., and P. J. Boston, eds. (1991), *Scientists on Gaia*, Cambridge, MA: MIT Press.

Shearer, W. (1991), A selection of biogenetic influences relevant to the *Gaia* hypothesis, In *Scientists on Gaia*, ed. S. Schneider and P. Boston, 23-29. Cambridge, MA: MIT Press.

Stølum, H.-H. (1996), River meandering as a self-organizing process, *Science* 271 (22 March 1996) : 1710-1713.

Sudd, H. J. (1967), *An Introduction to the Behavior of Ants*, New York: St Martin's Press.

Thompson, W. I., ed. (1987), *Gaia: A Way of Knowing*, Great Barrington, MA: Lindisfarne Press.

van Cappellen, P., and E. D. Ingall (1996), Redox stabilization of the atmosphere and oceans by phosphorus-limited marine productivity, *Science* 271 (26 January 1996) : 493-496.

Varela, F. G., H. R. Maturana, and R. Uribe (1974), Autopoiesis: The organization of living systems, its characterization and a model, *BioSystems* 5: 187-196.

Visvader, J. (1991), *Gaia* and the myths of harmony: An exploration of ethical and practical implications, In *Scientists on Gaia*, ed. S. Schneider and P. Boston, 33-37, Cambridge, MA: MIT Press.

Volk, T. (1998), *Gaia's Body: Toward a Physiology of Earth*, New York: Copernicus/Springer-Verlag.

Watson, A., J. E. Lovelock, and L. Margulis (1978), Methanogenesis, fires and the regulation of atmospheric oxygen, *BioSystems* 10: 293-298.

Watson, A. J., and L. Maddock (1991), A geophysiological model for glacial-interglacial oscillations in the carbon and phosphorus cycles, In *Scientists on Gaia*, ed. S. Schneider and P. Boston, 240-246, Cambridge, MA: MIT Press.

Wicken, J. S. (1981), Evolutionary self-organization and the entropy principle: Teleology and mechanism, *Nature and System* 3: 129-141.

Williams, G. C. (1992), *Gaia*, nature worship and biocentric fallacies, *Quarterly Review of Biology* 76 (4) : 479-486.

Williams, N. (1997), Biologists cut reductionist approach down to size, *Science* 277 (25 July 1997) : 476-477.

Wilson, D. S. (1997), Biological communities as functionally organized units, *Ecology* 78 (7) : 2018-2024.

Wyatt, T. (1989), Do algal blooms play homeostatic roles? In *Toxic Marine Phytoplankton: Proceedings of the Fourth International Conference on Toxic Marine Phytoplankton*, New York: Elsevier.

エピローグ

Bowler, P. J. (1992), *The Norton History of the Environmental Sciences*, New York: W. W. Norton and Company.

Davies, P. (1999), *The Fifth Miracle*, New York: Simon and Schuster.

Golley, F. B. (1993), *A History of the Ecosystem Concept in Ecology*, New Haven, CT: Yale University Press.

クレジット

第3章のエピグラフ：Jack Handey, *Deep Thoughts*（London: Warner Books, 1996）より．
図 4.1　：R. R. Kudo, *Protozoology*, 5th ed.（1966）; Charles C. Thomas Publisher Ltd., Springfield, Illinois のご厚意による．
図 5.1　：Sidney Harris, *What's So Funny about Science?*（Los Altos, CA: William Kaufmann, 1977）より；Sidney Harris のご厚意により複製．
図 5.3a および 5.4：T. I. Storer, R. L. Usinger, R. C. Stebbins, and J. W. Nybakken, *General Zoology*, 6th ed.（New York: McGraw-Hill, 1979）より；California Academy of Sciences のご厚意による．
図 5.3b および 5.3c：C. P. and F. M. Hickman, *Laboratory Studies in Integrated Zoology*, 8th ed.（Dubuque, IA: Wm. C. Brown Publishers, 1992）より；The McGraw-Hill Companies の許可を得て複製．
図 6.1　：C. Hickman, L. S. Roberts, and A. Larson, *Integrated Principles of Zoology*, 9th ed.（Dubuque, IA: Wm. C. Brown, 1993）より；The McGraw-Hill Companies の許可を得て複製．
図 6.7　：R. G. Bromley, *Trace Fossils: Biology and Taphonomy*（London: Unwin Hyman Ltd., 1990）［『生痕化石——生痕の生物学と化石の成因』大森昌衛監訳，東海大学出版会，1993］, figs. 4.10, 4.10, 4.15 より；Kluwer Academic Publishers の許可を得て複製．
図 7.1a および 7.2：E. S. Goodrich, "The study of nephridia and genital ducts since 1895," *Quarterly Journal of Microscopical Science* 86（1945）: 113-392 より．
図 8.1　：R. Preston-Mafham and K. Preston-Mafham, *Spiders of the World*（New York: Facts on File, Inc., 1984）より．
図 8.6　：H. E. Hinton, "The respiratory system of the egg-shell of the blowfly, *Calliphora erythrocephala* Meig., as seen with the electron microscope," *Journal of Insect Physiology* 9（1963）: 121-129 より；copyright© 1963, Elsevier Science.
図 8.7　：G. O. Stride, "On the respiration of an African beetle *Potamodytes tuberosus* Hinton," *Annals of the Entomological Society of America* 48（1955）: 345-351 より；Entomological Society of America のご厚意による．
図 8.10　：イラストは *Animal Architecture* by Karl von Frisch より，copyright© 1974 by Turid Hölldobler, Harcourt, Inc.
図 8.11a：W. H. Thorpe, "Plastron respiration in aquatic insects," *Biological Reviews* 25（1950）: 344-390 より；Cambridge University Press のご厚意による．
図 8.11b：C. P. Clausen, "Biological observations on *Agriotypus*（Hymenoptera），" *Proceedings of the Entomological Society of Washington* 33（February 1931）: 29-37 より．
図 8.14：写真は Deborah Goemans のご厚意による．

図 9.3 ：Columbia University Press, 562 W. 113th St., New York, NY 10025 の許可を得て右より転載．*The Columbia Encyclopedia*, 2d ed. (Plate 34), W. Bridgwater and E. J. Sherwood, 1956.

図 9.8b：B. W. Wells, "Early stages in the development of certain *Pachypsylla* galls on *Celtis*," *American Journal of Botany* 7 (1920) : 275-285 より；*American Journal of Botany* のご厚意による．

図 10.3 ：L. Prozesky-Schulze, O. P. M. Prozesky, F. Anderson, and G. J. J. van der Merwe, "Use of a self-made sound baffle by a tree cricket," *Nature* 255 (May 1975) : 142-143 より；*Nature* のご厚意による．

図 10.7 ：J. C. Nickerson, D. E. Snyder, and C. C. Oliver, "Acoustical burrows constructed by mole crickets," *Annals of the Entomological Society of America* 72 (1979) : 438-440 より．

図 11.8 ：写真は Margaret Voss のご厚意による．

解　説

　2003年8月，国際学会のついでにセミナーに呼ばれて立ち寄った，真夏の灼熱の砂漠に囲まれたアリゾナ大学の書籍部で本書 *The Extended Organism: The Physiology of Animal-Built Structures*（Harvard University Press, 2000）に初めて出会った．シロアリの巨大な塚の印象的な写真を表紙に，延長された表現型の生理学という内容をみて即座に購入した．私自身，共生微生物が宿主昆虫の生殖や行動や表現型に与える影響や，昆虫が植物の形態を操作するゴール形成現象など，「延長された表現型」の研究に関わっていたこともある．このたび，本書の監修を依頼されて読み直すこととなったが，とてもおもしろく，学ぶところの多い刺激的かつ論争的な書物であることをあらためて認識する機会となった．

　「生物体」と「その外側の環境」は一見すると明確に区別できそうである．私の体は皮膚という明確な境界で環境から区分されている．でも，私の髪の毛はどうだろう？　私という個体の一部にも思えるし，確かに褐色とか直毛とかいうのは私の表現型の一部であろう．しかし細胞や組織としてはすでに死物であるし，床屋で切ったあとの髪の毛をみると，私がつくり出した体外の構造物にすぎないとも思える．それではクモの巣はどうだろう？　尾端の腺より分泌された糸からできており，クモの体を構成するとはいいがたい．しかしその構造は高度に種特異的であり，コガネグモは美しい対称型の円網を，サラグモは二次元的な漏斗状の平網を，ジグモは地中に埋まった袋状の網をつくり，棲みかとして，敵から逃れるシェルターとして，はたまた食物を効率よく捕獲するための装置としての機能を実現している．その形状は非常に特徴的かつ再現的であり，網を見ただけで作り手のクモの種類を同定することができる．すなわちクモの網の構造は，体外に存在する物質でありながら，クモの遺伝子型に規定されているようにみえる．ほかにも，小枝や枯葉を巧妙に組み合わせてつくられたミノムシの蓑はどうだろう？　幾何学的に美しい構造からなるアシナガバチ，スズメバチ，ミツバチなどの巣はどうだろう？　しばしば大規模な島嶼すら形成するサンゴの体外骨格はどうだろう？　どこまでが「生物体」の性

質で，どこまでが「その外側の環境」の属性なのだろうか？

このような疑問を明快に概念化して世に問うたのがリチャード・ドーキンスの著書『延長された表現型』（邦訳は1987年刊，紀伊国屋書店）であった．生物の遺伝子の発現効果は，その遺伝子をもった生物個体の表現型を決定するばかりでなく，その外部の非生物や他生物にまで及びうるのだ，というのが彼の主張であり，その概念を表現したのが「延長された表現型 Extended Phenotype」という言葉である．クモがつくる美しい網，ミツバチがつくる複雑な社会構造や幾何学的に完璧にデザインされた巣，熱帯地方のシロアリがサバンナに建設する巨大な塚，寄生生物が宿主生物に引き起こす行動や形態などの操作，サンゴによる造礁作用で新しい島が形成される過程，緑色植物や藻類などの光合成生物の活動によって大気中の酸素濃度が高く維持されていること，などの多様かつ興味深い現象を，すべて統一的に「延長された表現型」の枠組みで捉えることができる．同じくドーキンスの著書によって普及した「利己的な遺伝子 Selfish Gene」とともに，遺伝学，進化生物学，生態学などの地平を拡張する概念装置として広く人口に膾炙してきた．

「延長された表現型」という考え方には，生物は環境に受動的に適応するばかりではなく，時に周囲の環境に能動的に働きかけてダイナミックに改変する場合もあるという含意がある．すなわち生物と環境は，ある意味で一体として共進化しうるのである．本書ではこの考え方をさらに拡張して，生物が延長された表現型として体外に構築する非生物的構造は，しばしばその生物の一部を構成する生理的器官と見なすべきものであると主張する．すなわち，腎臓，心臓，肺，肝臓といった通常の定義による器官と本質的には異ならず，生体の一部になっているという見方だ．

この一見突飛に思える考えを，著者は具体的かつきわめて印象的な実例を次々と繰り出しながら説得力をもって展開する．底泥の酸化還元ポテンシャルを活用した食物培養装置として，また窒素老廃物を選択的に除去する排出器官として働くタマシキゴカイの巣穴，水中から無限に酸素を引き出す鰓として機能するヒメドロムシ体表の動的な気泡，メスを呼ぶ歌声の理想的な増幅器として働くケラの巣穴，自律的にガス交換をおこなって巣内の恒常性を保つシロアリの巨大な塚など……．生物体の「表現型」は，いうまでもなくその生物の遺伝子型によって規定され，しばしば重要な生物機能を担っている．生物の体外構造として発現する「延長された表現型」についても本質は同様である，という観点はなかなか新鮮であり，常識的なものの捉え方に再考を促すインパクトがある．ある生物の遺伝子型に規定されて特定

の体外構造が形成され，その生物の生理器官として機能するのであれば，どうしてそのような構造をその生物体の一部であると見なしてはいけないのだろうか？　かくして「生物体」と「その外側の環境」という二分法に生理学的な観点からも風穴があき，世界の見え方が少々変わってきたりする．

　本書の論理展開や書き方は，ちょっと奇をてらったり，ひねくれた物言いも散見されるが，総じてわかりやすく魅力的である．数式や反応式がかなり頻用されているが，初学者が飛ばし読みをしてもまったく差し支えないし，式にアレルギーのない読者にとっては定量的な理解や概念の明確化に大いに役立つに違いない．多くの図版もわかりやすく興味深いものであり，本書を生物学の専門家に限らず，広い範囲の読者に開かれたものとすることに大いに貢献している．

　しかし一方で，本書は確立された定説を述べている教科書では必ずしもない．むしろ著者の思い込みや先入観が執筆の原動力となっている書物といったほうがよいかもしれない．本書において展開される考え方のどこまでが妥当で，どこまでが仮説的で，どこからが科学の基盤から離れた想像の域を出ないのかを，読者の側で見極めなければならない．本書を読み進めるにあたって，生物学にあまり通じていない読者には若干の注意が必要である．私からは以下の部分について警告を発しておこう．第8章「クモのアクアラング」の最終節（P. 190–193）において，アワフキムシの泡が窒素老廃物であるアンモニアの空気中への排出機構であるという仮説は鵜呑みにできない．アンモニアを排除するだけなら尿を捨てればそれでよいのではないか．泡立てて体のまわりに保持する必要などないはずである．泡はむしろ乾燥に対する耐性や捕食者への防御が最重要の機能という方がありそうに思える．第9章「小さな昆虫とダニの巧みな操作」の後半（P. 210–217）における，「ゴールを作る昆虫は葉の温度を変えるために葉の形を何らかの方法で操作し，おそらく自分のために葉の代謝をゆがめているのだと結論できないだろうか？」という論旨，およびそのために積み重ねた実験結果およびその解釈も，専門家の多くが牽強付会と感じるのではないか．ゴール形成昆虫が自らの住居および食物源としてゴールをつくるという質量ともに圧倒的な証拠がある一方で，ゴールが葉の温度に影響を与えることは間違いないものの，それがゴール形成昆虫にとって適応的であるという証拠はまったく提示されていない．第12章「母なる地球を愛せ」（P. 277–293）においては，ほぼ章の全体にわたって根拠の乏しい推論，論理の飛躍，特殊例の過度の一般化が散見されるように思う．したがってその内容については論議をよぶところ

であろう．本書の終盤部分はある程度「上級者向け」であるといっておこう．もっとも著者自身が最節約原理たる「オッカムのかみそり」を批判して「ゴールドバーグのてこ」なる格言を提示し，どんな可能性をも検討する前に排除してはならないという哲学を独白している（P. 167-170）ことを鑑みれば，これらのやや空想的あるいは根拠薄弱な部分も著者の確信犯的な行為であり，勝ち目は薄かろうとも知的なチャレンジを果敢に試みている姿である，ととらえておくべきなのであろう．

「エピローグ」は特に，客観性は度外視して著者の思いのたけを吐露する場となっている．生物学の主要分野たる分子生物学について「実質的に工業生物学の一分野へと姿を変えた．それが別に悪いわけではないのだが，しかしDNAの構造の発見のように，私たちのものの考え方を根本的に変えるような発見はもはやそこからは出てこないだろう」と矮小化してこき下ろし，一方の重要分野たる進化生物学について「素晴らしい洞察力を背景にしてスコラ哲学のようになり，信奉者たちはますますわかりにくい抽象的な事柄についての際限のない悪意に満ちた論争に没頭している」と罵詈雑言を浴びせている．しかるに著者が擁護し，生物学の次の黄金時代への道であると主張する「全体論的な生物学」「生物界と無生物界を統合する生物学」がどのようなもので，どのように有望な未来が開けているのかは，少なくとも私には見えてこない．この文章を目にして「主流分野に反発して噛みつくのは簡単だが，具体的な対案はあるのか？」と読者の多くが感じるのではなかろうか．

私見では，このあたりは必ずしも流行分野とはいいがたい動物生理生態学に関わってきた著者の鬱積した不満が思わず噴出してしまった部分なのかもしれない．確かに旧世代の分子生物学者は，しばしば伝統的な生物学を傲慢に切って捨てるような言動をしてきたし（P. 13で著者はDNAの二重らせん構造の発見者にしてノーベル賞受賞者のジェームズ・ワトソンを引き合いに出している），実際に当時の分子生物学の華々しい成果と展開を目の当たりにし，それらと比較されての不当な軽視にうんざりし，さらには分子生物学への研究資金や資源の集中のしわ寄せを受け続けてきた分類学者，生態学者，そして生理学者が強烈なコンプレックスを抱きがちであったことは想像に難くない．

しかし著者も気づいているはずである．もしも今，分子生物学者がそのような言動をとったならば，無知の発露として心ある生物学者からは軽蔑され，逆に切って捨てられるであろうことを．ゲノム生物学の旗印のもと，分子生物学が（かつて分類学や生態学がそしりを受けたように）枚挙の学問にいともたやすく「堕落」しが

ちな時代に，生物の機能や生理や適応にちゃんと真正面から取り組むのがいかに大切なことか，進化や生態までも視野に入れた新世代のまともな分子生物学者はしっかりと認識しているはずである．私自身，分子生物学，生化学，生理学，発生学，遺伝学，ゲノム科学を道具として自在に使いこなす生態学者にして進化生物学者にして博物学者，という姿を理想とめざす学徒である．

　賢明な読者には，第 12 章やエピローグのような部分は上述のような批判的な読みかたが可能であることに留意しつつ，その他の部分に燦然と輝く宝石，興味深い生物現象の数々，体外構造の生理的機能とその動作機構，個体を超えた生物機能の外延という概念，生物の個体性や機能単位や進化過程などの認識の拡張などについて学び，楽しみ，しゃぶりつくしてほしい，というのが私の個人的な意見である．まったくの門外漢でも，ケラの歌う巣穴の巧妙さや，昆虫が植物につくるゴールの不思議さにはきっと感銘を受けることだろう．生理学者は，生物の体や細胞以外のものに生理学がうまく応用された実例を楽しめるだろう．進化生物学者は，ドーキンス流の「延長された表現型」の概念に機能的，生理的な肉付けがなされたことから触発されるものがあるのではないか．生態学者にとって，生物－環境間相互作用を考えるうえで，本書で提示されるような視点をもつことの重要性はいうまでもない．生物と無生物の区分や定義，生物の個体性などに対して本質的な問いを発する科学哲学者にとっても，本書の内容にはさまざまな洞察を見いだせるのではなかろうか．読者各位がそれぞれに，この豊かな書物の中から，知的に実り多い収穫を汲みとっていただきたい．

　本書の監修作業に当たり，分類学，動物学，微生物学，生態学，進化生物学などについては，訳文のみならず原文にも散見された問題点や誤りなど，かなりの程度は改善できたのではないかと思う．しかし化学反応論，熱力学理論，生理学理論などについては，私の能力を超えていたために充分な対応ができない部分もあったが，これらの領域では訳者の滋賀陽子氏が詳しく丁寧に誤りを改善してくださったので，ほとんどお任せする形となった．いずれにせよ，もし問題点等あれば諸賢よりのご指摘をいただければ幸いである．

平成 19 年 1 月 2 日　新年の自宅にて
深津武馬

訳者あとがき

　著者もまえがきで述べているように，これは少し変わった視点から眺めた生物の本である．数十年前には本書と同様に，動物とその環境の関わり合いや，動物どうしの相互作用といった観点から捉えた生物の本がいくらもあったように思うのだが，近年，生物学は内へ内へと進み，対象が一個の生物から器官へ，組織へ，細胞へ，細胞内の分子へと，限りなく小さくなり，目に見えなくなってしまった．もちろん分子レベルでの研究から多くのことが解明されてきた．たとえば DNA の塩基配列の解析からさまざまな生命現象が説明され，ゲノムの比較解析から生物の進化の経路が明らかにされる．つい最近も，ネアンデルタール人と現代人の分岐が 37 万年前であることがゲノムの比較からわかったと報じられた．また応用面でも，病気の治療や作物の改良など，その恩恵は計り知れない．

　しかし現在の多くの研究では，分子レベルで解明された事柄を再び一個の生物の中に戻して考え，体全体あるいは生物と環境との関わり合いの中で位置づけるという，大きな視点が抜け落ちてしまっているように思われる．樹を見て森を見ず，あるいは一枚の葉を見て森を見ていないような気がしてならなかった．本書を読んで，やっと車の両輪が揃ったように感じられた．生物学を研究している方々，これから研究を始めようとしている方々にはぜひとも読んでいただきたい本だと思う．

　本書は視点が独特であるだけでなく，取り上げられている体外構造の例が実におもしろい．海底を彩るサンゴや，土いじりで日常的にお目にかかるミミズの作る構造物にそんな意味があったのかと改めて感心させられる．実は原著のタイトル (*The Extended Organism*) と紹介文を見たとき，動物の作る体外構造に生理作用があるというなら，体温調節を助ける人間の衣服や家屋，眼鏡や補聴器にだって生理作用があるといえるではないかと，少々反発を感じた．しかし読み始めてみるとそんな反感はすっ飛んでしまった．著者は見事に生理器官として機能している体外構造を，あくまで生物の生理学に立脚しながら探っていく．下等だと考えられているカイメンやサンゴ，小さな虫の何と賢いことか！　圧巻は水生昆虫の作る空気の

泡だ．泡を抱え込んだある種の昆虫は，水面に浮かび上がって呼吸をする必要がまったくなく，他の用がない限りずっと水中で暮らせるという．泡の中の酸素はどうしてなくならないのだろうかと非常に不思議に思われ，その巧妙な仕組みに感嘆した．昆虫の用いる方法を応用すれば，海で遭難したときに溺れずにすむ簡単な救命器具が作れるのではないかと本気で考えてしまった．

恐らく著者は，研究対象としているオオキノコシロアリという，キノコを栽培するシロアリの塚から想を得て本書を著したのだろう．彼らの作る壮大な塚は，風を利用した巧妙な換気装置になっており，コロニーの成長に合わせて大きさや高さを増し，効率を高める．つまり私達の体が成長するに従って肺も大きくなるのと似ている．塚が外敵や悪天候によって壊されればすぐにコロニーのメンバーが呼び集められて協調的に適切な修復をする．その有様は塚全体が，その中に棲むコロニーの個々のメンバーを超えて，あたかも一つの生物であるかのような錯覚を覚える．

最後の章で著者は，生物間の相互作用，生物と環境の相互作用を押し広げていくと，それは地球全体に広がり，ガイア理論に至ると言及している．しかし「ガイア理論」に懐疑的な読者も多いことと思う．その主な理由は，地球が「生きている」という表現，生物の遠隔共生，生物圏による地球規模の生理作用などに疑問を持たれるからだろう．だがこの「生きている」というのは比喩であって，意志を持っているはずのない遺伝子の振る舞いをリチャード・ドーキンスがわかりやすく「利己的な遺伝子」と表現したように，ガイア理論を提唱したジェームズ・ラヴロックも地球の振る舞いを，わかりやすく「生きている地球」と表現したにすぎない．遠隔共生に関しては，著者は物質やエネルギーの流れの視点から説明を試みている．

地球規模の生理作用となるとあまりに大きくて捉えどころがないように思われるが，食物連鎖のつながり，花と昆虫の共進化，動物と植物の二酸化炭素と酸素のやりとり，さまざまな物質の生物間でのリサイクルなど，地球上では全生物が関わり合い調和を保って生きている．生物間の相関は近くのものどうしには留まらないらしい．たとえば日本の桜の開花が早い年には，マレーシアの熱帯ジャングルが一斉開花することが多く，遠く離れた場所でも，植物は風や海（エルニーニョ現象）という環境を通じてつながっている．また生物は環境に適応するだけでなく環境を改変もする．微細藻類は雲の核のもとを生み出し，微生物の活動によって黒くなったヒマラヤの氷河は太陽光を吸収して融けやすくなるなど，生物は気候や環境にも影響を与えている．このようなことを考えると，全生物と地球環境がホメオスタシ

スにも似た絶妙なバランスを保っているように思われる．地球があたかも生きているかのようにも見えるのだ．

　通常の生物学の本とは異なるもう一つの特色は，生物の内外の生理作用を数学・物理学・化学・応用電気学などを駆使して説明してあり，数式が頻出することだが，あまりそれにとらわれずに気軽に読んでいただきたい．実は本書の記述はそれほど厳密ではなく，多少の誤りもあった．気がついたところは著者に問い合わせたり，物理や電気を専門とする方々に訊ねたりして，できるだけ直したつもりである．しかし，物理学の教科書ではないので，多少の厳密さは欠いても，流れを損なわないように，読みやすいようにと心がけた．

　本書を読み進むうちに，体外構造を作り出す生物の素晴らしい能力・体外構造の不思議な生理作用に感嘆し，彼らを愛おしく思い，全生物が協調して住むこの地球の環境を人間の手で乱してはならないと感じてくださったら幸いである．

2007 年 1 月
滋賀陽子

　追記：第 9 章では，葉の光合成に対するゴールの影響について $q_{net} > 0$ の場合しか考察していない．この点を著者に尋ねてみたところ，$q_{net} < 0$ の場合，すなわち蒸散による冷却が大きくなることは比較的稀であり，研究事例も不足しているので，議論を複雑化しないためにも，敢えて立ち入らなかったという答えを頂いた．著者の記述以上に深く考察することにそれほど意味はないのかもしれないのだが，$q_{net} < 0$ の場合を検討したところ，章末の結論とは異なって，葉が最適温度より高い温度で光合成をしている場合にはゴールのある方が葉の温度の下がり方が大きくなり，光合成の効率がよくなるという結論が得られた．訳者の分限は超えているが，疑問を抱かれる読者もおられると思い，敢えてつけ加えさせて頂いた．

索　引

ADP（アデノシン二リン酸）　24-25, 41
Aquaspirillum magnetotacticum（磁性細菌）　62
ATP（アデノシン三リン酸）　24-25, 28-29, 32-33, 35-36, 41-42, 45-46, 118, 122, 163-164, 220, 278
ATP回路　24-25
Bergaueria　111
bubble gill　→泡鰓
Chlamydomonas nivalis　→クラミドモナス
DLA（拡散律速付加）　91-94, 96, 99, 102, 259
DNA　13, 49
Gryllus campestris（ヨーロッパクロコオロギ）
　——の歌う巣穴　238-239
Lepidochora（ゴミムシダマシの一種）　1
Lumbricus terrestris（ミミズの一種）
　腎管　139
PF（生理学的流れ）　49, 252, 254, 262, 275
Pontoscolex corethrurus（環形動物）
　腎管　139
RPD層（酸化還元電位不連続層）　123-124, 127-128, 132-133
Scapteriscus acletus（ケラの一種）
　——の歌う巣穴　235-240, 243-244
Silo（トビケラの属）　186
TFF（熱力学的に有利な流れ）　49, 251-252, 254-255, 262-264, 275

ア　行

アイソザイム　205
アイレス遺伝子（eyeless）　243
亜硝酸酸化細菌　131
アッティム（Attim）のモデル　100-101
アデノシンリン酸　→ATP, ATP
アナサンゴモドキ（*Millepora*）　83
アブラムシ（*Hamamelistes spinosus*）　190, 195-196
泡　170-177
泡鰓　166, 175-190
　→プラストロン鰓
アワフキムシ

──の巣　190-193
アンモニア
　好気的酸化　122
　——の排出　131-132, 192-193
アンモニア酸化細菌　131
硫黄還元細菌　121
維管束組織
　——組織への寄生　190, 196
イシドール　190
ウィルキンス，モーリス　Wilkins, Maurice　13
ヴォルク，タイラー　Volk, Tyler　290
渦形成　98
渦鞭藻類　30
ウッド-ジョーンズ（Wood-Jones）のモデル（サンゴ成長の）　101
永続性　5-6
エーゲ，リヒャルト　Ege, Richard　171-172, 175
エーゲ効果　172, 175
エディアカラ　112-113
エネルギー
　——の流れ　6, 17, 43-56, 73, 129, 134, 183, 216-217, 226, 278, 283, 289, 293　→TFF
エネルギー効率
　食物連鎖の——　42-44
エネルギー変換
　——の非効率　39-41, 43-45, 224
　互換性　50
エネルギー保存の法則
　→熱力学第1法則　16
エノキ　202, 210-211
鰓係数　176-177
遠隔共生　289-291
延長された表現型　2-3, 7-8, 10-11, 47, 292-293
エントロピー増加の法則
　→熱力学の第2法則
塩類細胞　28
オオキノコアシロアリ（*Macrotermes*）　268-273
オーブレヴィル，A　Aubreville, A.　101

オジマンデリィアス（ラムセス2世）　195
オダム，ハワード T.　Odum, Howard T.　295
オッカムのかみそり　167, 170 - 171, 176, 187, 192
『オデュッセイア』（ホメロス）　7, 219
音
　——のエネルギー　95 - 97, 224 - 232, 244
　——の強さ　223
　——のバッフル　228 - 230
オームの法則　51
音速　222, 227, 237
温度感受性細胞　253

カ行

ガイア仮説　10 - 11, 248, 277 - 278, 283 - 284, 287 - 289, 292 - 293
カイメン
　——の構成要素　81
　——のボディプラン　80 - 83, 104
　アスコン型とリューコン型　82
　成長　84 - 89, 93 - 99, 102
海洋循環　280, 282
化学反応
　電子の移動と——　116
化学反応速度論　32, 34
化学ポテンシャル　29, 45, 59, 66, 105
拡散
　魚の体内の塩濃度と——　26 - 28, 137
　フィックの法則　89-90, 92, 94, 102, 168, 187 - 188, 263
拡散律速付加（DLA）　→ DLA
拡声器
　放物線型の——　231
　円錐形の——　231
　無限に長い——　230 - 231
　——が周波数を変える仕組み　231 - 233
　指数関数型の——　231, 235 - 236
　巣穴の——　235 - 238, 240, 243 - 244
　→ クリプシュホーン
カサアブラムシ（Adelges abietis）　197 - 198
ガス交換
　昆虫のコロニーによる——　10, 248, 261 - 275
　水生昆虫とクモの——　165, 168 - 169, 172, 177, 190, 193
　循環と拡散の共役　168
ガス交換膜　103
褐虫藻　30 - 32, 36
カットオフ周波数　234, 236
環形動物　78, 136, 139, 143, 161

——の腎管　138 - 139, 142
還元
　定義　116
　→ 酸化還元電位
カンタン（Oecanthus bumeisteri）　227 - 230
カンブリア紀爆発　109 - 110
キジラミ（Pochypsylla）　202 - 203
寄生
　——生物のジレンマ　214 - 215
基礎代謝率（BMR）　254
『キャッチ=22』（ヘラー）　1
吸エルゴン反応　34
境界層　91 - 94, 96, 99, 209 - 210
共鳴周波数　97, 232 - 233
　ケラ類の巣の——　236 - 238, 244
菌類　77, 251, 270, 275 - 276
クシハダミドリイシ（Acropora hyacinthus）　101
クラミドモナス（Chlamydomonas）
　培養液中の生物対流　58, 63 - 74
　重力走性　61 - 63, 69
クリック，フランシス　Crick, Francis　13
クリプシュホーン　230, 233 - 234, 236 - 238
グルコース
　光合成と——　18 - 21, 30, 32, 36, 42, 186
　——の（好気的）代謝　20, 24, 34, 41, 45, 49, 118 - 119, 124, 131, 144 - 145, 165, 286, 292 - 293　→ ATP回路
　エネルギー貯蔵の特性　105, 121
　——の嫌気的発酵　119 - 120
クレメンツ，フレデリック　Clements, Frederic　295
クロマトグラフィー　129 - 130
　ゴカイの潜穴による——　131 - 132
群体　29, 80, 83
群淘汰　292 - 293
警報フェロモン　258 - 260
ケストラー，アーサー　Koestler, Arthur　14
血縁淘汰　292
結晶成長　88
ケプラー，ヨハネス　Kepler, Johannes　277
ケラ
　——の歌う巣穴　234 - 245, 268, 276
　Gryllotalpa vinae　238 - 240
　Gryllotalpa gryllotalpa　238 - 240
　Gryllotalpa major　240
原核生物　76 - 77
嫌気性細菌　120, 122 - 124, 128, 132 - 133
嫌気呼吸　119, 124
原生生物　77
光合成

索　引

――反応　18-21, 118
――と炭酸カルシウムの堆積　30-32, 36, 99
――の起源　109, 113-116
――と嫌気性生物　120-122
――と葉の温度　202-205
総――量　204-205, 217
最適温度　205, 209, 213-214
純――量　212-217
腔腸動物　29, 76
　――のボディプラン　78, 82-83, 104
コーナー, E. T. H.　Corner, E. T. H.　100
コオロギ　220-221, 224, 227-229, 235, 238-241
　→ケラの項も参照
国際生物学事業計画（International Biological Program, IBP)　296
古細菌　76-77
コッホ曲線　87-88, 103
ゴール
　「植物のガン」としての――　196
　イトスギの花カサ状――　197
　トウヒの松カサ状――　197
　マンサクのイガ状――　197
　組織化された構造としての――　197
　葉の細胞分裂と――　197, 199-202
　葉の発生プログラムと――　198
　サトウカエデの針状――　202
　エノキの袋状――　203
　巻き葉　201-202
　縮れ葉　201-202
　葉の熱平衡への影響　210-214
ゴールドバーグのてこ　167, 170, 178, 187
コンデンサー　56

サ　行

総変換効率　42
酢酸生成菌　120-121, 124, 128
サブヒアリヌスオオキノコシロアリ（*Macrotermes subhyalinus*）　272
酸化
　定義　116
　水素の――　117
　アンモニアの――　131
　硫化物の――　132
　グルコースの――　→グルコースの嫌気的発酵，グルコースの（好気的）代謝
　→酸化還元電位
酸化還元電位　116-120
　海洋堆積物内の――　123-124
　不連続層（RPD 層）　123-124, 127-128, 132-133
　ゴカイの潜穴と――　126-128, 133-134
サンゴ
　構成要素　85
　――と炭酸カルシウム堆積　25-33, 36, 159
　白化現象　30
　ボディプラン　82-84, 104
　成長　84-85, 87-89, 91, 93-102, 259
　――礁海岸のフラクタルな次元　102-103, 293
酸素
　――と光合成　18-19, 116, 292-293
　――と代謝　24, 118
　微生物培養液中の分布　66-68, 72-73
　大気中への蓄積　116
　酸化還元電位　116-118, 293
　嫌気性生物への影響　119-120, 122
　空気中と水中の挙動　144-145
　土壌中の分布　157-158
　昆虫が運ぶ泡中の分圧　171-173, 175
　――と泡鰓の働き　176-177
　――とプラストロン鰓　178-181, 185, 187-189
　――とミツバチの巣　262-265
　――とシロアリの塚　270, 275
シアノバクテリア　110, 113, 116
自己組織化　73
仕事
　定義　16
　――と秩序の形成　18-25
視床下部前部　253, 255-256
自然選択　44, 47, 50, 73, 159, 167, 228-229, 235, 242-243, 249, 288, 292
　→ダーウィニズム
『詩について：狂詩曲』（スウィフト）　4
ジャイロタキシス　65
社会性昆虫　247-250, 258, 268, 271, 277
社会的ホメオスタシス　248, 251, 257-263, 267-269
『シャーロットのおくりもの』（ホワイト）　165
自由エネルギー（化学反応の）　35
　→標準自由エネルギー
従属栄養生物　77, 285-288, 291, 293
『シュロプシャーの若者』（ハウスマン）　109
循環比　290
純光合成量　212-217
蒸散　206-209, 212, 217
ショウジョウバエ　79
ショウテ, J. C.　Shoute, J. C.　100
食物連鎖　43

シロアリ
　——の特異性　247, 251–252
　コロニーと社会的ホメオスタシス　248, 259–261
　塚のガス交換　269–276
　塚の構造　270–271, 275
　Bissel 型の塚　272
　Marigat 型の塚　272
　→オオキノコアシロアリ，サブヒアリヌスオオキノコシロアリ，ナタールオオキノコシロアリ，ミカエルセンオオキノコシロアリ
『白蟻の生活』（メーテルリンク）　247
真核生物　77, 119
真正細菌　77
浸透
　定義　26
振動周波数　96–97
水生昆虫　166, 175, 186, 190–192
水素　117–118, 120, 127–128
水素イオン（プロトン）
　——の濃度勾配　36
水素イオン輸送　32–33
水分平衡
　淡水魚の——　25–26, 137–138
　ミミズと土壌の——　138–139, 143, 152–156, 158, 163
　陸上生物の——　140, 142
スギノミドリイシ（*Acropora formosa*）　101
スティグマージー反射　260, 275–276
生痕化石　110–114
生殖の仕事　47–50
正のフィードバック
　生物対流における——　72
　調整された——　95–97
　体外生理作用と——　104–105
　社会的ホメオスタシスと——　259–261
　気候の安定性と——　283
生物対流　59–61, 65–66, 72–75, 95
　——プリューム　59–61, 65, 71
　——セル　63, 66, 69, 75–76, 95–99, 105
整流器　54, 128–129, 131
絶対温度
　定義　17
セルロース　130, 141
先カンブリア時代　110–113, 122
潜穴
　——の出現　109–111
　——の生痕化石　110–113
　——の多様化　111–113
　——の掘りかた　114–115

——と酸素濃度勾配　123–124
——と餌取り　124–128
——の種類　125
——の生理作用　128–134
ソウゲンライチョウ　241
総光合成量　204–205, 217
走性　61
　重力——　61–63, 69
　走光性　62
ソフィスト　37–38, 40

タ　行

ダイオード　53–55
対向輸送　32–33
体外生理作用　9–10, 39, 41–42, 44, 46, 58, 75, 95, 102–107, 257, 278
太陽光エネルギー　45
対流セル　60, 281
ダーウィニズム　2–3, 74, 249, 292
ダーウィン，チャールズ　Darwin, Charles　49, 73, 159, 160, 242–243, 249
タケフシゴカイ　125
脱分化（細胞の）　201–202
タマシキゴカイ　126–134
タマバエ（*Contarinia coloradoensis*）　197
炭酸カルシウム
　——の堆積　25, 29–33, 36
炭酸カルシウム形成細胞性外胚葉　calcioblastic ectoderm　→炭酸カルシウム形成細胞
炭酸カルシウム形成細胞　29, 32–33, 36, 93
淡水魚
　——の水分平衡　25, 137–138
　——の腎臓　26–27, 137
単数倍数性　250
タンスレー，アーサー　Tansley, Arthur　295–296
縮れ葉　201–202
秩序
　エネルギーと——　16–20, 25–26, 28–29, 57–58
　生物対流と——　58–60, 65–66, 69, 72–75
　土壌の形成と——　160–161
　フィードバックループによる——　245
窒素固定細菌　133
超生物　73, 247–248, 253, 268, 277–278, 290, 295–296
電子受容体と電子供与体　117–119, 122–124, 127–128, 132, 293
動圧　183
等価回路　53–56

索　引

ドーキンス，リチャード　Dawkins, Richard　1-2, 292
ドクチャーエフ，V. V.　Dokuchaev, V. V.　296
独立栄養生物　77, 99
　　光合成――　122, 276, 286, 288-292
土壌
　　――中の水分　146-147, 149-158
　　――とミミズの水分平衡　153-158
　　――中の酸素　156-158
　　――のミミズによる形成　158-164
　　――のミミズによる改変　161-164
　　――の保水力　162-163
土壌層位　157-158, 162-163
トビケラ　185-187
トランジスタ　53, 55, 128
度量単位　22-23

ナ　行

ナタールオオキノコシロアリ（*Macrotermes natalensis*）　269-271, 272-274
ナベブタムシ（*Aphelocherius*）　188
ナラエダイガタマバチ（*Neuroterus noxiosus*）　196
ナラメイガタマバチ（*Andricus punctatus*）　196
二酸化炭素
　　光合成と――　18-21
　　ATP 回路と――　24
　　水中での炭酸塩との平衡　31-32, 35-36
　　生物対流による輸送　73, 99
　　大気中と水中の違い　141-142
　　泡鰓と――　176
　　社会性昆虫の巣における――　259, 264-265, 270
　　共生と――　286-289
ネオダーウィニズム　3, 8, 74, 249, 296, 297
熱サイフォン換気　265, 270-271
熱水孔　122
熱伝導係数　207-209, 211-212
熱力学　16-17, 25
熱力学的に有利な流れ　→ TFF
熱力学の法則
　　第 1 法則　16-17, 21, 126-127, 182-183, 224
　　第 2 法則　17, 20, 24, 26, 31, 34, 39, 42, 49, 59-60, 67, 72, 137, 160, 224
　　第 3 法則　17
ネフロン　27-28, 36, 137-139
粘性　51, 67, 69-70, 74, 145
粘土　114, 125, 151, 160, 162
能動輸送　28, 32
　　→水素イオン輸送

ハ　行

バイオーム　14
葉形　199-200, 206, 208-210
パスカル単位　147
発エルゴン反応　34
発酵　119-120
発生プログラム　81, 197, 198
　　――と進化　78-80, 163
ハッチンソン，G. イヴリン　Hutchinson, G. Evelyn　295
ハリス，シドニー　Harris, Sydney　75
ハンディ，ジャック　Handey, Jack　37
ヒドラ　76, 83
ヒメドロムシ（*Potamodytes*）　181-185
氷核細菌（INB）　282-283
氷期と間氷期　278-279, 282-283
標準自由エネルギー（化学反応の）　35, 41
表面張力　148-151, 169, 174, 178, 180-181, 183
フィックの法則　89-90, 92, 94, 102, 168, 187-188, 263
フィードバック　→正のフィードバック，負のフィードバック
付加成長　88-93, 97-98
　　→ DLA
フツウゴカイ　133-134
負のフィードバック
　　ホメオスタシスと――　105-106, 284-286
　　歌う巣穴の調律と――　245
　　体温調節と――　253-256
ブラウン，ロバート　Brown, Robert　70
ブラウン運動　70-71
フラクタル曲線　87
フラクタルな構造　84-88, 102
フラクタルな次元　103, 293
プラストロン鰓　178-189, 192
　　――の設計原理　179-181, 187, 189
プランクの公式　19
フランクリン，ロザリンド　Franklin, Rosalind　13
フーリエの法則　252, 254-255
　　下限臨界温度（LCT）　254
　　上限臨界温度（UCT）　255
プリューム　59-60, 64-65, 70-72
　　→生物対流
プロポリス　262
分圧
　　定義　66
平衡定数（化学反応の）　34-35

平衡状態（化学反応の）　34-35
ペプチド結合　42
ヘルツ，ハインリッヒ　Hertz, Heinrich　222
ベルナツキー，ウラジーミル　Vernadsky, Vladimir　296
ベルヌーイ，ダニエル　Bernoulli, Daniel　182
ベルヌーイの定理　182-183, 273
ヘンリーの法則　145
ポアズイユの法則　51
包括適応度　249-250
ボディプラン
　動物の——　77-80
　胚発生と——　78-80, 163
　カイメンの——　80-82
　腔腸動物とサンゴの——　82-84
　——の多様化　104, 111
ホメオーシス　198
ホメオスタシス　105-106, 248, 250-253, 256-257, 283-284
　社会的——　248, 251, 257-263, 267-269
　共生と——　287-289
ホメオティック遺伝子　79, 198-199, 243
ホワイトヘッド，アルフレッド・ノース　Whitehead, Alfred North　295

マ行

巻き葉　201-202
マーギュリス，リン　Margulis, Lynn　248
膜翅類
　遺伝の様式　250
マクロポア　161-163
マツモムシ　171-172
マトリック・ポテンシャル　148-149
　土壌の含水量と——　149-151, 152
　土壌の種類と——　150-151
　ミミズの作用と土壌の——　153-156, 161-162
　土壌層位と——　157-158
　土壌の風化と——　160
マルハナガタサンゴ（*Lobophyllia corymbosa*）　100
ミカエルセンオオキノコシロアリ（*Macrotermes michaelseni*）　269-270, 273-274, 276
ミクロポア　149, 161-162
ミズグモ（*Argyroneta aquatica*）　166, 177, 186, 191
　冬の巣　184-185
ミズバチ（*Agriotypus*）
　——のリボン状の鰓　185-189, 214
水ポテンシャル　146-148, 151-156, 162

ミチバシリ（*Geococcyx californianus*）　46
ミツバチ　247-248, 250, 256-257, 259
　コロニーのガス交換　248, 261-270
　「オシツオサレツ」換気　261-262, 265-266
ミミズ
　環形動物としての特異性　136
　淡水性の貧毛類に近い生理　136, 138-139, 142-143
　腎管　138-139, 142-143
　土壌との水分平衡　153-158
　土壌の形成と改変　158-164
『ミミズの作用による肥沃土の形成』（ダーウィン）　159
ムコ多糖　130-131
無酸素泥　128, 132, 134
ムラサキカイメン（*Haliclpna*）　82-83
メイネル，フランシス＆ヴェラ　Meynell, Francis & Vera　75
メタン生成古細菌　120, 123-124, 128-129
メラニン　46
メンケン，H. L.　Menchen, H. L.　57
毛管作用　148
モジュールによる成長　84, 88-89, 91, 94
モンテーニュ，ミシェル・ド　Montaigne, Michel Eyquem de　135

ヤ行

葉原基
　周辺分裂組織　199-200
　始原維管束組織　199-201
葉身
　——の構造　199
　——の成長　199-201

ラ行

ラヴロック，ジェームズ　Lovelock, James　248, 277
ラプラスの法則　174
利己的な遺伝子　3
利他行動　249-250
リチャードソン，L. R.　Richardson, L. R.　4
リード　232-233, 244
硫化水素
　水との反応　132
硫酸還元細菌　121, 123, 128-129, 132-133
流体力学的集束　63-64, 71, 95
リュッシャー，マルティン　Lüscher, Martin　269-271, 274
臨界含水量　149-151
リンデマン，レイモンド　Lindeman, Raymond

195
リンネ，カール　Linné, Carl von　77, 109
レイ，ジョン　190
レック　241

ワ 行

ワトソン，ジェームズ　Watson, James　13
ワールプール　5-9

著者略歴
(J. Scott Turner)

ニューヨーク州立大学カレッジ・オブ・エンバイロメンタル・サイエンス・アンド・フォレストリー (SUNY-ESF) 準教授. 生物の生態と適応の生理学的メカニズムに専門的関心をもつ. たとえば, 本書にも紹介されているシロアリ塚のガス交換機能のようなコロニーのつくりだす生理機能, 外温性動物の循環系のつくりだす熱の流れ, 卵を孵化させる親鳥と卵の系における熱の流れなどを生理学的次元で研究している. このほかの著書に, *The Tinkerer's Accomplice: How Design Emerges from Life Itself* (Harvard University Press, 2006) がある.

訳者略歴

滋賀陽子〈しが・ようこ〉東京大学大学院理学系研究科生物化学専攻修士課程修了. 出版社勤務を経て, 東京大学大学院理学研究科にて論文博士取得. 同大学院総合文化研究科にて研究の後, 翻訳に専念. 訳書にC.セーガン『百億の星と千億の生命』(共訳, 新潮社, 2004), B.アルバーツ他『Essential 細胞生物学』第2版 (共訳, 南江堂, 2005), J.ワトソン他『ワトソン 遺伝子の分子生物学』第5版 (共訳, 東京電機大学出版局, 2006), 他多数.

監修者略歴

深津武馬〈ふかつ・たけま〉(独) 産業技術総合研究所 生物機能工学研究部門 生物共相互作用研究グループ 研究グループ長. 東京大学大学院総合文化研究科 広域科学専攻教授 (客員). 理学博士. 専門は進化生物学, 昆虫学, 微生物学. 昆虫類における多様な微生物との共生関係を主要なターゲットに設定し, さらに関連した寄生, 生殖操作, 形態操作, 社会性などの高度な生物間相互作用をともなう生物現象について, 進化多様性から生態的相互作用, 生理機能から分子機構に至る研究を多角的なアプローチで展開している. 共著書に『アブラムシの生物学』(東京大学出版会, 2000), 『進化にワクワクする本』(朝日新聞社, 1995) など. 共訳書にウォーレス, R.A.『ウォーレス 現代生物学 (上・下)』(東京化学同人, 1991) がある.

J・スコット・ターナー

生物がつくる〈体外〉構造
延長された表現型の生理学

滋賀陽子訳
深津武馬監修

2007年1月30日 印刷
2007年2月9日 発行

発行所 株式会社 みすず書房
〒113-0033 東京都文京区本郷5丁目32-21
電話 03-3814-0131(営業) 03-3815-9181(編集)
http://www.msz.co.jp

本文組版 プログレス
本文印刷所 理想社
扉・表紙・カバー印刷所 栗田印刷
製本所 誠製本

Ⓒ 2007 in Japan by Misuzu Shobo
Printed in Japan
ISBN 978-4-622-07258-4
落丁・乱丁本はお取替えいたします

ハエ、マウス、ヒト ――生物学者による未来への証言	F. ジャコブ 原 章二訳	2730
内なる肖像 ――生物学者のオデュッセイア	F. ジャコブ 辻 由美訳	3045
偶然と必然	J. モノー 渡辺・村上訳	2940
攻撃 悪の自然誌	K. ローレンツ 日高・久保訳	3990
社会生物学論争史 1・2 誰もが真理を擁護していた	U. セーゲルストローレ 垂水雄二訳	I 5250 II 6090
人間と適応 生物学と医療	R. デュボス 木原弘二訳	7770
ヒトの変異 人体の遺伝的多様性について	A. M. ルロワ 上野直人監修 築地誠子訳	3360
幹細胞の謎を解く	A. B. パーソン 渡会圭子訳 谷口英樹監修	2940

（消費税 5%込）

みすず書房

書名	著者・訳者	価格
シナプスが人格をつくる 脳細胞から自己の総体へ	J. ルドゥー 森憲作監修 谷垣暁美訳	3990
ニューロン人間	J.‐P. シャンジュー 新谷昌宏訳	4200
動物の歴史	R. ドロール 桃木暁子訳	9975
環境の歴史 ヨーロッパ、原初から現代まで	R. ドロール/F. ワルテール 桃木・門脇訳	5880
アリストテレスから動物園まで 生物学の哲学辞典	P. B. メダワー他 長野　敬他訳	4725
生物学を創った人々	中 村 禎 里	3150
近代生物学史論集	中 村 禎 里	4410
ダーウィンのミミズ、フロイトの悪夢	A. フィリップス 渡辺政隆訳	2625

(消費税 5%込)

みすず書房

書名	著者/訳者	価格
存在から発展へ　物理科学における時間と多様性	I. プリゴジン　小出・安孫子他訳	5250
化学熱力学 1・2	I. プリゴジーヌ/R. デフェイ　妹尾 学訳	各 4725
科学と情報理論	L. ブリルアン　佐藤 洋訳	7245
物理学読本 第2版	朝永振一郎編	2415
直観幾何学	D. ヒルベルト/S. コーン＝フォッセン　芹沢正三訳	5985
環境の思想家たち 上・下　エコロジーの思想	J. A. パルマー編　須藤自由児訳	各 2940
自然との和解への道 上・下　エコロジーの思想	K. マイヤー＝アーピッヒ　山内廣隆訳	各 2940
温暖化の〈発見〉とは何か	S. R. ワート　増田・熊井訳	2940

（消費税 5%込）

みすず書房

書名	著者・訳者	価格
万物理論 究極の説明を求めて	J. D. バロー 林 一訳	4725
天空のパイ 計算・思考・存在	J. D. バロー 林 大訳	5460
宇宙のたくらみ	J. D. バロー 菅谷 暁訳	6300
心の影 1・2 意識をめぐる未知の科学を探る	R. ペンローズ 林 一訳	I 3990 II 4095
一般システム理論	L. フォン・ベルタランフィ 長野・太田訳	4515
サイバネティックスはいかにして生まれたか	N. ウィーナー 鎮目 恭夫訳	3045
ファンタジア	B. ムナーリ 萱野 有美訳	2520
デザインとヴィジュアル・コミュニケーション	B. ムナーリ 萱野 有美訳	3780

（消費税 5%込）

みすず書房